KB211433

# Global
# Manner &
# Etiquette

해외여행 매너를 포함한 국제화시대
매너와 에티켓

김영찬·김종규·김희영
권동극·박경호·신형섭

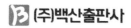 (주)백산출판사

'세계화'란 세계가 점점 더 가까워지고 이전보다 훨씬 더 많은 영향을 서로 주고받게 되는 변화를 일컫는 말이다. 교통과 통신의 발달로 지구가 하나의 마을처럼 가까워지면서 세계화의 속도가 점점 빨라지고 있다. 이러한 국제화시대를 맞아 국가와 국가 간의 교류뿐만 아니라 기업, 개인 간의 교류가 빈번해지면서 그리고 해외여행이 급증하면서 에티켓의 중요성이 날로 높아지고 있다. 지구촌시대에 어울리는 서로 간의 의사소통 교류를 위한 매너로, 우리에게도 훌륭한 전통 예의범절이 있지만, 세계인으로서 지켜야 할 국제사회에서의 국제 표준 예의범절, 이른바 세계인을 상대로 하는 국제 표준 예의범절 방식과는 다소 거리가 있다. 우리들의 일반적인 식사형태는 한식이 중심이 되고, 서양식 테이블 매너 대비 큰 차이가 있어 외국인과 식사하는 경우 방법을 몰라 당황하며 불편한 식사를 하는 우리나라 사람들을 흔히 볼 수 있다.

서양 사람들은 가정에서 부모로부터 가정교육을 통해 에티켓을 배우고 유치원 교과과정에서부터 제대로 배우면서 지키고 있다. 에티켓은 어려운 것이 아니라, 상대방을 존중하는 것에서 출발하는 것으로 모두가 편안하게 지내기 위해 약속해 놓은 생활방식이다. 익혀놓으면 언제 어느 나라에서든 자신 있게 외국인을 접할 수 있을 것이다.

따라서 본서를 해외여행 시 또는 국내에서 외국인을 접할 때 그리고 일상생활 속에서 에티켓 향상의 입문서로써 활용할 수 있기를 바란다.

본서는 다음 세 가지의 장점이 있다.

첫째, 전통예절과 그 차이가 많아 실무지식을 가르치기 쉽지 않은데, 세부내용을 잘 강의하실 수 있게 전반적인 실무지식을 그 어느 책보다 잘 망라했다고 자부한다.

둘째, 학생들이 해외여행 시 바로 적용할 수 있는 글로벌 인재가 될 수 있도록 인터내셔널 에티켓의 실제까지 망라하여 익힐 수 있도록 하였다.

셋째, 매너와 에티켓 부분을 비교적 심도 있게 다루어 국내외에서 환영받는 진정한 신사 숙녀로 발돋움할 수 있게 하였다.

글로벌 사회인이 되려면 아주 어릴 적부터 가정에서 부모의 국제매너와 선행을 보고 부모를 통해 바로 배우는 것이 바람직하며 유치원에서부터 매너교육을 통해 글로벌 에티켓을 익혀야 비로소 선진 글로벌 시민으로 다시 태어날 수 있을 것이다. 세계화시대를 맞이하여 글로벌 사회인으로서의 세련되고 당당한 매너로 어느 나라에서나 품위 있는 국제인이 되자.

본서의 편집에 수고해 주신 편집부 제위의 노고에 감사하는 마음 가득하다.

끝으로, 21세기 한국관광의 무궁한 발전을 위해 노력하시며 본서의 출간을 흔쾌히 승낙해 주신 백산출판사의 진욱상 사장님과 진성원 상무님, 그리고 편집부 김호철 부장님과 성인숙 과장님께 감사드린다.

2018년 1월
공저자 씀

# 차례

## 제7장 글로벌 에티켓과 매너의 실제 / 231

## 제8장 테이블 매너 총정리 / 243

# 제1장

# 글로벌 매너의 기초

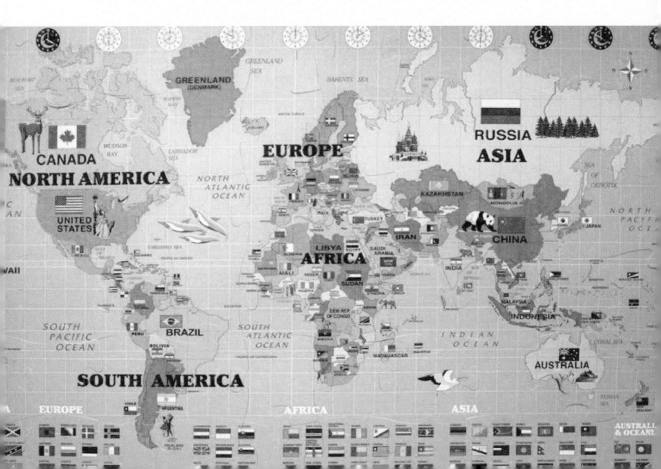

# 제1장 글로벌 매너의 기초

## 제1절 글로벌화

### 1. 글로벌화란?

글로벌화(Globalization, 世界化)라는 개념은 다음과 같다. 세계화란 말을 자주 들을 수 있는데 세계화란 세계가 하나가 된다는 뜻이다. 우리는 정보 통신 기술의 발달로 다른 나라의 일을 옆집에서 일어난 일처럼 알 수 있게 되었다.

세계화는 정치, 경제, 사회, 문화 등 모든 면에 영향을 끼치고 있다. 세계화로 인해 다른 나라의 문제도 우리나라에 곧바로 영향을 끼친다. 어떤 정책을 결정할 때 옛날에는 우리나라 입장에서만 생각하면 그만이었지만 이제는 '지구촌'이라는 입장에서도 생각해야 한다. 우리는 대한민국의 국민임과 동시에 지구촌의 일원으로서 21세기를 살아가야 하기 때문이며, 그런 차원에서 글로벌 매너 및 에티켓을 익혀야 글로벌 사회인의 일원이 될 수 있기 때문이다.

세계화라는 단어로도 많이 쓰는데 이는 "정치, 경제, 문화 등 사회의 여러 분야에서 국가 간 교류가 증대하여 개인과 사회집단이 갈수록 하나의 세계 안에서 삶을 살아가는 과정"을 말한다. 즉, 세계 여러 나라가 정치, 경제, 사회, 문화, 과학 등 다양한 분야에서 서로 많은 영향을 주고받으면서 교류가 많아지는 현상이다.

정부는 국제무역수지상 안정적 균형이 가시화되었던 1983년 1월 1일부터 50세 이상 국민에 한하여 200만 원을 1년간 예치하는 조건으로 연 1회에 한해 유효한 관광여권을 발급해 주기 시작함으로써 사상 최초로 국민의 관광목적 해외여행이 자유화되었다. 이어서 1980년대 후반 이후 해외여행 개방여건이 성숙되자 정부는 1989년 1월 1일 국민해외여행을 전면 자유화시켰다.

요즘 추세는 해외여행을 많이 하고, 지구 반대편에서 일어나고 있는 일도 실시간으로 알 수 있으니 이젠 외국이라고 해도 멀게 느껴지지가 않는다. 세계가 하나의 마을, 지구촌이 된 것이다. 비행기를 타면 하루도 안 되어 지구 반대편에 있는 나라에 갈 수도 있고, 인터넷으로 세계 여러 나라의 소식을 바로 접할 수도 있으니 하나의 마을처럼 가까워진 것이다.

세계화란 세계가 점점 더 가까워지고 이전보다 훨씬 더 많은 영향을 서로 주고받게 되는 변화를 일컫는다. 교통과 통신의 발달로 지구가 하나의 마을처럼 가까워지면서 세계화의 속도가 점점 빨라지고 있는 것이다.

우리나라는 인구에 비해 땅이 그리 넓지 않은 나라이다. 하지만 지구촌 시대가 되면서 우리 국토의 범위를 넘어 세계를 무대로 활동범위를 넓힐 수 있게 되었다. 가까운 중국이나 일본은 물론, 먼 중남미나 아프리카까지 세계를 무대로 활동할 수 있게 되었다. 세계화가 되면 경우에 따라 경제적인 이익을 더 많이 얻을 수도 있다. 인건비가 싼 나라에 공장을 지으면, 보다 적은 비용으로 물건을 만들어서 이익을 더 많이 남길 수 있다. 이건 세계화 때문에 가능한 일이다. 또한 세계 각국의 다양하고 좋은 문화를 접하면 문화교류가 늘어나 사회가 더욱 발전할 수 있다. 무조건 자기 것만 고집하면, 사회가 폐쇄적이 되고 좋지 않은 관습도 계속 지키게 되는 것이다. 우리 사회에서 성 차별이나 신분 차별이 사라지고 있는 것이 이의 좋은 예라고 할 수 있다.

문화영역의 세계화는 미국화로 특징지어질 수 있다. 해방 이후 한국사회에서는 물질문화에서 정신문화에 이르기까지 미국식 가치와 생활양식의 영향이 증가해 왔으며, 특히 1990년대 이후 이러한 경향은 크게 증강되었다. 미국문화로 대표되는 서구문화는 여전히 우리에게 크나큰 영향력을 행사한다.

한국의 국제적 위상도 과거와 달리 높아지고, 해외여행자 수도 크게 늘어났지만 한국의 전통 관습과 미국문화로 대표되는 서양 에티켓과의 갭이 너무 커서 전반적으로 우리 국민의 글로벌 에티켓이 너무 부족한 것이 사실이고 해외에서 눈살을 찌푸리게 하는 일이 많아 쑥스러운 형편이다.

또한 미리 학습해 두지 않으면 서로 다른 문화가 만나 관습의 큰 차이 때문에 여러 오해와 분쟁이 발생하게 된다. 지구촌 공동체의 일원으로서 이웃을 이해하고 친선과 우의를 지켜 나가기 위해서는 각기 다른 풍토에서 형성된 문화의 독창성에 대한 서로의 이해와 존중이 선행되어야 하는 데 국제매너와 에티켓 학습의 목적이 있다.

세계화 추세에 발맞추어 특히 전 국민의 국제 감각 고취는 매우 중요하며, 이를 위해서는 어린 시절부터 글로벌 매너교육, 외국어교육 등을 포함한 교육과정에 개선이 따라야 할 것이다.

글로벌 신사숙녀가 되려면 아주 어릴 적부터 가정에서 부모에게서 바로 올바른 국제매너를 배울 수 있도록 함이 바람직하며 유치원에서부터 매너교육을 통해 글로벌 에티켓을 익혀야 비로소 선진 글로벌 시민으로 다시 태어날 수 있을 것이다.

## 2. 예절

### 1) 예절의 본질

예절을 살펴보기 전에 사회규범의 개념을 살펴볼 필요가 있다.

사회규범(社會規範, 규준 : 規準, Social Norm)은 관습, 도덕, 법, 종교를 포함하는 포괄적 개념이다. 법은 강제성이 있어서 지키지 않으면 처벌받는다. 관습은 민족공통 생활습관으로 예의범절 같은 것을 말한다. 관습은 어기면, 양심의 가책이나 주위의 비난을 받을 수는 있지만 처벌받지는 않는다. 도덕은 내면적 규범으로 어겨도 처벌은 받지 않지만 양심의 가책을 느낀다. 그 집단의 안녕과 질서를 유지하기 위해 규범을 필요로 하게 된 것이다. 즉 여러 사람들이 함께 생활하다 보면 여러 가지 갈등에 직면하게 되며 이것을 해결하고 사회 질서를 유지하기 위해 사람들의 행동을 제재하는 장치가 필요한데 이것이 사회규범이다.

### 2) 예절(禮節)이란?

예절이란 인간관계에 있어서 사회적 지위에 따라 행동을 규제하는 규칙과 관습의 체계이다. 그 형식은 생활방식·국가관습에 따라 다르다. 법에 의해 강제되는 행동규칙과 집단에 의해 강제되는 행동규범이 아니므로 예절은 강제되지는 않으나 어길 경우 다른 구성원들로부터 소외당하게 되는 것이다.

예절은 유럽의 궁정에서 시작되었는데 왕권으로부터 시작되어 귀족 등의 특권계층 안에서 엄격하게 지켜졌다. 특히 서양의 중세시대에는 봉건제도가 엄격히 계층화되어 예절을 중시하는 황금기였다. 14~16세기에, 이탈리아를 중심으로 하여 유럽 여러 나라에서 일어난 인간성 해방을 위한 문화 혁신운동인 르네상스(Renaissance)시대에 영국에서는 이탈리아의 예법서들이 많이 출판되기도 하였다. 이 중 16세기의 정신을 가장 첨예하게 드러낸 논저(論著)로 이탈리아의 시인 발다사레 카스틸리오네(Baldassare Castiglione, 1478~1529)의 『궁정인(Il cortegiano, 宮廷人)』이란 '예법서'가 대표적인 사례이다.

저서 초반에는 귀족과 귀부인들이 갖추어야 할 용모·태도·도덕·지적 기준을, 중반에는 궁정 여인의 몸가짐을, 마지막에서는 궁정인과 군주의 관계 등을 각각 제시하였다. 이 책은 바로 각국어로 번역되어 서유럽 상류사회의 교양에 큰 영향을 끼쳤다. 한편 상류층은 사소한 부분까지 갈수록 까다로운 에티켓을 고안해 내어 예절로 삼아 자신들을 특권화하려 했다. 그러나 제1·2차 세계대전 후 사회적 평등이 강조되고 자본주의가 발전하면서 귀족계층이 사라지면서 특권층만이 아닌 보통 사람의 범식(範式 : 예절이나 기물(器物)의 본보기로 삼을 만한 양식)으로 보편화되었다. 그 뒤 대부분의 왕실과 귀족을 위한 전통적 예절은 사라져가고 현재는 공중도덕과 인사예절·식사예절·장례예절 등 일반적

출처 : http://www.thelindycharmschoolforgirls.com/a-charming-manner--enhances-personal-beauty/

인 생활예절이 일반적으로 두루 쓰인다. 그러나 아직까지 혈통이 중시되고 세습제를 취하는 군주국에서는 엄격한 예의가 지켜지고 있으며, 아직도 입헌군주제(제한)에 속한 대통령 등의 국가원수 주변에서는 공식 행사예절이 계속 지켜지고 있다.

## 제2절 동양예절과 서양예절

예절이란, 인간관계에 있어서 사회적 지위에 따라 행동을 규제하는 규칙과 관습의 체계를 말한다.

### 1. 동양예절

동양예절에는 유교(儒敎)사상이 근간을 이룬다. 유교(공교·공자교)는 노(魯)나라에서 춘추시대 말기에 출생한 대성(大聖) 공자(孔子)를 시조(始祖)로 하는 중국의 대표적 사상이다.

유학(儒學)·유교(儒教)라고 말할 때의 유(儒)는 먼저 자기의 마음가짐, 몸가짐을 올바르게 닦은 후에 남도 가르쳐서 이 세상 모든 사람에게 도리를 알게 하고, 살아가는 방법을 터득하게 하며, 평화로운 삶을 누리게 한다. 따라서 유는 이 세상에 없어서는 안 되는 사람, 꼭 있어야 하는 사람, 수인(需人) 곧 필수적인 사람이다. 유(儒)의 집단을 체계적으로 만든 것은 공부자이다. 흔히 유학의 근본사상을 인(仁)이라고 한다. 『논어』에 나타난 공부자의 말씀을 종합해 보면 "인은 곧 사랑이다"라고 한마디로 말할 수 있다. 즉 '인은 사람을 사랑하는 것'이다. 주자도 인은 '사랑의 원리(愛之理)'라 주석하고 있다.

인(仁)이라는 한문 글자를 봐도 그 뜻에 사랑이 내포되어 있음을 알 수 있다. 인은 인(人)과 이(二), 곧 이인(二人)으로 이뤄진 글자이다. 이인(二人), 즉 두 사람이다. '너'와 '나'인 것이다. 너와 나, 그 사이의 관계를 말한다. 너와 나 사이의 사귐에 흐르는 것이 무엇이겠는가? 사랑일 수밖에 없다. 그러므로 인(仁)은 사랑이다. '내 마음을 미뤄서 남에게 미치는 추기급인(推己及人)'하는 정신인 것이다. 그렇기 때문에 유학의 윤리는 한결같이 '너'와 '나', 곧 인간관계를 규정하고 있다.

유학의 근본 윤리라 할 수 있는 오륜(五倫)도 모두 너와 나 사이를 규정하고 있다. '부모와 자식 사이의 친함(父子有親)', '임금과 신하 사이의 의리(君臣有義)', '남편과 아내 사이의 분별(夫婦有別)', '어른과 어린이 사이의 질서(長幼有序)', '친구와 친구 사이의 믿음(朋友有信)'이 모두가 그러한 관계의 중요성을 말한다.

'공자'는 춘추시대(春秋時代)에 태어났으며, 맹자와 순자는 전국시대(戰國時代)에 태어났다. 공자를 중심으로 한 유가학파는 도덕적 질서와 예법(禮法)의 질서로써 사회의 안정을 기하려 했다. 그들은 부국강병만을 목표로 하였던 사회풍조에서 인도주의(人道主義)사상을 고취하여 인의(仁義)의 기치를 높이 들었다. 제자백가들이 모두 도를 제시하지만 공자의 도는 인간의 생명을 소중히 아는 인도정신이 그 중심을 이룬 것이다. 따라서 원시유가의 철학적 문제는 인성(人性)이 주제였으며, 공자의 인간관을 위시하여 맹자와 순자에 있어서 인성의 선악문제가 그 논의의 초점이 되었다고 할 것이다. 그리하여 맹자의 성선설과 순자의 성악설은 중국 철학사상사에 지대한 영향을 미치고 있다.

한국의 유교를 살펴보면, 고구려는 소수림왕 2년(372)에 태학을 세워 자제를 교육하였다. 고려 말엽에서 조선 초기는 성리학 도입시기이다. 그러나 고려시대는 유·불·도 3교가 교섭하는 시대로 3교에 대한 지식과 조예가 깊었다고 하겠다. 고려 말에 이르러 불교가 타락하여 사회가 퇴폐해지자 국민정신의 진작이 필요하게 되었다. 조선 건국과 더불어

국민정신의 진작을 기하여 배불숭유(排佛崇儒)정책을 확립하자 비로소 주자학(朱子學 : 12세기 주자에 의해 역설된 신(新)유교)적 입장을 확보하게 되었다.

고려에서 조선으로 바뀌는 정치변동 속에서 충효와 의리가 문제되지 않을 수 없고, 김종직의 사초(史草)나 사육신과 같은 사옥의 일은 한국유학의 발전과정이 사상에 반영된 것이다. 이렇게 해서 성리학(性理學 : 공자와 맹자를 도통(道統)으로 삼고 도교와 불교가 실질이 없는 공허한 교설(虛無寂滅之敎)을 주장한다고 생각하여 이단으로 배척하였다)은 중국과는 달리 한국적인 발전을 거듭하게 되었고 드디어 다음에 그 전성기를 초래하게 된다.

조선중기는 성리학 융성기라고 할 수 있다. 조선후기의 유학은 실학사상을 중심으로 한다. 유학이 철학적으로 심화된 것은 성리학에서 볼 수 있다. 그러나 후기 성리학자들은 성리학의 진수를 체득하여 구체적인 현실에서 공헌하기보다 이론적으로 추상화하여 현실을 도외시한 공리공론을 일삼아 마침내 학파와 정치적 당파가 혼선을 일으켜 당쟁의 도구로써 타락하는 경향을 나타내게 되었다. 그리하여 건전한 국민사상과 사회적 발전이 침체하여 민생이 점점 어렵게 됨을 바로잡고자 일어난 것이 실사구시(實事求是)의 학풍이다 (성균관 http://www.skkok.com/sub2/sub2_5.asp).

일본의 유교를 살펴보면 중세 이래 일본으로 전해진 주자학은 주로 사원의 승려들에 의하여 연구되어 에도시대에 들어와 유교가 불교로부터 해방되었다. 에도시대의 유교는 관립학교를 세워 후원했으며, 신분제도의 확립과 함께 오륜(五倫)과 오상(五常)을 중시하며 봉건도덕화되었다. 이에 따라 가부장적 가족제도가 확립됨으로써 가장의 권위가 절대화되고 장자의 단독상속이 일반화되었다. 특히 무가사회에서의 권위와 복종을 중시하는 논리는 모든 인간관계에 적용되었다. 일본의 유교는 중국이나 한국과 달리, '효'보다는 '충'을 중시, 충성은 곧 주군의 은혜를 갚는 것이며, 의리를 지키는 것이다. 의리를 지킴은 은혜 갚는 것이라 하여, 무사의 최고명예로 지켰다. 윤리상 중시되는 예(禮)는 도입하지 않고 유교를 신분계층 확보와 지배체제 유지의 수단으로 이용하였으며, 이상적 인간사회의 추구를 위한 '예'를 중시하는 유교의 기본원리는 받아들이지 않았다.

유교는 이와 같이 한국과 일본에도 영향을 끼쳤고 오랫동안 동양사상을 지배하여 왔으며 유교의 근간이 동양예절의 기원이라 볼 수 있다.

## 2. 서양예절

### 1) 매너(Manner)와 에티켓(Etiquette)의 어원

매너(Manner)의 어원은 마누아리우스(Manuarius)라는 라틴어에서 그 유래를 찾아볼 수 있다. Manuarius라는 말은 손(Hand)'이란 뜻의 '마누스(Manus)'와 ~과 관계하는 것(Arium)을 뜻하는 '아리우스(Arius)'라는 단어의 합성어이다. '손과 관계하는' 다시 말하면 '행동하는 방법이나 방식'을 의미한다. 그러므로 '매너'란 '행동하는 방법이나 태도'라고 할 수 있다. 에티켓과 매너는 예의에서 기초한다. '에티켓(Etiquette)'이라는 용어는 원래 프랑스어로 오늘날 여러 분야에서 광범위하게 쓰이고 있으며 '예의범절'과 유사한 말이다.

그 유래를 살펴보면 다음과 같다. "프랑스에서는 베르사유궁전에 들어가는 사람에게 표(Ticket)가 주어졌는데 그 표에는 궁전 내에서 유의할 사항이나 예의범절이 쓰여 있었다고 한다. 그 표(Ticket)가 에티켓이란 말의 기원이다"라고 전해지고 있다. 이 밖에 루이 14세 때 베르사유궁전에서 프랑스어의 "'estiquier(에스티끼에 : 나무말뚝에 붙인 출입금지)는 étiquette(에티켓)의 어원으로 10~13세기 불어에 존재하던 단어[이 시기의 불어를 고대불어로 ancien français(앙시앵 프랑수아)라고 한다]로 '묶다', '붙이다'는 뜻이다. '에스티끼에'라고 발음하지만 13세기 말엽으로 가면서 이와 같은 단어에서 s발음이 탈락되는 현상이 있으므로, 고대불어 후기에 가서는 '에티끼에'라고 발음했을 확률이 높으며 용변 보는 곳을 안내하는 표지판에서 비롯되었다"는 설도 있다. 당시 베르사유궁전에서는 날마다 연회가 열렸는데 화장실이 없어 방문객들이 건물 구석이나 정원의 풀숲 또는 나무 밑에 용변을 보았다고 한다. 그러자 궁전의 정원 관리인이 정원을 보호하기 위하여 용변을 보러 가는 통로를 안내하는 표지판을 세웠고, 루이 14세가 이를 따르도록 명령함으로써 이를 지키는 것이 '예의를 지킨다'는 뜻으로 확대되었다는 것이다. 에티켓(Etiquette)은 서양예절을 말한다. 예의범절을 이르는 말로 고대 프랑스어의 동사 Estiquer(붙이다)에서 유래되었다. '나무 말뚝에 붙인 표지'의 뜻에서 표찰(標札)의 뜻이 되고, 상대방의 신분에 따라 달라지는 편지 형식이라는 말에서 궁중의 각종 예법을 가리키는 말로 변한 것이다. 따라서 궁정(宮廷, 궁궐)이나 외교 의전(儀典, 의식儀式)의 절차를 정해야만 했다. 이것이 현대 외교의례인 프로토콜(Protocol)의 기초이다.

특히 4세기 무렵, 로마제국의 비잔틴 궁정에서는 이런 것들이 엄격하고 복잡했는데, 동방의 라틴 제국[Latin帝國 : 중세 유럽에서, 기독교도가 팔레스타인과 예루살렘을 이슬람교도로부터 다시 찾기 위하여 일으킨 것이 십자군 원정임. 1204년에 제4회 십자군이 동로마제국의 콘스탄티노플을 점령하여 세운 나라. 십자군 기사들에게 봉토(封土)를 분양해 현지를 지배하였는데, 유럽과 고립된 상태에서 1261년에 멸망, 비잔틴제국이 재건됨]에서도 이를 모방하였고, 프랑스에는 15세기부터 정착되었다. 루이 14세 초기 섭정을 한 프랑스의 안 도트리시(루이 13세의 비)의 노력으로 궁정 에티켓이 발달하여 17세기 루이 14세 때 완전히 정비되었다. 세부 예법 규정은 C.

Being A Guest
출처 : www.apartmenttherapy.com

생시몽의 『회고록』에 전해지고 있다. 당시 예법은 궁정인의 지위를 내외에 과시할 목적이 있었던 것으로 추정된다.

그 후 루이 16세 때에는 엄격성이 일부 쇠멸하였으나 나폴레옹이 이것을 부활, 1830년의 법령에 의해 현재에 이르는 국내공식의전(國內公式儀典)의 형식을 확정하였다. 영국의 왕실 및 1831년까지 에스파냐 왕실에서는 옛날 그대로의 관례가 준수되었다가 단순화되었다. 한편, 프랑스에서는 19세기 말의 부르주아 사교계의 '관례(Usage)' 및 '예의범절(Civilité)'이 오늘날 프랑스 에티켓의 기초가 되었고, 국제 간의 외교의례를 프랑스어로 프로토콜(Protocole)이라 한다. 현대에 와서는 에티켓의 어의가 변천되고 일반인에게도 그 적용이 보편화되었다.

## 2) 에티켓의 본질

현대 에티켓의 본질은, ① 남에게 폐를 끼치지 않는다. ② 남에게 호감을 주어야 한다. ③ 남을 존경한다. 등의 세 가지 뜻으로 요약될 수 있다. 즉 에티켓은 남을 대할 때의 마음가짐이나 태도를 말한다고 할 수 있다. 구체적인 내용으로는 옥외와 실내에서의 에티켓, 남녀 간의 예의, 복장·소개·결혼·흉사(凶事)·석차(席次 : 자리 순서)·편지·경례·경칭·식사예법 등으로 생활 전반의 분야에 이른다.

## 3) 에티켓(Etiquette)과 매너(Manners)의 차이

에티켓과 매너의 차이는 한국에서는 별로 거론되지 않지만 군이 말한다면, 매너는 '서로 상대를 배려하기 위해 행동하는 방법이나 태도'이며, 일상생활 속에서의 관습이나 몸가짐 등으로 일반적인 예의를 뜻하고, 에티켓은 '반드시 지켜야 하는 사회규범이며, 어원적으로는 '매너'보다 고도의 규칙·예법·의례 등 신사·숙녀가 지켜야 할 범절들로서 요구도(要求度)가 높은 것을 뜻한다.

생활예절이란 이웃 배려정신에서 발전되어 온 것으로 국제사회에서 통용되는 서양예절을 말한다. 아름다운 우리나라의 전통예절을 지키되 해외 지구촌 어디를 가든 신사·숙녀가 지켜야 할 범절을 지키고 방문국의 예의와 관습을 존중함으로써 그들과 조화를 이루면서 밝고 건강한 지구촌 공동체를 이루어 나가야 할 것이다.

출처 : http://www.clipartkid.com/manners-cliparts/

제2장

해외여행 매너

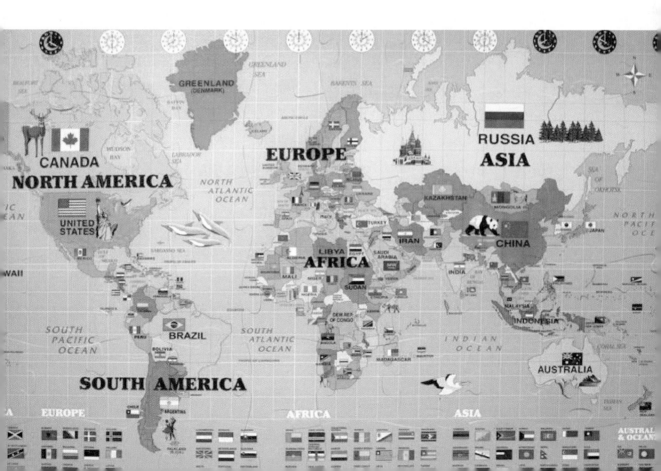

# 제2장 해외여행 매너

한국의 국제적 위상도 과거와 달리 높아지고, 해외여행자 수도 크게 늘어났지만 글로벌 에티켓이 부족한 것이 사실이며 해외에서나 비행기 안에서 눈살을 찌푸리게 하는 경우가 많아 쑥스러운 형편이다. 나의 매너 없는 언행이 각국 사람들에게 한국의 나쁜 인상을 심어줄 수도 있음을 항상 염두에 두고 글로벌 매너 및 에티켓을 습득하여 세계 모든 사람이 인정하는 진정한 신사, 숙녀가 되도록 노력해야 한다. 그래야 우리 국민들이 해외여행 시 각 나라 사람들로부터 환영받을 수 있으며, 또한 우리가 자랑스럽게 코리아에서 왔다고 어깨를 펼 수 있는 날이 당겨지리라 본다.

해외여행을 준비한다면 우리는 다음과 같은 각오에 임해야 좋은 결과를 가져올 수 있겠다. 첫째, 세계 각국의 문화를 배워 우리와 다른 문화를 가진 모든 나라 사람들과 친교를 증진하며 타국의 문화와 전통을 존중한다. 또한 세계화 시대에 글로벌 시민으로서의 국제 표준 에티켓을 지킨다. 둘째, 필리핀, 베트남 등의 국가에서 현지인들의 눈살을 찌푸리게 하는 도박, 성매매, 돈을 과시하는 여행을 금하며, 관광을 통해 자아발견을 할 수 있는 계기를 갖는 그리고 삶의 보람을 찾는 가족여행 등 건전한 해외여행을 하도록 한다. 그리하여 타국의 문물을 직접 체험·습득함으로써 국제적인 안목을 기르도록 힘쓴다.

## 제1절 해외여행 준비

## 1. 보험에 가입

여행사를 통하는 단체 패키지여행이든 아니면 개인여행이든 반드시 여행사 등에 문의해서 자신의 여행 목적에 맞는 보험에 가입한다. 그리하여 '사랑하는 가족을 위하여' 해외여행 중에 발생하기 쉬운 상해나 질병 및 도난 등 불의의 사고에 미리 대비하도록 한다.

## 2. 여행지 사전조사

사전에 방문국가에 대해 충분히 학습해야 더욱 보람 있는 여행결과를 얻는다. 유명 선택 관광지가 어디인지 파악하고, 체험스포츠, 해수욕장, 각종 물가, 운전면허 및 렌터카, 음식문화, 카드사용 및 물가, 생활관습 등에 대한 사전 정보를 충분히 알고 가면 한층 더 유익한 체험이 될 것이다. 여행에 관한 정보는 방문국 여행 안내서적 구독과 방문국 대사관 또는 영사관 홈페이지의 문화원(관광청) 안내, 여행사 사이트 관광상품 검색 등을 이용한다.

해외 여행에서 가장 중요한 것은 '안전'이다. 외교부 홈페이지에서 '여행경보제도'를 반드시 확인해야 하며, 또한 현지 가이드북도 반드시 읽어보도록 한다. 그리고 여행 중 여행 일기 작성이나 관광지 안내내용 등을 녹화해 두면 더욱 좋다.

## 3. 예약상태 확인

항공편이나 현지 호텔 등의 예약상태는 출발 2주 전에 반드시 재확인한다. 여권, 항공권, 신용카드, 여행자수표 등의 주요 내용은 스마트 폰에 이미지 저장이나 메모를 따로 해둔다. 신용카드와 여권 등의 영문 성명이 같아야 하며 항공권 구매 시 반드시 정확한 표기를 확인하도록 한다.

여행 중 갑자기 약을 사기 어려우니 두통약, 소화제, 설사약, 소독약, 반창고 등을 미리 준비해 가는 것이 좋다. 부득이 전염병 감염지역으로 여행할 때에는 공항 검역당국에 반드시 해당 질병에 대한 사전문의를 하고 예방접종은 가급적 여행 2주 전에 받아야 한다.

### 제2절　해외여행 시 사전 체크사항

## 1. 여행 필수 준비물

여름철 해외여행을 떠나기 전 필수 준비물은 다음과 같다.

여권, 신용카드, 멀티 어댑터, 선글라스, 모자, 카디건(열대지방도 준비), 수영복, 선크림, 칫솔, 치약, 카메라, 휴대폰, 슬리퍼, 운동화, 우산, 해수욕 고무슬리퍼, 객실용 슬리퍼, 녹차, 비상약(두통약, 소화제, 설사약, 소독약, 반창고), 배낭 등을 반드시 준비해야 하며, 해당 국가의 기후를 감안하여 옷가지를 추가 준비한다.

슈트케이스 등 개인당 기내 반입할 수 있는 가방(배낭)은 2개로 합해서 20kg 이내 허용 (준비물은 하계 하와이, 유럽여행 기준임)

## 2. 열대지방 여행 전 꼭 백신 맞아야

아프리카, 캄보디아, 베트남, 필리핀 등 질병 발생 가능지역은 음식물 섭취에 유의해야 하며 출발 전 우리나라 검역 당국에 문의한 후 예방접종 등 조치를 취하도록 한다. 고령자는 7일 이상의 장기간 여행은 피해야 한다.

## 3. 반입이 금지된 품목

칼이나 스프레이는 공항 반입이 금지되며 액체로 된 치약, 화장품 등은 100ml를 넘지 않는 사이즈를 구매하여 비닐 팩에 포장하고 기내에 휴대를 할 수 없으니 수화물 슈트케이스에 넣는다. 기내에서 방문국의 기후 및 풍습 등을 고려하여, 적절한 의복을 준비하는 것이 좋다.

## 4. 슈트케이스(수화물) 챙길 때 주의사항

① 평범한 색상이나 디자인일 경우는 스티커나 벨트 등을 이용해 다른 사람의 것과 구별이 잘 되도록 표시한다.

② 추후 선물 구입 등에 대비 약간 큰 가방을 준비하며 의류는 꼭 필수적인 것만 준비하고 전체적인 짐은 적을수록 좋다. 가방 크기를 결정하거나 접을 수 있는 가방을 별도로 준비하고, 가방에는 영문으로 쓴 이름표를 반드시 붙이도록 한다. 가방은 보통 비행기 탑승 시 화물로 부치는 것과 기내에 갖고 들어갈 수 있는 작은 가방 등으로 두 가지를 준비한다.

③ 기내에 갖고 들어가는 가방에는 중요한 물건과 현지에 도착해서 당장 사용할 물건(여권, 지갑, 돈, 자격증, 필기구, 세면도구, 상비약, 서류, 얇은 웃옷 등)을 넣어둔다.

## 5. 국제운전면허

'국제운전면허증'은 일시적으로 외국여행을 할 때 여행지에서 운전할 수 있도록 발급되는 운전면허증이므로 여행지에서 렌터카 등을 사용하려면 아래의 방법으로 준비한다.

> 전국운전면허시험장 또는 각급 지정 경찰서(발급가능 경찰서 확인) – 수수료 7,000원
> 소요시간 30분, 유효기간 : 발급일로부터 1년

## 제3절    여권(Passport) 발급

여권은 소지자의 국적 등 신분을 증명하고 이로써 소지자에 대한 외교적 보호권을 행사할 수 있는 국적·국가를 표시하려는 것이다.

### 1) 여권의 종류

**가. 일반여권[전국 여권발급기관]**

① 단수여권 : 유효기간은 1년으로 1회에 한하여 국외여행을 할 수 있는 여권

② 복수여권 : 유효기간은 10년으로 만료일까지 횟수에 제한 없이 국외여행을 할 수 있는 여권

### 2) 여권의 쓰임새

가. 비자신청 및 발급 때/ 출국수속 및 항공기 탑승 때/ 현지입국과 귀국 수속 때

나. 환전할 때/ 여행자수표(T/C)로 대금 지급할 때/ T/C를 도난이나 분실한 때(재발급 신청할 때)

다. 면세점에서 면세상품을 구입할 때/ 국제운전면허증 만들 때

라. 국제청소년여행연맹 카드(FIYTO카드) 만들 때

마. 출국 시 병역의무자가 병무신고를 할 때와 귀국 신고할 때

바. 국외여행 중 한국으로부터 송금된 돈을 찾을 때

### 3) 여권분실 시 유의사항

여권은 본인의 신분을 증명하는 '신분증명서'로서의 중요한 기능을 가지므로 철저한 관

리가 필요하다. 분실된 여권을 제3자가 습득하여 위변조 등 나쁜 목적으로 사용할 경우 본인에게 막대한 피해가 돌아갈 수 있으므로 보관에 철저를 기하기 바란다.

여권을 분실하였을 경우에는 즉시 가까운 여권 발급기관에 분실사실을 신고하고 새로운 여권을 발급받아야 한다. 국외여행 중 여권을 분실하였을 경우 가까운 대사관 또는 총영사관에 여권분실신고를 하여 여행증명서나 여권을 재발급받기 바란다(복사한 사진, 포토샵으로 수정된 사진은 사용할 수 없다).

## 4) 전자여권(e-passport)이란?

바이오 정보(Biometric Data)를 내장한 집적회로(IC : Integrated Circuit) 칩이 탑재된 기계판독식 여권(Machine Readable Passport)으로, 국제민간항공기구(ICAO)의 권고에 따라 각국이 도입하고 있는 새로운 형태의 여권을 말한다.

우리 정부도 지난 2008년 8월 말부터 국제적으로 신뢰받는 전자여권을 발급하고 있다.

## 제4절 입국사증(비자 Visa)

비자란 여행하려는 나라에서 여행자에게 입국을 허가해 주는 증으로 여권의 사증란에 스티커나 스탬프를 찍어주는 식으로 발급한다.

여행자가 해외여행을 하려면 우선 자신이 가고자 하는 나라에 비자가 필요한지 체크를 해야 한다. 현재 우리나라는 많은 국가들과 비자면제협정을 체결하였으며, 동일한 국가라도 단기간 여행이면 비자가 필요 없으나, 장기간이면 비자를 받아야 하는 국가가 있다는 것에 주의해야 한다. 비자에 대한 규정과 조건은 각국마다 다르니 여행하기 전에 살펴보아야 한다.

## 1) 비자 취득방법

기본적으로 개인의 비자 취득은 각 나라의 주권사항이므로 반드시 해당 주한대사관에 직접 문의해 보아야 한다.

## 2) 사증면제제도란 무엇인가?

국가 간 이동을 위해서는 원칙적으로 사증(입국허가)이 필요하다. 사증을 받기 위해서는 상대국 대사관이나 영사관을 방문하여 방문국가가 요청하는 서류 및 사증 수수료를 지불해야 하며 경우에 따라서는 인터뷰도 거쳐야 한다. 사증면제제도란 이런 번거로움을 없애기 위해 국가 간 협정이나 일방 혹은 상호 조치에 의해 사증 없이 상대국에 입국할 수 있는 제도이다.

### 3) 사증면제국가 여행 시 주의할 점

사증면제제도는 대체로 관광, 상용, 경유일 때 적용된다. 사증면제기간 이내에 체류할 계획이라 해도 국가에 따라서는 방문 목적에 따른 별도의 사증을 요구하는 경우가 많으니 입국 전에 꼭 방문할 국가의 주한공관 홈페이지 등을 통해 확인해야 한다.

특히, 미국 입국 시에는 ESTA라는 전자여행허가를 꼭 받아야 하고, 영국 입국 시에는 신분증명서, 재직증명서, 귀국항공권, 숙소정보, 여행계획을 반드시 지참해야 한다.

해당 첨부파일에 명시된 입국허가요건은 해당국의 사정에 따라 사전 고지 없이 변경될 수 있으므로, 해당 국가로 여행하고자 하는 분은 반드시 여행 전 우리나라에 주재하고 있는 해당 국가 공관 홈페이지 등을 통해 보다 정확한 내용을 확인하기 바란다.

- **미국 전자여행허가제(Electronic System for Travel Authorization)**
  약어 ESTA : 미국정부의 전자여행허가제를 뜻한다. 2009년 11월 17일 미국이 한국민에 대해 비자면제프로그램(VWP)을 실시하면서 미국방문희망자는 미국정부가 지정한 인터넷사이트 (https://esta.cbp.dhs.gov)에 접속하여 신청한 후 72시간 전에 입국허가를 받아야 한다.

## 제5절 항공권(Air Ticket)

항공권 예약은 여행사와 항공사 데스크를 통해서 할 수 있으며 전화, 인터넷 또는 데스크를 직접 찾는 방법이 있다.

항공권은 출발지 공항에서 해당 항공사 담당카운터에 가서 탑승권(Boarding Pass)으로 교환해야만 출국심사 및 항공기에 탑승할 수 있다. 항공권을 구입한 후 미사용 항공권은 환불받을 수 있으므로 적어도 항공권 유효기간 만료 30일 전까지는 환불신청을 해야 한다.

국제여객공항이용료 : 출발여객 1인당 17,000원, 환승여객 1인당 10,000원
출국납부금 : 출발여객 1인당 10,000원, 편의상 항공권에 포함 납부가능

## 제6절 출국안내

1. 탑승수속 → 2. 출입국신고서 작성(생략 2008년 08월 01일~) → 3. 병무 신고 → 4. 여행자 검역(동식물 검역) → 5. 세관 신고 → 6. 보안검색 → 7. 출국심사 → 8. 쇼핑(면세점) → 9. 탑승(출발 30분 전)

## 1. 탑승수속

### 1) 일반 탑승수속 카운터를 이용할 경우

출발 전 항공권과 여권 유효기간 및 서명을 다시 한 번 확인하고, 세관신고와 출국심사에 관한 정확한 정보를 홈페이지에서 확인한 후 출발한다.

항공기 탑승을 위해 충분한 시간을 갖고 공항에 도착하면 여유롭게 탑승수속을 마치고 쇼핑도 즐길 수 있다.

- 대한항공 : 오전 6시 10분에 업무 개시
- 아시아나 : 오전 6시 15분에 업무 개시
- 외국항공사 : 항공기 출발 2~3시간 전에 업무 개시

공항에 도착하면 3층 출발층에 있는 운항정보 안내모니터에서 탑승할 항공사와 탑승수속카운터(A~M)를 확인한 후 해당 탑승수속카운터로 이동하여 탑승수속을 받아야 한다.

탑승수속을 마친 후, 맡긴 가방이 X-ray검사를 마칠 때까지 5분 정도 주변에서 기다리다가, 이상이 없으면 출국장으로 이동한다. 짐이 없는 승객은 빠른 수속이 가능한 '짐이 없는 승객 전용 카운터'를 이용하면 된다.

인터넷으로 항공권을 구매한 경우 인터넷 전용 카운터를 이용하면 더욱 빠르고 편안하게 탑승수속을 할 수 있다. 항공사별로 서비스 제공에 일부 차이가 있으니 해당 항공사로 다시 한 번 문의하도록 한다.

### 2) 자동 체크인 키오스크(Self Check-In Kiosk)를 이용할 경우

일반 탑승수속 카운터보다 탑승수속을 빨리 할 수 있다.

대상 항공사 : 대한항공(KE), 아시아나(OZ), 유나이티드항공(UA), 델타항공(DL), 캐세이패시픽항공(CX), 네덜란드항공(KL), 중국국제항공(CA), 아메리칸항공(AA)

**주의사항**
- 비자가 필요 없는 나라(일본, 동남아 등)로 출국 시에만 이용가능하다.
- 수하물은 바로 옆 항공사 카운터를 사용하여 빠르게 위탁할 수 있다.
- 탑승수속을 마친 후, 맡긴 가방이 X-ray검사를 마칠 때까지 5분 정도 주변에서 기다리다가, 이상이 없으면 출국장으로 이동한다.
- 수하물은 기내 반입 금지물품을 꼭 확인한 후 위탁하여야 한다.
- 자세한 안내는 해당 항공사에 확인하면 된다.

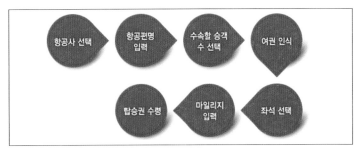

키오스크(Self Check-In Kiosk)를 이용할 경우

## 3) 도심공항터미널을 이용할 경우

도심공항터미널(서울역, 삼성동)에서 탑승수속을 마치고 인천공항에 도착한 여객은 출국장 측면의 전용통로를 통해 보안검색 후 바로 출국심사대를 통과한다.

이용절차

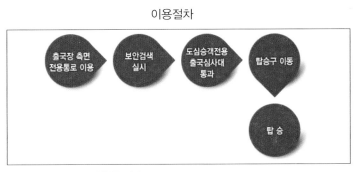

도심공항터미널을 이용할 경우

※ 한국도심공항 이용안내 : 02)551-0077~8
※ 공항철도 서울역 터미널 이용안내 : 032)745-7400

## 2. 수화물 보내기

### 1) 주의사항

- 타인이 수하물 운송을 부탁할 경우 사고 위험이 있으므로 반드시 거절하여야 위험과

낭패를 모면할 수 있다.

- 카메라, 귀금속류 등 고가의 물품과 도자기, 유리병 등 파손되기 쉬운 물품은 직접 휴대하는 것이 안전하다.
- 짐 분실에 대비하여 가방에 소유자의 이름, 주소지, 목적지를 영문으로 작성하여 반드시 붙여두어야 분실하더라도 찾을 경우 주인에게 쉽게 전달할 수 있다.
- 위탁수하물 중에 세관신고가 필요한 경우에는 대형수하물 전용카운터 옆 세관신고대에서 신고하여야 한다.
- 탑승수속을 마친 후, 맡긴 가방이 X-ray검사를 마칠 때까지 5분 정도 주변에서 기다리다가, 이상이 없으면 출국장으로 이동한다.

## 2) 항공기내 반입(기내 좌석 위 선반)

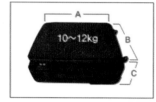

항공기내 반입(기내 좌석 위 선반)

- 항공기 안전운항을 위하여 항공기내로 반입할 수 있는 짐의 크기를 제한하고 있다.
- 항공사, 좌석등급별로 기내 반입 가능 기준에 차이가 있으니 항공사로 확인 후 이용하기 바란다.
- 통상적으로 일반석에 적용되는 수하물의 크기와 무게는 개당 55×40×20(cm) 3면의 합 115(cm) 이하로써 10~12kg까지이다(항공사마다 기준이 다르므로 출국 전 이용하실 항공사로 미리 문의하기 바람).

## 3) 수화물로 위탁(화물칸으로 운반)

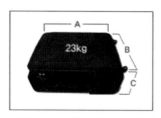

수화물로 위탁(화물칸으로 운반)

- 항공사, 노선별, 좌석 등급별로 무료 운송 가능 기준에 차이가 있으므로 이용할 항공사로 확인하기 바란다.
- 통상적으로 미주 노선인 경우 일반석에 적용되는 수화물은 23kg, 2개까지이다.

## 4) 대형 수화물 수속

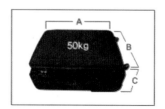

대형 수화물 수속

- 대형 수화물은 항공사 탑승수속 카운터에서 요금을 지불한 후 D, J 탑승수속카운터 뒤편 세관신고 카운터에서 세관신고를 하고 대형수화물 카운터에서 탁송하면 된다.

• 대형 수화물 기준 : 무게 50kg 이상 또는 가로 45cm, 세로 90cm, 높이 70cm 이상인 경우

기내 반입금지물품

라이터

총

칼

## 3. 반출입 제한 물품 및 제한요건

• 국헌, 공안, 풍속을 저해하는 서적, 사진, 비디오테이프, 필름, LD, CD, CD-ROM 등의 물품

• 정부의 기밀을 누설하거나 첩보에 공(貢)하는 물품

• 위조, 변조, 모조의 화폐, 지폐, 은행권, 채권, 기타 유가증권 - 반출입금지물품을 휴대 반입할 경우 몰수되며, 세관의 정밀검사 및 조사를 받은 후 범죄혐의가 있을 경우에는 관세법 위반으로 처벌될 수 있다.

• 총기, 도검, 화약류 등 무기류(모의 또는 장식용 포함)와 폭발 및 유독성 물질류 - 총포, 화약류를 수출입하고자 하는 사람은 그때마다 경찰청장의 허가를 받아야 한다. (총포, 도검, 화약류 등 단속법 제9조)

• 앵속, 아편, 코카잎 등 마약류, 향정신성의약품류, 대마류 및 이들의 제품 - 보건복지부장관의 허가를 받아야 한다.(대마관리법 제4조, 마약법 제6조, 향정신성의약품관리법 제3조)

• 멸종위기에 처한 야생동ㆍ식물종의 국제거래에 관한 협약(CITES)에서 보호하는 살아있는 야생 동ㆍ식물 및 이들을 사용하여 만든 제품, 가공품, 호랑이, 표범, 코끼리, 타조, 매, 올빼미, 코브라, 거북, 악어, 철갑상어, 산호, 난, 선인장, 알로에 등과 이들의 박제, 모피, 상아, 핸드백, 지갑, 액세서리 등, 웅담, 사향 등의 동물한약 등 그리고 목향, 구척, 천마 등과 이들을 사용하여 제조한 식물한약 또는 의약품 등

• 미화 1만 불 상당액을 초과하는 대외지급수단(약속어음, 환어음, 신용장 제외)과 내국통화(원화) 및 원화표시여행자수표(반출입제한물품)

- 자기앞수표, 당좌수표, 우편환 등(반출입제한물품)
- 귀금속(일상적으로 사용하는 금반지, 목걸이 등은 제외) 및 증권(반출입제한물품)
- 문화재(반출제한물품) : 문화재청장의 국외반출허가증 또는 비문화재 확인증을 제출해야 한다.

  > 문의 : 문화재감정관실(Tel : 032-740-2921~2, Fax : 032-740-2920
  >   위치 : 3층 출국장 8번 게이트 F와 G 사이)

- 수산업법, 수산동식물 이식승인에 관한 규칙 제5조 및 제6조 해당물품(반출제한물품)

  > - 국내의 수자원 보호유지 및 양식용 종묘 확보에 지장을 초래할 우려가 있는 물품
  > - 천연기념물로 지정된 품종
  > - 우리나라의 특산품종 또는 희귀품종 수산자원보호령 제10조에서 정한 몸길이 이하의 것 (해양수산부장관의 이식승인서를 제출해야 한다.)

- 폐기물의 국가 간 이동 및 그 처리에 관한 법률 해당물품(반출입제한물품) – 유해화학물질관리협회장의 수출신고서를 제출해야 한다.
- 식물, 과일채소류, 농림산물류(반출입제한물품) – 농림축산검역본부장의 식물검사합격증을 받아야 한다.(식물방역법 제11조)

## 4. 기내 반입 금지 휴대물품

| 구분 | 휴대금지 물품 | 취급방법 | |
|---|---|---|---|
| | | 객실 | 위탁 수화물 |
| 방사능 · 전염성 · 독성물질 | 눈물가스, 독극물류, 방사능 물질(예, 의료용 또는 상업용 동위원소), 부식성 또는 표백성 물질(예, 수은, 염소), 산성 및 알칼리성 물질(예, 습식 배터리), 자연발화 및 자연점화 물질, 전염성 혹은 생물학적 위험 물질(예, 감염된 피, 박테리아 및 바이러스) | × | × |
| 기타 위험물질 | 단, 실리콘 등 화학물질 운송의 경우 승객이 산업안전보건법에 의거한 물질안전보건자료를 제시하여야 하며 이를 통해 안전한 물질로 판단될 경우 위탁수화물 운송가능 | | |
| | 항공사의 승인을 받은 용액의 누출 가능성이 없는 전지로 작동되는 휠체어나 기타 전지 작동이동 보조장비(단, 해당물품은 「항공위험물운송기준」(국토교통부 고시 제2013-213호) 제210조에 적합하여야 한다) | ○ | ○ |
| | 항공운송사업자의 승인을 받은 용액의 누출 가능성이 있는 전지로 작동되는 휠체어나 기타 이동보조장비(단, 해당물품은 「항공위험물운송기준」(국토교통부 고시 제2013-213호) 제210조에 적합하여야 한다) | ○ | ○ |
| | 항공사의 승인을 받고 기상청 또는 이와 유사한 기관 대리인의 책임하에 운송되는 수은기압계 또는 온도계, 1인당 1개의 보호케이스가 있는 의학용 또는 진료용 수은 온도계 | ○ | × |

| | | | |
|---|---|---|---|
| 기타 위험물질 | 구명조끼에 유입하는 비독성 또는 비위험가스인 실린더 1쌍, 드라이아이스 1인당 2.5kg 이하 | ○ | ○ |
| | 소화기, 드라이아이스, 최루가스 등 | × | × |
| 무기로 사용될 수 있는 물품 | 창·도검류(과도, 커터칼, 맥가이버칼 면도칼, 작살, 표창, 다트 등) 단, 안전면도날, 일반 휴대용 면도기, 전기면도기 등은 객실반입 가능 | × | ○ |
| | 총기류·무술호신용품(모든 총기, 총알, 전자충격기, 장난감총, 쌍절곤, 공격용 격투무기 등), 호신용 스프레이는 1인당 1개(100㎖ 이하만 위탁 가능) | × | ○ |
| | 스포츠용품류(테니스 라켓 등) 라켓류, 인라인 스케이트, 스케이트 보드, 등산용 스틱(야구공 등 공기가 주입되지 않은 공류는 객실반입 가능) | × | ○ |
| | 공구류(도끼, 망치, 못총, 톱, 송곳, 드릴), 날길이 6㎝를 초과하는 가위, 스크루드라이버, 드릴 심류, 총길이 10㎝를 초과하는 렌치, 스패너, 펜치류, 가축몰이 봉 등 | × | ○ |
| 폭발물과 인화성 물질 | 복제 또는 모조 폭발물질 또는 장치, 연기를 발생시키는 불연성·불활성 깡통 및 카트리지 | × | ○ |
| | 가스 및 가스용기(예, 부탄, 프로판, 아세틸렌, 산소), 공기가 1/3 이상 주입된 축구공 등 스포츠용 공, 공기가 주입된 풍선, 뇌관 및 도화선, 딱성냥, 모든 형태의 불꽃, 발파캡, 수류탄류, 스프레이 페인트(체류성 스프레이 포함), 에어로졸(살충제), 인화성 액체연료(예, 석유/가솔린, 디젤, 라이터용 액체, 알코올, 에탄올), 지뢰 및 기타 군사용 폭발물, 탄약, 테레빈유 및 페인트 시너(Thinner), 폭발물 및 폭파장치, 화염 및 기타 불꽃 제조품(파티 폭죽 및 장난감 캡 포함), 50㎖를 초과하는 접착제, 70도 이상의 알코올 음료. 단, 소형안전성냥 및 휴대용 라이터는 각 1개에 한하여 객실반입 가능 | × | × |
| 액체·겔(gel)류 물질 | 개인위생용품(향수·화장수·헤어스프레이, 면도크림, 헤어무스, 구두약, 소염제, 방향제, 신체냄새 제거제, 산소스프레이, 몸에 뿌리는 해충기피제 등) 각 1개, 머리 염색약·퍼머약 1인당 1개, 안전캡이 부착된 가스작동용 헤어컬, 용기당 최고 500㎖ 이하의 마찰(Rubbing)알코올, 화장용 아세톤 각 1개, 24% 이상 70% 미만의 알코올이 들어 있는 병, 5ℓ 이하의 알코올 음료, 3% 과산화수소 | ○ | ○ |
| 국토교통부 장관이 지정하고 위험이 예상되는 비행편 또는 항공보안등급 경계경보 (Orange) 단계 이상 | 금속 칼붙이, 금속제 빵칼·스테이크용 칼, 네일퍼, 눈썹정리용 칼, 대바늘, 등산용 아이젠, 뜨개질바늘, 면도칼(해당물품은 권한을 가진 사람에게 위탁), 수예바늘, 은장도, 재봉바늘, 주사바늘, 코르크 마개뽑이, 컴퍼스, 텐트폴 및 팩, 편지봉투 개봉용 칼, 5.5cm 미만의 칼날, 5.5cm 미만의 칼날이 있는 가위 | × | ○ |
| | 주사바늘(단, 기내에서 의료목적으로 소지한다는 증명서류가 있는 경우에 한함) | ○ | ○ |

| 비고 | 1. 별표에 명시되지 아니한 물품이라 하더라도 해당 공항의 보안검색감독자가 보안검색 중에 위해(危害)가능성이 있다고 판단하는 물품은 항공기내 반입이 금지되거나 위탁수하물로 처리될 수 있다.<br>2. 별표의 항공기내 반입금지 위해물품 중 위탁수하물로 처리가 가능한 것으로 표시된 일부 물품은 해당 항공운송사업자에게 요청하여 위탁수하물로 처리할 수 있다.<br>3. 화기류, 총기류, 무기류 중「총포, 도검, 화약류 등 단속법」에 해당하는 물품은 소지허가 또는 수출허가를 득한 것에 대하여 위탁수하물로 운송이 가능하다.<br>4. 화학물질 및 유독성 물질이 실리콘 등 화학물질인 경우 승객이「산업안전보건법」에 따른 물질안전보건자료를 제시하여 안전한 물질로 판단될 경우에는 위탁수하물로 운송이 가능하다.<br>5. 별표의 구분란 중 액체, 겔(gel)류 물질은「액체, 겔(gel)류 등 항공기내 반입금지물질」(국토교통부 고시 제2010-650호)의 반입허용기준에 적합한 경우에만 객실 내 반입이 가능하다. |
|---|---|

## 가. 公社 보안검색규정 제3조(위해물품)

- ① "위해물품"이라 함은 총포, 도검, 화약류 단속법 제2조 및 11조 규정에 의한 총포류, 도검류, 화약류 등을 말한다. ② 제①항에 포함되지 않는 물품 이외의 다음과 같은 물품의 경우에도 위해물품에 포함된다.
- 총기류 : 압력총, BB권총, 섬광총 등 폭발에 의해 발사되는 모든 무기
- 칼 : 위험하다고 판단되는 군도, 검, 사냥칼, 기타 도검류
- 곤봉류 : 경찰봉, 가죽으로 싼 곤봉 또는 유사품
- 폭발물 및 탄약 : 판매용 또는 사제폭발물, 탄약, 기타 혼합제품
- 인화물질 : 폭발 또는 발화가 가능한 인화물품, 기타 혼합물품
- 가스 및 화학물질 : 최루탄, 신경가스, 기타 화학가스, 유독성물질
- 기타 위해물품 : 가위, 면도날, 얼음송곳 등 무기로 사용 가능한 물품(모형 무기 또는 폭발물 포함) ※ 담당부서 : 여객서비스팀 공항안내: 1577-2600

# 5. 출국신고서 작성 생략

2006년 8월 1일부터는 출국신고서가 전면적으로 생략되어 한결 빠르고 편하게 출국심사를 받으실 수 있다.

## 1) 각국 출입국신고서 작성요령

아래 홈페이지에 접속해서 국가명을 클릭하면 해당 국가의 출입국신고서 작성법을 볼 수 있다.(http://www.airport.kr/iiacms/pageWork.iia?_scode=C0102010200)

# 6. 병무신고

병역 의무자가 국외여행을 하고자 할 때에는 병무청에 국외여행허가를 받고 출국 당일 법무부 출입국에서 출국심사 시 국외여행허가 증명서를 제출해야 한다.

## 1) 병무신고대상

- 25세 이상 병역미필 병역의무자(영주권사유 병역연기 및 면제자 포함)
- 연령 제한 없이 현재 공익근무요원 복무 중인 자, 공중보건의사, 징병전담의사, 국제협력의사, 공익법무관, 공익수의사, 국제협력요원, 전문연구요원/산업기능요원으로 편입되어 의무종사기간을 마치지 아니한 자
- 인천공항 내 병무신고사무소 운영시간 : 오전 6시반~오후 10시(연중무휴). 여권, 국외여행허가증명서(국외여행관련 병무청 홈페이지 http://www.mma.go.kr/index.do 참조)

## 2) 병역의무자 출국신고절차 변경

'08년 07월 15일부터 인천공항을 제외한 모든 공항·만 병무신고사무소가 폐쇄됨에 따라 병역의무자의 출국신고절차가 변경되었기에 해당사항을 안내하니 향후 공항·만 이용 시 착오 없기 바란다.

| 기 존 | 변 경 |
|---|---|
| ① 병무신고사무소에서 출국신고 - 「국외여행허가증명서」 제출 - 여권에 「출국확인인」 날인<br>② 해당 항공사에서 수속<br>③ 법무부 출입국에서 출국심사 | ① 해당 항공사에서 수속<br>② 법무부 출입국에서 출국심사 시 「국외여행허가증명서」 제출<br>※ 병무신고사무소가 폐쇄됨에 따라 법무부 출입국에서 병역의무자 출국신고대행 |

## 3) 유의사항

- 출국당일 「국외여행허가증명서」를 반드시 소지하기 바란다.
  - 「국외여행허가증명서」 미소지 시 출입국 재심실 인계, 허가사항 확인을 위한 유선통화 등으로 출국이 지연될 수 있다.
- 출국일 전에 반드시 허가사항을 다시 한번 확인하기 바란다.
  - 허가기간과 출국일이 맞지 않거나 미허가상태인 경우 병무신고사무소의 부재로 인

해 당일 신규허가 및 기간조정이 불가 또는 지연될 수 있다. 기타 궁금하신 사항은 「인천공항 병무신고사무소」로 문의하기 바란다.

**검역안내**
- 검역소에서는 외국여행자, 동물, 식물에 대한 검역·증명서를 발급하고 있다.
- 도착지 국가에 따라 검역증명서를 확인하는 경우가 있으므로 반드시 확인하기 바란다.
- 알아두기 : 검역 관련 절차는 탑승수속을 받기 전에 해야 신속하게 탑승할 수 있다.

인천공항 출입국 시설 안내도

## 7. 여행자 검역

아래 나라에 방문한 여행자가 사망하는 경우가 많으니 반드시 예방 백신주사를 맞고 출국할 것을 권장하며 '질병관리본부 국립검역소' 홈페이지(nqs.cdc.go.kr)를 이용해서 사전에 충분한 정보를 습득할 수 있다.

예방접종

| 대 상 | 접종대상 | 주의사항 |
|---|---|---|
| 황 열 | • 아프리카 : 앙골라, 베냉, 부르기나파소, 부룬디, 카메룬, 중앙아프리카공화국, 콩고, 코트디부아르, 가봉, 가나, 기니비사우, 라이베리아, 말라위, 니제르, 르완다, 상투메프린시페, 시에라이온, 토고, 적도기니, 에티오피아, 우간다, 탄자니아, 감비아, 기니, 케냐, 모리타니, 나이지리아, 세네갈, 소말리아, 수단<br>• 아메리카 : 프랑스령 가이아나, 아르헨티나, 에콰도르, 베네수엘라, 볼리비아, 브라질, 콜롬비아, 가이아나, 파나마, 파라과이, 페루, 수리남, 트리니다드토바고<br>• 황열에 대한 자세한 사항은 해외여행질병정보센터(http://travelinfo.cdc.go.kr)를 참조하기 바람 | • 아프리카 및 중남미의 황열감염 위험지역으로 입국하고자 하는 사람은 입국 10일 전에 황열예방 접종을 받고 국제공인예방접종증명서를 휴대하여야 함<br>• 접종유효기간은 접종 10일 후부터 10년이며 국제공인예방접종증명서를 분실하였을 때는 재발급 가능 |
| 콜레라 | 아프리카, 중남미, 동남아 지역 | • 콜레라 백신을 요구하는 나라는 없으며 예방은 오염된 음식과 음료수를 피하고 개인위생을 잘 지키는 것임<br>• 경구용 콜레라 백신은 2회(1~6주 간격) 복용하면 85-90% 보호되며 고위험지역 여행자들이나 장기 체류자들에게 고려됨 |

## 1) 예방접종 및 증명서

• 여객터미널 중앙 밀레니엄홀 옆 2층 5구역의 국립인천공항검역소 예방접종실(2106C)에서 접종 및 교부한다.

• 주중(월~금, 09:00~18:00) 이용가능하며, 사전에 전화예약하기 바란다.

> ① 예방접종 증명서 교부 수수료
> • 황열 31,460원, 콜레라 39,000원, 증명서 교부 1,000원
> ② 홈페이지 및 전화번호
> • 여행자 검역 홈페이지 : http://nqs.cdc.go.kr/nqs/incheon-airport/
> • 국립인천공항검역소 민원실(예방접종 예약) : 032-740-2703
> • 여행자 검역 신고 및 문의 : 032-740-2700, 2706 예방접종

## 2) 동물검역

- 애완동물을 데리고 출국하실 때에는 도착지 국가에 따라 반입금지 및 동물검역증명서를 요구하는 경우가 있으므로 사전에 농림축산검역본부 또는 해당국가의 한국주재 대사관에서 확인하기 바란다. 특히 일본, 대만, 호주, 뉴질랜드, EU국가 등으로 개 · 고양이를 데리고 가는 경우 사전문의하기 바란다.
- 민원실 : 여객터미널 3층 F카운터 뒤
- 홈페이지 및 전화번호
- 농림축산검역본부 홈페이지 : http://www.qia.go.kr
- 수출동물검역 : 032-740-2660~1
- 휴대애완동물 관련문의 : 032-740-2660~2
- 수출입동물 관련문의 : 032-752-1271~2
- 수출입축산물 관련문의 : 032-740-2642, 2646
- 화물터미널 이용안내 관련문의 : 032-740-2680~1

## 3) 식물검역

- 수출상대 국가에 따라 반입금지 및 식물검역증명서를 요구하는 경우가 있으므로 사전에 항공사 및 농림축산검역본부에서 확인하기 바란다.
- 외국에 도착할 경우 휴대한 식물류를 검역기관에 반드시 신고하기 바란다.
- 민원실 : 여객터미널 3층 F카운터 뒤
- 홈페이지 및 전화번호
- 농림축산검역본부 홈페이지 : http://www.qia.go.kr
  - 식물검역 : 032-740-2077
  - 휴대 식물검역 문의전화 : 032-740-2077
  - 화물 식물검역 문의전화 : 032-740-2074
  - 담당부서 : 여객서비스팀 공항안내 : 1577-2600

## 8. 세관신고

### 1) 외화반출

| 구 분 | 신고내용 | |
|---|---|---|
| 국민거주자 | 미화 1만 불 초과하는 일반해외여행경비 휴대 반출 시 → 세관 외환신고대에 신고 | |
| 해외이주자, 체재자, 유학생, 여행업자 외국인거주자가 국내근로소득을 휴대 | 여행경비 1만 불 이상 → 지정거래 외국환 은행장의 확인 | 물품거래대금, 자본거래 대가 → 각 거래에서 정하는 신고나 허가 필요 |
| 비거주자 | 외국환은행장 또는 한국은행 총재 또는 세관장의 허가 필요<br>• 최근 입국 시 신고한 외국환 등은 휴대수입한 범위 내에서 최초 출국 시 휴대 반출 가능<br>• 허가에 수일이 소요되므로 출국 수일 전에 미리 허가를 받아야 함 | |

### 2) 귀중품 고가반출(출국 후 재반입)

• 여행 시 사용하고 다시 가져올 귀중품 또는 고가품은 출국하기 전 세관에 신고한 후 "휴대물품반출신고(확인)서"를 받아야 입국 시에 면세받을 수 있다.

• 문화재 반출 시는 문화재감정관의 "비문화재확인서"를 발급받아야만 반출이 가능하다.

### 3) 귀중품 재반출(입국 후 재반출)

• 일시 입국하는 여객 중 고가귀중품 등 휴대 반입물품을 재반출하는 경우 입국 시 세관에서 발급한 "재반출조건일시반입물품확인서"와 반입물품을 세관에 제시해야 한다.

• 신고한 물품을 가지고 출국하지 않는 경우, 출국수속이 지연될 수 있으니 반드시 휴대하여야 하며 물품을 분실하였거나 휴대하여 출국하지 않으면 해당 세금을 납부하거나 세액의 120/100에 해당하는 담보금을 예치해야 출국할 수 있다.

### 4) 부가세, 특소세 환급확인절차(외국인 대상)

① 면세판매장(관할세무서장 지정)에서 물품 구입

② 출국장 세관신고대에서 반출 확인(반드시 구입물품 제시)

③ 법무부 출국심사 완료 후 부가세환급카운터에서 환급

> **주의사항**
> 물품을 구입한 날로부터 3월 이내에 국외로 반출하여야 해당세액을 환급받을 수 있다.
> 관세청 홈페이지(http://www.customs.go.kr)
> 국번 없이 1577-8577(관세청종합상담센터)

## 9. 보안검색

- 탑승수속 및 세관신고를 완료한 후 가까운 출국장으로 이동하여 보안검색을 받아야 한다.
- 인천국제공항에는 4개소(1번, 2번, 3번, 4번)의 출국장이 있으며, 해당 출국장이 혼잡할 경우 인근의 출국장을 이용할 수 있다.
- 공항 이용객 및 항공기의 안전을 위해 보안검색을 실시하오니 보안검색업무에 적극 협조하기 바란다.

보안검색대

- 환송객은 항공기의 안전운항을 위해 보안검색대 지역으로 입장할 수 없으니 출국장 지역에서 환송을 마치기 바란다.

### 1) 검색절차

① 여권, 탑승권을 출국장 입장 시에 보안요원에게 보여준다.
② 보안검색받기 전에 신고대상 물품이 있으면 세관에 미리 신고한다.
③ 휴대물품을 X레이검색대 벨트 위에 올려놓는다.(가방, 핸드백, 코트 등) 목적지에 따라 신발, 촉수 등 추가검색이 있을 수 있다.
④ 소지품(휴대폰, 지갑, 열쇠, 동전 등)은 바구니에 넣는다.
⑤ 문형탐지기를 통과하면 검색요원이 검색한다. 목적지 및 상황에 따라 추가검색이 있을 수 있다. 출국신고서는 작성하지 않는다.

## 10. 출국심사

여행객은 유효한 여권을 소지하고 도착국가 또는 경유하는 국가의 유효한 입국사증 소지 여부를 확인해야 한다.

- 출국심사 후 면세지역에서는 현금출금(외환관리법에 의거 현금출금기 설치 불가)이 불가하니 출국심사 전에 현금출금 등 여행에 필요한 준비를 마치기 바란다.

### 1) 심사절차

① 출국심사대 앞 대기선에서 기다린다.

② 모자(선글라스)는 벗고, 대기 중 휴대폰 통화는 자제한다.

③ 여권, 탑승권을 제시한다.

④ 여권에 출국확인을 받고 여권을 받은 후, 출국심사대를 통과한다.

## 2) 주의사항(도착국가 또는 경유국의 사증이 필요없는 경우)

① 사증 면제협정체결국가 여행

② 대한민국 국민 무사증입국허가국가

③ 행선국 또는 경유국의 제입국허가서를 소지한 경우

④ 행선국 또는 경유국이 도착사증제도를 실시하는 경우

## 11. 쇼핑

1) 면세지역 3층 : 신라면세점, 신세계면세점, 롯데면세점

2) 탑승동 3층 : 롯데면세점

- 취급품 : 화장품, 향수, 액세서리, 의류, 기념품, 선물, 전자제품, 포장식품 등
- 영업시간 : 06:30~21:30

## 12. 탑승

- 보안검색 또는 출국심사 완료 후 현금 인출을 위해 일반지역으로 나올 수 없으니 반드시 사전에 현금을 인출한다.
- 출국심사를 마친 후 탑승권이나 운항정보모니터에 있는 탑승게이트로 이동하여 항공기에 탑승하면 된다.
- 탑승게이트 1~50번은 여객터미널에서 항공기에 탑승하고, 탑승게이트 101~132번은 셔틀트레인을 타고 탑승동으로 이동하기 바란다.
- 항공기 출발 30분 전에 탑승을 시작하여 10분 전에 탑승이 마감되니 탑승에 늦지 않도록 주의하기 바란다. 인천국제공항에서는 출국 승객 개개인에 대해 안내방송을 하지 않는다.

탑승 및 환승

## 제7절  항공기 기내에서의 매너

## 1. 항공기 탑승

  항공기 탑승시간이 되면 30분 전부터 출발시간 및 항공편명을 순서대로 방송하며, 탑승 전에 자기 항공권 티켓에 명시된 항공기 탑승구(게이트 Gate) 입구에 40분 전에 도착해서 여유 있게 입구 좌석에서 대기했다가 안내에 따라 줄을 서서 좌석표를 항공사 직원에게 제시하고 기내에 오른다. 탑승은 줄을 선 순서대로 한다. 혹 면세점에서 구입한 액체 화장품(100ml 이상)이 있으면 출발 게이트 입구에서 면세점 담당직원으로부터 잊지 말고 인도받도록 한다.

## 2. 비행기 이륙 전 절차

  출국심사장 통과 후 절차
  ① 면세점 쇼핑 후 : 최소한 40분 전 탑승구 도착 대기
  ② 면세점 구입품 인도
  ③ 30분 전 줄 서서 비행기 탑승
  ④ 승무원에게 좌석표 제시
  ⑤ 승무원의 안내에 따라 짐 보관
  ⑥ 지정좌석에 착석
  ⑦ 핸드폰 비행모드
  ⑧ 안전벨트 착용
  ⑨ 비행기 안전수칙 참조(앞좌석 등받이에 있음)
  ⑩ 승무원의 안전벨트 착용시범 교육
  ⑪ 승무원의 안전벨트 착용확인

## 3. 기내시설물 이용하기

  비행기를 타면 승무원에게 자신의 좌석번호를 묻고 무거운 짐은 좌석 밑이나 승무원에게 보관을 부탁하고 서류가방이나 가벼운 짐은 선반에 옮겨놓는다.

좌석에 앉으면서 안전벨트를 매고 이륙을 기다린다. 승무원은 이륙 전에 좌석에 대한 사전의 안전교육을 하며 안전벨트 사용법과 좌석에 부착된 각종 사용기구의 이용법에 대해서 시범을 보인다.

비행기는 이륙과 착륙 시 위험하므로 안전벨트를 필히 착용해야 한다. 비행 시에는 기상변화로 인하여 기체가 흔들리는 경우가 있으므로 항시 승무원의 지시를 잘 따라서 안전을 위하여 좌석벨트를 매어야 한다.

## 4. 기내 화장실 이용

기내 화장실은 남녀공용이다. 화장실 사용여부는 사용 중일 때는(Occupied) : 빨간색, 비어 있을 때는(Vacant) : 녹색으로 표시된다.

화장실의 사용은 수세식 화장실과 동일하나 많은 승객이 공동으로 사용하는 것이므로 개개인의 주의가 필요한 장소이다.

화장실에서는 절대 금연이며, 흡연하였을 경우에는 엄청난 벌금이 부과되며, 항공기 소유국의 법에 따라 처벌받게 된다.

① 화장실에 비치하는 품목은 항공사마다 약간의 차이는 있지만 거의 같다.
② 비행기가 이착륙을 할 경우에는 사고위험이 있으므로 화장실 사용은 금한다.
③ 화장실은 옷을 갈아입는 장소로도 이용된다.
④ 다음 이용자를 위해 변기의 물을 반드시 충분하게 내려주고 뒷마무리를 깨끗하게 해주는 것이 에티켓이다.

## 5. 기내 서비스

"좌석벨트를 착용하시오(Fasten Seat Belt)"란 표시에 따라야 한다. 비행 중 예기치 못한 기류의 변화에 의해 기체가 급격히 흔들리는 경우에는 승무원이 '자리에 앉아주시고, 좌석벨트를 착용해 달라'는 지시를 하면 즉각 협조해서 제자리에 앉아 의자를 앞으로 원위치시키고 벨트를 착용토록 한다.

구명조끼 및 산소마스크 사용법에 관한 승무원의 시범을 꼭 보고 이를 숙지토록 한다. 이해가 안 가면 시범이 끝난 뒤 좌석 앞에 비치된 카드를 읽도록 한다.

▶ **승무원 호출:** 승무원의 호출버튼은 좌석의 팔걸이 부분에 나란히 부착되어 있으며 승무원 호출 시 호출버튼을, 취소 시엔 취소버튼을 누르면 된다.

▶ **식사와 음료:** 기내식으로 식사와 각종 주류, 청량음료를 무료로 즐길 수 있게 되어 있다. 공짜라고 해서 맥주, 와인 등을 계속 갖다 달라고 해서 취하도록 마시면 승무원도 속으로 짜증나고 사실상 기내 에티켓에도 어긋난다. 주류는 최대 3회 전후로 추가 주문을 제한하는 것이 매너라고 본다. 특히 기내에서의 알코올성 음료는 기압차이 때문에 평소대로 섭취하면 과음하게 되므로 주의해야 한다.

▶ **음악과 영화:** 기내에서는 영화감상이나 음악감상을 각 좌석의 옆에 있는 헤드폰을 사용하여 청취할 수 있게 되어 있다. 장거리 노선과 단거리 노선에 따라 영화상영 및 음악 감상에 대해서 본인이 선택할 수 있도록 영어와 한국으로 되어 있다. 단 외국의 항공사는 영어가 기본으로 되어 있다. 음악 및 감상에 대한 프로그램은 기내지의 뒤쪽을 보면 선택할 수 있도록 제공되고 있다. 조용한 기내에서 장거리 여행이라 수면을 취하는 고객들이 많으므로 헤드폰을 착용하고 영화 등을 시청하면서 크게 웃지 않도록 주의한다.

▶ **면세품:** 국제선 항공기에서는 면세품을 판매하고 있다. 면세품은 세계 각국의 유명 제소회사로부터 직접 구입하여 가능한 저렴한 가격으로 제공하고 있다.

▶ **유아 및 어린이를 위한 서비스:** 장거리 노선에는 유아나 어린이 장난감이 무료로 제공되며, 유아를 위한 우유, 유아식, 기저귀 등도 다양하게 준비되어 있고, 화장실에는 기저귀 교환대가 설치되어 있다.

▶ **의약품:** 간단한 소화제, 진통제 등 구급약이 비치되어 있으므로 필요시 승무원에게 요청하면 된다.

▶ **기내 취미서비스:** 장거리 노선 승객의 편의를 위하여 미주, 구주, 중동, 호주노선(괌 노선 제외) 승객에게 바둑, Chess, 카드 등을 무료로 대여하므로 승무원에게 요청하면 된다.

▶ **금연안내:** 모든 항공기내에서는 화재예방 등의 승객안전과 쾌적한 여행을 위하여 금연을 실시하고 있다.

# 6. 기내 식사예절

좁은 공간에서 식사서비스를 하기 때문에 조용히 순서를 기다리고 주변 사람에게 피해를 주어서는 안 된다.

식사류는 주로 육류와 생선요리, 해산물 요리로 구분하여 서비스하고 있다. 그러나 본인이 특이한 체질의 식성을 가지고 있을 경우 예약하기 전에 필히 본인의 식사 종류를 꼭 확인해야 한다.

빵을 원할 때는 Bread, Please, 밥을 원할 때는 Rice, Please 등으로 주문하며, 또한 주요리(Main Dish)의 경우, 육류를 원할 때는 Meat, Please, 해산물은 Seafood, Please, 생선류는 Fish, Please라고 주문하도록 한다. 서빙해 줄 때마다 승무원에게 Thank You very much!라고 미소로 말해준다. 부록에는 해외여행 시 필수 영어회화를 자세히 다루었다.

- 미안합니다만 물을 주십시오. Excuse me, can I have some water?
- 물을 마시고 싶습니다. I'd like a glass of water, please.
- 커피를 부탁합니다. Coffee, please.
- 맥주를 하나 더 부탁할까요? Could I have another beer, please?
- 와인 좀 더 주시겠습니까? May I have some more red wine?

주류는 대부분 항공사에서 무료로 제공되지만, 일반석에서는 요금을 받는 항공사도 있다.

장거리 비행일 경우 시차로 인한 식사의 제공은 1일 4~5식까지 제공될 수 있다. 외국에서 국내선을 이용할 때는 기본음료 이외에는 비용을 받으므로 승무원에게 확인 후 주문해야 한다.

보잉 Boeing777-American Airlines, Inc.

대한항공 AIRBUS A380-800

아시아나항공 보잉Boeing747

### ■ 아메리칸항공의 기내서비스

#### • 이코노미 클래스

미국 스타일의 고품격 서비스, 세계 최고 수준의 엔터테인먼트 그리고 "can do" 정신 등을 비행 중 즐겨보십시오. 이러한 장점들로 아메리칸항공은 타 항공사와 차별화됩니다. 아메리칸항공은 모든 승객이 다양한 서비스를 이용할 수 있도록 하여, 일반석의 편안함을 새로운 차원으  로 끌어올렸습니다. 연중 내내 제공되는 경쟁력 있는 항공요금과 인터넷 특가정보를 이용해 보시기 바랍니다.

#### • 휴식공간

넓은 좌석에 편히 앉아 최상의 기내 엔터테인먼트를 즐겨보십시오. 일반석 전체에 제공되는 콘센트로 CD 청취, DVD 감상, 노트북 컴퓨터 작업, 휴대전화 배터리 충전이 가능합니다. 일반석을 이용하면 비행도 즐거울 수 있다는 것을 느끼실 수 있습니다.

- 기내 스크린을 통한 개봉영화, 뉴스, 다큐멘터리, 코미디 등 300편이 넘는 영화와 수백 편의 TV프로그램 시청 가능
- 도쿄 출발 미국행 구간을 운항하는 보잉 777기 – 다양한 프로그램과 영화를 제공하는 10 개 채널 탑재 개인용 모니터
- 편안한 헤드셋
- 메인 코스와 음료수 선택 서비스
- 6방향으로 조절이 가능한 가죽 머리받침
- 가장 편안한 자세로 노트북, 음료수, 또는 책을 놓을 수 있는 슬라이딩 쟁반대

아메리칸항공의 상용 고객이거나 처음 이용을 고려 중인 고객이 아메리칸항공을 이용할 이유는 많습니다. 시카고, 뉴욕, 보스턴, 마이애미, 샌프란시스코, 댈러스, 포트워스 및 로스앤젤레스로 여행하시는 고객께 할인요금뿐 아니라 광범위한 비즈니스석 요금 및 Advantage(고객에게 유리한 점) 서비스를 제공합니다. 할인 항공요금 및 특별 제공 서비스부터 미국 각지로의 취항에 이르기까지의 모든 정보는 AA.com 한국어 사이트를 참조하여 주십시오.

#### • 엔터테인먼트

미국은 세계적 수준의 엔터테인먼트로 잘 알려져 있으며 아메리칸항공에서 귀하는 원하는 만큼의 엔터테인먼트를 선택하실 수 있습니다. 영화는 최신 흥행 영화나 현재 상영작, 가족영화, 또는 고전영화 중 선택하십시오. 귀하는 TV쇼와 뉴스 프로그램 중에서 선택할 수도 있고, 당사의 고품격 Bose® QuietComfort® 3 Acoustic Noise Cancelling® 헤드폰 음악의 세계로 채널을 고정시킬 수도 있습니다. 이 같은 모든 설비들로 귀하의 여행 시간이 지루하지 않게 됩니다.

퍼스트 클래스에서, 귀하는 개인별 모니터와 10개 채널 프로그래밍을 갖춘 개인 비디오 시스템, 개인 노트북 파워 포트, 개인 독서등, 개인 위성전화, Bose® QuietComfort® 3 Acoustic Noise Cancelling® 헤드폰을 모든 좌석에서 경험할 수 있습니다. 귀하는 또한 최대 20개까지의 추가 영화를 구비한 비디오 플레이어를 즐기실 수 있습니다.

개인용 엔터테인먼트 기기가 광범위한 영화, 뉴스, 음악, 게임, 쇼, 뮤직 비디오 등을 제공하는 새로운 비즈니스 클래스 좌석에서 최신기술을 경험하십시오.

이코노미 클래스 승객들은 10개 프로그램 채널과 영화를 제공하는 등받이 뒷면 장착 비디오나 오버헤드 영화 스크린을 사용할 수 있고, 이코노미 클래스 전체에 파워포트가 제공되어 귀하는 CD/DVD 플레이어를 청취하고, 휴대폰을 충전하거나, 노트북 컴퓨터로 작업을 할 수 있습니다. 아메리칸항공의 항공잡지인 아메리칸웨이(American Way)는 40여 년간 아메리칸항공사의 여행 동반자였습니다. 이 잡지는 시사에 대한 이해를 돕는 현재 토픽에 대한 읽을거리로 가득 차 있으며 귀하의 라이프스타일과 관련된 기사들이 포함됩니다. 이 잡지로 귀하의 여행이 좀 더 즐거워질 것입니다.(http://www.aa.com/i18n/travelInformation/duringFlight/dining/nternationail FlagshipEntrees.jsp)

## 제8절 호텔 매너

### 1. 체크인(Check In)과 체크아웃(Check Out)

해외호텔을 이용할 때는 반드시 사전에 예약을 해야 한다. 해외여행 시 반드시 5성급 또는 초특급 호텔을 고집할 필요는 없다.

4성급, 3성급 호텔도 외국 관광지는 쾌적한 환경을 제공하는 편이다.

예약 시 외국의 디럭스호텔(Deluxe Hotel)에서는 국제적으로 통용되는 신용카드의 번호를 알려달라고 요구하는 경우가 있다. 이는 요금지불에서 발생할지도 모를 문제들을 사전에 방지하려는 것이므로 염려할 필요가 없다.

3 Star Hotel-FERGUS Hotel Room

3 Star Hotel-FERGUS Magalluf Resort(마갈 루프, 스페인, 발레아레스제도Avenida Notario Alemany, sn, 07182 Magaluf, Spain, Balearic Islands)

호텔에 도착해서 카드를 요구하면서 보증금을 미리 내라고 하면 사인하고 영수증을 받는다. 퇴실 후 다시 입금처리를 해주므로 이 또한 염려할 필요가 없고 영수증만 잘 보관하면 된다. 현지 도착 3~4일 전에 예약상태를 다시 확인하는 것이 중요하며, 도착일이 변경된 경우나 취소할 경우에는 변경요청과 취소 통보를 반드시 해줘서 다른 사람에게 불이익이 가지 않도록 배려해야 한다. 만약 취소 통보를 하지 않으면 일부 호텔에서는 취소에 따른 수수료를 청구하기도 한다.

호텔에 도착하면 우선 프런트에서 등록카드를 작성한다. 예약사항을 먼저 이야기하고 소정의 등록카드에는 성명, 국적, 여권번호, 주소, 숙박기간 등을 양식에 맞추어 기재하는데 이때 프런트 종업원에게 객실료가 예약대로 책정되어 있는지 확인한다.

프런트에서 객실을 배정받으면 벨맨이 고객의 짐을 들고 앞장서서 손님을 객실로 안내해 준다. 호텔에 도착하여 등록을 하고 객실에 투숙하는 것을 Check In이라고 한다. 열쇠에 적힌 Room No.의 첫자리 숫자는 대개 층을 뜻하는 것으로 예를 들어 808이라 적혀 있다면 8층의 8호실이란 뜻이다.

객실에 도착하면 벨맨은 객실 내의 시설 이용법을 설명해 주는데, 설명 후에는 1~2달러 정도의 팁을 주는 것이 상례이다. 좀 더 구체적인 사항에 대해서는 객실 내에 비치된 서비스 디렉터리(식사메뉴, 관광, 쇼핑, 호텔 이용 규칙 등을 적어 놓은 호텔 이용안내책자)를 이용한다.

호텔에서 퇴숙하는 절차를 '체크아웃(Check Out)'이라고 한다. 보통 전날 오후 12시에 투숙(Check In)하여 당일 낮 12시 이전에 퇴숙(Check Out)하므로 시간에 맞추어 준비하는 것이 좋다. 만약 시간이 지체되면 추가 요금을 지불해야 하므로 부득이하게 1~2시간 더 머물러야 할 상황이라면 프런트에 미리 말해두어야 한다.

출발시간이 오후 늦게라면 일단 12시 이전에는 체크아웃(Check Out)하고 짐은 프런트 데스크나 벨 데스크에 요청하여 보관을 부탁한다.

- 보증금(Deposit)은 무엇인가?
  1. 고객이 호텔에 예약한 후 예약을 취소하지 않고 나타나지 않을 경우(No-show)에 대비해서 받는 예약금
  2. 객실 투숙시점에 객실 이용 중 기물 파손, 미니바의 음료대금 등의 발생에 대비해서 받았다가 돌려주는 예치금. 선수 보증금(Advance Deposit)이라고도 함

## 2. 조찬(아침 Breakfast 메뉴)

해외여행을 할 때 여행사의 단체 패키지를 이용할 경우에는 일반적으로 호텔의 커피숍에서 조찬뷔페를 이용한다.

그러나 개별여행을 할 경우에는 자신이 투숙한 호텔에서 유럽식 조식이나 미국식 조식 중에서 취향대로 선택해서 식사하면 된다. 만약 일품요리를 원하면 메뉴 중에서 수프, 샐러드 또는 샌드위치 등을 골라 식사할 수도 있다.

### 1) Continental Breakfast(유럽식 조식)

주스 한 가지 선택, 빵과 버터, 커피 또는 홍차 중 선택(Choice)

### 2) American Breakfast(미국식 조식)

주스 한 가지 선택, 달걀 2개와 햄, 베이컨, 소시지 중 한 가지 선택, 빵과 버터, 커피 또는 홍차 중 선택(Choice)

출처 : http://www.sqdish.com/dish_list.php?page=2800

## 3. 호텔 객실의 종류

① 싱글 베드룸(Single-Bed Room) : 1인용 침대가 하나 있는 침실

② 더블 베드룸(Double-Bed Room) : 2인용 침대가 하나 있는 침실

③ 트리플 베드룸(Triple-Bed Room) : Double-Bed Room에 Single-Bed 2개를 비치함
(주로 가족단체 관광지, 패키지투어여행)

④ 트윈 베드룸(Twin-Bed Room) : 1인용 침대가 둘 있는 객실

⑤ 스위트 룸(Suite Room) : 침실과 응접실을 갖춘 객실

⑥ 프레지덴셜 스위트(presidential suite) : 미국식(대통령 · 국가 원수가 숙박하기 적당한
호텔의) 특별실, 귀빈실. 하루 객실료 최소 300만 원 이상

## 4. 호텔 요금

① 유러피언 플랜(European Plan) : 객실요금과 식사요금을 별도로 계산하는 방식. 우리
나라에서 선택하는 제도

② 콘티넨털 플랜(Continental Plan) : 객실요금에 조식을 포함한 계산방식. 주로 유럽에
서 채택(Continental Breakfast)

③ 아메리칸 플랜(American Plan) : 객실요금+매일 3식의 요금을 포함하여 계산하는 방
식. 초기 미국에서 채택(Full Pension)

④ 듀얼 플랜(Dual Plan) : 혼합식(混合式) 요금제도(制度). 고객의 요구에 따라 아메리칸

플랜(American Plan)이나 유러피언 플랜(European Plan)을 선택할 수 있는 형식으로 두 가지 형태를 모두 도입한 방식

⑤ 수정식 아메리칸 플랜(Modified American Plan) : 수정식 아메리칸 방식은 손님에게 부담이 큰 아메리칸 플랜제도를 수정하여 3식을 제외하고 주로 아침식사와 저녁식사 요금은 실료에 포함시켜 실료로 계산하는 요금제도(Half-Pension 혹은 Demi-Pension 이라고도 함)

## 5. 객실 이용

### 1) 객실열쇠

호텔에 따라 다르나 세계 각국의 호텔이 거의 전자카드식 키를 채택하여 사용한다. 경우에 따라 일반적인 객실열쇠를 사용하는 호텔도 있다. 객실에 들어갈 때 객실 입구의 키 박스에 키를 넣으면 불이 들어온다. 대부분의 호텔 방은 문을 닫고 나오면 직접 잠그지 않아도 문이 닫히면서 자동으로 잠기게 되어 있다. 방 열쇠나 키 카드는 잊지 말고 항상 몸에 지니고 방 밖으로 나와야 한다. 만약 문제가 생기면(호텔 방이나 베란다 문이 갑자기 잠겨서) 프런트 데스크에 연락하여 마스터키로 문을 열도록 한다. 고령자는 외출 시에는 프런트에 방 열쇠를 맡기는 것이 더욱 안전할 수도 있다(Key 분실 시 도난의 위험이 있기 때문).

### 2) 욕실 사용법

신규 호텔의 경우는 대부분 욕실이나 샤워실이 있으므로 사용에 별 문제가 없다. 유럽 호텔의 경우 욕조나 세면대 외에 욕조 밖 바닥에 하수구가 없는 곳이 많다. 그런 호텔의 경우 욕조 밖에서 물을 사용했을 경우 객실 카펫에 물이 스며들어 복구비를 지불할 수도 있으니 조심해야 하며 쓰고 난 타월로 물이 넘치지 않도록 조치한다.

욕실바닥에 하수구가 별도로 없는 경우에는 욕조에 달린 샤워커튼을 이용해서 욕조 내에서 샤워하고, 그 안에서 물을 헹구어내는 것까지 끝내야 한다.

목욕을 할 때 욕조의 찬물과 더운물 표시가 나라에 따라 다르므로 조심해야 한다. 미국과 영국에서는 찬물을 C(Cold), 뜨거운 물을 H(Hot)로 표시하지만 프랑스, 이탈리아, 스페인 등의 불어권에서는 뜨거운 물을 C(Chaud, 쇼), 찬물을 F(Froid, 프루아)로 표시한다. 샤워가 끝나면 욕조에 묻은 머리카락이나 비누거품을 대충이라도 닦아내는 것이 기본 매너이다. 욕실에는 대개 3종류의 타월이 비치되어 있는데, 가장 작은 것이 핸드타월(Hand towel)로 손을 닦는 데 사용되고, 중간 크기는 페이스타월(Face towel)로 세수한 뒤에 사용한다. 큰 타월은 배스타월(Bath towel)로 목욕 후 몸의 물기를 닦는 데 쓰도록 한다.

## 3) 전화와 텔레비전 이용

객실 내에서 사용하는 전화는 자동으로 계산되어 체크아웃 시 지불하도록 되어 있다. 고객의 편리를 위하여 최근에는 객실에서 교환을 거치지 않더라도 본인이 직접 국제전화를 걸 수 있도록 되어 있다. 단, 객실에서 전화를 이용할 경우에는 서비스 요금이 부가되어 공중전화 사용료보다 20~50% 이상 비싸므로 휴대폰을 사용하는 것이 좋다. 로비에 있는 카드 공중전화를 이용하면 더욱 저렴하게 사용할 수 있다.

일부 호텔은 객실 내에서 팩스 시설은 물론 전화선과 전용선을 통한 인터넷 접속 서비스를 제공하기도 하니 노트북, 연결코드(Cord) 등을 준비해 가면 편리하다.

아침에 깨워주는 모닝 콜 서비스가 있다. 이것은 고객이 원하는 시간에 교환에게 부탁해서 전화벨 소리로 깨워주는 것을 말하는데, 최근에는 전화 자체에 알람기능이 있어 굳이 교환에게 부탁하지 않아도 되는 경우도 있다. 소형 탁상시계를 준비해 가는 것도 좋다.

객실 텔레비전에는 일반 채널과 호텔 자체에서 개설해 놓은 채널 등 두 가지가 있다. 일반 채널은 그 나라의 방송 채널이고 자체 채널은 유료 TV 등 다양한 방송을 즐길 수 있다.

객실 내에 비치된 프로그램 안내서를 참조하여 선택하며, 퇴숙 시 자동으로 계산이 청구된다. 영어로 매뉴얼이 되어 있는 경우, 성인용 유료 채널은 'Adult Movies'라고 적혀 있으면 잠깐 시청하고 다른 프로로 넘어가도 한 편의 영화를 본 것으로 가산되니 주의하도록 한다.

## 4) 룸서비스(Room Service)

객실에서 식사하거나 음료수를 마실 때에는 룸서비스를 이용한다. 객실 내에 룸서비스 메뉴가 비치되어 있으므로 메뉴를 보고 룸서비스에 전화로 주문하면 되는데, 룸서비스는 레스토랑보다 20% 비싸다. 또한 팁을 별도로 10% 지불해야 한다(호주, 일본, 한국 제외). 식사 후 식기는 냅킨으로 덮어서 문 밖에 내놓는다.

아침 일찍 식사를 하고 싶을 때에는 전날 밤 객실에 비치된 행거 메뉴에 미리 기입하여 객실 문 바깥쪽 손잡이에 걸어두면 원하는 시간에 방으로 음식을 가져온다.

객실 냉장고와 선반에는 음료와 주류, 스낵류 등으로 미니바가 갖추어져 있다. 미니바를 이용한 후에는 비치되어 있는 계산서에 직접 표시하여 체크아웃 시에 가져가서 호텔비와 같이 지불하면 된다. 미니바는 호텔 밖 상점에 비해 값이 매우 비싸므로 너무 많이 사용하지 않는 게 좋다. 최근에는 미니바에 고감도 센서가 부착되어 있어 병을 한번 들었다 놓기만 해도 자동으로 요금이 부과되므로 주의하도록 한다.

## 6. 팁(Tip), 봉사료

Tip(To Insure Promptness)은 호텔이나 레스토랑, Bar 등에서 고객이 봉사자에게 감사의 뜻으로 주는 금품으로 본래는 받은 서비스가 정확하고 신속하여 좋았을 때나 특별한 용건을 의뢰했을 때 주는 행위이다. 이는 18세기 영국 접객업소에서 '신속한 서비스를 받고자 하는 고객들이 자발적으로 베풀던 선심'에서 유래되었으며 호텔, 레스토랑, Bar의 계산서에는 서비스료(Service Charge)나 그러추어티(Gratuity)로 쓰여 있다. 외국여행 시에 호텔객실에 투숙하여 다음날 외출이나 퇴숙(Check Out)을 할 때 팁의 액수가 정해진 것은 없으나 통상 1달러 정도 매일 침대 위 등에 눈에 띄게 놓고 나오면 된다. 레스토랑의 경우 호주, 일본, 우리나라의 경우에는 법적으로 청구서에 서비스료(봉사료 : 보통 10% 정도)가 가산되어 있으므로 신경 쓸 필요가 없으며 이 밖의 나라에서는 대부분의 경우 별도로 지불하고 있으므로 10~20%의 Tip을 적당히 판단해서 놓고 나오도록 한다.

## 7. 호텔의 부대 서비스(Full-service Systems)

### 1) 세이프티 박스 서비스(Safety Boxes Service)

호텔은 객실 내의 분실이나 도난사고에 대해 일체 책임을 지지 않는다. 따라서 고가품이나 귀중품, 현금은 세이프티 박스에 맡겨두는 것이 안전하다.

### 2) 메이크업 서비스(Make Up Service)

외출 시 객실을 청소해 주고, 저녁 무렵에는 Open Bed Service 또는 Turn Down Service라고 하여 투숙객이 취침하기 편하도록 침구의 한쪽 모서리를 단정하게 접어놓는 서비스를 해준다.

### 3) DND(Do Not Distrub) 카드

룸메이드는 Floor Master Key로 열고 청소하러 들어올 수 있으므로 피곤해서 객실에서 쉬거나 잠을 잘 경우 객실에 비치된 DND(Dd) 카드를 방문 밖에 걸어두면 룸메이드나 기타 호텔직원이 문을 두드리거나 청소하지 않는다. Privacy(프라이버시)라는 표현을 쓰기도 한다.

Do Not Distrub/Make Up the Room Card

### 4) 세탁물 서비스

보통 객실 내에 세탁물 봉투와 Laundry Service의뢰서가 준비되어 있으므로 세탁물 내용을 기입하고, Laundry Bag에 넣어두면 방을 청소하는 룸메이드가 가져가서 다음날 방으로 가져다준다. 시간이 없을 경우에는 전화해서 직원을 불러 의뢰서에 Express 혹은 Same Day Service라고 표기하면 당일 서비스도 된다.

### 5) 컨시어지 서비스(Concierge Service)

고객에게 관광명소, 교통편, 주변 식당 정보, 극장 예매, 선물 구매 등 각종 정보를 제공해 주고 의문사항이나 고객의 불만사항 처리에 이르기까지 고객을 위한 모든 서비스를 제공하는 Concierge Desk가 운영되는 호텔이 많다.

### 6) 클록 룸 서비스(Cloak Room Service)

자기 방으로 굳이 들어가지 않고 잠깐 짐이 될 수 있는 물건(카메라, 서류가방, 코트 등)은 로비코너에 자리 잡고 있는 클록 룸에 무료로 맡길 수 있다.

### 7) 발레파킹 서비스(Valet Parking Service)

자가 운전자를 위해서 호텔 종업원이 대신 주차시켰다가 호출 시 손님에게 갖다주는 서비스이다.

### 8) Executive Club Service(귀빈층 서비스)

비즈니스와 국제교류가 빈번해지면서 호텔에서는 비즈니스맨들을 위한 부대 서비스의 다양화와 충실화에 더욱 중점을 두려는 경향이 높아지고 있다. 프런트를 거치지 않고 직접 투숙 가능, 귀빈층 라운지 뷔페 조식 무료제공, 칵테일, 커피 무제한 제공, 인터넷, 워드

작업, 팩스, 복사, 번역 및 통역, 각종 문서 발송, 우편업무, 신문·잡지 제공, 비즈니스 정보 제공 및 항공권 예약 혹은 취소, 비서업무 대행 등이다.

요즘 호텔에 따라서는 이러한 비즈니스 서비스의 기능을 객실상품에 포함시켜 Executive Club Service(이그제큐티브 클럽서비스/ Executive Floor 이그제큐티브 플로어 : 비즈니스 고객 전용층)를 운영하는 곳도 있다.

## 9) 피트니스 서비스(Fitness Service)

호텔의 피트니스 시설로는 헬스클럽, 수영장, 남녀사우나, 스파, 발안마, 마사지, 이·미용실 등이 기본을 이루며 테니스장, 조깅코스, 골프연습장 시설을 갖춘 곳도 있다. 호텔에 따라 무료인 경우도 있으며, 소정의 입장료를 내는 경우도 있다. 여행출발 전 수영복·수영모자 등을 준비하도록 한다.

## 10) 업그레이딩(Up Grade) 약어 UP-G(분야 : 프런트 및 하우스키핑)

호텔 측의 사정에 의해 고객에게 예약한 객실을 제공하지 못할 경우 고객이 예약한 객실보다 비싼 객실에 투숙시키고 요금은 고객이 예약한 객실요금으로 처리한다. 또한, 호텔이 고객을 대접하기 위한 수단으로 예약된 객실보다 값비싼 고급객실을 제공하고 요금은 예약되었던 객실요금을 징수하는 경우도 있는데 이것 역시 '업그레이딩'이라고 한다.

## 11) 공표요금(Rack Rate, 公表料金)

Room Tariff(객실가격표)에 명시된 가격이다. 호텔에 의해 책정된 호텔 객실기본요금이다. 또한 룸 랙(Room Rack)에 할당된 요금이나 이것은 할인되지 않은 공식화된 요금이다. 2인 기준 객실당 책정요금이므로 1명만 투숙해도 2인 가격을 받는다.

# 8. 호텔 이용 시 기본 에티켓

① 호텔에 도착하자마자 프런트에 비치된 호텔 약도(Map of hotel, 명함크기)를 반드시 챙겨서 밤에 쇼핑 후 길을 잃는 불상사가 없도록 한다. 관광지는 비슷비슷한 호텔이 너무 많아 밤에 찾기가 힘들다.
② 커피숍에 슬리퍼 차림으로 식사하러 가면 안 된다.

③ 커피숍에서 오전에는 1시간 안에 전체 투숙객이 모두 내려와 식사하므로 너무 자리를 차지하고 있지 말고 빨리 양보해 준다. 아니면 오전 6시 반경에 일찍 식사하러 가면 여유 있게 식사할 수 있다.

④ 커피숍에서 오전 7시경 한꺼번에 관광객이 밀려 자리가 없을 경우 호텔에서는 원래 합석 자체를 안 하지만 예외로 외국인이 같이 앉기를 원하면 적극적인 자세로 "네, 여기 앉으세요. Why not? Seat here, please."라고 말해 같이 착석하도록 하자. 휴양지라 단체로 오전 정해진 시간에 버스가 출발하니 그 외국인도 나처럼, 그 시간에 먹지 않으면 굶고 여행을 다녀야 하니 역지사지(易地思之)로 서로 양보함이 미덕이다.

⑤ 객실청소 룸메이드 팁 지불은 투숙객 1인당 1달러 정도 익일 아침에 관광 나올 때 침대 위에 놓고 나온다.

⑥ 객실 내에서 고추장, 김치 냄새 등을 풍겨 다른 고객에게 불쾌감을 주는 행위는 가급적 자제하도록 한다.

⑦ 호텔 퇴숙 시 허가 없이 수건, 담요, 그릇 등 호텔 집기 비품을 가지고 나와 한국인이 나쁜 인상을 받는 일이 없도록 한다.

⑧ 호텔에서 잠옷이나 슬리퍼 차림으로 돌아다니면 에티켓에 어긋난다.

⑨ 타국이라 긴장도 풀리겠으나 내일 관광도 매우 피곤하니 객실에서 여러 사람이 모여 밤늦도록 큰 소리로 떠드는 행위를 절대 하지 말아야 고가를 지불한 해외여행의 보람을 찾을 수 있다. 술을 마시거나 화투, 카드놀이 등의 행동은 절대 하지 않아야 한다.

⑩ 호텔 교환직원 또는 작은 호텔은 프런트 직원에게 모닝콜(Morning call)을 반드시 부탁한다.

⑪ 엘리베이터를 타거나 내릴 때 다른 사람을 밀치는 행위는 매너에 어긋난다. 여성이 곁에 있을 경우 미소를 머금고 "After you, please." 하면서 양보한다.

⑫ 로비, 복도, 레스토랑 등 공공장소에서 큰 소리로 떠들지 않도록 조심한다. 특히 로비는 여러 나라 사람들이 모이는 곳이므로 말과 행동에 유의한다.

⑬ 방을 나갈 때는 사용한 침대나 방 안을 대충 정리해 두는 것이 매너이며, 슈트케이스, 중요물품이 든 가방은 프런트에 맡기지 않는다면 잠가놓는 것이 좋다.

⑭ 이태리 등에서는 변기 옆에 조그만 비데가 별도로 있는데 이것은 국부를 씻는 데 사용하는 비데(Bidet)이니 여기에 소변을 보면 안 된다.

⑮ 방 안에 있을 때는 언제나 문고리의 안전체인을 걸어두고, 누구인지 확인 후에 문을 열어주어야 한다. 가족이나 친구의 옆방을 왕래하는 오전이 도둑 맞는 취약시간이니 특히 조심한다.

⑯ 복도, 엘리베이터에서 다른 사람과 눈이 마주쳤을 때에는 비록 모르는 사람일지라도 가볍게 목례 정도로 인사를 하는 것이 예의이다. 아침인사는 꼭 하는 것이 좋다.

⑰ 레스토랑을 이용할 경우 상황에 따라 적절한 팁을 주도록 한다. 일본, 호주 등을 제외한 대부분 국가의 호텔 레스토랑에서는 일반 고급식당과 마찬가지로 세금을 포함한 가격의 20%를 팁(Tip, 봉사료)으로 지불(支拂, Payment)해야 한다(Fast Food 또는 뷔페식당 등의 셀프서비스 식당은 제외).

⑱ 호텔 종업원에게 함부로 대하거나 우리말로 험담, 욕설 등을 하지 않도록 한다.

⑲ 베란다 문이 자동으로 잠기는 경우도 있으니 주의하여 사용한다. 외출 시엔 반드시 잠금을 확인한다.

제3장

세계 각국의 에티켓

# 제3장 세계 각국의 에티켓

제1절 **영국의 에티켓**

## 1. 교통

영국의 교통질서를 보면 정말 신사의 나라이다. 영국인들은 교통 체증이 심하면 교통의 혼잡을 줄이기 위해 느긋한 마음으로 기다릴 줄 안다. 길이 많이 막히면 우리나라는 작은 틈을 뚫고 계속 끼어들기를 하여 모든 방향의 흐름을 막지만 영국은 다른 방향의 차 흐름을 방해해 가며 앞서 가려 하지 않고 그 자리에서 자기 차가 들어갈 수 있는 공간적인 여유가 생길 때까지 여유롭게 기다린다. 영국의 교통은 사람 위주로 되어 있어 고속도로 외에는 모든 차가 다니는 길에 보행자를 위한 신호등이 없어도 차가 오지 않으면 언제든지 길을 건너도 상관이 없다. 한국에서는 오토바이가 인도를 다녀도 규제하시 않는데 영국은 그렇시 않다. 바퀴가 있는 것(Vehicle : 비이클, 자동차, 오토바이, 자전거)은 인도를 다닐 수 없게 되어 있으며, 오토바이 혹은 자전거라도 차와 똑같이 인증을 하여 차도에서 다녀야 하며 하나의 차선에서 정중앙을 다닌다. 그리고 뒤따르는 차가 함부로 게다가 위험하게 추월을 할 수 없다. 자전거 또한 그들의 수신호로 그들이 가는 방향을 뒤에서 오는 차에게 알린다. 앞차가 차선 변경으로 끼어들기를 할 때 뒤차가 헤드라이트를 깜빡거리면 양보를 할 테니 들어오라는 의미이다. 끼어든 후 미안하다는 표현으로 손을 들어주는 것은 기본적인 예의이다. 한국은 사소한 법규도 안 지키고, 앞차가 진로를 방해했다고 쫓아가 그 앞에서 갑자기 서버려 여러 명이 죽은 사고뉴스를 보며 법규와 매너를 잘 준수하는 영국인들에게서 배울 것이 정말 많다는 생각을 하게 된다.

## 1) 바쁜 사람을 위한 배려

쇼핑센터에서 에스컬레이터를 이용할 때를 제외하고는 서서 에스컬레이터를 이용할 사람은 무조건 오른쪽에만 서야 한다. 언제든지 바쁜 사람을 배려하는 것이다. 만약 오른쪽에 서 있지 않고 왼쪽에 서 있으면 뒷사람으로부터 바로 Excuse me라는 말을 들을 것이다. 뒤에 사람이 오고 있는지 확인 후 없으면 왼쪽으로 옮긴다. 그리고 또한 길에서도 바쁜 사람은 Excuse me라고 얘기해서 양해를 구하며 앞에서 천천히 가는 사람에게 길을 잠시만 비켜달라고 부탁한다. 영국에서 생활하면 Excuse me라는 말을 많이 하게 될 것이다. 영국은 여유로움과 바쁨 안에서의 무질서 그리고 그 안에 숨어 있는 질서를 몸소 체험할 수 있다.

## 2) 문 앞에서의 예절

어디서든지 문을 열고 출입하는데 문을 연 후에 뒤에 사람이 오는지 확인한다. 이는 뒤에 사람이 오면 문을 잡아주기 위한 것이다. 영국에서 어떤 사람이 당신의 문을 잡아주면 항상 Thank you라고 얘기해야 한다. 그리고 또 유의할 점은 문을 열고 건물에 들어가거나 나올 때 항상 뒤를 돌아보고 사람이 있으면 문을 잡아주어야 한다. 한국분들은 뒤도 돌아보지 않고 문을 놓는데 영국에서는 가장 불친절한 행동 중 하나로 꼽힌다. 꼭 조심하고 뒷사람을 위해 문을 잡아주는 습관을 키우기 바란다. 그리고 Thank you라는 말을 하는 습관도 함께 기르자.

- 런던의 치안은 상당히 양호한 편이나, 역전 부근에서는 소매치기, 들치기 등을 조심한다.
- 영국은 우월감을 가지고 있으므로 호텔 직원의 약간 고압적인 태도나 행동에 흥분할 필요 없이 침착하게 행동한다.
- 영국에서 흰 백합꽃은 죽음을 상징하니 선물해서는 안 된다.
- 영국인 등 서양인들은 식사 중 코를 푸는 것은 생리적 현상이므로 괜찮다고 생각한다.

## 제2절　미국 젊은 세대의 사회적 관습(Social Customs)

### 1. 인사(Greetings)

"How do you do," "Good morning," "Good afternoon," "Good evening" 등은 격식을 갖춘 인사법이다. 젊은 세대들이 학교 등에서 만나면 보통은 격의 없이 "Hi" 또는 "Hello"라고 가볍게 인사한다.

상대방과 처음 만났을 경우, 남자들은 항상 악수를 한다. 여자들도 악수하는 경우가 있지만 일반적인 경우는 아니다. 헤어질 때는 보통 "Good-bye" 또는 간단하게 "Bye."라고 한다. 그 밖의 비슷한 표현으로는 "Have a nice day," "Nice to see you," "See you later." 등이 있다.

친한 친구 사이이거나 가족들, 또는 연인관계에 있는 사람들은 서로 만났을 때 포옹을 하고 경우에 따라 키스를 하기도 한다. 이러한 종류의 인사는 서로 아주 잘 아는 사이이거나 아주 가까운 사이에서만 한다.

사회적 관습은 지역에 따라 그리고 젊은 세대와 나이 든 세대 간에 서로 차이가 있을 수 있다는 점에 주의하라.

### 2. 호칭(Use of names)

미국에서는 다른 나라의 경우보다 격의 없이 이름을 부르는 것이 더 흔하다. 자신과 나이가 같거나 어린 사람에게는 처음부터 이름을 부르는 것이 거의 항상 상식에 어긋나지 않는다.

자기보다 직급이 높은 사람이나 교수, 또는 연장자들을 호칭할 때에는, 본인이 이름을 불러달라고 따로 이야기하지 않는 한, "Mr." 또는 "Ms."라는 존칭을 그 사람의 성 앞에 붙여서 불러야 한다.

일부 미국 여성들은 "Miss(미스)" 또는 "Mrs.(미세스)"보다는 "Ms."("미즈(miz)"로 발음)로 불러주는 것을 선호한다. 이는 기혼 및 미혼 여성에게 모두 사용할 수 있는 호칭이며, 상대방의 결혼 여부를 모를 때 이용하면 된다.

미국에서는 이름에 "Mr.", "Mrs.", "Miss", "Ms."를 붙이지 않는다. 예를 들면, Larry Jones라는 사람을 부를 때는 "Mr. Jones"라고 하지 "Mr. Larry"라고 부르지 않는다.

미국에서는 별명을 부르는 것이 매우 일반적이다. 별명으로 부르는 것이 선의에 의한 것이라면 상관없으며 때로는 호의와 애정의 표현으로 간주되기도 한다.

사람들과 만나면 망설이지 말고 상대방에게 어떻게 호칭해 주면 좋을지 물어보고 자기 자신도 어떻게 불러주기를 원하는지를 말해 주는 것이 좋다. 솔직하게 대하는 것이 서로 소개하기 편하다.

## 3. 친근함과 우정(Friendliness and Friendships)

미국인들은 친근하게 행동하는 것으로 유명하다. 미국인들 사이에서는 심지어 전혀 모르는 사람에게도 격의 없이 그리고 편하게 대하는 것이 그다지 드문 일이 아니다. 미국에서 생활할 때에는 처음 보는 사람이 "Hi"라고 친근하게 인사해도 놀랄 필요 없다. 그러나 이러한 친근함과 우정 사이에는 차이가 있다. 어떠한 문화에서든지 우정을 쌓고 가까운 관계를 형성하는 데는 시간이 걸리기 마련이기 때문이다.

미국인들의 친구관계는 다른 문화권의 경우보다 더 짧고 격의 없이 대하는 경향이 있다. 미국인들 중에 진정한 친구는 일생에 오직 한 사람만 있고, 다른 친구들은 단순히 가까운 인간관계에 있는 것으로 생각하는 경우도 적지 않다. 이러한 태도는 아마 지역을 자주 옮겨 다니는 미국 생활의 특성과 다른 사람들에게 의존하지 않으려는 미국인들의 성향과도 관계가 있을 것이다. 미국인들은 친구관계를 구분하는 경향이 있다. 예를 들어, "직장 친구들(friends at work)", "농구팀 친구들(friends on the basketball team)", "가족 친구들(family friends)" 등으로 나누어 생각한다.

아래 내용은 그 밖에도 미국인들의 사회생활에서 볼 수 있는 특징들 중 일부이다.

미국인들은 자기가 알고 지내는 사람들이나 같은 수업을 듣는 학생들도 '친구(friends)'라고 부른다. 그러나 친구관계도 친밀도에 따라 그 수준이 서로 다르다. 친구라고 부른다고 해서 항상 감정적으로도 가깝게 느끼는 것은 아니다.

미국에서는 사람들을 만나면 "How are you?" 또는 "How are you doing?"이라고 묻는다. 이러한 인사는 실제 상대방에게 관심이 있어서 묻는 것보다는 예의를 갖추기 위한 의례적인 인사말인 경우가 대부분이다. 그러므로 묻는 사람도 꼭 대답을 기대하는 것은 아니다. 하지만 인사를 건넨 사람과 정말 가까운 관계라면, 자신이 어떻게 지내는지 대답해 준다. 그렇지 않을 경우에는 보통 "Fine, thank you. How are you?"라고 대답하면 된다. 상황이 썩 좋지 않은 경우에도 예의상 그렇게 대답하는 것이 좋다.

미국인들은 애정의 표현으로 상대방의 어깨에 손을 얹거나, 장난스럽게 상대방을 팔꿈 치로 찌르거나, 격려의 표현으로 등을 두드리는 등 신체 접촉을 하면서 의사 표현을 하는 경우가 많다. 또 만났을 때 포옹하는 경우도 있다. 이러한 친근한 제스처들은 일반적인 것이므로 건방지다거나 무례하다고 해석하면 안 된다.

미국인들이 다른 문화권의 경우보다 신체접촉을 많이 하는 경향이 있기는 하지만, 서로 대화를 하거나 사교적인 모임에서는 비교적 거리를 멀리 유지하는 것이 일반적이다. 사람 마다 상대방과 이야기를 나눌 때 '편하게 느낄 수 있는 거리(comfort zone)'는 서로 다르다. 따라서 미국인과 대화할 때에는 대화 도중에 상대방에게 다가갔을 때, 상대방이 약간 물 러서더라도 기분 나쁘게 생각하지 말아야 한다.

미국에서는 남성과 여성이 단순히 남녀 간의 친구 사이로 지내는 경우가 많은데, 일부 외국인들은 이에 대해 놀랄 수가 있다. 이성 간의 친구들이 함께 영화를 보러 가거나, 식 사를 함께하거나, 콘서트나 그 밖의 다른 행사에 함께 가더라도 꼭 이성으로서 사귀는 것 이 아닌 경우도 많기 때문이다.

미국인들은 일반적으로 자기 집에 초대하는 것을 좋아하며, 상대방이 초대에 응하면 기뻐한다. 그러한 초대를 받으면 여러분이 상대방을 나중에 초대할 수 없다고 해도 주저 하거나 불편하게 생각할 필요는 없다. 그 사람들 역시 여러분이 고국에서 떨어져서 유학 생활을 한다는 것을 잘 알고 있기 때문에 그런 기대는 하지 않을 것이다.

캠퍼스 활동에 참여하는 것은 친구들을 사귀는 좋은 방법이다. 대학마다 다양한 단체, 위원회, 스포츠클럽, 학술단체, 종교그룹, 기타 관심이 있는 사람이면 누구나 참여할 수 있는 다양한 단체들을 가지고 있다.

다른 모든 문화권에서와 마찬가지로, 미국에서도 좋은 친구를 사귀는 데는 시간이 걸린 다. 그러므로 인내심을 가지고 되도록 많은 사람들을 만나는 것이 좋다. 시간이 지나면 미국에서 생활하는 동안 평생 지속될 친구들을 사귈 수도 있을 것이다.

미국은 이동과 변화가 많은 지극히 활동적인 사회이기 때문에, 미국인들은 항상 움직이 고 있는 것처럼 보인다. 이와 같이 바쁜 분위기에 익숙하기 때문에 보기에 따라서는 미국 인들이 너무 직선적이거나 성격이 급해 보일 수도 있다. 미국인들은 단지 여러분에 대하 여 최대한 빨리 알고 싶어 하고 그 다음에는 다른 일에 신경을 쓰고 싶어 하는 것뿐이다. 때로는 만나서 얼마 되지 않아 여러분들이 생각하기에는 매우 사적인 질문들을 하기도 한다. 그러나 그것은 다른 의도가 있어서가 아니라 단순히 여러분에 대하여 관심과 호기

심이 있어서 단도직입적으로 알고 싶은 것을 묻는 것일 뿐이므로 오해하지 말아야 한다. 혹시라도 미국인들의 행동방식에 대해 이해하지 못하거나, 어떨 때 미국인들이 기분 나빠 할 수 있는지 알고 싶으면 망설이지 말고 물어보는 것이 좋다.

미국인들은 대부분 외국인들이 미국 사회와 그 밖에 외국인들이 관심을 가지고 있는 부분에 대해서는 성심성의껏 설명해 준다. 아마 여러분들이 더 이상 듣고 싶지 않다고 할 정도로 아주 자세히 설명해 주려고 할 것이다. 미국인들은 대화하다가 중간에 이야기가 끊겨서 침묵이 흐르는 상태를 아주 불편하게 생각하는 경향이 있다. 그래서 아무 말 없이 있는 것보다는 차라리 날씨 이야기를 하거나 아니면 가장 최근의 스포츠 경기 기록에 대해서 화제를 돌려 이야기를 꺼낼 것이다.

반면에 미국인들은 미국과 직접적으로 관계있을 경우 이외에는 세계 지리나 국제시사 문제들에 대해서는 잘 모른다. 미국은 지리적으로 다른 많은 나라들과 워낙 멀리 떨어져 있기 때문에, 일부 미국인들은 세계의 다른 곳에서 일어나고 있는 일들을 잘 모르는 경향이 있다.

## 4. 친목을 위한 초대(Social Invitations)

미국인들은 대단히 예의 바른 사람들이다. 대화에서도 그러한 면이 자주 나타난다. 미국인들은 보통 대화를 끝낼 때 "언제 한번 만나자(Let's get together sometime)", "기회가 되면 한번 찾아와라(Come by for a visit when you have a chance)", 또는 "나중에 커피 한잔 하자(Let's meet for coffee)" 등의 말을 한다. 그러나 그러한 초대는 대개 인사 차원에서 하는 말이다. 시간과 장소를 분명하게 정하지 않는 한, 약속한 것으로 생각하지 않는 것이 좋다.

초대를 수락했거나 만날 약속이 정해진 경우에 미국인들은 대개 정해진 시간과 장소에 도착할 것으로 예상한다. 초대를 수락해 놓고 나타나지 않거나 10분 내지 20분 이상 늦는 것은 예의에 벗어난 행위이다. 미국인들은 시간관념이 철저한 경향이 있다. 약속을 취소해야 하거나, 정시에 도착할 수 없을 경우에는 반드시 초대한 사람에게 전화를 걸어 약속을 취소하거나 변경해야 한다.

파티나 식사에 참석해 달라는 초대를 받았을 경우에는 그날의 행사가 격식을 차리는 행사인지 그렇지 않은지 물어보는 것이 좋다. 행사의 성격에 따라 의상이 중요한 경우가 있기 때문이다.

누군가의 집에 정식으로 초대받은 경우에는 집주인에게 줄 선물을 가지고 가는 것이 좋다. 선물로는 보통 와인 한 병이나 초콜릿 한 박스, 아니면 꽃이 일반적이다. 친구 사이에 방문할 때에는 구태여 선물을 가지고 갈 필요는 없다.

초대받았던 집을 나올 때는 집주인에게 감사하다는 인사를 잊지 말아야 한다. 다음날 고맙다는 쪽지(thank you note)를 보내거나 전화로 고맙다는 인사를 전하는 것도 좋은 방법이다.

## 5. 유학생들을 위한 '데이트와 이성관계(Dating and Relationships)'

많은 유학생들에게 미국식 데이트와 이성관계는 가장 이해하기 힘든 것 중 하나일 수 있다. 다른 문화권에서와 달리 미국문화에서는 연애관계에 관하여 일반적으로 인정되는 행동방식이 없다. 모두 그런 것은 아니지만, 다음의 일반적인 사항들을 따르는 것이 도움이 될 것이다.

남성과 여성은 일반적으로 동등한 입장에서 서로를 대우하며, 격의 없이 편하게 대하는 것이 보통이다. 남성과 여성은 서로 격식을 차리지 않고 솔직하게 대한다.

전통적으로, 데이트는 남성이 여성에게 신청하는 것이 관례이다. 그러나 여성이 남성에게 신청하는 것도 무방한 것으로 인식되고 있다. 데이트 경비는 두 사람 중 한 사람이 부담하는 경우도 있고, 분담하는 경우도 있다. 남성이 돈을 내겠다고 제의하는 것이 보통이지만 여성이 일부 부담하는 것도 좋다.

미국에서 데이트한다는 것은 상대방을 좀 더 잘 알고 싶어 한다는 것을 의미한다. 데이트한다고 해서 반드시 성적인 관계로 발전하는 것은 아니다. 데이트 상대의 동의 없이 일방적으로 성적인 행동을 하려는 것은 용납되지 않으며, 경우에 따라서는 범죄행위이기도 하다. 상대방의 의사를 존중해야 한다는 점을 명심하고, 그와 마찬가지로 자신이 원하지 않는 행동을 강요에 의하여 할 필요는 없다.

동성애 관계는 미국에서 보편적인 것은 아니지만 흔히 있는 일이다. 많은 사람들이 아직도 게이(동성애 남성)나 레즈비언(동성애 여성)들에 대하여 불편하게 생각하는 것은 사실이지만, 그들을 차별하거나 그들에 대해 경멸적인 언사를 하는 것은 용납되지 않는다. 만약 여러분이 동성애자라면 대부분의 미국 도시들과 일부 대학교 캠퍼스에서 동성애자를 대상으로 하는 단체나 신문과 잡지 등을 발견할 수 있을 것이다. 본인이 동성애자가 아닌데, 동성인 다른 사람이 동성애적 관심을 표현하는 경우에도 기분 나쁘게 생각하지 말고 정중하게 거절하면 된다.

상황마다 모두 다르다는 점과 항상 상대방의 기준, 가치관, 감수성 등을 고려해서 판단해야 한다는 점을 명심할 필요가 있다. 현재 미국에는 HIV, AIDS, 그리고 그 밖의 성병들이 있는 것이 사실이므로 항상 그러한 질병에 감염되지 않도록 스스로 조심해야 한다는 점을 명심해야 한다.

## 6. 문화의 차이

우리나라의 문화에서는 여성이 남성에게 말을 걸면, 한국남성은 100% 이 여성이 자기를 좋아하는 것으로 받아들인다.

그러나 미국의 여학생들은 원래 어릴 적부터 학교에서 남녀 간에 서로 동등한 학생 신분으로 거리낌 없이 말을 먼저 하고 지내왔기에 그렇게 할 뿐이다(인포피디아 USA).

## 제3절  세계 각국의 에티켓

## 1. 세계 각국의 팁(Tip)문화

"루시앙쉐이슈(入鄕隨俗, 입향수속), 그 고장에 가면 그 고장의 풍속을 따라야 한다"라는 중국 속담과 "로마에 가면 로마법을 따라야 한다"라는 격언처럼 그 나라 관습에 따라 각국의 팁문화를 미리 파악하여 쉽지 않게 결정한 해외여행에서 실수하는 일이 없어야 하겠다.

팁(Tip)은 "너무 과하지도, 너무 박하지도 않게 주는 것"이 가장 좋다. 호텔, 식당 등에서는 10~15%의 팁을 지불하나 다음 내용을 참고하여 각국의 팁 관례와 받은 서비스의 질에 따라 팁의 액수를 가감한다.

미국은 식사 인원이 6~8명 정도 되면, 식당 측에서 팁을 함께 미리 포함시킨 계산서가 나오기도 하며, 라스베이거스에서는 팁에 익숙하지 못한 한국 등의 여행객을 위해 아예 메뉴 음식의 가격 옆에 팁 포함 가격을 표기한 경우도 있다. 또한 팁이 미리 포함된 계산서(청구서)를 제시하는 경우도 많으므로 팁을 주기 전에 항상 계산서(Bill, 청구서)에 팁이 포함되었는지 미리 꼼꼼히 확인하여 기분 상하지 않도록 한다.

## 1) 아시아, 오세아니아 지역

관례상 특별한 팁문화가 없다. 고급호텔에서만 적당한 팁을 지불하면 된다. 한국의 여행사를 통한 단체 패키지여행인 경우에는 객실 룸메이드 팁 1달러 외에는 팁을 전혀 지불할 필요가 없다.

### • 베트남

고급 레스토랑은 식사요금의 5~10%를 Service charge로 계산서에 포함토록 하고 있으므로 따로 팁이 불필요하며, 유흥업소 여성 접대부 3~5달러를 제외하고는 전혀 팁 지불 대상이 없다.

### • 일본, 싱가포르, 말레이시아, 한국 등

이들 나라는 팁이 따로 필요 없다. 나라 정책상 봉사료(Gratuity)가 계산서에 표시돼 있기 때문이다. 호텔이나 고급 레스토랑 등의 이용 시 이미 영수증에 팁이 포함되도록 규정하고 있으므로 팁을 따로 지불할 필요가 없다.

> 서울 63빌딩 '63레스토랑'은 메뉴판 하단에 "상기 금액은 10%의 봉사료와 10%의 세금이 포함되어 있습니다. 10% service charge and 10% tax has been added."로 표기되어 있다.

### • 인도네시아

필리핀과 같이 대부분 봉사료 명목으로 10%가 계산서에 포함되나 예외인 레스토랑도 있으므로 따로 지불해야 하는 경우가 있다.

### • 중국

고급호텔 객실 룸메이드 : 인민폐로 10원(한국 돈 1,000원) 정도 베개 밑에 두고 나온다.

### • 필리핀

필리핀과 인도네시아는 대부분 봉사료 명목으로 10%가 계산서에 포함되나 예외인 레스토랑도 있으므로 따로 지불해야 하는 경우가 있다.

- 고급호텔 객실 룸메이드 : 체크아웃 시 1달러 정도 베개 밑에 두고 나온다.
- 택시 이용 시 팁 : 택시요금 24P가 나오면 25P의 요금을 지불, 33P가 나오면 35P의 요금을 지불하면 된다.

### • 호주, 뉴질랜드

우리나라, 일본, 러시아나 동구권 국가처럼 팁문화 관례가 아닌 대표적인 나라에 속한다.

- 고급호텔 이용 시 : 서비스 건당 호주달러 1달러를 팁으로 지불
- 고급 레스토랑 이용 시 : 금액의 10~15%를 팁으로 주는 문화가 정착되고 있다. 자발적으로 10~15%의 팁을 서버에게 직접 주거나 남는 동전이나 지폐 등의 잔돈을 팁 자(Tip Jar : 사례금 넣는 통)에 넣기도 한다.

### • 캄보디아(Cambodia)

팁 관행이 거의 정착되지 않은 관계로 특별히 팁을 고려할 필요는 없으나 호텔이나 식당 등에서 서비스를 받을 경우 약 2,000리엘~1달러 정도의 팁이면 충분하다.

## 2) 유럽

팁은 일반적으로 자기가 이용한 서비스요금(식사대금 등)의 5~10%를 주면 된다. 거스름돈(change)이 팁 지불액과 비슷하면 이를 안 받으면 팁으로 안다. 거스름돈 금액이 크다면 "내 거스름돈을 주세요!(Piease Give me My change!)"라고 말하고 이를 받아서 적정한 팁을 지불하면 된다.

### • 그리스

고급 레스토랑을 제외하고 잔돈을 남기고 나오는 것을 팁으로 대신한다.
- 일류 레스토랑 : 5~10% 팁을 지불
- 일반 레스토랑 : 거스름돈 약간
- 카페, 바 : 50드라크마(1Dr = 약 3.7원)
- 포터 : 짐 1개당 100~200드라크마
- 극장, Nightclub(나이트클럽) 입구의 Cloak Room(휴대품 보관소) 직원 : 코트 1벌 보관당 20~100드라크마
- 호텔 객실 룸메이드 1박 청소 : 100드라크마

### • 독일과 이탈리아, 오스트리아는 레스토랑이나 바(Bar)에서 5~10% 정도의 팁을 준다. 총액이 20유로 미만일 때는 1~2유로가 일반적임(여행사 패키지 단체고객은 지불할 필요가 전혀 없음)

### • 스위스, 스페인

보통 15%의 봉사료가 포함돼 계산서가 나오지만 고급 레스토랑은 팁을 더 주는 것이 관례(여행사 패키지 단체고객은 지불할 필요가 전혀 없음)

• **영국**

호텔 퇴숙 시 객실료 10% 정도의 서비스요금이 청구된다. 그리고 미국의 호텔처럼 룸메이드 등 각 종사원에게 1달러를 주는 경우 50P(펜스) 또는 1파운드 정도 주면 된다.

- 택시 이용 : 택시요금의 10~15%
- 레스토랑 : 영국은 서비스 요금(봉사료 : Service charge, Gratuity)이 계산서에 10% 포함되었다는 표시가 없으므로 미포함된 것이 확실하면 10~15% 정도의 팁을 지불하며, 가볍게 한 잔 하는 '펍'에서는 팁을 주지 않는다. 화장실에서 청소부가 접시를 두고 앉아있으면 10~20P를 준다(여행사 패키지 단체고객은 지불할 필요가 전혀 없음).

• **프랑스**

팁문화가 강제적이지 않기 때문에 서비스가 친절하여 만족한 경우 팁을 내도 괜찮지만 친절하지 않았다고 느끼면 팁을 안 주어도 된다.

고급 레스토랑의 경우 대개 저녁식사 때 10% 정도의 팁을 지불하지만 여행객이라면 생략해도 무방하다. 그러나 자신이 훌륭한 서비스라는 느낌을 받은 경우에는 10%의 팁이 적당하다(여행사 패키지 단체고객은 지불할 필요가 전혀 없음).

• **헝가리**

우리나라, 일본, 호주는 팁문화가 관례적이지 않기 때문에 편하게 이용하면 된다. 그러나 레스토랑이나 Bar 등에서 친절하게 서비스를 받고서도 팁을 전혀 안 주면 고객이 불만족한 것으로 여기므로 거스름돈이 얼마 되지 않으면 가지라고 하거나, 식음료 이용요금의 10% 정도를 남겨두면 된다.

러시아나 동구권 국가 등의 구사회주의 국가에서는 팁이 습관화되어 있지 않으므로 만족한 서비스를 받은 경우 성의표시로 나름 간단한 선물을 주어도 된다.

## 3) 북아메리카 국가

• **미국, 캐나다**

- 택시이용 : 요금의 10~15%, 요금 4~5달러인 경우는 1달러를 팁으로 지불하면서 "Keep the change!"라고 말해준다.
- 포터이용 : 공항, 역 등에서 짐 한 개당 50센트 지불(최저 1달러가 팁으로 정해진 곳도 있다).
- 호텔 도착 후 이용 시 : ① 객실 청소 룸메이드(1박 시) 1달러 지불, ② 호텔 현관 도어

맨 1달러(주차 시 차문을 열어주면) 지불, ③ 호텔 포터 또는 벨맨(짐을 객실로 운반 후) 1달러를 지불하며, 이 밖에 호텔에서 컨시어지 서비스(concierge service : 극장, 레스토랑 예약 부탁, 관광버스 예약, 렌터카 예약, 택시 호출 도움)를 받고자 한다면 1달러를 주면 편리하다.

- 레스토랑 : 계산서 식사대금의 10~20% 지불, 최고급 레스토랑은 20% 이상 지불
- 커피숍, 스낵바에서 직원으로부터 커피, 술 1잔의 서빙을 받았다면 : 25~50센트 지불 (셀프서비스 영업장은 제외)
- 관광버스 기사, 안내원 : 1달러 지불
- 극장, Nightclub(나이트클럽) 입구의 Cloak Room(휴대품 보관소) 직원 : 코트 1벌당 25~50센트 지불하며, 나이트클럽 안의 세면대 있는 화장실에서 타월서비스를 제공받으면 타월 1장당 25센트를 지불한다.
- 기타 장거리 열차 이용 시 : 위의 금액에 준한다.

> **유의사항**
> 계산서 하단에 Service charge included, Service charge comprise(봉사료 포함), Service charge is already included in the price(서비스 요금은 이미 가격에 포함되어 있습니다) 등으로 표기되어 있는 경우에는 직원에게 이를 확인 후 지불한다.

## 4) 중앙아메리카, 남아메리카 국가

대부분의 중남미 국가, 호주, 일본 등은 정부 규정상 팁이 포함되어 있어서 계산서 하단에 Service charge included, Service charge comprise(봉사료 포함), Service charge is already included in the price(서비스 요금은 이미 가격에 포함되어 있습니다) 등으로 표기되어 있으므로 이런 경우 팁을 따로 더 낼 필요가 없다.

### • 멕시코
총액의 10~15%를 팁으로 지불해야 한다. 멕시코는 달러와 페소를 같이 받는다.

### • 베네수엘라
1918년 마라카이보호(湖)에서 처음으로 석유가 생산되었다. 석유 생산량은 경이적인 속도로 증가하여, 1928년 무렵에는 이미 세계 2위의 석유 생산국이자 세계 1위의 석유 수출국이 되었다. 베네수엘라는 세계 다섯 번째의 산유국으로 인접국가에 비하여 서양문화가 적극적으로 도입되었다. 베네수엘라는 미국, 캐나다와 팁문화가 같다.

- **브라질, 아르헨티나**

우리나라처럼 팁문화가 없다. 아르헨티나는 간혹 계산서(Bill)에 봉사료가 붙지 않는 레스토랑이나 호텔에서 10%가량 팁이 추가로 부과되기도 하는데 달러보다는 페소를 선호한다.

## 5) 아프리카 국가

팁문화 관례가 없다.
- 고급 호텔 이용 시 : 서비스 건당 1달러를 팁으로 지불
- 고급 레스토랑 이용 시 : 서비스 요금(봉사료 ; Service charge, Gratuity)이 계산서에 10% 포함되었다는 표시가 없고 미포함된 것이 확실하면 금액의 10~15%를 팁으로 지불할 것을 권장한다.

## 6) 중동지역 국가

중동지역은 팁문화가 존재하며 아랍에미리트나 이집트, 카타르 등 대부분의 나라에서는 5~10%선의 팁을 추가로 주는 것이 관례이고, 현지 화폐보다 미 달러를 선호한다.

- **터키**

그리스와 같이 고급 레스토랑을 제외하고 잔돈을 남기고 나오는 것을 팁으로 대신한다.

팁문화가 발달되어 있어 호텔은 물론이고 식당 종업원, 구두닦이, 이발사, 포터 등에게도 팁을 지불하는 것이 일반적이다. 호텔 등에서 포터가 짐을 옮겨줄 경우, 여행용 가방 1개당 미화 1달러 정도를 주며 호텔 객실 팁은 1박당 통상 1-2달러 정도를 놓아두는 것이 적당하다.

음식점에서는 총 금액의 7~10%에 해당하는 현지화를 팁으로 지불하는 것이 관행이다. 그러나 음식 값이 비싸 팁이 부담이 된다면 현지화로 10~30리라 정도 지불하는 것도 괜찮다. 일반적으로 고급식당의 경우 청구서에 봉사료가 포함된 경우도 있다. 이 경우에는 눈여겨봐야 한다.

## 제4절 동부아시아 국가의 에티켓

# 1. 중국

중국인은 외적인 환경과 외모를 중시하지 않고 내적인 면을 중대시하고 실리적(實利的)이기 때문에 옷차림이나 외모로만 판단하여 가볍게 처신하면 큰 실수를 범할 수 있다. 중국인은 상대방을 잘 믿지 않지만 일단 신뢰관계가 형성되면 쉽게 그 관계를 끊지 않는 인성(人性)이 있다.

## 1) 식사 에티켓

일찍이 중국에는 "백성은 먹는 것을 하늘로 여긴다(民以食爲天)."라는 말이 있었는데, 이에 부합하듯이 중국인은 일상생활에서 먹는 것을 매우 중요하게 여긴다.

아침에는 대개 채소나 고기 속이 있는 찐만두인 '바오쯔(包子)', 속이 없는 찐빵인 '만터우(饅頭)', 꽈배기 모양의 밀가루 튀김인 '여우탸오(油條)', 우리나라의 콩국과 비슷한 '더우장(豆醬)' 등을 사 먹는다. 점심 때는 면이나 덮밥류 한 가지로 한 끼를 해결하는 경우가 많다. 대체로 저녁은 조시, 정식에 비해 충분한 양의 식사를 한다. 퇴근 후 가정에서 직접 만들어 먹는데, 1949년 사회주의 정권이 들어선 이래로 여성들은 남자들과 동등하게 직장생활을 해왔기 때문에, 남자가 주방에 들어가 요리하는 것 또한 아주 자연스럽게 받아들여진다.

- 식사 후 트림은 잘 먹었다는 표시가 되며
- 식사 중 생선을 뒤집어 먹는 것은 절교하겠다는 의미로 간주한다.
- 중국은 가정 등에 식사초대되어 대접을 받을 때 음식을 남기는 것은 결례이다.
  그러나 접시를 완전히 비우는 것 또한 결례이다. 그릇을 조금도 남기지 않고 전부(싹싹) 비우면 준비한 요리가 부족하다는 뜻으로 주인이 착각하고 미안해 한다.
- 술이나 차 주전자 주둥이가 사람을 향하게 놓지 않는다. 그 사람이 구설수에 오르게된다고 믿는다.
- 밥그릇을 손에 들고 젓가락으로 밥을 먹을 때는 고개를 든다. 중국에서는 개나 돼지나 고개를 숙이고 먹는다고 생각한다.
- 젓가락으로 요리를 심하게 뒤적이거나 소리 내어 음식을 씹는 것은 우리와 마찬가지

로 예의에 어긋난 것으로 여긴다. 중국 사람들은 흔히 밥그릇을 들고 밥을 먹는데 이 것은 우리와 달리 예의에 어긋난 행동이 아니다. 중국의 쌀은 대부분 찰기가 없는데 다가 젓가락으로만 밥을 먹기 때문에 생겨난 식습관이라 할 수 있다. 숟가락은 탕을 떠먹을 때만 사용한다.

- 젓가락을 밥에 꽂지 않는다. 이건 한국과 같다. 특히 젓가락을 X자로 두지 않는다. 사당이나 절에서 향을 피울 때 모습과 비슷해서 불길하게 본다.

- 첨잔(添盞 : 술이 들어 있는 잔에 술을 더 따름)해도 된다. 마시기 싫으면 잔을 그대로 둔다.

- "깐빠이(건배)"를 외치면 단숨에 비워야 한다. 중간에 내려놓으면 실례이다. 그러나 마시기 싫으면 건배만 마친 후 초대한 주인(Host)에게 양해를 구하고 잔을 그대로 둔다.

- 우리나라처럼 비위생적으로 술잔을 돌리는 일은 없다.

- 중국에서는 종업원이나 일행이 차를 따라주면 '감사의 표시'로 식지(食指 : 집게손가락, 둘째 손가락, 검지)와 중지(中指 : 가운뎃손가락, 셋째 손가락, 장지(長指/將指))로 테이블을 두드린다. 전설에 의하면 그 까닭은 다음과 같다. 청나라 건륭 황제라는 설이 지배적인데 황제가 평복 차림으로 민생시찰에 나섰다. 황제가 강남을 순시하다 찻집에서 차를 마시게 됐다. 황제는 찻주전자를 들어 수행하는 신하들에게 차를 따라줬다. 신하들은 어쩔 줄 몰랐다. 평상시에는 황제가 신하에게 무엇을 주면 바로 무릎을 꿇고 받아야 했다. 하지만 그러면 바로 황제 신분이 노출될 수 있는 상황에서 한 대신이 기지를 발휘했다. 손가락 두 개를 구부려 다리 모양을 만들고, 황제 탁자 앞에서 꿇어앉는 자세를 취했다. 이 이야기가 퍼지면서 테이블에 손가락을 두드려 감사를 표하는 풍습이 만들어졌다고 한다.

- 차가 부족하다고 종업원을 부르지는 말자. 뚜껑을 들어 찻주전자 입구에 얹어두거나 비스듬하게 걸쳐두면 종업원이 다가와 뜨거운 물을 채워준다. 그 까닭은 다음과 같이 전해 오고 있다. 옛날 광주 찻집에서 차를 마시던 손님이 메추리를 빈 찻주전자에 넣어뒀다. 과거 중국에선 메추리 싸움이 큰 오락이었고, 싸움에 능한 메추리가 높은 가격에 거래됐다. 새가 들어 있는 걸 까맣게 몰랐던 종업원이 뚜껑을 열고 뜨거운 물을 찻주전자에 부었다. 새가 놀라 날아갔다고도 하고, 삶아져 죽었다고도 한다. 이후 광주 차관 주인들은 같은 사고가 재발하지 않도록 뚜껑을 열어두면 따라주기로 정했다고 전해진다.

## 2) 선물문화

- 축의금과 선물은 짝수로, 부의금은 홀수로 해야 한다.
- 선물을 할 때 2번가량 사양의 의사를 보일 경우도 있는데 이 또한 풍습의 일환으로, 선물을 받을 의지가 정말로 없다는 뜻은 아닌 경우가 많다. 그러므로 선물을 전할 때 상대가 거절하더라도 2~3번 거듭해서 권하는 것이 관습이다.
- 먹을 것을 선물하는 것을 별로 좋아하지 않는다.

중국인에게 선물할 때 금기(禁忌)하는 사항은 다음과 같다.

### (1) 시계 선물의 의미

절대 금기하는 선물 1순위는 시계이며, 그중 특히 괘종시계같이 종이 달린 시계가 금기된다. 중국어의 시계(鐘)를 나타내는 발음 '종'이 끝을 나타내는 단어 終의 발음 '종'과 비슷하기 때문이다. 특히 시계를 선물하다. '시계를 보내다'라는 중국어의 표현은 '장례를 치르다'와 같아 '마침, 마지막'을 뜻하기 때문이다.

### (2) 우산 선물의 의미

우리나라는 사은품, 답례품으로도 많이 주는 선물이 시계와 우산이다. 그러나 중국인은 발음 때문에 시계와 우산을 금기한다. 중국어의 우산은 '흩어지다, 이별'이라는 말과 비슷한 발음이 난다. 산은 '싼', 흩어지다는 '싼'이라고 발음하는데, 성조가 다를 뿐 비슷한 발음으로 들린다. 별, 흩어짐이라는 단어의 뜻 때문에 특히 신혼부부에게는 절대로 선물하지 않는다.

### (3) 과일 '배' 선물의 의미

배(梨)의 발음 '리'와 헤어지다(离)의 발음 '리'는 성조와 발음이 모두 같다. 이 때문에 배의 선물이 금기된다.

### (4) 국화, 글라디올러스(劍蘭)

국화는 우리나라처럼 장례와 성묘 시에 쓰이며, 글라디올러스(劍蘭)도 같다.

### (5) 수건은 장례식에 조문 온 손님에게 주는 선물이므로 금한다.

### (6) 하얀 봉투

하얀 봉투는 상갓집에서만 쓰이며 특히 용돈, 월급 등은 흰 봉투는 피하고 붉은 봉투에 넣어 전달해야 한다.

### (7) 거북이

'거북이' 발음이 욕설과 비슷하여 선물로는 금한다.

## 3) 일상 예절

- 중국인은 아버지 앞에서 아들이 담배를 피우는 정도로 담배에 관해서는 상당히 관대하다.

- '기백희홍(忌白喜紅 : 흰색을 기피하고 붉은색을 좋아한다)'이라 하여 흰색은 보통 장례에 사용되며, 붉은색은 잔치·혼인 등 기쁜 일에 쓰인다. 문상 시 흰 봉투에 조의금을 전달하고, 결혼식에서는 붉은 봉투(홍바오: 紅包)에 축의금을 전달하며 청첩장 또한 붉은색인 경우가 다반사(茶飯事)이다.

- 종쯔(粽子, 찹쌀에 고기, 대추 등을 넣고 댓잎으로 싸서 쪄먹는 음식) 또한 장례를 연상케 하여 금기선물에 포함되나, 대만에서는 단오절에 함께 나눠 먹는다.

- 순조롭게 흘러간다는 流(류)와 발음이 같은 6(六, 류)과 돈을 번다는 뜻의 發財의 發(파)와 발음이 유사한 8(八, 바)이 가장 길한 숫자이며, 특히 돈과 관련된 숫자 8을 좋아하는 경향이 대부분이다. 중화권에서는 숫자 6과 8을 가장 선호한다. 홀수는 피하고 짝수로 맞추려는 경향이 강하여, 축의금이나 꽃 등을 전달할 때에도 짝수로 맞춰야 한다. 아래와 같은 수는 기피한다.

> ① 3: 3(三, 산)의 중국어 발음은 흩어지다, 분산되다라는 뜻의 散(산)과 발음이 같아 기피하는 숫자임
> ② 4: 한국, 일본과 마찬가지로 4(四, 쓰)의 발음이 죽을 사(死, 쓰)와 같기 때문에 가장 기피하는 숫자임
> ③ 5: 5(無)의 중국어 발음은 우로 없을 무(無, 우)자의 발음과 같아 피함
> ④ 9: 특히 여성들은 19, 29, 39세에 결혼을 기피하며, 이 나이 때의 일부 사람들은 숫자조차 입에 올리지 않으려고 1년을 보태어 20세, 30세, 40세 등으로 자신의 나이를 표현하기도 한다(아판티(阿凡提)).

- 중국은 특히 물이 귀하다. 그래서 공공장소에서 물을 펑펑 쓰면 중국 주민들에게 엄청난 비난(非難)을 받는다.

- 녹색 모자를 쓰면 "아내가 바람피운다"는 의미이고 당나라 시대에 하위직인 6~7품 관리는 녹색, 8~9품 관리는 청색을 입게 하여 녹색, 청색은 천함의 상징이고, 천한 기생들이 녹색 옷을 착용했으므로 이를 피한다.

## 2. 홍콩(Hong Kong)

### 1) 홍콩의 식사 에티켓

고급 중식당뿐만 아니라 시골의 찻집에서도 점심에 나오는 가벼운 간식인 딤섬은 대체로 대나무 찜기로 쪄서 제공된다.

딤섬(點心, Dim Sum)은 간단한 점심을 뜻하는 말로, 대표적인 중국의 광둥(廣東)요리 중 하나이다. 광둥 지역의 대표적인 음식으로 '마음에 점을 찍다'라는 의미이다. 이는 배를 꽉 채워 먹는 것이 아니라 '마음에 점을 찍'듯이 끼니 사이에 간소하게 먹는다는 뜻이다. 3000년 전부터 남부 광둥 지방에서 만들어 먹기 시작한 딤섬은 여러 유래가 있지만 농부들이 일을 하다 잠시 쉴 때 차와 함께 곁들여 먹었다는 설이 가장 유력하다. 피가 두껍고 푹신한 형태의 딤섬은 '바오(包)', 피가 얇아 속 내용물이 들여다보이는 딤섬은 '가우(餃)', 피의 윗부분이 뚫려 있어 속이 보이는 것은 마이(賣), 마이와 같은 방법으로 만들지만 속을 볶아 넣는 것은 시우마이(燒賣), 쌀가루로 얇게 전병을 부쳐 속을 얹고 돌돌 말아낸 것은 판(粉)이라 한다. 속재료로는 새우, 게살, 쇠고기, 닭고기, 채소, 단팥 등이다. 주로 채소가 들어가면 차이(菜, 채), 고기는 러우(肉, 육), 새우는 샤(蝦, 하)로 표기돼 딤섬 재료와 모양을 구분할 수 있다. 조리법(찜, 튀김) 그리고 떠 먹거나 말아 먹는 등의 먹는 방법에 따라 구분할 수도 있다(네이버 지식백과, 시사상식사전, 박문각).

- 얌차(Yum cha) : 광둥어의 얌차(Yum cha)는 말 그대로 '차를 마시는' 것을 의미한다. 딤섬이라는 문구는 얌차 대신 사용되기도 한다. 광둥어 딤섬(點心)이 작은 요리의 범위를 의미하는 반면 얌차(yum cha)는 딤섬과 차로 구성된 전체 식사를 의미한다.

얌차(Yum cha)
출처 : http://www.reddooryumcha.com/#the-kitchen

- 차를 자주 따라주는 것이 예의이며 특히 가까이 앉은 사람의 차가 반 이하로 줄거나 잔이 비어 있을 때는 차를 따라주어 식지 않게 하는 것이 예의이다.
- 한국과 마찬가지로 음식을 덜어먹을 때는 상대방에게 먼저 덜도록 양보하는 것이 예의이다. 저녁을 사는 사람의 입장에서 항상 필요량보다 더 주문하는 것이 예의이므로,

빈 접시를 남기기보다는 약간의 음식을 남겨 배가 부르니 더 주문하지 않아도 좋다는 표시를 하기도 한다.

- 중앙에는 대체로 공용 젓가락이 있으니 음식을 덜 때는 공용 젓가락을 사용한다.

## 2) 선물문화

선물은 식사나 만남 후에 건네는 것이 좋다. 중국보다 선물문화가 발달하지 않았으며 큰 선물은 부담스럽게 받아들이나 작은 선물은 감사의 표시로 일반화되어 있다.

## 3) 일상 예절

① 신체접촉을 하지 않는 사회이므로 포옹이나 팔을 껴안는 행동은 자제한다.

② 좋아하는 화제는 음식, 가족, 취미, 여행이다.

③ 1840~1842년에 일어난 아편전쟁 후 영국의 지배로 영국적인 성향이 많다.

④ 복돈(Lucky Money)이라는 구정 때의 풍습이 있다. 이것은 '라이씨(利是, 복돈)와 홍빠오(紅袍, 붉은 봉투) 문화'인데, 음력설과 결혼 등의 행사에는 라이씨라 불리는 복돈을 붉은 봉투에 넣어서 주는 것이 예의이다. 복돈은 주로 기혼자가 미혼자나 아이들에게 주는 것이 관행이며 한국과 마찬가지로 복돈의 액수를 앞에서 확인하는 것은 예의가 아니다.

⑤ 짝수 선호, 록파록파(路發路發) : 한국에서는 주로 홀수를 선호하는 반면 홍콩인들은 짝수를 선호한다. 길한 숫자는 6, 8 등이며 4는 매우 불길하게 여겨져 어떤 건물에서는 아예 4층, 14층 등이 존재하지 않는다. 이에 6, 8과 발음이 비슷한 路(로)와 發(발)을 사용한 路發路發라는 표현은 '재물을 계속 지키다'라는 뜻으로 사용되기도 한다. 직원이나 비즈니스 파트너에게 복돈을 건넬 때는 짝수로 건네는 것이 예의이다(예, 60불, 80불 등).

⑥ 체면을 중시, 바오춴민지(保存面子): ㉠ 예의, 겸손, 품위를 중요시한다. ㉡ 保存面子는 얼굴을 지키다. 즉 체면을 유지한다는 뜻으로 홍콩인들은 기분이 상해도 이를 공공연하게 드러내지 않고 침착함을 유지하며, 자신에게 불편이 왔다고 해서 공공장소에서 큰 소리를 내거나 하지는 않는다. 따라서 미팅에서 공공연히 단점을 지적하거나 하는 것은 금물이다(네이버 지식백과).

## 3. 일본(Japan, 日本)

### 1) 일본의 식사 에티켓

상대방에게 불쾌감을 주지 않도록 일본 식사 에티켓에 큰 주의를 기울여야 한다.

- 식사 전에 손을 닦으라고 제공되는 물수건으로 얼굴이나 목을 닦는 것을 금한다.
- 젓가락으로 식기를 움직이는 것, 젓가락을 핥거나 무는 것, 식기 위에 젓가락을 두는 것, 음식물에 젓가락을 찌르는 것 등을 금한다.
- 함께 먹도록 담아 나온 국이나 큰 접시에 담긴 음식에 개별 젓가락이나 수저를 사용하여 먹는 것은 비위생적으로 여기므로 앞 접시(메이메이 사라, めいめいざら, 銘銘皿)를 달라고 해서 덜어 먹는 등 주의해야 한다.
- 식사할 때 밥공기를 왼손에 들고 젓가락으로 먹는다.
- 일본에서 사람이 죽어 화장을 하면 남은 뼈를 항아리에 젓가락으로 집어넣는 풍습이 있으므로 일본인들은 누가 젓가락으로 음식 집어주는 것을 싫어한다.
- 일본인은 숫자 4와 9를 싫어한다.(서양인은 숫자 13을 싫어한다.)
- 식사 시 "이타다키마스!(いただきます! 잘 먹겠습니다)"라고 말한 후에 먹는다.
- 먹는 방법이나 사용법을 자세히 일러주는 것이 예의이니 그들의 말을 경청한다.
- 자기 젓가락으로 남의 음식을 잘라주는 행위 등은 삼가야 한다.
- 국을 먹을 때 숟가락을 사용하지 않는다.
- 식탁 위에 담배 두는 것을 금한다.
- 식사 중에 이쑤시개 쓰는 것을 금한다.

### 2) 선물문화

- 일본인들은 선물의 가치 자체보다는 선물을 주는 행위에 중점을 두는 경향이 짙다. 고가의 물건을 선물하면 상대방이 부담을 느끼는 경우가 많기 때문에 거래를 시작하기 전에는 간단한 식품 등을 선물하는 것으로도 충분하다. 선호하는 한국 선물로는 김치, 김, 차, 과자 등이 있다.
- 일본에서는 선물을 받을 때 바로 포장을 열기보다는 선물을 준 사람이 돌아간 후에 포장을 여는 풍습이 있다. 또한 일본인들은 선물을 받을 때 2번가량 사양의 의사를 보이는 경우도 있는데 이 또한 풍습의 일환으로, 선물을 받을 의지가 정말로 없다는

뜻은 아닌 경우가 많다.

- 피해야 할 것은 손수건, 칼, 불과 관계있는 것(라이터, 재떨이 등) 등이다. 손수건은 일본말로 '테기레(手切れ)'라고도 하며, 테기레는 '절연'을 의미하는 말이고, 칼 또한 관계의 단절을 연상케 하기 때문이다. 또한 선물 개수가 4와 9(4=시='死', 9=구='苦'를 연상)가 돼서는 안 된다.

- 선물을 주고받을 때 '오쿠리모노(おくりもの)', '프레즌트(Present)'라 칭하며 남의 집 방문 시에 선물지참이 관례다. 대개 비싸지 않고 실용적인 물건으로 하며, 포장에 많은 신경을 쓴다. 4개를 피하고 흰색은 죽음을 뜻하므로 흰 종이로 포장하지 않는다. 선물은 꼭 상대방에게 직접 전달해 준다. 토산품, 김, 도자기 등이 좋다.

- 선물을 받게 되면 신세 진 것으로 생각하여 가까운 시일 안에 이에 대한 보답으로 선물을 한다. 선물을 하지 않는 경우라도 말로 정중히 인사를 해서 보답한다.

- 여행을 다녀온 후 또는 남의 집을 방문할 때 그 지방의 특산물인 차, 과자, 술 등의 선물을 오미야게(お土産)라고 하며, 명절 또는 결혼식이나 장례식이 끝난 후에 건네는 선물인 생활용품, 음식물, 도자기, 양주 등을 오쿠리모노(贈り物)라고 한다. 또 생일, 입학, 졸업 때에는 학용품, 장신구, 인형 등을 주고받는다.

- 칼은 자살을 상징하므로 칼 종류는 선물하지 않는다.

- 관혼상제의 경우에도 일본에서는 받은 액수의 30~50%를 다시 돌려주는 것이 상식이다.

## 3) 일상 예절

- 부탁이 싫어도 '아니오(いいえ, 이이에)', '그것은 안 됩니다(それはなりません, 소레와 나리마셍)'이라는 말을 사용하지 않는다.

- 대화 시 '네, 그렇군요. 예, 정말입니까?(はい、そうですね。ええ、ほんとうですか? 하이, 소데스네. 에에, 혼토데스카?) 등을 연발하여, 관심을 갖고 열심히 듣고 있음을 표시한다. 그렇지 않으면 자기의 말에 관심이 없다고 생각한다.

- 기록을 중시하므로 업무상 불만을 제기할 때 메모하는 모습을 보여주는 것이 좋다.

- 일본인은 자신의 속마음과 감정을 드러내지 않는 것을 미덕으로 여긴다.

- 사소한 일에도 '감사합니다', '미안합니다'를 자주 말하는데, 형식적으로 말하는 경우도 많다.

- 등 뒤에서 손뼉 치는 것을 싫어한다.
- 온천에선 때를 밀지 않는다. 탕에 들어가기 전에는 몸을 씻어야 하고 지나치게 큰 동작으로 물을 튀기는 것은 결례다. 일본 사람들은 아무리 목욕탕이어도 '최후의 순간'까지 '주요 부위'를 타월로 가리는 것을 예의라고 생각한다.
- '유카타(ゆかた, 浴衣 : 목욕을 한 뒤 또는 여름철에 입는 무명 홑옷)'는 호텔 안에서만 입는다. 일본은 아무리 작은 호텔이라도 대부분 면으로 만든 일본식 파자마 '유카타'를 비치해 둔다. 아무리 고급스러워도 '유카타'는 호텔 각층 복도까지만 허락하며 호텔 커피숍이나 로비 등으로 나오면 안 된다. 이는 우리가 빨간 내복을 입고 집 밖으로 외출하는 것과 같으니 절대 삼간다(네이버 지식백과).

## 제5절  동남아시아 국가의 에티켓

## 1. 대만(臺灣, Taiwan, 중화민국)

### 1) 식사 에티켓

중국과 동일하다. 다른 점은 대만 사람들은 외국문화에 개방적인 것만큼이나 다른 나라의 음식문화에 대한 수용력이 높다. 중국인들이 날것을 싫어해서 일식집을 꺼리는 것과 달리 대만 사람들은 50년의 일본 식민지 역사를 통해서 일본 식생활에 자연스럽게 익숙해졌고, 대만 곳곳에서 일본 식당을 찾아볼 수 있다. 한류의 영향으로 한국 요리에 대한 인기도 높은 편이어서 한국 식당을 찾는 대만 사람들이 늘어나고 있으며 갈비, 삼계탕, 삼겹살 등이 인기가 있다.

### 2) 선물문화

시기를 달리하여 중국에서 건너온 사람들이 약 98%를 차지하므로 중국과 유사한 문화와 관습을 가지고 있다. 하지만 섬나라라는 지리적인 영향과 50여 년의 일본 식민지 지배로 인하여 중국의 대륙적인 호방함보다는 아기자기하고 작은 것에 감동하는 경우가 많다.
- 륜白喜紅(흰색을 기피하고 붉은색을 좋아한다)이라 하여 흰색은 보통 장례에 사용되며, 붉은색은 잔치 · 혼인 등의 기쁜 일에 쓰인다.

- 문상 시 흰 봉투에 조의금을 전달하고, 결혼식에서는 붉은 봉투(홍바오: 紅包)에 축의금을 전달하며 청첩장 또한 붉은색인 경우가 다반사(茶飯事)이다.
- 일반적으로 대만, 중국, 홍콩 등을 포함한 중화권에서는 시계, 우산, 손수건, 부채, 칼, 가위 등이 공통적인 금기선물이다.
- 국화꽃과 글라디올러스(劍蘭)는 장례와 성묘 시에 사용되는 꽃이며, 수건 또한 장례식에 조문 온 손님에게 주는 선물이므로 주의해야 한다.
- 식품류 선물이 가장 일반적이며 대만에서는 한류 등으로 인하여 한국음식에 대한 수용도가 상당히 높은 편이므로 특색 있는 한국식품을 선물하는 것이 바람직하다.

대만 사람들은 한국 인삼제품의 효능과 품질을 신뢰하므로 인삼, 홍삼 제품이 선물로 좋다. 드라마를 통해 간접적으로 접한 한국 술에 대해서도 관심이 높다. 대만 여성의 경우에는 한국미인과 한국화장품을 동일선상에서 보는 경향이 있기 때문에 화장품 선물 또한 좋고, 아기자기하고 귀여운 것을 좋아하는 대만인들의 특성상 문구, 휴대폰 장식품 등의 디자인용품이나 액세서리 등도 선물로 좋다.

중국과 달리 일본제품 선호도가 압도적인데 그 이유는 다음과 같다.

① 대만은 일본 지배 이전에 이미 스페인, 네덜란드, 청나라 등 여러 국가의 식민통치를 차례로 받아왔으므로 외세에 대한 거부감이 덜했던 것으로 보인다.
② 일본의 식민지배가 대만에서 경제적·정치적·행정적 측면에서 가장 성공적이었다고 느낀다.
③ 광복 후 국민당의 강압통치가 오히려 일제강점기에 대한 향수를 불러일으켰다고 한다.

## 3) 유의사항

- 중화권에서는 순조롭게 흘러간다는 流(류)와 발음이 같은 6(六, 류)와 돈을 번다는 뜻의 發財의 發(파)와 발음이 유사한 8(八, 바)이 가장 길한 숫자이며, 특히 돈과 관련된 숫자 8을 좋아하는 경향이 강하다. 이로 인해 중화권에서는 6과 8이 많이 들어간 전화번호나 자동차 번호판이 고가에 매매되는 것을 흔히 볼 수 있다.
- 기본적으로 홀수는 피하고 짝수로 맞추려는 경향이 강하여, 축의금이나 꽃 등을 전달할 때에도 짝수로 맞춰야 한다.
- 3(三, 산)의 중국어 발음은 흩어지다, 분산되다는 뜻의 散(산)과 발음이 같아 기피하는

숫자이며, 한국 · 일본과 마찬가지로 4(四, 쓰)의 발음이 죽을 사(死, 쓰)와 같기 때문에 가장 기피하는 숫자이다.

- 5:5(無)의 중국어 발음은 '우'로 없을 무(無, 우)자의 발음과 같아 길하지 못한 숫자이다.
- 7086(치링바류), 5354(우산우쓰) 등의 숫자 또한 기피하는데, 이들 발음이 각각 七零八落(치링바뤄, 산산조각나다)와 吾散(우산), 吾死(우쓰)와 유사하기 때문이다.

## 2. 베트남(Vietnam)

### 1) 식사 에티켓

베트남의 경우 다른 동남아시아 국가와 달리 이슬람 교도는 거의 없는 편이므로 음식에 대한 특별한 규제는 없다(대부분이 불교도이며 일부 천주교, 까오다이교(프랑스 식민 지배 당시에 생긴 전통신앙)).

- 음식과 함께 맥주 등 술을 곁들여 즐겨 마시는 편인데 음주문화가 우리나라와 다소 다르므로 주의를 요한다. 우리나라의 경우 상대방이 본인의 잔을 다 비운 다음에 술을 따라주는 것이 예절에 부합되는 행동이라 생각하는 반면, 베트남에서는 상대방이 술을 마실 때마다 술을 따라주어 항상 상대방의 잔을 꽉 찬 상태로 만들어주는 것이 예절에 부합되는 행동이다. 반면 상대방에게 술을 권하고 같이 마심으로써 우의를 다지는 것은 우리나라와 비슷하다.
- 육류 등은 조리과정에서 잘리므로 포크는 필요 없다. 대신 이들은 식탁에서 질그릇과 숟가락, 젓가락(나무, 상아, 은)을 사용한다.
- 음식을 커다란 그릇에 담아 식탁 위에 놓고 공동으로 먹는다.
- 이들은 밥그릇을 항상 손바닥 위에 올려놓고 식사를 한다.
- 젓가락은 육류, 생선 또는 채소를 집어서 밥 위에 올려놓는 데도 쓰인다. 반면 숟가락은 국을 먹는 데만 사용한다.
- 석회성분이 많아 치아가 나빠져 찬물은 거의 마시지 않는데 이는 뜨거운 차를 즐기는 때문이고 특별한 다도는 없다(우문호 외 5인, 2006).
- 이누이트(그린란드 · 캐나다 · 알래스카 · 시베리아 등 북극해 연안에 주로 사는 어로 · 수렵인종, 주로 에스키모) 또는 말레이시아와 같이 빨대를 꽂아 술을 마시는 풍습이 있는데, 소수민족이 의식을 행할 때 그렇게 한다.

- 베트남에서는 먹던 젓가락으로 음식을 권하는 것은 정의 표시이며 음식을 약간 남기는 것이 예의이다. 젓가락은 식사가 끝난 뒤에는 밥그릇 위에 가지런히 얹으며, 숟가락은 엎어놓도록 한다.

## 2) 선물문화와 인사

베트남인들의 경우 일반적으로 과시욕이 많아 소비성향이 매우 크다. 저조한 국민소득에 비해 명품 핸드백, 고가의 스마트폰 등을 가지고 다니는 경우가 상당히 많다.

- 선물은 비싸고 고급스러운 것을 주는 것을 매우 좋아한다.
- 매우 인기가 많은 홍삼제품을 선물하면 무난하다.
- 베트남의 인사말은 '신 짜오'로서 만날 때나 헤어질 때, 아침/점심/저녁을 구분하지 않고 항상 사용한다.
- 존칭에 따른 경어법이 존재하므로 주의를 요한다. 수십 가지의 존칭이 존재하나, 일반적으로 4~5개의 존칭이 주로 쓰인다(안 : 사회적 지위나 연령이 높은 남자, 찌 : 사회적 지위나 연령이 높은 여자, 엠 : 사회적 지위와 연령이 낮은 남자 또는 여자).
  따라서 사회적 지위나 연령이 높은 사람에게 '엠'이라 부르는 것은 대단한 결례가 되므로 주의해야 한다.
- 존칭 때문에 불필요한 오해를 불러일으키고 싶지 않다면 MR. 000, MS 000과 같이 상대방의 이름을 직접 불러주는 것도 한 방법이다.
- 민족적인 우월감이 있기 때문에 현지 고용인을 대할 때 특히 그들이 인격적으로 따를 수 있도록 동등한 처우를 해 동질감을 느끼도록 동료의식을 가지고 행동한다.
- 베트남인들의 경우 NO라고 직접적으로 말하는 것이 예의에 어긋난다고 생각하므로 우선은 YES라고 대답하는 경우가 흔하니 여행 계약 등 중요한 사항은 문서화하는 것이 좋다(한국과 유사함).

## 3) 금기사항

- 대화 시 가급적 정치적인 문제와 베트남전쟁 등에 대한 대화는 삼간다.
  전쟁 당시 북베트남에 반하는 행동을 한 내외국인에 대해 제재조치가 있다(베트남전쟁에 참전했던 외국인의 자녀는 베트남 대학입학 불가). 같은 공산주의 국가이긴 해도 베트남과 중국의 관계는 전통적으로 나쁘다. 대략 우리나라 위만조선부터 후삼국

시대에 이르는 약 1000년간 베트남은 중국의 지배를 받았던 기간 동안 많은 핍박(逼迫)을 받았기 때문이다.
- 베트남인들은 자존심이 강하고 체면을 중시해 잘못을 지적하면 변명을 먼저 한다.
- 베트남은 중국과 천년항쟁, 프랑스의 백년 식민지, 8년간 남북전쟁 등의 전쟁역사로 베트남 경제 중심지인 호찌민시(구 사이공시)가 위치한 남부지역과 하노이시가 위치한 북부지역 간의 지역감정이 나쁘게 유지되고 있다.
- 숫자 '9'를 좋아하고 '13'은 액운의 숫자, '5'는 위험을 의미해서 기피한다.
- '호찌민'에 대한 비난은 금물이다. '베트남의 국부(國父)'로 칭송받는 인물이다. '호찌민'의 업적을 숙지하고 칭찬해 주면 금방 친해질 수 있다.

## 3. 캄보디아(Cambodia)

### 1) 여행여건

#### (1) 치안상태

치안이 많이 안정되었지만 여전히 일몰 후(대개 7시 이후) 외출은 삼가는 것이 바람직하다.
- 외출 시 반드시 렌터카나 바이어가 제공하는 차량으로 이동하는 것이 안전하며 오토바이 택시, 씨클로 등이 흔하게 보이더라도 여간한 경우가 아니면 이용하지 말아야 한다.
- 대부분의 범죄나 강도, 탈취 사건이 이들 오토바이 택시 운전수 등과 결탁되어 있으므로 각별히 경계해야 하며 낮시간에도 가급적 이용을 자제해야 한다. 항시 화려한 차림이나 값비싼 장신구를 자제하며 돈지갑을 함부로 꺼내서 계산하는 일이 없도록 특히 유의해야 한다. 소액권을 바지 주머니에 분산시켜 놓고 지불하는 것이 강도를 예방하는 지름길이다.

#### (2) 식수문제

현지의 수돗물과 일반 음료수에는 철분과 칼슘이 너무 많이 용해되어 있어 냄새와 맛이 유쾌하지 않다. 반드시 슈퍼나 식당에서 미네랄워터를 사서 마시기를 권하며 길가에서 사서 마실 경우 포장상태와 상표를 잘 확인한 후에 구입해야 한다.

### (3) 콜택시 이용 권장

수도 프놈펜에서는 콜택시가 운행되고 있으며, 택시회사에 전화하면 보내준다. 요금은 미터로 계산하며 기본요금은 US$0.49이고 1km당 US$0.49의 추가요금이 가산된다. 다른 교통수단에 비해 가장 쾌적하게 이동할 수 있으며 비교적 저렴한 편이다. 대절 택시 (Chartered Taxi, 차터 택시)도 있어 반나절 이용 시 15달러, 1일 사용 시 30달러 정도이다. 시간은 협상(Negotiation)이 가능하다.

### (4) 공항에서 시내로 올 때

여느 중진국처럼 지하철, 셔틀버스 등의 대중교통이 전혀 없고 치안도 불안한 '캄보디아'는 '여행사 직원이 현지 가이드와 차로 공항에 출영하는 시스템'이 가장 안전하다. 개별 여행자는 택시를 이용해야 하는데 시내 중심가까지 약 25분 소요되며 요금은 US$9 정도이다. 짐이 없으면 약 3달러 정도에 '모토'를 타거나 공항에서 대기 중인 택시 등을 탈 수도 있으나 둘 다 범죄 결탁 등 위험소지가 있으니 이용하지 않는 것이 좋다.

## 2) 일상 예절

- 태국처럼 캄보디아인들도 양손을 기도하듯이 앞으로 모아 허리를 굽히면서 와이(Wai : 합장)인사를 한다. 악수는 보통 동성 간에 하며, 이성 간에 악수를 할 때는 여성이 먼저 손을 내밀 때까지 기다린 다음, 반응이 없을 시 합장인사를 한다.
- 사람을 부를 때는 오른손으로 손바닥을 아래로 해야 함은 다른 동남아국과 같다.
- 어린이들의 머리를 쓰다듬으면 안 된다.
- 식사 초대 시 가끔씩 야생동물요리가 나오는 경우가 있는데 사양해도 무방하다.
- 명함을 받을 경우, 바로 주머니에 넣지 말고 일부러 찬찬히 읽고 발음 등을 물어보며 상대에게 존중의 표시를 보여준 후 명함케이스 위나 식탁 우측 위에 놓고 보면서 대화하는 것이 좋다.
- 캄보디아인의 성명은 한국과 같이 성이 나오고 이름이 뒤에 따른다. 따라서 부를 때 성보다는 이름을 부르거나, 이름과 성을 함께 부르는 것이 적합하다. 예를 들어 캄보디아 총리 훈센(Hun Sen)의 경우, Mr. Hun Sen이나 Mr.Sen이라 불러야 한다.
- 우기 : 5~11월까지는 우기로서 매일 한 차례 이상 비가 오므로 우산이 필요하다.
- 불교는 캄보디아의 국가이고, 소승불교 국가이다. 국민 대다수는 불교의 가르침에 따라 삶을 영위한다. 사원은 예배, 교육, 사회활동의 장소이고, 승려는 사회에서 존경

받는 계층이다.

- 크메르인들은 동남아시아 전체를 통틀어 가장 사귀기 쉬운 사람들이다.
- 여자가 그날 장사를 망칠 수 있다고 생각하기 때문에 여자는 가게의 첫 손님으로 가지 않는다.
- 밤에 손톱을 깎지 않는다. 밤에 자르는 손톱은 재물을 뜻하므로 재물을 잃는다고 여긴다.
- 밤에 머리를 빗거나, 잠잘 때 엎어져서 자면 부모의 사업이 안 된다고 여긴다.
- 쌀은 인간을 돕는 신으로 귀하게 여기며, 밥알을 바닥에 흘리면 다음 생에 가난하게 태어난다고 믿는다.
- 산에 있는 신이 화를 낼 수 있으므로 산에 가서 욕을 하지 마라.
- 한국산 담배나 인삼차에 대한 관심이 많아 선물하면 좋아한다.
- 시간관념이 다소 부족한 편이므로 조금은 인내심을 갖고 대할 필요가 있다.

## 3) 체류 및 유의사항

- 치안이 많이 안정됐다고 하나 현재 여행유의(신변안전유의)지역이므로 일몰 후(대개 7시 이후) 외출은 삼가는 편이 좋다.
- 강도의 표적이 되기 쉬우므로 공개된 장소에서 고액권 화폐는 과시하지 않는 것이 좋다. 역사적으로 타 민족에 대하여 배타심을 가지고 있으므로 현지인을 심하게 비하하거나 모독하면 폭행이나 총격을 당할 위험이 있으니 그들을 무시하는 행동을 하지 않는다.

## 4) 기타 참고사항

'Riel'이라는 자국 화폐가 있으나 오랜 전쟁, 외국 원조의 영향으로 미국 달러화도 그대로 통용되므로 환전이 필요 없다. 현지화 리엘은 주로 1$ 미만의 잔돈으로 사용하며 공시환율이 아닌 1달러당 4000리엘에 거래되는 것이 일반적이다(공시환율은 2012.12 기준 US$ 1 = CR 3,995).

■ 이슬람교(Islam敎)

이슬람교의 창시자(570?~632)는 마호메트로, 메카(Mecca) 교외의 히라(Hira)언덕에서 알라에 대한 숭배를 가르치기 시작했다. 이슬람교의 전파과정은 다음과 같다. 예언자 마호메트(Mahomet, 무함마드(아랍))는 아라비아반도 중부 메카에서 유복자로 태어나 7세에 어머니를 여의고 할아버지와 작은아버지 밑에서 성장하였다. 25세에 부호의 미망인 하디자와 혼인하여 한때 시리아 등지에서 대상활동을 하기도 하였다. 이런 상황 속에서 기존의 삶에 대해 깊은 회의를 품고 사색과 명상을 계속하던 그는 40세 되던 610년경 천사 가브리엘로부터 하느님 알라의 계시를 받은 뒤 마지막 예언자로서의 사명을 띠고 포교에 나섰다. 이때 알라로부터 받은 계시를 기록한 것이 『코란』이다. 그러나 보수적 전통이 강한 메카 지도층 코레시아족의 탄압으로 포교에 큰 성과를 얻지 못하고, 그의 혁신적인 외침은 기득권을 가진 사람들의 미움을 받았다. 목숨에 위협을 느낀 그는 622년 9월 메카 북방 메디나로 도망쳤는데 이곳을 '헤지라(聖遷)'라 부르고 이를 이슬람력의 기원으로 삼고 있다. 여기서 이주한 무하자룬(교도)과 그 지역 협력자들을 모아 최초의 움마(교단)를 조직하는데, 이를 키워서 후에 이슬람국가로 발전시킨다. 유사 이래 최초로 방대한 아라비아 지역을 하나의 조직으로 통일한 그는 632년 6월 메디나에서 사망하였다. 처음부터 하느님 앞에 완전평등을 주장한 이슬람교는 형제애를 강조하며 영적인 삶과 세속적인 삶을 연결함으로써 신에 대한 인간의 관계뿐만 아니라 사회 및 다른 인간과의 관계까지 강한 공동체적 성격으로 규정하고 있다. 이런 이중적 성격의 공동체는 신의 뜻을 실현하기 위해 적극적으로 성전(聖戰, 지하드)에 임함으로써 큰 성공을 이루었는데, 예언자 사후 1세기도 안 되어 스페인에서 중앙아시아를 걸쳐 소아시아에 이르는 대제국이 건설되었던 것이다. 2차 확장은 12세기 이후 모슬렘 신비주의인 수피들에 의해 이루어졌다. 이들은 주로 중앙아시아, 터키, 사하라 일대의 아프리카, 동남아시아 등지에 이슬람을 전파하는 데 결정적 구실을 하였다.

이 밖에도 무슬림 상인들이 원거리무역으로 인도 동부 연안과 인도네시아 · 말레이시아 · 중국 사람들을 개종하는 데 촉매역할을 해냈다.

서기 520년경 계속된 소빙하기가 거대한 폭풍을 자주 만들어냈다. 600~700년경 사이에 알프스산맥에 내려온 빙하들은 이탈리아에서 알프스를 넘는 고대 로마의 교통로를 완전히 차단했다. 소빙하기로 남부 아라비아가 더욱 건조해지자 살기 힘들어진 아랍인들은 민족 대이동을 시작한다. 북부지역인 현재의 팔레스타인과 초승달 지역으로 이동한 것이다. 바로 이 시기가 마호메트의 이슬람교 창시 및 정복전쟁과 연결된다.

기후변화로 인해 중동의 초승달 지역(티그리스 · 유프라테스강 유역의 메소포타미아에서 시작하여 시리아 · 팔레스타인의 동지중해연안 지역을 거쳐 애굽의 나일강 유역에 이르는 초승달 모양의 땅. 주변 지역은 황폐하나 이 지역은 비옥하여 일찍부터 인류문명이 발생하였고, 헬라시대에 이르기까지 문명의 중심 역할을 했다. 성경의 중심무대이기도 한 이스라엘을 포함)으로 이주한 아랍인들의 세력은 급속도로 팽창했다. 마호메트는 기후변화로 어려워진 아랍민족을 하나로 만들기 위해 무언가가 필요하다고 생각했다. 어느 문명이든 사람들을 결집시키기에 가장 좋은 것이 종교다. 마호메트는 이슬람교를 창시했고 그가 선포한 메시지는 식량이 없어 굶어죽어 가던 대다수 아랍인들의 마음을 움직였다.

마호메트는 이슬람 신도로 이루어진 군대를 만들었다. 이슬람 병력으로 다른 나라를 정복해 식량을 조달한다는 전략을 세운 것이다. 이슬람 경전 『코란』에 나오는 말처럼 "신은 많은 전리품을 너희에게 약속했다. 자, 그것을 얻을 수 있다"는 말과 "전쟁에서 죽으면 천국으로 간다"는 말로 이슬람 병사들이 전쟁에서 목숨을 걸도록 만들었다.

마호메트가 죽고 100년도 지나지 않아 이슬람교는 이집트와 팔레스타인, 시리아는 물론 중동의 나머지 지역으로 전파되었다. 이들은 정복전쟁을 시작했다. 전쟁을 통해 식량을 얻고 이슬람교를 전파할 수 있었기 때문이다. 이들은 중동지역을 지배하던 동로마제국을 격파하고 651년에는 사산 왕조의 페르시아제국을 무너뜨렸다. 북쪽으로는 흑해, 남쪽으로는 오늘날의 파키스탄까지 그 영역을 넓혔다.

이슬람이 중동과 페르시아 지역을 석권하게 된 전투가 야르무크강 전투와 카디시야 전투다. 마호메트가 죽은 후 그의 후계자들은 이슬람에 대항하는 세력들을 제압하고, 마호메트의 가르침들을 모아 코란(Koran)을 만들었다. 아라비아를 통일한 이슬람군은 이라크 원정대와 시리아 원정대를 조직했다.

635년 다마스쿠스를 포위해 승리를 이끌어낸 이슬람군은 도처에 있는 비잔틴의 수비대를 공격하고 다마스쿠스를 비롯한 도시들을 점령해 나갔다. 비잔틴제국은 5만 명에 이르는 대규모 군대를 일으켰는데 이에 맞선 이슬람의 병력 수는 그 절반도 채 되지 못했다.

635년 8월 19일 결전의 날이 다가왔다. 칼리드는 전 이슬람군에게 공격을 명령했다. 그런데 밤이 되면서 남쪽에서 캄신(Khamsin)이라 불리는 모래폭풍이 불어왔다. 이슬람군은 지척조차 분간할 수 없게 만든 모래폭풍의 뒤를 따라 공격해 들어가자 로마 정예 기병대가 앞을 볼 수 없어 후퇴할 수밖에 없었고 곧바로 보병도 후퇴하면서 5만 명에 이르는 로마군은 이 전투에서 전멸, 중동지역에 대한 동로마제국의 지배도 막을 내렸다. 칼리드 장군은 이 승리를 바탕으로 638년에 예루살렘을 정복했고 640년에는 카이사레아를 점령했다. 칼리드 장군은 아직도 아랍권에서 '신의 검(Saif Allāh)'이라 불릴 정도로 존경받고 있다. 다음 해에 동쪽으로 방향을 돌려 페르시아를 침공했다. 당시 페르시아는 비잔틴과의 싸움으로 지쳐 있었다. 이슬람군은 모래폭풍 캄신의 도움을 받는다. 이슬람군은 전투에서 대승한 후 페르시아로 공격해 들어갔다. 이로써 지금의 이란과 터키 지역이 이슬람 세력으로 편입되었다. 이슬람이 카디시야에서 거둔 승리는 '다르 알 이슬람(Dar al Islam)', 곧 이슬람 세계가 만들어지는 계기가 되었다. 이슬람 세계는 향후 천 년 동안 세계에서 가장 강력한 세력으로 자리 잡는다.

711년에 이슬람군은 북아프리카 정복전쟁을 마쳤다. 북아프리카 지역을 석권한 이슬람은 지중해를 건너 스페인을 침공한다. 그리고 5년 만에 이베리아반도 전체를 손에 넣었다. 지금의 스페인과 포르투갈이 이슬람의 식민지가 된 것이다. 스페인이 이슬람의 지배로부터 벗어난 것은 거의 7세기가 흐른 뒤였다.

이베리아반도를 점령한 이슬람은 피레네산맥을 넘었다. 이들은 732년에 프랑스의 심장부에 있는 푸아티에 근처까지 쳐들어갔다. 당시 프랑크 왕국의 왕은 샤를 마르텔이었다. 그는 투르전투에서 예상을 깨고 기적 같은 승리를 거두었다. 이로 인해 이슬람은 유럽정복을 포기한다.

소빙하기의 기후변화로 현재의 팔레스타인과 초승달 지역으로 이동, 이슬람교를 만들면서, 아라비아반도에 살던 아랍인들을 역사의 전면에 등장시켰던 것이다. 한편, 현대인의 기준으로 보면 이상하게 여길 수도 있는 일부다처제는 이슬람 지역의 빈번한 전쟁으로 과다하게 발생한 과부와 고아를 구제하기 위한 제도적 장치로 보인다.

따라서 공동체 내에서 문제가 야기되었을 때에는 전통적 규범인 순나(Sunnah)에 의해 보완된다. 순나를 지지, 이상시하는 자를 순나파라 하는데 대부분의 무슬림은 이 정통파에 속한다. 제국 확장과 함께 이질적 종교와 사상이 유입됨에 따라 최초의 하라지리파를 비롯하여, 많은 분파가 생겼는데, 그중 주요한 하나의 분파가 바로 시아파이다.

이 파는 초기 칼리프시대 이후 칼리프 계승권에 대한 문제로 발생한 분파이다. 시아란 무함마드의 사위인 알리를 지지하는 사람이라는 뜻으로, 이들은 칼리프 계승권이 예언자 혈통을 이어받은 알리의 후손에게 있다고 하면서 알리의 아들 하산과 후세인의 계승권을 주장한다. 이 시아파는 순나파에 비하면 소수파이지만, 한때 광대한 제국을 세웠던 페르시아가 사라센제국에 복속된 뒤에 정통 순나파를 선택하지 않고 시아파를 선택했던 역사적인 연원 때문에 현재의 이란 지역에서 여전히 강력한 영향력을 행사하고 있다. 전체 무슬림의 10% 정도밖에 되지 않지만, 이들은 자기들만이 성스러운 지식과 힘을 가졌다고 주장하면서 그런 힘의 소유자를 이맘(Imam)이라 부르며 존경하고 있다. 또 다른 주요한 유파는 12세기 이후 이슬람 신비주의라 일컬어지는 수피즘을 들 수 있다. 수피란 원래 원시이슬람사회 내에서의 금욕수도자 · 고행자를 뜻하였으나, 뒤에 그리스사상과 유대교 · 기독교 · 불교의 신비주의사상까지 수용되어 수피즘이라는 독특한 사상체계가 형성되었다. 이 수피즘은 이슬람신앙의 형식주의, 행위의 결과만 보고 심판하는 이슬람법(샤리아)에 반발하면서 신앙의 내면성을 더욱 강조한다(네이버 지식백과, 한국민족문화대백과, 한국학중앙연구원). 현재 이슬람교도는 13억 명이 넘는다. 이슬람교는 기독교 다음으로 세계에서 가장 널리 퍼진 종교가 되었다(기독교를 믿는 사람은 약 21억 명).

## 제6절  남부아시아 국가의 에티켓

## 1. 인도

### 1) 식사 에티켓

- 소를 신성하게 여겨 돼지고기는 먹지만 쇠고기는 먹지 않는다.
- 식사할 때에는 오른손을 사용하여 밥을 먹는다.
- 음식을 남기지 않고, 먹는 도중 흘리지 않는다.
- 걸인과 마주치면 덤덤히 대한다. 그들은 구걸은 상대방의 자비심을 일깨워 주는 자선행위라 믿는다. 시크교도(힌두교)는 터번을 쓰고 금연하며 쇠고기를 안 먹는다.
- 상점 방문 시 주인들이 비스킷이나 차를 호의로 내주는데 이때 거절하면 모욕으로 느끼기 십상이므로 조금이라도 먹는다. 위생이 걱정되면 최소한 시늉이라도 한다.
- 아무리 더워도 거리에선 어깨를 함부로 드러내지 않는 것이 좋다. 특히 여성들은 주점이나 차 안이 아니라면, 무릎 위로 올라가는 미니스커트나 짧은 바지는 피해야 한다.

### 2) 일상 예절

#### (1) 대화

① 인도인들은 직접적으로 반대 표시를 잘 하지 않는데 드러내 놓고 반대 의사를 표시

하는 것은 적대적인 태도로 인식하므로 주의가 필요하다.

② 인도인이 대화 도중 양옆으로 고개를 흔들거나 8자형으로 빠르게 고개를 움직이기도 하는데, 이는 부정의 표현이 아니라 "당신의 말을 이해한다."라는 것으로 받아들여야 한다. 한국의 고개를 위아래로 끄덕이는 것과 같다고 보면 된다.

## (2) 화제

① 매우 인기 있는 세 가지 화제는 정치(특정 지역에 한정된 정치 이슈에 대해서는 잘 알고 있는 경우가 아닌 이상 언급하지 않는 것이 좋다), 국가적 오락인 크리켓, 영화(연간제작 1,000~12,000편/세계 최대 제작국/극장 18,000개)이며, 최근에는 경제개발에 대한 관심이 높아져 관련 주제도 추가되었다.

② 인도 전반에 관련하여 되도록이면 긍정적인 의사표시를 하는 것이 좋다.

③ 종교에 관해서 논하는 것을 피하되 인도인들이 믿는 종교와 관련하여 특정 종교의 식에 대한 순수한 질문은 매우 환영받을 수 있다.

④ 자신들의 경제 발전을 매우 자랑스러워하기 때문에 빈곤문제에 대해 이야기하는 것을 매우 꺼린다.

⑤ 인도인들은 파키스탄에 대해 매우 좋지 않은 감정을 갖고 있으므로 이와 관련된 주제는 피하는 것이 좋다.

### ■ 인도의 음식문화

인도에는 채식주의자가 많다. 채식주의는 주로 카스트와 종교에 따른 것이다. 카스트(caste)는 인도 사회 특유의 신분제도로 영어로 사성(四姓)·계급·혈통·인종 등을 의미하며, 어원은 포르투갈어 카스타(casta: 혈액의 순수성 보존)에서 유래했다. 인도에서는 '색(色)'을 뜻하는 바르나(varna), 또는 '바르나슈라마 다르마(Varnashrama–dharma)'라고 부른다. 브라만(Brahman: 사제·성직자), 크샤트리아(Kshatriya: 귀족·무사), 바이샤(Vaisya: 상인·농민·지주), 수드라(Sudra: 소작농·청소부·하인)의 네 가지로 분류된다. 채식은 브라만(사제, 성직자)에게 중요한 의미를 가지고 있으므로 브라만이나 카스트의 상향 이동을 원하는 사람들은 채식을 철저히 지키려고 노력한다. 육식의 경우 등급이 있는데, 가장 보편적으로 먹는 것은 닭고기와 양고기이며 돼지고기는 더러운 것으로 생각하여 잘 먹지 않고, 쇠고기는 물론 소의 신성성 때문에 먹지 않는다. 인도 식사예절의 특징은 왼손은 오염된 손으로 생각하기 때문에 식사 때 반드시 오른손만 사용하고, 식사 후 핑거볼에 손을 닦아내는 것이다. 또 침이 음식을 오염시키는 주범이라고 생각하기 때문에, 음식을 먹을 때는 개인 그릇을 사용해 준비된 음식을 자기 그릇에 덜어 먹어야 한다.

## 제7절 　태평양 국가의 에티켓

### ■ 오세아니아(호주, 뉴질랜드)

### 1. 뉴질랜드

식사 에티켓, 선물문화, 일상예절 등은 영국문화에 준한다.

(1) 인사 : 상대방을 만날 때 악수를 하며, 친밀한 사이거나 마오리족들이 아니고는 뺨에 키스하는 경우는 드물다. Mr, Mrs 등은 공식적인 경우에 사용하며, 일반적으로는 First Name만 부른다. 면적에 비해 인구가 적은 관계로 처음 보는 사람끼리도 인사를 나누는 경우가 많다. 하지만 외국인에게 초면에도 불구하고 반갑게 대하여 호감을 갖게 한 후 사기 범죄나 강도를 하는 사례도 드물기는 하지만 발생하고 있는 것으로 알려지고 있다.

(2) 세계적인 수준의 청렴도를 자랑한다. 그래서 업무상으로 뇌물을 주는 것은 금물이며, 뇌물을 줄 경우 오히려 손해를 볼 수 있다.

(3) 영국인의 국민성을 이어 받아 보수적인 성품을 지니고 있으며, 성격이 느긋하고 친절하나 자존심이 강하다. 개인주의 의식이 생활화되어 있으며, 질서의식이 강하고 규칙적인 생활습관이 몸에 배어 있다. 그러므로 약속은 최소한 1~2주 전에 미리 잡아 상대방이 스케줄을 조율할 수 있도록 배려하는 것이 좋으며, 정해진 약속에 대해서는 시간을 엄수하고 성실하게 이행하는 것이 중요하다.

(4) 영국 이주민에 의해 형성된 사회로 종교나 관습에 기초한 특별한 금기 사항은 없다. 영국 등 서구사회의 기본적인 문화예절을 지키면 된다.

다만, 뉴질랜드는 다양한 민족과 다양한 종교를 가진 이민 사회이므로 잘 알지 못하는 초면에는 민감한 주제를 피하는 것이 좋으며, 미국식 발음에 익숙한 한국 사람은 뉴질랜드식 영어를 알아듣기 어려울 때가 있으므로 양해를 구하고 천천히 말해 달라고 부탁해도 실례가 되지 않는다. 또 손가락으로 사람을 가리키는 것은 큰 실례이며, 상대방 이야기를 진지하게 경청하는 태도를 보이는 것이 예의이다. 어른을 공경하는 관습은 없으나 무례하게 대해서는 안 되며 특히 여성에 대해서는 대화나 행동에 조심해야 한다. 심지어 귀엽다고 여자 아이의 얼굴이나 신체를 만지는 등의 행위는 성희롱으로 간주될 수 있으므로 조심해야 한다.

뉴질랜드 원주민 마오리족은 인사할 때 코를 맞대고 비비는 '홍기'를 한다.

## 2. 미크로네시아(사이판, 괌)

### 1) 사이판(Saipan I.)

식사 에티켓, 선물문화, 일상예절 등은 미국문화에 준한다.

> ■ **개요**
> - 소재지 명칭 : 미국령 북마리아나제도 사이판섬
> - 위치 : 서태평양 북마리아나제도 남부
> - 경위도 : 동경145°45′, 북위15°10′
> - 면적(㎢) : 115.38
> - 해안선(km) : 122
> - 종족구성 : 중국인, 방글라데시인, 필리핀인, 태국인, 베트남인, 캄보디아인, 일본인, 한국인 등
> - 공용어 : 영어, 차모로어
> - 종교 : 로마가톨릭교, 개신교
> - 통화 : US dollar
> - 인구(명) : 48,220(2010년)

#### (1) 역사

1521년 에스파냐인에 의하여 발견되어 수세기(1565~1899년) 동안 에스파냐령으로 있다가, 1899~1914년까지는 독일령이었다. 제1차 세계대전 후에는 일본에 점령되었다가, 제2차 세계대전 중인 1944년 7월에 미국의 통치령이 되었으며, 전쟁 후반부 미국의 주요 공군기지 역할을 하였다.

#### (2) 물가

물가는 한국과 비슷하거나 조금 더 비싼 편. 전압과 플러그는 115/230V, 60Hz를 사용한다.

#### (3) 기후

해양성 아열대 기후에 속한다. 계절은 크게 우기인 5~10월, 건기인 11~4월로 나뉜다. 하루 평균온도는 27℃로 연중 기온차가 거의 없다. 습도는 70%로 높은 편이지만 무역풍이 불어 불쾌지수는 높지 않다.

### (4) 언어

사이판의 공용어는 영어와 차모로, 캐롤리니안어다. 현지인들은 일상생활에서 주로 모국어인 차모로와 캐롤리니안어를 쓴다. 관광업에 종사하는 사람들은 대개 영어를 능숙하게 구사하며 여행자의 영향으로 한국어나 일본어가 통하는 곳도 있다.

### (5) 시차

우리나라보다 1시간 빠르다. 한국이 정오라면 사이판은 오후 1시다. 서머타임 제도는 실시하지 않는다.

### (6) 특산물

보조보 인형, 노니가 유명하다.

### (7) 한인타운

찰란 카노아, 비치로드 부근에 한인 교포가 운영하며 한인 식료품을 취급하는 뉴 페이레스 슈퍼마켓(New Payless Supermarket)과 사이판 한인성당이 위치해 있다. 호텔을 순회하는 무료 셔틀버스를 이용하여 타운하우스에서 하차하면 찾아갈 수 있다(네이버 지식백과).

### (8) Tip 문화

레스토랑, 호텔, 택시 이용 시 팁을 지불해야 한다. 현지 주요 식당에서는 현재 식사대금에 10% 팁(Service charge)을 포함시키므로 이 경우를 제외하고는 영수증을 확인해 보면 된다. 대다수 여행자들은 받은 서비스의 질에 따라 10~15%의 팁을 주면 된다. 호텔 객실 청소를 맡고 있는 룸메이드에게는 아침마다 객실을 나갈 때 1달러 정도를 베개 밑에 놓아둔다. 짐을 들어주는 벨맨(Bell Man) 또는 포터에게는 짐 1~2개당 1달러 정도를 주는 것이 일반적이다. 택시를 불러주거나 주차장에서 차를 운반해 준 도어맨에게도 1달러 정도를 지불하는 것이 좋다. 레스토랑에서는 총계산서 요금의 15%를 테이블에 놓고 나오거나 계산할 때 종업원에게 주면 된다.

### (9) 여행 시 유의사항

- 가라판(Garapan), 수수페(Susupe) 등 번화가는 늦은 시각을 제외하고 치안이 좋은 편이다. 단, 차량 절도사건이 빈번하므로 렌터카 이용 시 귀중품 관리에 각별한 주의가 필요하다.
- 예쁘다고 해서 산호를 따거나, 소라종류를 잡으면 절대 안 된다(벌금을 문다).

- 모든 예약(호텔, 렌터카)은 신중히 생각한 후에 하는 것이 좋다. 예약 취소 시 위약금이 예약금액의 절반 이상이다.
- 여권관리이다. 중국인들이 사이판에 많은 편인데 한국인 여권을 매우 좋아한다.
- 원주민과 사소한 문제라도 절대 다투지 않는 것이 좋다. 법보다 종족이 가깝기 때문이다.
- 매춘행위에 대해 극히 조심해야 한다. 성병에 대하여 무방비이다.
- 약물 또는 술을 마신 상태에서는 입수하지 않는다.

## 3. 괌(Guam)

식사 에티켓, 선물문화, 일상예절 등은 미국문화에 준한다.

- **■ 개요**
  - 공식 명칭 : 미국령 괌 준주(United States Island Territory of Guam)
  - 위치 : 서태평양 마리아나제도의 중심
  - 면적(㎢) : 544
  - 수도 : 하갓냐(Hagatna)
  - 종족구성 : 차모로족(37.1%), 필리핀인(26.3%), 태평양 섬주민(11.3%) 등
  - 공용어 : 영어, 차모르어
  - 종교 : 로마가톨릭교(85%), 기타(15%)
  - 통화 : US dollar
  - 인구(명) : 159,914(2012년)
  - 1인당 구매력평가기준 GDP(PPP)($) : 15,000(2005년)

괌(Guam)의 북동무역풍은 오염물질이 쌓이는 것을 방지하기 때문에 세계에서 공기가 깨끗한 곳 중 하나로 꼽힌다. 1~6월은 건기, 7~12월은 우기이다.

서태평양 마리아나제도에 위치한 미국 자치령이다. 미국령 중 가장 서쪽에 위치하고 있어 미국의 하루가 시작되는 곳으로 유명하다.

괌을 여행하는 것은 세계의 가장 이국적인 네 곳의 장소를 한번에 여행하는 것과 같다. 괌은 서태평양의 중심이며, 미크로네시아의 가장 번화한 곳이다. 괌의 원주민인 차모로와 미국인 그리고 필리핀인, 중국인, 일본인, 한국인, 그리고 미크로네시안 섬주민뿐만 아니라 소수의 베트남인, 인도인, 유럽인들도 살고 있다.

### (1) 역사

오래전부터 원주민인 차모로족이 살고 있었다. 1521년 마젤란이 항해 도중에 발견하여 서구에 알려졌다. 약 40년 후인 1565년 에스파냐의 장군이자 필리핀 총독을 지내던 레가스피(Miguel López de Legazpi : 1505~1572)가 괌의 스페인 영유를 선언, 약 333년 동안 스페인의 통치를 받았다. 이후 스페인 전쟁을 거쳐 1898년에 미국은 스페인으로부터 통치권을 이양받았다. 1941년에는 일본군이 괌을 공격해 점령하였으며, 3년 뒤 미국이 재탈환하였다. 이처럼 괌은 서구에 알려진 이후 스페인, 미국의 통치를 받은 데다 제2차 세계대전의 격전지였기 때문에 솔레다드 요새, 스페인 다리, 스페인 광장, 우마탁, 메리조 마을 등 수많은 역사유적들이 남아 있다(네이버 지식백과, 시사상식사전, 박문각).

### (2) Tip 문화

미국은 다른 나라에 비해 팁 문화가 정착돼 있기 때문에 마사지를 받은 후나 호텔에서 나오기 전 객실 청소 룸메이드에게 줄 약간의 팁을 얹어주는 정도는 기본이다. 대신 괌은 미국 본토나 하와이 등과 달리 레스토랑의 메뉴 가격에 팁이 대부분 포함되어 있으므로 따로 챙길 필요가 없다.

### (3) 여행 시 유의사항

- 가급적이면 현금은 당일 사용할 것만 지니고 밝은 공공장소를 이용하며, 외진 곳에 가는 것을 주의한다. 강도를 만날 수 있기 때문이다.
- 쇼핑한 물건이나 여권 또는 귀중품 등은 렌터카 등 차 안에 두면 안 된다.
- 계산 시 할인율을 맞게 적용하는지, 내가 사는 물품의 라벨이 정확한지 등을 확인한다.
- 길거리나 차에서 술을 마시면 경찰이 출동해서 유치장 신세를 진다.

### (4) 한국 교민

우리나라 교민은 약 4,500명이 거주하며 주로 관광업, 요식업, 건설업 등에 종사한다. 한국인 관광객은 매년 약 13만 명이 방문하며 괌 관광객의 약 10%를 차지한다(두산백과).

## ■ 멜라네시아(피지, 타히티)

## 1. 타히티(Tahiti)

> ■ 개요
> - 국명 : 프렌치 폴리네시아(French Polynesia)
> - 면적 : 4000㎢(118개의 섬)
> - 수도 : 피페에테
> - 종교 : 기독교
> - 종족 : 대부분 폴리네시아계, 백인, 중국인, 폴리네시안 중 주민의 75%가 타히티 거주
> - 공용어 : 타히티어, 프랑스어
> - 산업 : 농업, 어업, 관광산업
> - 시차 : 3시간 빠름/기후 : 열대성 해양기후
> - 비자 : 면제
> - 통화 : XPF(퍼스픽 프랑)
> - 기념품 : 흑진주

### 1) 역사

화산성 섬으로 숫자 8을 옆으로 뉘어놓은 모양을 하고 있다. 정치적으로는 1844년 프랑스가 전통적 왕조를 멸망시켜 식민지로 만들었다. 주민 가운데 순수한 폴리네시아인은 3,000~4,000명에 지나지 않고 약 6,000명의 화교가 있다. 타히티는 오랜 기간 동안 자체 세력인 포마레 왕조의 지배를 받다가 1880년에 프랑스의 식민지가 되었으며, 프랑스령 폴리네시아(French Polynesia)라고 명명하기에 이른다.

### 2) Tip 문화 : 특별히 팁을 주지 않아도 된다.

### 3) 물가

- 타히티는 모든 것을 수입하기 때문에 물가는 살인적일 만큼 비싸다.
- 국제전화의 경우 호텔의 연결 서비스 요금을 제외하더라도 1분에 1만 원이 넘고, 생수는 5천 원, 식사는 4~5만 원이 기본이다. 택시 이용도 힘드니 국제면허증을 구비하고 렌터카 이용 등을 사전에 알아본다. 제반 경비가 매우 비싸므로 호텔, 여행지, 현지 교통편 등을 꼼꼼히 챙기는 것이 좋다.

### 4) 여행 시 유의사항

보호색이 있어 눈에 잘 띄지 않지만 맹독성 가시를 가진 poisson-pierre가 산호초 주위에 숨어 있기도 하므로, 산호초 위를 맨발로 걸어다니지 않도록 주의해야 한다. 또 남쪽 바다

에 널리 서식하고 있는 작은 원추형 감자조개 중에는 강한 독성을 가진 것도 있다.

스노클링(Snorkeling, 잠수)을 할 때 살아 있는 조개류 등은 채취를 금해야 한다.

## 제8절 ◦ 유럽 국가의 에티켓

## 1. 그리스(남유럽)

고대 민주주의의 요람으로 이 나라를 방문하기 전에 그리스는 어떤 나라인지 공부를 하고 떠나야 그리스 문화와 오리엔트 문화가 서로 영향을 주고받아 질적 변화를 일으키면서 새로 태어난 문화, 즉 그리스의 헬레니즘 문화유산을 이해할 수 있다.

### 1) 식사 에티켓

일조량이 매우 많은 나라이며 여름이 길고, 일조시간이 긴 탓에 다른 나라에 비해 특이한 점이 있다. 주요 관광지를 제외한 대부분의 식당들이 점심시간에는 영업을 하지 않으며 저녁 때도 7시나 8시 이후에나 문을 여는 경우가 많다.

무더운 여름을 이겨내려는 선조들의 지혜로 오랜 동안 현지인들의 생활 속에 자리 잡은 시에스타(낮잠 시간)의 영향으로, 오후 2시경이면 하루 일과를 끝마치기 때문에 별도의 점심문화가 없다. 저녁식사 시간은 통상 9:30~12시경이다. 따라서 현지인들과의 저녁 약속은 통상 9시 이후에나 가능하다.

### 2) 팁 제도

호텔에서의 팁은 청소원에게 1유로, 포터에게 가방 1개당 50센트 정도이며 관광 가이드 및 차량 기사의 경우 관행상 10~50유로 정도의 팁이 지불되고 있다. 식당에서의 팁은 음식값의 5~10% 정도이다.

### 3) 식사문화

전통음식 가운데 유명한 것은 수블라키이다. 이것은 우리나라의 숯불갈비에 해당되며 생선이나 육류를 쟁반 모양으로 잘라 수십 장씩 꼬챙이에 꿰어 구운 음식을 총칭한다. 육류로는 돼지고기와 양고기가 널리 쓰이는데 간이음식점(타베르나)에서는 양고기를 주로 쓴다. 간은 소금과 후추로만 한다. 그리스 양고기는 육질이 부드럽고 느끼한 맛이 거의 없어 관광객들에게 인기가 많다.

기후는 포도 재배에 적합하기 때문에 그리스의 와인을 빼놓을 수 없다. 와인의 종류만 도 수십 가지가 되지만 대개 레치나와 나머지 것들로 구분된다. 레치나는 송진을 넣어 가 미한 것인데 독특한 맛이 난다. 레치나가 아닌 다른 와인 중에는 파트라스의 데메스티카 와 아테네 근교의 이미토스가 있다. 지방의 와인으로는 북부 마케도니아 지방에서 나는 부타리나우사 적포도주가 유명하다. 그리고 그리스의 커피에는 그리코(단것), 메트리오 (보통), 스케토오(블랙)의 세 종류가 있다.

## 4) 여행 시 유의사항

그리스는 다른 유럽에 비해 치안사정은 비교적 좋은 편이나 최근 인근 발칸국가로부터 경제 난민이 대거 유입하면서 절도, 소매치기 사건 등이 증가 추세에 있다. 그리스 전체적 으로 치안은 비교적 안정되어 있으나 아테네 시내 중심가 옴모니아 광장 주변이나 좁은 골목길의 심야 단독외출은 삼가는 것이 바람직하다. 아무런 이유 없이 접근하여 친절을 베풀거나 차나 한잔 하자며 유흥업소로 유인하여 바가지를 씌우는 경우가 가끔 있으므로 각별한 주의가 요망된다.

노상 주차 등으로 도로가 협소하고 과속운전, 신호위반 사례가 많아 도로 교통안전에 특별히 주의해야 하며, 낡은 여객선 침몰사건도 간혹 발생하고 있음에 유의해야 한다. 지 진발생지역 중 하나이므로 비상구나 안전 탈출로에도 유념해야 한다.

또한, 오모니아 지역, 쇼핑거리, 대중교통, 박물관 및 유적지 등 번잡한 장소에서 특히 외국인을 상대로 소매치기 사건이 많이 접수되고 있으며 여행 시 중요한 소지품의 관리를 소홀히 해서는 안 된다.

가능하다면 오모니아 지역 투숙 및 방문은 금지하는 것이 좋으며 밤 늦게 인적이 드문 장소로의 접근을 피하고 혹시 시내에서 시위가 일어났을 경우 시위장 근처를 방문하지 않도록 한다.

## 5) 문화적 금기사항

그리스는 그리스 정교회국가로 전국에 산재되어 있는 수도원 방문 시에는 복장에서 예의를 갖추어야 하며, 반바지차림이나 지나친 노출은 삼가야 한다. Mount Athos 지역에 있는 수도원은 여자의 출입이 금지되어 있다.

## 6) 간추린 그리스 역사

- 미노안, 키클라데스 문명(B.C. 3000~1400), 미케네문명(B.C. 1400~1200) 등 고대문명 발상지, B.C. 8~9세기 도시국가 형성
- 페르시아 전쟁(B.C. 492~479) 이후 아테네와 스파르타 전성
- 알렉산더 대왕의 마케도니아 왕국에 흡수(B.C. 336~146)
- 로마제국(B.C. 146~474)과 비잔틴제국(B.C. 474~1453) 지배
- 오스만 터키 지배(1453~1830)
- 독립왕국 수립(1830.3.25)
- 근대국가 형성(1830~1913)
- 입헌군주국 수립(1863)
- 발칸전쟁 시 터키(1912)와 불가리아(1913)에 승리
- 1차 대전 중 연합국 일원으로 참전, 2차 대전 중(1941~44) 독일, 이태리, 불가리아에 의해 점령
- 좌우 세력 간 내전(1946~49), 입헌군주정(1959~67), 군사정권(1967~74)을 거침

## 7) 간단한 현지어 회화

안녕하십니까?: 깔리 메라(아침인사), 깔리 스페라(저녁인사)

좋습니다, 당신은요?: 뽈리 깔라 혹은 뽈리 깔라, 에시스?

정말 고맙습니다: 에프하리스토 빠라 뽈리

실례합니다: 시그노미

매우 좋군요: 폴리 오레오(=very good)

O.K: 엔 닥시

Hello: 야수(단수), 야사스(복수, 존칭)

## 8) 몸짓, 제스처

- 그리스인들에게 손바닥을 펴보이는 것은 금물이다. 그리스에선 상대방에게 손바닥을

펴보이는 것이 가장 심한 욕이다. 우리가 흔히 하듯 "안 돼"라는 의미로 손을 쫙 편다면 그리스인으로부터 어떤 봉변을 당할지 모른다. 또 손바닥을 보이며 택시를 잡으려 한다면 아마도 밤새 거리에 서 있는 신세가 될 것이다.

- 턱을 한번 추켜올리면 강한 부정의 뜻을 보이는 것이다. 물건을 사며 가격을 흥정할 때 가게 주인이 턱이나 눈썹을 추켜세운다면 일찌감치 포기하거나 흥정 전략을 바꾸는 것이 좋다. 턱이나 눈썹을 추켜세운다면 '절대 안 된다'는 뜻이기 때문이다. 반면 고개를 살짝 갸우뚱하는 행동은 '좋다 또는 괜찮다'는 의미이므로 긍정적으로 생각해 볼 수 있다.

- 그리스 전통인사로서 볼 인사가 있다. 남녀 간 또는 동성 간에 오랜만에 만났을 때 양볼을 서로 맞대면서 볼키스를 한다. 이때 볼키스를 하면서 서로 간의 안부와 근황을 묻곤 한다. 또한 이성뿐만 아니라 동성 간 친구들 사이에서 반갑게 인사를 하거나 동의할 때 윙크를 하기도 한다.

## 9) 건강

- 수도꼭지에서 받은 물은 일반적으로 마셔도 괜찮은 편이다.

- 건강상 조심해야 할 점은 태양열에 의한 화상과 열사병, 탈수증이며 밤에 곤충들이 극성을 부리기 때문에 방충제를 준비하는 것이 좋다. 또한 독이 있는 뱀은 살무사뿐이지만 대개 드물고 그리스의 유명한 양치기 개는 대부분 짖기만 할 뿐 물지는 않는다.

- 축제 : 부활절은 그리스에서 가장 중요한 축일인데 이때는 촛불을 들고 행진하며 축제와 함께 불꽃놀이가 벌어진다.

  또한 수많은 지역 축제들이 1년 내내 개최된다. 많은 문화 축제들은 여름에 개최되는데 가장 유명한 축제로는 희극, 오페라, 무용극, 고전 음악 연주회가 상연되는 아테네 축제이다. 이 축제는 고대 그리스 드라마가 에피다우루스(Epidaurus) 극장에서 상연되는 에피다우루스 축제와 함께 개최된다. 다른 문화 축제를 벌이는 도시로는 이오아니나(Ioannina), 파트라스(Patras), 테살로니카 등이 있다.

- 그리스에는 전통적인 관습이 넘쳐흐르고 있다. 명명일(생일 대신에 축하함), 결혼식, 장례식 등은 중요하게 여기며 특히 명명일에는 집을 개방하고 선물을 들고 축하하러 온 손님들에게 간단한 음식을 대접한다. 결혼식은 매우 즐거운 축제이며 춤과 축연이 베풀어지고 주연은 며칠 동안 계속되기도 한다.

- 몸에 걸치고 있는 모든 것을 벗어버리고 싶다면 지정된 누드비치(Nude Beach)만큼 좋은 장소는 없을 것이다. 그러나 그리스는 전통적으로 예의를 중요시하는 국가이기 때문에 예절에 벗어나는 일은 삼가야 한다.
- 그리스인들은 축구를 광적으로 좋아하여 남자들은 대부분 직접 축구를 하거나 관중으로 축구장에 들르곤 한다. 농구는 축구 다음의 인기를 누리고 있다.
- 아이들과 함께 그리스를 방문하면 많은 환영을 받는다. 왜냐하면 그리스인은 아이들을 사랑하기 때문이다.
- 술집에서 택시의 부당요금강요 등이 빈번하게 발생한다. (미리 지도 및 안내서를 통해 지리와 요금 및 가까운 경찰서 등을 알아놓는 것이 좋다.)
- 그리스인, 불가리아 사람에게 고개를 끄덕이는 행동은 "NO"를 뜻하며, 그 밖의 나라에서는 "YES"를 뜻한다.
- 엄지손가락을 세워 남에게 보이는 것은 우리나라에서는 최고의 의미이지만 반대로 그리스에서는 '외설적 의미'이므로 함부로 이 표현을 쓰면 안 된다.

## 2. 스페인(남유럽)

### 1) 식사 에티켓

스페인 사람들은 식사시간을 매우 중요하게 여기며, 2~3시간씩 이어진다. 통상적인 식사시간이 한국과 달라 점심은 2~4시, 저녁은 9~11시 사이가 가장 일상적이므로, 배고픔을 참지 못하다 음식이 나오면 급히 먹는 경우가 발생하지 않도록 필요한 경우 사전에 간단한 간식으로 허기를 달래두는 것도 좋다. 식사시간에 대화하는 것을 매우 중시하므로 음식에만 집중하지 않도록 유의하고, 적절한 대화주제를 몇 가지 준비해 두는 것이 좋다.

식사시간에는 가급적 양손을 테이블 위에 두되 팔꿈치로 기대지 않도록 하며, 상대방과 속도를 맞추도록 한다. 서양식 테이블 기본매너(빵과 물의 위치, 냅킨 사용, 와인 잔의 구별 등)는 사전에 숙지하고 가는 것이 좋다. 스페인 사람들은 우리나라 사람들처럼 술을 많이 마시지는 않으므로, 식사 중의 술은 와인 한두 잔으로 족하다. 과하게 술을 권하거나 속칭 '원샷'을 강요하는 것은 무례한 행위로 보일 수 있으므로 주의하자.

## 2) 일상예절

- 스페인에서는 우리나라처럼 옷을 잘 입어야 대접을 받는다.
- 신발을 벗어 발을 보이는 것은 결례이다.
- 호명할 때, 미스터 대신 '세뇨르', 미스 대신 '세뇨리타'를 붙여 부른다.
- 스페인 사람들은 대부분 통화를 길게 하므로 인내와 끈기를 가지고 기다려야 한다.
- 남자들끼리도 친할 경우 포옹을 한다.
- 아침에 전화하는 것은 결례이다. 늦게 잠들고 늦게 일어나므로, 통상 점심식사는 오후 2~4시 사이에 하고 저녁식사는 밤 9~11시 사이에 한다.
- 스페인 사람은 점심에서 저녁식사 때까지의 시간이 길고 낮잠을 즐긴다.
- 다른 사람과 말하기를 즐기므로, 먼저 대화를 중단하고 가지 않도록 유의한다.
- 13일의 화요일을 흉일로 생각한다.
- 낭만적이고 친절한 국민성을 가지지만, 책임의식과 시간관념이 부족하여 약속을 할 경우 한두 시간 기다리는 여유는 상식이며, 일을 할 때 재촉하지 않고 기다리는 여유를 배워야 한다.
- 집으로 초대받을 때 인사치레인지 파악해야 한다. 반복해서 초대받는 것이 진심어린 초대임을 알아야 하며, 방문할 때는 준비하는 시간을 주기 위해 한두 시간 늦게 가는 것이 상식이다.

---

**제9절  중동 및 아프리카 국가의 에티켓**

## 1. 사우디아라비아

이슬람 전역에 걸쳐 간음과 매춘 행위, 음주, 돼지고기 판매, 이자놀이 등이 생활의 금기로 되어 있으며, 신앙생활을 해치는 가무나 요란한 음악, 영화 등은 허락하지 않고 있다. 학교에서도 음악, 무용 등의 교육과목이 전무하다.

- 매년 히즈라력 9월(라마단, Ramaḍān)은 무함마드(Muhammad)가 가브리엘(Gabriel, 지브릴) 천사를 통하여 코란을 최초로 계시받은 성스러운 달로 여겨지고 있으며, 한 달 간은 고행과 수도의 달로서 해가 뜬 후부터 해가 지기 전까지는 물, 음료, 담배 등 음식물을 일절 금식한다. 대신 밤에는 식사를 하고 특별 예배를 보며 대부분 야간활동

이 활발하다.

- 라마단(금식월) 중에 외국인은 금식하는 아랍인 앞에서 음식을 먹거나, 마시거나, 담배를 피우지 않는 것이 좋다. 특히 거리에서의 흡연을 삼가고, 아랍인들의 종교생활에 거슬리는 행동을 하지 않는 것이 좋다.

- 남녀 간 내외를 엄격하게 지키므로 가족이 아닌 여자와 함께 다니거나, 여인의 사진을 찍거나 말을 거는 등의 행동을 삼가야 한다.

- 왼손은 불결한 것에만 사용하고 깨끗한 일은 오른손으로 하기 때문에 악수를 한다거나 물건을 주고받거나 음식을 먹을 때 왼손을 사용하는 것은 예의에 어긋나므로 주의해야 한다.

- 옷차림은 남자들은 외출 시 토브(Thobe)라고 하는 하얀색의 전통 복장과 구트라(Goutra)라고 하는 흰 바탕에 붉은 체크무늬 또는 흰색 천을 머리에 두른다. 여인들은 아바야(Abaya)라고 하는 검정색 겉옷을 입고, 검은 머플러로 머리와 얼굴을 가린 후 외출한다. 외국 여인들도 강제로 아바야를 착용해야 한다.

- 권유받은 선물이나 음료, 음식 등은 거절하지 않는 것이 좋다. 그리고 집으로 초대받았을 때에는 세 번 이상 거절하면 예의상 곤란하다.

- 사우디아라비아에서는 개, 돼지, 맹수류, 맹금류, 파충류와 이슬람식으로 도살(Hallal)되지 않은 고기, 죽은 짐승의 고기와 피, 내장 등은 식음할 수 없다.

- 대표적인 아랍 음식

  ① 아랍인들은 닭고기, 양고기로 만든 음식을 '코브즈 레바니즈 브레드(Khobz lebanese bread)'에 얹어 '후무스(Hummus) 소스'에 찍어 먹는다.

  ② 캅사(Kabsa) : 밥과 고기, 견과류, 채소를 향신료와 함께 볶아낸 요리. 우리나라의 볶음밥과 유사하다.

  ③ 코프타(Kofta) : 메인 고기요리로 페르시아에서 유래됨. 다진 고기와 양파, 향신료를 함께 갈아 둥글게 빚거나 꼬챙이에 붙여 긴 막대 모양으로 만들어 구운 음식

  ④ 샤와르마(Shawarma/Shawurma) : 양념한 쇠고기·닭고기·양고기를 불에 구워 채소와 함께 빵에 싸먹는 아랍과 레반트 지역의 음식. 아랍 지역의 음식으로, 여러 고기를 넣고 샌드위치처럼 돌돌 말아 먹는 음식

칵사(Kabsa)  코프타(Kofta)  샤와르마(Shawarma/Shawurma)

■ **후무스(Hummus)**
후무스는 병아리콩, 타히니, 올리브기름, 레몬주스, 소금, 마늘 등을 섞어 으깬 소스이며, 사우디, 레바논, 이집트 등 중동의 향토음식이다. 단백질의 비중이 높고 지방이 적다. 매시드 포테이토와 흡사하다.

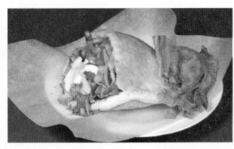 

코브즈 레바니즈 브레드(Khobz Lebanese Bread) 후무스(Hummus)

- 고기 조리법 : 만디(mandi), 마쓰비(mathbi), 마드구뜨(madghut) 세 가지가 있다. 만디는 땅을 파서 만든 구덩이에 고기를 넣은 후 그 위에 불을 지펴서 익히는 방법이다. 육즙이 보존되므로 아랍어로 '이슬을 머금은'이란 뜻의 '만디'라고 부른다. 마쓰비는 불타는 건초더미 위에 납작한 돌을 얹은 후, 그 위에 고기를 넣고 굽는 방법이며, 마드구뜨는 압력 솥에 넣고 찌는 조리법이다. 고기를 굽는 방식이나 넣은 향신료에 따라 다양한 맛을 느낄 수 있다. 닭, 염소, 양, 낙타, 소 등 다양한 고기 및 생선, 새우까지 다양하게 쓰이며 통째로 사용하거나 큼직하게 잘라서 얹는다.
- 사우디아라비아인들은 '샤이'라고 부르는 홍차와 노란색 박하 향기의 차를 즐겨 마시며, 손님 접대 시 아랍 커피 '까흐와'와 함께 차를 권유하는 것이 상례이다.
- 개, 돼지, 맹수류, 맹금류, 파충류와 이슬람식으로 도살(Hallal)되지 않은 고기, 죽은 짐

승의 고기와 피, 내장 등은 먹지 않는다.
- 돼지고기, 조패류(해삼, 전복, 조개, 소라 등), 오징어, 개고기, 해초, 멸치 등은 절대로 먹지 않는다. 전통적으로 달콤하게 감미한 대추를 즐겨 먹는다. 전형적인 사우디아라비아의 요리는 양념으로 맛을 낸 쌀밥과 닭고기 요리다. 차와 커피를 많이 마시며 버터밀크, 라반은 사우디인들이 즐겨 마시는 음료다. 후식으로는 계절 과일을 먹는다.
- 모하메트의 탄생과 같은 종교적 기념일에는 마룻바닥에 흰색 식탁보를 펴고 식사한다. 평상시에는 식탁에서 식사를 하며 나이프도 사용할 수 있다. 사우디아라비아의 대부분의 음식에는 고기와 쌀, 밀, 채소, 특별한 맛이 나는 양념이 첨가된다.
- 가장 유명한 요리 중 하나는 '캅사'인데 이것은 닭고기, 돼지고기 등의 흰 고기나 소고기, 양고기 등의 붉은 고기와 함께 조리한 쌀 요리다. 다양한 양념과 샐러드 등을 곁들여 먹는다.
- 해안지역에서는 해산물과 쌀 요리가 유명하다.
  바다에서 잡은 물고기는 특별히 가리지 않지만 관습상 뱀장어, 게, 전복, 조개 등 비늘이 없는 것은 피한다.
- 사우디아라비아 사람들은 샤이(Shai)라고 부르는 홍차와 노란색 박하 향의 차를 즐겨 마시며 손님 접대 시 아랍 커피 카흐와(Qahwah)와 함께 차를 권유하는 것이 상례이다.
- 아랍인들은 오랜만에 친구나 귀한 손님을 만났을 때, 껴안고 양 볼에 입맞춤으로 인사를 대신한다. 이는 동성 간에만 허용되며, 이성 간에는 가볍게 악수만을 주고받는다.
- 아랍인들은 허리를 굽히거나 머리를 굽혀 인사하지 않는다. 이는 종교적인 배경에서 관습화된 것으로 절 대신 알라 이외에는 허리나 머리를 굽히거나 엎드려 절하지 않기 때문이다.
- 아랍인들에게는 왼손을 내밀어 인사하면 안 된다. 이 또한 종교적인 이유로 이슬람 경전인 코란에서 오른손은 선과 행운, 왼손은 악과 불행을 상징하기 때문이다(네이버 지식백과).

## 2. 아랍에미리트

### 1) 음식

- 아랍에미리트인들은 '여타 아랍권 사람들'과 마찬가지로 음식은 신이 내린 가장 귀중

한 선물로 식사하는 동안에는 거의 말을 하지 않지만 각 식사 단계마다 축복하는 말을 서로 교환한다. 음식을 먹기 전에는 '비스밀라(Bismillah, 신의 이름으로)'라고 말하고 먹는데, 이는 '알라의 이름으로'라는 뜻으로 그렇게 하지 않으면 사탄이 음식을 같이 먹게 된다고 믿는다.

- 식사 중간에는 '빌라 알레이크 티브시(Billah aleik tihbshi, 신께서 더 먹으라고 하십니다)', 충분히 먹었을 경우 '아크람 알라(Akram Allah, 신의 영예로움이 함께하길)', 식사 후 커피를 마신 후 '알함둘릴라(Alhamdulillah, 신 덕분에)'라는 말로 만족감을 표시하는 것이 관례이다.
- 음식에 대한 존중을 표시하기 위해 오직 오른손으로만 먹을 수 있고 음식을 집어 올릴 때는 엄지, 검지, 중지를 사용한다.

## 2) 사회생활 시 금기사항

### ① 이슬람 종교 교리에 따른 유의사항

- 아랍에미리트에서는 술이나 돼지고기를 권하는 행위를 금지한다.
- 비(非)무슬림이 히잡(Hijab)이나 전통의상을 착용하는 행위를 금지한다.
- 기도 중인 사람을 방해하거나 똑바로 응시하는 행위 그리고 라마단 기간 중 일몰 전까지 공공장소에서의 흡연 및 식음도 자제해야 한다.
- 종교나 관습에 대한 부정적 발언, 여성에 대한 발언, 부인·딸에 대한 안부, 이스라엘·술·마약·섹스 등에 대한 언급도 자제해야 한다.
- 누군가 구걸을 해올 경우에 거절해서는 안 된다. 줄 것이 마땅치 않을 때는 '신이 당신에게 베풀 것입니다'라고 언급한다.
- 공공장소에서 남녀 간의 노골적인 접촉이나 격한 감정, 부정적인 반응의 표출도 자제해야 한다.
- 현지 여성에 대한 사진 촬영은 사전 동의가 필요하다.
- 공공건물, 발전시설, 군부대 등에 대한 사진 촬영도 주의해야 한다.

### ② 사회관습에 의한 유의사항

가족은 존중하거나 보호해야 할 소중한 존재이기 때문에 가족 중 싫어하는 사람에 대한 비난을 해서는 안 된다. 자신을 지나치게 낮추거나 부와 명성을 과시하는 행위도 금물이다.

- 다른 사람에게 발바닥을 보이는 것은 남을 모욕하는 행위로 인식된다.
- 다른 사람의 물건을 칭찬하면 선물을 달라는 의미로 받아들여진다.
- 선물을 받아 그 자리에서 풀어보는 행동도 자제해야 한다.
- 금요일은 휴일이므로 약속 잡는 것을 피하는 게 좋다.
- 애완동물을 좋아하지 않는다.

### ③ 아랍에미리트 현지 속담

- 와피르 누꾸드 아브야드 릴 야움 알 아스와드

  직역하면 "검은 날을 대비해서 하얀 돈을 저축하라"로 해석할 수 있다. 의역하면 "어려운 시절을 대비해서 꾸준히 저축하고 아껴라"로 풀이할 수 있다.
- 인 알칼람 민 핏다 팔사마아 민 다합

  직역하면 "말하는 것이 은이면 듣는 것은 금이다"로 해석할 수 있다. 의역하면 "남의 말을 귀 기울여 듣는 것이 말하는 것보다 훨씬 가치 있다"로 풀이할 수 있다.
- 알 아끌 알 살림 필 쥐스미 알 살림

  의역하면 "건강한 신체에 건강한 정신이 깃든다"이다.
- 만 딸라바 만 나자하, 아말 사바한 왈 레일리

  "성공을 위해서는 밤, 낮을 가리지 말고 일해야 한다"로 의역할 수 있다(네이버 지식백과).

■ **아프리카 여행 시 노상강도 예방 '십계명'**
- 케냐의 나이로비 교외지역은 키베라 등 슬럼가로 이루어진 우범지역이 많으므로 가급적 여행을 자제하는 것이 바람직하며, 나이로비 시내 중심지역도 일출 전, 일몰 후에는 여행을 삼가는 것이 바람직하다. (*최근 현지인을 대상으로 하는 폭탄테러가 빈번히 발생하고 있는 상황임)
- 강도를 만나는 경우 요구에 저항하지 않도록 하고, 지갑에 100불 정도를 소지하고 다니는 것이 안전에 유리하다. 시내 도보는 혼자서 다니지 말고 여러 명이 함께 행동하는 것이 안전하며, 차량 승차 시 가방 등 소지품은 눈에 띄지 않도록 좌석 밑에 보관한다.
- 케냐 나이로비 내 고급호텔 및 한적한 공원 주변에서 외국인을 표적으로 삼는 경우가 있으므로 이런 곳에 단독 보행을 가급적 피하는 것이 좋다.
- 관광지로 가는 도로는 대부분 도로 폭이 좁고 유지 보수가 잘 이루어지지 않아 도로 요철이 많다. 타이어 펑크 및 차량 전복 등 교통사고가 빈번히 발생하므로 이동 시에는 안전운전을 하고 안전벨트를 착용해야 한다. 도로 여행 시에는 가급적 4륜 구동차를 이용하도록 하고, 한국에서 여행자 보험을 미리 가입하는 것이 좋다.
- Diplomatic Police Unit: 0735-356506, 0731-170666, 0716-000559

□ **사례**

　2013년 7월 30일 새벽 1~3시 외국인 및 외교관 거주 아파트 단지에 5명의 무장강도가 침입하였다. 그들은 2개의 가구에 침입해 금품을 갈취하고 3번째 가구 침입 시 저항하는 주인에게 권총을 난사해 1명이 즉시 사살하였다. 무장강도들은 경찰에 의해 5명 모두 사살되었다.

　경찰 조사결과 5명의 무장괴한은 사전 계획대로 움직였으며, 5명은 모두 케냐인으로 소말리아 테러집단인 알샤바브에 연류돼 교육을 받고 자금 확보를 위해 강도 범행을 계획하고 실행한 것으로 파악된다.

　최근 높은 실업률과 신정부의 정부예산 고갈로 인한 공무원 급여 미지급사태로 시위가 빈발하는 등 사회 불안에 따라 크고 작은 강도 및 살인 사건이 증가하고 있어 여행객의 각별한 주의를 요한다.

# 3. 아프리카

아프리카는 넓은 땅에 풍부한 지하자원을 가지고 있지만 세계의 다른 지역보다 발전이 늦었다. 오랫동안 유럽 사람들이 아프리카의 흑인들을 데려다 노예로 부리고, 또 아프리카 대륙의 거의 모든 땅을 식민지로 삼았다. 제2차 세계대전 후 1960년대에 많은 아프리카 나라들이 독립을 했지만, 지금까지 많은 나라들이 민족 간의 갈등이나 경제적인 어려움에 빠져 힘들게 살고 있다.

- 아프리카의 다양한 종족

## ① 마사이족

- 큰 키에 곱슬머리, 어두운 갈색의 피부를 가지고 있다.
- 케냐와 탄자니아 경계의 초원지대에 거주하고 있다.
- 무리를 지어 유목생활을 하며 가축의 피와 우유를 주로 먹는다.

## ② 피그미족

- 성인 남자의 키가 평균 150cm 이하
- 아프리카의 부룬디, 카메룬, 콩고, 가봉, 르완다, 콩고민주공화국 등지에 살고 있다.

## 1) 모로코(Kingdom of Morocco)

프랑스로부터 독립한 나라이다(1956.03.02). 모로코는 '다리(지역)는 아프리카에, 가슴(믿음)은 중동에, 머리(생활)는 유럽에'라는 비유에서 알 수 있듯이 중동-아프리카-유럽의 문화역사적 교차점에 위치하고 있어 어느 일방으로 정의하기 힘든 복합적인 양태를 보인다. 국민의 대다수가 이슬람 신도이면서 음주 등 서구식 생활방식에 관대한 동시에 내륙 농촌지역은 원주민인 베르베르족의 유목생활 양식을 아직도 고수하고 있다. 이런 복합적 성격으로 인해 외부문화를 적극 수용하는 개방적인 태도를 보이지만, 한편으로는 고유의 종교(이슬람)에 대한 깊은 믿음을 간직하고 있다.

모로코의 공식 언어는 아랍어이지만, 경제, 법률 언어는 아직도 프랑스어가 사용되고 있다. 특히, 고등교육을 받은 비즈니스 종사자들은 대부분 유창한 프랑스어를 구사하며, 사업방식도 프랑스의 영향을 많이 받고 있다.

### (1) 식사 및 일상생활 관습

모로코인으로부터 저녁 초대를 받을 경우 부인 또는 딸과 동석하는 경우가 생기는데, 이때 외모를 언급하는 것은 가급적 삼가는 것이 좋다. 남녀관계에 대해 보수적이어서 자칫 비정상적인 관심을 표하는 것으로 오해받을 수 있다. 모로코에서 와인, 맥주 등의 주류를 쉽게 접할 수 있고, 상당수 현지인들이 외국인의 음주에 대해서 관대한 성향을 보이고 있다. 그러나 비즈니스 식사 시에는 가급적 주류를 피하고 주스나 탄산음료를 주문하는 것이 좋은 인상을 남기는 방법이다. 이슬람 국가이므로 돼지고기는 금기시되고 있다. 가정으로 초대받을 경우에는 장시간에 걸쳐 부담스러울 정도로 많은 양의 식사를 대접받게 되므로 양을 적절히 조절하는 것이 좋다.

- 초면에 인사로는 악수가 일반적이다. 가까운 사이에서는 볼을 맞대는 인사도 널리 행해진다. 그러나 여성과 인사할 때는 여성이 먼저 악수를 청할 때까지 기다리는 것이 바람직하다. 초면에는 성(姓)을 호칭으로 사용해야 한다. 이름을 처음부터 부르는 것은 삼가는 것이 좋다.
- 부인 등 여성 가족에 대해 관심을 보이는 언사는 금하도록 한다.
- 분위기를 부드럽게 할 수 있으며, '쌀람 알라이쿰'(안녕하세요)에 대한 답변은 '알라이쿰 앗쌀람'(당신께서도 안녕하신지요?)이다. 그 외 '함두릴라'(모든 것이 신의 뜻대로 잘 되고 있다.), '슈크란'(감사합니다) 등이 있다.

## (2) 치안상태 및 주의사항

치안상태는 양호한 편이며, 외국인들의 여행 또는 생활에 큰 불편이 없다.

테러단 및 조직적인 범죄단체는 없으나, 빈곤층이 국제테러조직과 연계하여 발생시킨 2003년 5월 16일 카사블랑카 폭탄테러사건(40명 사망) 이후 안전에 대한 인식이 강화되고 있다. 서부 사하라 지역을 제외하고는 관광 등 외국인의 여행에 통제를 가하지 않고 있으나 빈부 격차 심화, 청소년 인구증가에 따른 실업률 증가 및 경제침체 등에 따른 사회 불안 요인이 상존하고 있어, 도시 외곽지역에서 절도 등 잡범이 간혹 발생하고 있는 추세이다. 야간 여행이나 혼자 벽지 또는 원거리 여행하는 것은 바람직하지 않으며, 특히 여자 여행객의 경우 시내외곽 지역이나 뒷골목 등 인적이 드문 지역은 피하는 것이 바람직하다.

빈부격차가 심하고 청년 실업률이 다소 높은 등 사회 불안 요인이 상존하고 있다. 이로 인해 도시 외곽지역이나 관광지의 해안가 등에서 강도(차량 강도 포함), 절도, 날치기, 소매치기 등 생계형 범죄가 발생하고는 있으나 빈도는 잦아들고 있다. 현재 모로코 전 지역은 여행유의(신변안전유의)지역이다. 신변안전에 유의해야 한다.

특히, 관광지 및 대도시에서는 절도 및 강도 등의 범죄행위가 빈번히 발생하고 있으므로 소지품(여권, 카드, 현금 등) 관리 등에 주의를 요하며, 선편으로 유럽과 연결되는 북쪽 항구도시 탕제에서는 현지어(불어 또는 아랍어)에 익숙하지 않은 외국인 관광객들을 대상으로 한 절도, 강도, 날치기 등의 사고가 증가하고 있으므로 각별한 주의가 요망된다.

■ **아프리카 여행 시 노상강도 예방 '십계명'**
  1. 외출 전에 강도의 대상이 될 우려가 있는지 자신을 살펴라.
  2. 지갑은 언제든 몽땅 주어도 될 정도의 현금만 넣고 다녀라.
  3. 주머니에서 현금을 꺼내 대금을 지불하는 습관을 가져라(지갑 사용 자제).
  4. 외진 곳을 걷거나 도로에서 사람을 기다리지 마라.
  5. 보행 시 빠르고 불규칙하게 걸어라.
  6. 타인의 호의를 함부로 받지 마라.
  7. 약속장소는 범죄위험이 낮은 곳을 선택하라.
  8. 자신의 행선지와 이동정보를 함부로 노출시키지 마라.
  9. 여행 전 여행비용을 미리 지불하고 현금 소지를 최소화하라.
  10. 강도 대상이 되었을 때에는 순순히 응하고, 강도로 오인받은 경우에는 도망쳐라.

## 2) 남아프리카공화국(Republic of South Africa)

■ 개요
① 국명 : 남아프리카공화국(Republic of South Africa)
② 위치 : 아프리카 대륙 최남단
③ 면적 : 1,219,090km$^2$(한반도의 5.5배, 남한의 12배)
④ 수도 : Pretoria(행정수도), Cape Town(입법수도), Bloemfontein(사법수도)
⑤ 주요 도시 : 요하네스버그(389만 명), 케이프타운(350만 명), 더반(347만 명), 프레토리아(235만 명)
⑥ 인종 구성 : 흑인: 42.80백만(79.8%), 백인: 4.60백만(8.7%), 혼혈: 4.76백만(9.0%), 인도/아시아계 : 1.33백만(2.5%)
⑦ 언어 : 영어, 아프리칸스어, 줄루어, 코사어 등을 비롯한 11개 공식 언어 사용. 비즈니스어로는 영어가 널리 사용됨
⑧ 종교 : 기독교(79.8%), 가톨릭교(7.1%), 이슬람교(1.5%), 힌두교(1.2%), 토착신앙(0.3%), 유대교(0.2%), 기타(17.1%)
⑨ 1인당 GDP : USD 11,316

### (1) 역사

아프리카 대륙 남단부를 차지하는 나라이다. 17세기 네덜란드인의 이주 이후 백인이 유입되며 백인 이민은 19세기 중반까지 대부분 농업 이민이었고, 1867년에는 호프타운에서 다이아몬드가, 1886년에는 현재의 요하네스버그 부근에서 금광이 발견되면서 일확천금을 꿈꾸는 백인들의 다이아몬드러시, 골드러시가 시작되었다.

남아공의 주도권을 놓고 1899년 영국계 이민자들과 네덜란드계 보어인 사이에 전쟁이 발발하였고, 1902년 보어인의 패배로 영국의 식민지가 되었다. 1910년 영연방국가로 독립하였다. 1948넌 백인들만의 총선에서 국민당(NP)이 승리하면서 본격적인 인종차별정책인 아파르트헤이트가 시작되었으며, 이후 인종차별과 유색인종 탄압에 대한 국제사회와 영국 정부의 비난이 거세지자, 영연방을 탈퇴하고 1961년 5월 남아프리카공화국 수립을 선언하였다.

### (2) 식사

남아공인과 식사할 경우에는 양식 또는 일식을 추천하고 싶다. 남아공 식사문화도 유럽의 영향을 많이 받아 육류가 주된 음식이다. 이외에 해산물도 즐겨 먹으므로 육류, 해산물 등 다양한 음식을 먹을 수 있는 양식당에서 식사하는 것이 무난하다.

남아공에는 일식이 상당히 고급음식으로 인식되어 있다.

### (3) 인사

인사는 악수가 일반적이다. 남성의 비즈니스맨과 인사를 나눌 때는 가볍게 악수를 하면서 인사말을 하면 되고, 여성의 경우는 간단한 인사말만 하면 된다. 여성이 먼저 손을 내밀기 전까지는 악수를 하지 않는 것이 좋다.

그 흑인이 속해 있는 종족의 언어로 인사를 한다면 좋은 인상을 심어줄 수 있다.

### (4) 치안상태 및 유의사항

남아프리카공화국은 1990년대 인종차별 철폐 이후 민생사범, 마약, 차량강탈 사건 등이 증가하는 등 치안상황이 세계 최하위권 수준이다. 양국의 인구가 4,800만 명 수준으로 비슷한 상황에서 남아프리카공화국의 2010년 기준 범죄관련 통계를 한국과 비교해 보면 다음과 같다. 살인사건은 1만 6,834건으로, 하루 평균 46.1건이 발생했다. 이는 한국 1,374건의 12.3배에 달하는 수치이다. 강도사건은 17만 1,292건으로, 하루 평균 469.3건이 발생했다. 이는 한국 6,351건의 27배에 달하는 수치이다. 강간은 6만 8,332건으로, 하루 평균 187.2건이 발생했다. 이는 한국 1만 8,351건의 3.7배에 달하는 수치이다. 절도사건은 100만 7,447건으로, 하루 평균 2,764건이 발생했다. 이는 한국 25만 6,423건의 3.9배에 달하는 수치이다.

- 외국인혐오범죄(Xenophobia)도 자주 발생한다. 주변국에서 불법 입국하여 남아프리카공화국 흑인 빈민들의 일자리를 빼앗고 범죄를 저지르는 외국인 흑인 노동자를 추방하려는 흑인 군중들에 의해 발생하고 있다.

- 남아프리카공화국에서는 허가를 얻으면 총기를 소지할 수 있을 뿐만 아니라, 아주 싼 가격으로도 불법 총기를 획득할 수 있다. 특히 주거침입 강도사건이 많아 항시 안전에 대한 주의가 필요하다. 주택단지 외곽에 전기 철조망을 설치해 놓고 경비회사의 경비원이 경비견과 함께 순찰하고 있어 비교적 안전하다는 소위 안전주택단지(Security Compound) 지역에서도 이따금 강·절도 사건이 발생하는 형편이다.

- 풍토병, 각종 전염병이 많아 생명을 잃기도 한다. 음식을 특히 주의하고 모기, 동물 접촉을 피하고 여행 출발 전에 반드시 국가별로 규정한 예방접종을 해야 한다.

■ 한국 교민
- 약 4,200명(2013년 기준)
- Gauteng주(요하네스버그, 프리토리아) 2,100명
- Western Cape주(케이프타운, 스텔렌보쉬) 1,600명
- KwaZulu-Natal주(더반) 등 기타 500명

## 제10절 나라마다 다른 인사법

| 나라명 | 종류 | 내용 |
|---|---|---|
| 미국 | 악수 | 손을 힘 있게 쥐고 흔들며 손윗사람일 경우 격려의 뜻으로 손아랫사람의 어깨를 두드리기도 한다. |
| 독일 | 악수 | 강하고 짧게 흔든다. |
| 프랑스 | 악수 | 프랑스식 악수는 빨리하고 손에 힘을 많이 주지 않아야 한다. |
| 한국 | 악수 | 악수하면서 고개 숙여 절하면서 왼손을 받치는 사람이 많다.<br>- 악수 자체가 서양식 인사법이다. 고로 개선해서 바꾸어야 할 자세이다. |
| 중남미 | 악수 | 여성과 악수할 때 손등에 입을 맞추는 경우가 많다. |
| 러시아 | 키스/포옹 | 키스하고 포옹한다. |
| 라틴계, 슬라브계 | 키스/포옹 | 포옹과 함께 볼에 입맞춤 |
| 프랑스, 이탈리아, 스페인, 포르투갈 그 외 다른 지중해 연안의 나라 | 키스 | 주로 양쪽 뺨에 키스를 한다. 단, 이성 간에는 연인이 아닌 경우라면 소리만 내고 실제 키스는 하지 않는다. |
| 중국 | 목례 | 중국을 비롯한 아시아의 유교 영향권 나라.<br>하급자, 연하자일수록 먼저 고개를 더 낮게 숙인다. |
| 태국 | 와이<br>(wai, 합장) | 생활 최고의 규범이자 존경 또는 고마움의 표시다.<br>- 상위자가 하위자의 와이에 응할 때 : 양손을 합장하되 머리는 숙이지 않는다.<br>- 같은 서열 사이의 인사인 경우 : 양손 끝이 목 근처로 올라오되 코 높이를 넘지 않도록 한다.<br>- 서열을 알 수 없을 때 : 양손 끝이 목 근처로 올라오되 코 높이를 넘지 않도록 한다.<br>- 상위자에 대한 하위자의 인사 : 하위자가 먼저 합장하고 동시에 머리를 숙이며 이때 손끝은 코 높이까지 올린다. |
| 인도 | 나마스테 | 인도의 전통인사로 '와이'와 비슷한 합장인사이며 상대에 대한 존경의 표시를 나타낸다. 산스크리트어로 '당신 앞에 절합니다.'라는 뜻이 있다. |
| 티베트 | 귀를 잡아당김 | 혀를 길게 내밀고, 귀를 잡아당기면서 인사한다. |
| 싱가포르 | 살람 | 전통인사로 손을 잡지 않고 인사하는 것을 말하며 한 손을 펴서 서로의 손에 가볍게 댄 후 그 손을 가슴 위에 올려놓는다. |

| 탄자니아의<br>마사이 한 부족 | 침 뱉기 | 아프리카 탄자니아의 마사이 한 부족은 만남, 이별 시 존경과 우정의 표시로 얼굴에 침을 뱉는다. 갓 태어난 아이에게도 축복과 행운의 의미로 또한 상거래 시 장사꾼 간의 흥정을 위해서 침을 뱉는다. |
|---|---|---|
| 에스키모족 | 빰치기 | 서로의 빰을 치는 것이 반갑다는 인사<br>티베트인: 자신의 귀를 잡아당기며 혓바닥을 길게 내밀어 친근감을 표시한다. |
| 터키 | 볼 비비기와<br>손잡기 | 친한 사람들끼리 만나면 서로 볼을 비비거나 손을 붙잡기 |
| 뉴질랜드<br>마오리족 | 코 비비기 | 뉴질랜드 북쪽 섬에 있는 로토루아 마오리족은 반가운 남녀가 만나면 '홍기'라는 인사가 자연스럽게 이루어진다. '홍기'는 코를 서로 두 번씩 비비는 것이다. |
| 폴리네시안 | 코 비비기 | 코를 서로 비벼대는 인사법으로 알려져 있다. |
| 멕시코, 아르헨티나,<br>콜롬비아 등 중남미 나라 | 아브라쏘 | 껴안고 키스를 한 후 친근감의 표시로 어깨를 두드리는 행위로 키스보다 훨씬 신체접촉이 많으며 시간도 오래 걸린다. |

## 제11절 보디랭귀지

몸짓 언어, 보디랭귀지(몸짓을 통한 감정·생각의 전달)를 의미하는데, 사람은 언어뿐만 아니라 얼굴 표정 및 시선, 손발의 동작 등으로도 의사소통을 하는 것이다. 이런 보디랭귀지를 미리 알고 준비하면 각 나라 여행 시나 그들과 사업을 할 때 실수를 줄이고 목적하는 바를 잘 이룰 수 있다.

- 손가락으로 가리키지 않는다.(Don't point with your finger.) 무엇을 고발한다든지 권총을 장전한다는 등의 무례한 의미 등이 있기 때문이다. 아랍에서는 동물에게만 손가락을 가리켜 사용한다.
- 왼손으로 물건을 전달하거나 먹지 않는다. 인도나 무슬림 세계에서는 왼손은 불결한 상징
- OK 신호를 하지 말아야 한다.(Don't do the OK sign.) 일본은 '돈'을 의미, 중동은 '악마의 눈'이란 신호, 브라질은 공격적인 행동이며, 그리스나 터키는 특정 신체 부분을 나타내는 외설적 의미가 있다.

보디랭귀지(body language)
출처 : http://www.onlinemba.com/blog/crucial-body-language-cues-to-know-when-doing-business-abroad/

- 손가락이 동그랗게 말리는 신호는 도발적인 요염한 신호이며, 싱가포르에서는 죽음을 상징한다.
- 손가락 등으로 턱을 가볍게 치는 행위는 유럽, 특히 이탈리아에서 도전의 일반적인 제스처로 꺼져버리라는 매우 경멸하는 표시이다.
- 발가락이나 발바닥으로 물건을 가리키거나 책상 위에 올려놓지 않는다. 당신의 발을 주의해야 한다. 많은 문화권에서 발은 지면과 접촉하는 더러운 신체 부위로 간주된다.
- 사람을 부를 때 한국은 손바닥을 위로 하고 상대를 부르면 '오라'는 뜻이다. 그러나 서양에서는 손바닥을 아래로 하고 상대를 부르는 표시는 '가라'는 반대의 의미이니 주의한다.

- 그리스에서는 고개를 끄덕이면 'No'라는 뜻이 되고 네팔에서는 좌우로 흔들면 우리는 'No'이지만 그들은 'Yes'의 뜻이다. 불가리아도 좌우로 흔들면 'Yes'를 뜻한다. 한편, 인도에서 "예" 하는 표시를 하려면 당신은 당신의 머리를 왼쪽에서 오른쪽으로 흔들어야 한다.

- 소리 없이 활짝(크게) 웃거나 웃는 것이 어떤 문화에서는 강요하는 의미로 전달되기도 한다.

- 여성들이 입을 손으로 가리면 서양에서는 '거짓말을 하고 있다'는 표시이며, 동양권의 '수줍다'는 의미와 다르다.

| 나라 | 부위 | 제스처 | 의미 |
|---|---|---|---|
| 이탈리아 | 턱 | 턱을 두드리는 행위 | 별 재미가 없거나 꺼져버리라는 의미 |
| 유럽 | 손가락 | 검지와 중지로 V자 사인을 만들면 | 승리(단, 손바닥을 자기 쪽으로 향하게 하여 사인하면 외설적인 표현이 되므로 유의할 것)<br>미국에서는 '2', 독일에서는 '승리'를 뜻하나 영국, 호주, 뉴질랜드에서는 심한 욕설이니 V자 손가락 표시를 피한다. |
| 유럽, 남아메리카 | 손 키스 | 손끝에 키스하기 | 매우 아름답다. |
| 태국, 기타 불교국가 | 두 손 (합수 合手) | 합장 | 인사(불교) : 두 손바닥을 합하여 마음이 한결같음을 나타냄. 또는 그런 예법. 본디 인도의 예법으로, 보통 두 손바닥과 열 손가락을 합한다. 대승 불교의 한 파인 밀교(密敎)에서는 정혜상응(定慧相應), 이지불이(理智不二)를 나타낸다고 한다. |
| 브라질 | 손가락 | 검지와 새끼손가락으로 만든 뿔을 수직으로 세우면 | 행운 |
| 이탈리아 | | | 남한테 아내를 새치기 당했다. |
| 핀란드 | | | 거만함을 표시 |
| 그리스 | 엄지/주먹 | 주먹을 쥔 채 엄지손가락만 위로 올리는 행위 | 입 닥쳐! |
| 호주 | | | 호주 : 무례한 제스처를 의미 |
| 러시아 | | | 동성연애자의 사인 |
| 한국/대부분 국가 | | | 매우 좋다. |
| 우리나라 | 엄지와 중지로 | 엄지와 중지로 원을 만들어 OK 표시를 하는 것 | 우리나라에서는 준비완료, 좋다는 뜻으로 해석된다. |
| 일본 | | | 돈으로 |
| 브라질 | | | 외설적인 뜻으로 간주된다. |
| 프랑스 프로방스 | | | 너는 일생에 도움이 안 되는 가치 없는 놈이라는 심한 욕이다. 빵점이란 표시 |
| 아랍 | | | 상대방에게 모멸감, 경멸, 멸시하는 욕이다. 오른손 검지만 치켜세워도 같은 뜻이다. |

| 영국/프랑스 | 눈 | 눈꺼풀을 검지로 잡아당기면 | 날 속일 순 없어. 네가 뭘 하려는지 다 알아 |
|---|---|---|---|
| 통가 | 눈 | 눈썹을 추켜세우면 | 네, 찬성 |
| 콜롬비아 | 코 | 검지와 엄지로 둥근 원을 만들어 코 끝에 갖다 대면 | 지금 이야기하고 있는 사람은 동성애자 |
| 영국 | 코 | 콧방울을 검지의 안쪽으로 살짝 두드리면 | 비밀 |
| 이탈리아 | 코 | | 친근한 사이에서 경고의 표시 |
| 유럽 | 코 | 코끝에 엄지손가락을 갖다 대면 | 남을 비웃을 때 사용함. 양쪽 엄지손가락을 사용하면 보다 심한 조롱의 뜻 |
| 푸에르토리코 | 코 | 코를 벌름벌름 움직이면 | 무슨 일이 일어난 거야 |
| 프랑스 | 코 | 코를 비틀면 | 술에 취함 |
| 시리아 | 코 | 코를 파면 | 지옥에나 가라 |
| 라틴아메리카 | 입 | 손가락 끝에 키스하면 | 멋지다는 감탄의 표현(여성, 와인, 자동차, 축구 시합 등 자유롭게 쓸 수 있다.) |
| 프랑스 | 입 | 플루트 부는 시늉을 하면 | 당신이 너무 오래 이야기해서 나는 지루해요. |
| 이탈리아 | 볼 | 검지를 볼에 대고 좌우로 비틀면 | 남을 칭찬한다는 뜻 |
| 독일 | 볼 | | 저건 미친 짓이야 |
| 이탈리아 | 귀 | 검지로 바깥쪽을 향해 귓불을 두드리면 | 곁에 있는 남자가 계집아이 같아 |
| 인도 | 귀 | 귀를 움켜쥐면 | 실수했을 때 사과의 표시 |
| 브라질 | 귀 | | 음식을 잘 먹었다. |
| 유럽/라틴아메리카 | 귀 | 귓가에다 검지로 여러 번 원을 그리면 | 돌았다. |
| 네덜란드 | 귀 | | 누군가에게 전화가 걸려왔어 |
| 하와이 | 손 | 엄지와 새끼손가락만을 세우면 | 침착해라, 기분 풀어 |
| 멕시코 | 손 | | (이 제스처를 가슴 앞에서 주먹이 앞을 향하도록 하면) 한잔 할까? |

출처 : 강인호, 김약수, 정찬종, 석미란, 이원화 공저, 글로벌 매너와 문화, 기문사, 2008, pp.73~77을 참고하여 저자 재구성.

제4장

기본 에티켓

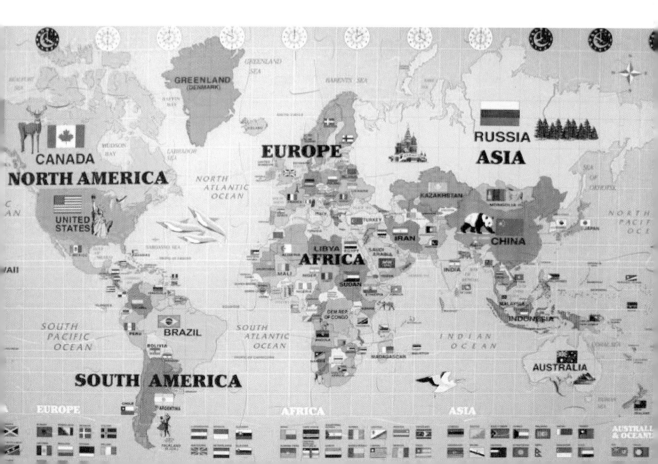

# 제4장 기본 에티켓

매너란 상대방을 배려하고 이해하는 마음에서 출발하는 것으로 매너는 '서로 상대를 배려하기 위해 행동하는 방법'이나 태도'를 의미한다. 즉 매너는 상대방이 불편을 느끼지 않게 하는 공공사회의 생활방식이다. 서로 불편하지 않게 편안하게 해주는 매너를 터득하는 것은 하늘이 낸 만백성인 천생만민(天生萬民)이 편안하고 품격 있게 함께 살아가는 사회가 되도록 해준다.

## 제1절 인사 매너

인사는 다음 세 가지의 크나큰 이점이 있다.

첫째, 사람들이 만날 때 생길 수 있는 본능적인 경계심을 줄여준다.

둘째, 상대 마음의 문을 열어주며 어색함을 감소시킴과 동시에 호의와 환영을 표시할 수 있다.

셋째, 존경 · 친애 · 우정을 말이나 행동으로 표시하는 행동양식이며, 인간관계를 원활히 하기 위해 일정한 형식을 가진 의례적인 상호행위이므로 지속적으로 좋은 인간관계를 유지시켜 준다.

## 1. 바람직한 인사의 자세

- 내가 먼저 누구를 마주치든지 인사한다.
- 성의를 갖고 밝은 미소로 한다.

- '웃어른(나이나 지위, 신분, 항렬 따위가 자기보다 높아 직접 또는 간접으로 모시는 어른)'에게는 점잖고 엄숙하게 한다.

## 2. 인사의 Point

- 미소(Smile) : 진심에서 우러나는 밝고 자연스러운 표정이 수반되어야 한다.
- 눈 맞춤(Eye-Contact) : 상대의 눈을 피해서는 절대 안 된다. 자신을 바라보는 상대방과 눈을 맞추는 행위로 사회적 상호작용의 가장 기초적인 단계이다.
- 인사말 : 밝은 목소리의 인사말을 하여 성의와 관심을 표현한다.
- 스마트하고 단정하며 곧은 자세 : 어깨를 항상 펴고 바른 인사자세로 스마트한 모습을 연출한다.

## 3. 인사의 종류

◆ 악수의 순서
악수는 원칙적으로 손윗사람이 손아랫사람에게 하는 것으로 되어 있다. 다만 국가 원수, 왕족, 성직자 등은 예외이다.
  ▶ 순서
  - 여성-남성
  - 상급자-하급자
  - 선배-후배
  - 연장자-연소자
  - 기혼자-미혼자

### 1) 목례(바우 Bow)

목례는 가볍게 머리를 숙여 경의를 표하는 것으로 머리나 상반신을 굽히는 정도는 상사인 경우 더 숙이며, 통상 상대방의 굽히는 정도에 따르는 것이 무난하다. 일상 속에서 반복해서 만나는 직장동료나 혹은 보행 중 마주칠 경우 정지해서 일반경례를 하기 어려울 때에는 목례를 한다. 여성의 경우 남성에게 악수를 청하지 않는 대신 목례와 미소로 대신할 수 있다.

## 2) 입맞춤(키스 Kiss)

키스는 인사법이다. 영국이나 미국에서는 키스라는 한 단어만 가지고 있으나 라틴계에서는 우정의 키스로 얼굴이나 뺨에 하는 것을 오스쿨룸이라 하고 애정으로 얼굴에 하는 키스를 바시움이라 하며, 연인들끼리 입술에 하는 키스를 사우비움이라 한다. 키스는 사랑, 우정, 존경의 뜻으로 자신의 입술을 남에게 주는 것이므로 목적에 따라 그 방법이 다르다.

## 3) 포옹(임브레이스 Embrace)

포옹은 반가움과 친밀감을 더욱 강조하여 온몸으로 표현하는 인사법이다. 라틴계 또는 슬라브계 나라에서는 오랜만에 만난 친척이나 친구 사이일 때 포옹과 함께 양쪽에 입을 맞추는 관습이 있다. 악수보다 훨씬 친밀감 넘치는 표현이다.

## 4) 절(커트시 Curtsey)

왼발을 뒤로 물리며 무릎을 굽히고 몸을 숙이는 인사법으로 주로 부인들이 가장 공손하게 존경을 표시하는 절이다. 남자들은 신이나 아주 높은 성직자 앞에서 이와 같은 인사를 하나 부인들은 황제나 황후, 황족에 대해서 커트시를 한다. 주로 라틴아메리카에서 성행하였으나 지금은 거의 자취를 감춘 인사법이다.

절(커트시 Curtsey)

## 5) 경례(바우 bow)

절 대신 하는 인사법으로 경례는 크게 숙이는 동작, 멈추는 동작, 일어나는 동작으로 구분할 수 있다. 특히 멈추는 동작은 절의 맵시와 절도를 나타내므로 매우 중요하다.

남자가 경례할 때에는 양손을 달걀모양으로 말아 쥐어 엄지로 주먹 속이 보이지 않게 하여 바지 재봉선에 붙이고, 여자는 오른손으로 왼손을 감싸고 엄지손가락을 서로 교차시켜서 아랫배에 가볍게 댄다.

## 제2절  소개(Introduction) 에티켓

칵테일파티 등에서 자기 스스로가 누군가에게 접근해 자기를 소개하는 경우이든 주인 또는 안주인(집안의 여자주인) 등이 소개하는 경우이든 소개하는 일은 적극적인 자세로 격식을 갖추어 해야 한다. 사교의례에서 소개, 악수, 명함 등의 에티켓은 매우 중요하다. 소개는 사교의 시작이므로 상황에 맞는 적절한 소개방법을 살펴보자.

## 1. 소개방법

먼저 연로자나 상위자에 대해 그의 이름을 부른 후 연소자나 하위자를 소개하도록 한다. 예) Mr. Ambassador, May I introduce Mr. ○○.

직위가 높거나 연장자의 이름을 정확히 말하며 먼저 소개한다. 이때 남녀의 구분은 필요 없다. 상대방의 이름을 한번에 정확히 알려주어야 한다. 두 번 반복 소개할 필요는 없으며 각자에 대한 정보나 설명을 간단히 덧붙여주는 것이 좋다.

## 2. 소개의 순서

연소자나 하위자를 연로자나 상위자에게, 남자를 여자에게 소개해야 한다.

### 1) 소개의 5단계

- 1단계 : 앉은자리에서 일어선다. 동성끼리 소개받을 때는 서로 일어난다. 남성이 여성을 소개받을 때는 반드시 일어선다. 여성이 남성을 소개받을 때는 반드시 일어서지 않아도 된다. 연장자, 성직자, 상급자를 소개받을 때는 남녀 관계없이 일어서야 한다.
- 2단계 : 상대방의 눈을 바라보며 밝은 미소를 짓는다.
- 3단계 : 악수나 인사를 한다.
- 4단계 : 인사할 때 상대방의 이름을 반복 확인해 준다.
- 5단계 : 대화가 끝난 후에는 "만나 뵈어서 영광이었습니다." 등의 마무리 인사를 한다.

## 2) 상황별 소개방법

### (1) 자기 자신을 소개할 때

• 자신의 지위를 밝히지 말고 이름과 성만 알려준다.

• 자신의 이름 앞에 존칭을 안 붙인다.

• '겸손이 미덕'이란 과거의 묵은 예절은 버리고 위축된 인상을 주지 말고 당당히 자랑할 것은 자기PR을 하는 것이 좋다. 우리나라 사람들이 대부분 익숙하지 않은 것이 바로 자기 자신을 소개하는 것이다. 자신을 공공연히 소개하는 것은 자기를 자랑하는 것 또는 반대로 쑥스럽게 생각하는 '드러내기 싫어하는' 우리의 국민성과도 연관이 있다고 본다.

### (2) 타인 소개

윗사람의 이름을 먼저 호칭한 후, 아랫사람의 이름을 먼저 알려주는 것이 원칙이다. 예를 들어, 김 교수(Prof. Kim/professor)가 윗사람이고 미시즈(경칭 : 미즈) 박(Mrs. Park) 또는 미스 김(Miss Kim)이 학생이면 "Prof. Kim, This is Ms. Park(Miss Kim)"이라고 소개한다.

## 3) 소개받은 후의 대화

초면인 경우 정치, 종교, 금전, 신체, 여성인 경우 나이 등과 관련된 내용은 피해야 한다. 가족, 직장 문제 등 지나치게 사생활(privacy, (one's) private life)과 관련된 주제들은 꺼내지 않는다.

소개를 받은 후 헤어질 때 : 적은 인원의 파티에서 자리를 뜰 경우엔 소개받았던 모든 이에게 인사를 해야 한다. 그러나 사람이 많은 대형 파티에선 안주인(Hostess), 집주인(Host : 손님을 접대하는 주인)과 자신 주변의 사람에게만 인사를 하고 자리를 뜨면 된다. 이때 적은 소리로 작별인사를 하며 역시 일어서는 것이 예의이다.

# 3. 소개하는 법

소개(紹介)는 첫째, 둘 사이에서 양편의 일이 진행되게 주선함. 둘째, 서로 모르는 사람들 사이에서 양편이 알고 지내도록 관계를 맺어줌. 셋째, 잘 알려지지 아니하였거나, 모르는 사실이나 내용을 잘 알도록 하여 주는 설명 등의 의미를 가지며, 사교(社交)란 여러 사람이 모여 서로 사귐을 뜻한다.

에티켓(étiquette)은 프랑스어로 사교상의 마음가짐이나 몸가짐. '예의', '예절', '품위'로 순화 등의 뜻이 있다.

사람을 소개할 때에는 "Mrs. Kim, Wife of the Chairman of our hotel. 우리 호텔 회장부인이신 미시즈 김이에요."라는 식으로 소개말 속에 소개되는 사람의 신상을 간략하게 알려주는 것이 좋다.

소개된 두 사람은 "How do you do, Mr. Thomas Alva Edison?"(처음 뵙겠습니다. 미스터 에디슨?) "How do you do, Mr. David Wilson?"(안녕하세요, 미스터 윌슨?) 하고 서로 인사를 나눈다.

"I'm so pleased to meet you."(만나서 반갑습니다) 또는 "Nice to meet you."(반갑습니다)라고 하고(초면일 때에는 Meet를 쓰고 두 번째부터는 See를 쓴다), 격식에 얽매이지 않는 허물없는(Informal) 사이에서는 "Hi, Thomas."(안녕 토마스), "Hi, David."(안녕, 데이비드)라고 편안한 인사를 한다.

## 4. 부인소개

서양 사람에게 자기 아내나 남편을 소개할 때 'Mrs. Kim'이니 'Mr. Kim'이니 하는 사람이 많은데 이보다는 'My Wife', 'My Husband'라고 하는 것이 더 좋다.

그리고 자기를 소개할 때 "I am Miss. Kim."이니 "My name is Mr. Hong."이라고 하는 것보다는 "I Am Sun Mi, Kim"이라든가 "My name is Kim, Jung Soo." 등으로 'Mr.'의 존칭 없이 자신의 이름을 전부 말하는 것이 맞는 표현이다.

Mr.(미스터)는 복수로 Messrs.([mesərz]메서스)라 하며 [남자의 성ㆍ성명 앞에 붙여] 씨, 님, 귀하, 선생, 군(君)의 의미를 지니며, Mr. (John) Brown(존) 브라운 씨, Mr Brown 브라운 씨, Mr. John Brown 존 브라운 씨, Mr. and Mrs Brown 브라운 씨 부부 등으로 칭한다. 결혼 안 한 여자의 경우 Miss. (Mary) Winn같이 성에 존칭을 붙여서 불러야 한다. Mr.와 Miss.를 퍼스트 네임에 붙이면 안 된다.

또한 관직명 앞에 붙여 호칭으로 사용하는데, 여성일 경우에는 Madam Chairman이라고 한다.

• Mr. Chairman 의장님
• Mr. Speaker 의장님

- Mr. President 대통령 각하; 사장l총장l님

## 5. 소개의 우선순위(優先順位)

소개의 우선순위란 소개 시 차례나 순서이다. 순서가 뒤바뀌면 큰 실례가 된다.

첫째, 이성 간에는 먼저 남자를 여자에게 소개하는 것이 에티켓이다. 그러나 높은 성직자나 고관대작(高官大爵)인 경우에는 예외로 먼저 여자를 소개한다.

둘째, 동성 간에는 아랫사람을 윗사람에게, 후배를 선배에게, 미혼자를 기혼자에게, 나이 어린 사람을 나이 많은 사람에게 소개함이 원칙이다.

## 6. 모두 일어서서 소개한다

소개하는 사람이나 소개받는 사람은 모두 일어선다. 다만 좌석에 이미 착석 중인 여성은 예외이다. 여성은 성직자, 고관 또는 고령자를 대할 때만 일어나 예의를 갖춘다. 부인이 파티의 안주인(Hostess)인 경우는 상대가 남자라도 일어나야만 한다.

제3절 **호칭(이름) 에티켓**

자신과 상대편의 나이, 지위, 대화 형편에 적절한 호칭을 구사해야 한다. 대화 중 상대편의 이름, 직장 내의 사람이름, 거래처와 담당자 이름 등을 정확히 기억하는 것이 필요하다. 말을 걸 때 이름을 불러주면 상대방은 관심과 성의에 좋은 첫인상을 줄 수 있고 반대로 수차례 만났는데도 기억을 못하면 성의가 부족하거나 무능하다는 인상을 줄 수 있다.

## 1. 우리의 호칭

### 1) '형'의 바른 사용

- 아래위로 5세 범위 내에서만 사용한다.
- 다른 사람 앞에서 3인칭으로 쓸 때엔 성에 이름까지 붙여 말한다.
- 연상의 하급자를 부를 때 사용할 수도 있다.

## 2) '씨'의 바른 사용

- 동년배 또는 나이차이가 위아래로 10년을 넘지 않을 때 쓴다.
- 10세 이상 많을 때에는 '○○○선생님'이라는 호칭을 쓴다.

## 3) '나'와 '저', '저희'

- 연하라도 상사일 경우 공식석상에선 '저'라고 한다.
- 조직체 장인 경우 공식행사나 회의 때는 '저'라는 호칭을 사용한다.
- 다른 회사에 대해서 자신이 속한 회사를 칭할 때는 '저희 회사'라고 한다.

## 4) '선생'의 바른 사용

- 누구나 존경할 만한 사람이나 처음 만나는 사람, 나이 차가 아주 많은 연장자에게는 '선생님'이라는 호칭을 쓴다. 동년배나 연하, 연상의 하급자에겐 '선생'이 무난하다.

## 5) 실수하기 쉬운 호칭

- 상사에 대한 존칭은 호칭에만 붙인다.
- 문서에는 상관에 대한 존칭을 생략한다.
- 본인이 참석한 자리에서 그 지시를 전달할 땐 성함 뒤에 '님'을 붙인다.

# 2. 외국의 호칭(이름)

　중국에서는 아기가 태어나면 그 아버지가 이름을 짓는다. 자(字)는 성인이 되어서 붙이는 이름으로, 그 이후로는 임금이나 부모 등 윗사람 외에는 자를 불러야 한다. 본이름 이외에 부르는 이름인 자(字)를 정하는데 이름을 소중히 여겨 함부로 부르지 않았던 관습이 있어서 흔히 관례(冠禮) 뒤에 본이름 대신으로 불렀다. 중국 삼국시대 촉한(蜀漢)의 정치가인 제갈량(諸葛亮)의 이름은 양(亮). 시호는 충무후(忠武侯)이다. '제갈공명(諸葛孔明)'은 '제갈량'의 성과 자(字)를 함께 이르는 말이다. 시(諡, 시호(諡號) : 제왕이나 재상, 유현(儒賢)들이 죽은 뒤에, 그들의 공덕을 칭송하여 붙인 이름)는 신하의 경우 임금이 내리고, 임금의 경우 신하들이 생전의 공덕을 생각하여 짓는다. 사람이 죽은 다음 생전의 이름은 입에 올리지 않는다. 이 밖에 유명(乳名)·동명(童名) 또는 서재의 이름이나 사는 곳의 이름 등을 따서 짓는 아호(雅號)·별호(別號)가 있는데, 한 사람이 여러 이름을 가질 수 있었다.

서양인 호칭의 미국 사람들은 빠른 사람은 처음부터 '퍼스트 네임'을 부르며, 영국 사람들은 어느 정도 친해지면 '퍼스트 네임'으로 부를 것을 제의하는 것이 일반적이다.

Mr.는 성 앞에만 붙이고 '퍼스트 네임' 앞에는 절대로 붙여 쓰지 않는다. 기혼여성의 경우 Mrs. Peter Smith식으로 남편의 이름 앞에 Mrs.라는 존칭만을 붙여 쓰는 것이 오랜 관습이다. 그러므로 Mrs. Mary Smith식으로 자신의 '퍼스트 네임'을 쓰면, 영국에서는 이혼한 여성으로 간주한다.

그러나 미국에서는 직업부인들이 이혼하지 않고도 Mrs.를 붙여 자신의 '퍼스트 네임'을 붙여 쓰며, 또 이혼한 경우에는 아예 미혼 때의 이름으로 돌아가, Miss Mary Nixon식으로 호칭하는 사람들도 있다.

서양인의 호칭을 구체적으로 살펴보면 다음과 같다.

서양사람의 이름은 기본적으로 2종류로 이루어진다. 즉 미국 35대 대통령 John F. Kennedy의 경우, 개인을 나타내는 퍼스트 네임(또는 세례명)과 가문의 이름인 패밀리 네임(또는 Surname)이다.

---

■ **미국 35대 대통령 John F. Kennedy의 경우**
- John은 퍼스트 네임(이름, First name 또는 세례명(Christian name)으로 부른다)으로 케네디 대통령의 이름이고,
- F는 Fitzgerald의 준말로 외갓집의 성 Middle name이며,
- Kennedy는 가문의 이름인 패밀리 네임(성(姓), Family name, Last name 또는 Surname) 이다. 즉 친가 쪽의 성이다.

다 합쳐서 John Fitgerald Kennedy가 Full name이 된다.

---

그러나 11세기 이전의 영국에서는 하나의 이름밖에 가지지 않았다고 한다. 그 당시 그들은 이크네임(Ekename : 지금의 닉네임(nickname)으로 불리고 있었다. 예컨대, 많은 성들이 이크네임에서 유래한다. 세례명 외에 중간이름을 넣어 2개의 실명을 가지는 습관은 독일에서 비롯되었다고 한다. 집안을 자랑하기 위하여 모계(母系)의 성을 나타내기도 하고, 같은 이름의 사람과 구별하기 위함이기도 하다.

유럽, 인도 지역의 이름은 개인 이름이 먼저이고 그 다음이 가문 이름인데, 헝가리만 반대이다. 한국이나 중국·일본도 성이 먼저이다.

인도네시아의 유도요노(Yudhoyono)라는 이름처럼 미얀마도 이름만 있다. 미얀마의 경

우 '우 네 윈(U Ne Win, 尼溫(니온))'이란 미얀마의 군인·정치가 이름이 있는데 우는 미스터라는 뜻이고 이름은 '네윈'이다.

## 3. 퍼스트 네임(이름, First name 또는 세례명 Christian name)

이름인 퍼스트 네임(First name)의 뜻은 "세례명의, (서로 이름을 부를 만큼) 친숙한, Be On First name terms친숙한 사이이다." 유의어는 【명】 Given name, Forename 등이 있다.

퍼스트 네임은 영국과 미국식이 있다.

영국에서는 제법 친해지면 상대가 먼저 "Call me Thomas."(토마스라고 불러줘)라고 청하거나 아니면 먼저 "Please, Call me Smith."(스미스라고 불러주시지요)로 청해 퍼스트 네임을 부르기 시작하나 미국에서는 이웃 사람이나 직장 동료의 경우 아예 첫 대면 때부터 퍼스트 네임을 부른다.

한국에서는 가족이나 가까운 친구 사이가 아니면 퍼스트 네임을 부르지 않으므로 처음엔 퍼스트 네임을 부르기가 약간 어색하다. 그러나 조금 익숙해지면 Mr. 혹은 Miss 등의 존칭을 붙여서 호칭하는 것이 오히려 딱딱하다. 서양에서는 퍼스트 네임이 다정하다.

인사말에 퍼스트 네임을 붙이도록 한다.

그리고 서양에서는 간단한 인사말이나 감사를 표시할 때도 퍼스트 네임을 붙여 더욱 친밀감을 준다.

"Good morning, Thomas." (토마스 씨, 안녕하세요.)

"It's so nice of you, Mary." (메리 씨, 정말 고마워요.)

퍼스트 네임만 호칭함이 어색하여 Mr. John이나 Miss. Mary하고 퍼스트네임에다 Mr.를 붙이는 사람들이 종종 있는데 이것은 절대 안 된다. John이나 Mary가 아니면 Mr. Brown이나 Miss. Winn같이 성에 존칭을 붙여서 불러야 한다.

우리 이름을 여권 등에 영어식으로 표기하자면 First name(Surname) : Gil Dong 혹은 Gildong, Last(Family) Name(Given name)성(姓)(Family Name, Last Name). : Hong인데 미국은 일반적으로 First name을 앞에 쓰기 때문에 예1) Gil Dong Hong 혹은 예2) Gildong Hong 하지만 간혹 Last name을 앞에 쓰는 경우가 있는데 그럴 때면 성 다음에 꼭 ',(쉼표)'를 붙여 줍니다.

예3) Hong, Gil Dong 혹은 예4) Hong, Gildong

## 4. Ms.(미즈)란 존칭

최근 Ms.[Míz]란 존칭이 현대 여성들 간에 꽤 인기가 있다. 이것은 남성은 기혼이나 미혼을 가리지 않고 모두 Mr.인데 왜 여성만이 굳이 미혼과 기혼을 가려 Miss와 Mrs.를 써야 하는가 하고 남녀평등을 주장하는 여권주의자(Feminist 페미니스트, 남녀평등주의자)들이 새로 생각해 낸 말이다. 발음이 [Mis]라서 어딘지 Miserable의 약자 같다고 하여 싫어하는 사람들도 있으나 실제로 편리해서 조금씩 사용되고 있다.

## 5. 기혼 여성의 이름

기혼 여성의 이름은 Mrs., Mrs. Thomas Woodrow Wilson식으로 남편이름 앞에 Mrs.란 존칭을 붙이는 것이 영국의 오래된 관습이다. Mrs. Maria Wilson식으로 자신의 퍼스트 네임을 쓰면 영국에서는 이혼한 여성으로 간주된다.

한편, 직장 여성이 많은 미국에서는 이혼하지 않은 여성도 Mrs. Maria Wilson식으로 부르며 또 이혼한 경우에는 옛 성으로 돌아가서 당당하게 Miss Maria Williams식으로 명명하기도 한다.

## 6. 경칭을 사용

### (1) 상대방이 자신의 First name(이름)을 불러도 좋다고 하기 전에는 경칭을 사용한다
영어권 국가에서는 성(Last name)이나 관직명 앞에 Mr. Mrs. Miss 혹은 Ms.를 붙인다.
예) Mr. Brown 혹은 Mr. President ; 상대방을 어떻게 불러야 할지 난감할 때는 "What would you like me to call you?"라고 물어본다.

### (2) 이름의 배열을 올바르게 이해한다
서양이름의 구성을 이해한다.

남의 이름을 정확히 쓴다는 것은 사교상 가장 중요한 에티켓의 하나인데 특히 서양 사람들과의 교제에 있어서는 이름을 잘못 쓰면 큰 실례가 된다.

서양 사람들의 이름은 대개 다음과 같이 구성된다.

Full name : 성명(우리나라와 달리 외국에는 Full name이 있다.)

개인을 나타내는 퍼스트 네임(또는 세례명)과 가문의 이름인 패밀리 네임(또는 Surname)

으로 구성된다.

① 퍼스트 네임(First name) : 세례명의 Given name, Forename 등인데 서로 이름을 부를
만큼 친숙한 사이에 호칭한다.

② Middle name : 중간 이름(Middle name)은 외가 쪽의 성을 말한다.

③ Family name/Last name/Surname : 성(친가 쪽의 성) 등으로 구성된다.

예를 들면 미국 35대 대통령 John F. Kennedy의 경우, John은 First name으로 케네디 대
통령의 이름이고, F는 Fitzgerald의 준말로 외갓집의 성 Middle name, Kennedy는 Family
name 친가 쪽의 성, 다 합쳐서 John Fitzgerald Kennedy가 Full name이 된다.

다시 살펴보면,

① Christian name(또는 First name, 세례명)

② Middle name(중간이름)

③ Surname(또는 Family name, 성) 등 셋으로 구성되어 있다. First name, Middle name,
Last(Family) name

이름은 Mr. John(First name) Fitzgerald(Middle name) Kennedy(Surname 또는 Family name)
와 같이 전부 쓰는 것이 좋지만 ①과 ②를 약자로 쓸 수도 있다.

중간이름(Middle name)은 없는 경우도 많으며, 표기 시에는 중간이름을 약자로 쓰기도
한다. 나라마다 각기 다른 이름체계를 가지고 있으므로 사전에 알아둘 필요가 있다.

예) 영국은 Mr., Mr. J. F. Kennedy G. B. Ellis로 표기, 미국은 Mr. John F. Kennedy와 같이
중간이름만을 약자로 쓴다.

### (3) 직함을 중요하게 생각한다

독일을 비롯한 유럽의 일부 나라에서는 학위를 통해서 얻은 직함이 회사에서의 지위에
따른 직함보다 존중된다. '엔지니어'와 같은 직업명이 '매니저'라는 지위명보다 더 권위가
있다.

## 7. Jr. 2nd 3rd

서양에서는 이름 뒤에 Jr.(Junior), 2nd(Second), 3rd(Third) 따위가 붙는 경우가 많다. 아
버지와 같은 이름을 물려받은 사람은 아버지가 살아 있는 동안에는 이름 뒤에 누구의 아
들이라는 뜻으로 Jr.를 붙이고, 그 사람이 또 그의 아들에게 같은 이름을 물려주면 그 아들

은 이름 뒤에 3rd를 붙인다. 할아버지나 아저씨나 사촌의 이름을 물려받은 사람은 2nd를 쓴다. 자기한테 이름을 물려준 사람이 죽은 뒤에는 보통 이름에서 Jr., 2nd 3rd를 떼어내는데, 계속해서 그것들을 쓰기를 바라거나 죽은 사람과 혼동되기 쉬운 경우에는 그대로 붙여 쓰기도 한다. Jr., 2nd 3rd는 Mrs. John Siles Acres, 3rd(존 사일러스 에이커즈 3세 부인)같이 아내의 이름에도 그대로 붙여 쓴다.

## 8. Dr.와 Sir

의사와 같이 정해진 수련과정을 마친 전문 직업인에게는 언제나 Mr. 대신에 Dr.를 쓴다. 주치의와 아무리 친근한 사이여도, 그를 Mr.보다 Dr.를 써서 부르는 쪽이 좋다. 마찬가지로 기독교의 성직자도 학위를 가지고 있으면 Dr.를 쓴다. 그 밖에 사학, 철학, 문학 따위의 인문과학분야에서 박사학위를 가지고 있는 사람은 그 직업분야에서는 대체로 학위를 나타내는 Ph. D 따위를 쓰지만, 개인적으로나 사교모임에서는 모두 Dr.로 부른다. 명함 등에도 전문분야를 밝히지 않고 Dr.를 많이 쓴다. 개인적인 관계에서는 느낌에 따라 Mr.나 Dr.를 바라는 대로 쓸 수 있지만, 대체로 일반 사람들을 Mr., Mrs., Miss를 써서 소개하는 격식 있는 모임에서 Dr.를 쓰면 어색하고 딱딱한 느낌을 주어 좋지 않다.

Sir는 상대방에게 경의를 나타내는 칭호여서, 그것을 말하는 사람 쪽에서는 스스로 지위가 낮음을 나타내는 칭호이다. 그러므로 나이나 지위가 비슷한 사람들 사이에서는 Sir를 쓰지 않는다. 여자는 상대방이 아무리 지위가 높아도, 나이가 비슷한 남자를 Sir라고 부르지 않는다. 그것을 써도 좋은 경우는 말하는 사람이 상대방보다 지위나 나이가 아래거나 상대방을 접대하거나 시중을 들어주는 경우뿐이다. 이를테면 판매원이 고객을, 학생이 선생을 Sir라고 부르는 것은 올바른 태도이다. 드물지만, 상대방의 이름을 모를 때에는 비슷한 또래의 손아랫사람을 Sir라고 부르기도 한다. 또 사회적인 지위가 아주 높은 사람을 부를 때 Sir를 쓴다.

미국의 남부 사람들은 어릴 때부터 손위 남자를 Sir, 손위 여자를 Sir와 격이 같은 Ma'am으로 부르도록 가르침을 받는다. 이것은 그 지방의 관습으로 볼 때에는 올바른 호칭방법이지만, 젊은 사람들이 음식점의 시중꾼이나 집안의 시중꾼에게 예의를 지키느라 Sir를 쓰는 것은 잘못된 것이다. 그들도 어른들이 하듯이 그저 Waiter 등으로 부르면 된다.

## 9. The honorable(각하)

공식 모임이나 사교 모임에서 The honorable이라는 격칭을 써서 불러도 좋은 사람은, 미국의 경우를 보기로 들자면, 대통령, 부통령, 연방의회 상하원 의원, 장관, 연방 대심원 판사, 대사와 공사, 주지사와 같은 사람들이다. 주 의회의 상원의원이나 시장에게는 공적인 일에서만 이 명칭을 쓴다. 그러나 스스로 자신을 높여 The honorable이라고 하지 않음은 두말할 나위도 없다.

## 10. 여자의 호칭

혼인한 여자의 법률상의 이름은 세례명, 친정의 성, 시집의 성의 차례로 이루어지는데, 서류나 문서에 서명할 때에는 이름 앞에 Mrs.를 붙이지 않는다.

얼마 전까지만 해도 이혼한 여자는 혼인 전의 이름으로 돌아가서 Miss를 쓰지 않으면, 거의 모두 친정의 성과 이혼한 남편의 성을 붙여 썼다. 이 관습은 지금까지도 옳게 여겨지지만 좀 완고해 보이고 혼동을 주기가 쉽다. 왜냐하면 옛날과는 달라서 요즈음에는 이혼이 잦고 또 이혼한 뒤에 새로운 사회에서 새로운 삶을 찾는 것이 보통인데, 새로운 사회에서 혼인 전의 성은 아무런 특별한 의미를 갖지 못할뿐더러 다른 사람에게 혼동만 불러일으키기 때문이다. 그래서 자기의 첫 이름과 이혼한 남편의 성으로 이루어진 이름을 쓰는 경우가 많다. 미망인은 재혼하기 전까지 전 남편의 성 앞에 Mrs.를 붙인 이름을 쓴다. 미혼모는 Miss를 붙여서 부른다. 그것은 아이가 있어도 혼례를 치르지 않았으면 결코 Mrs.를 쓸 수 없기 때문이다.

직업을 가진 여자를 부를 때, 혼인을 했는지 안 했는지를 알 수 없으면, 그의 이름 앞에 Mrs.를 붙이기보다는 Miss를 붙여 부른다. 요즈음에는 직업을 가진 여자들이 Ms.라는 경칭을 쓰기를 좋아하고 그것이 때 따라 편리하기는 하지만 상대방이 먼저 Ms.를 써서 불러달라고 하는 경우를 빼고는 함부로 쓰지 않도록 조심한다.

## 11. 공직자와 군인의 호칭

### 1) 정부의 고위 공직자

대통령과 부통령에게는 이름을 붙이지 않고 Mr. President와 Mr. Vice-President라는 직함을 쓴다. 그러나 그것이 번거로울 때에는 다른 정부 공직자들에게 하듯이 Sir라고 불러도 괜찮다. 장관을 부를 때 보통 Mr. Secretary(장관)라고 하지만 여러 장관이 함께 자리한 경우에는 Mr. Secretary of State(국무장관), Mr. Secretary of Commerce(상무장관)와 같이 소속 부서를 말해서 구별해 준다. 대사는 Mr. Ambassador(대사)가 공식 호칭이다. 또, 연방 대심원장은 Mr. Chief Justice(대심원장)라고 직함만을 부르지만, 대심원 판사는 한두 사람이 아니므로 Mr. Justice Lawton(로튼 대심원 판사)과 같이 판사라는 말인 Justice 뒤에 성을 붙여서 부른다. 주지사의 공식 호칭은 The Governor이며, 직접 부를 때에는 보통 직함 뒤에 성을 붙여 Governor Jones(존스 주지사)라고 하는데, 서로 스스럼없는 사이면 성은 빼고 그냥 Governor(주지사)라고만 불러도 좋다.

## 2) 군인

육군 장교를 부를 때에는 계급에 이름을 붙여 부르지만, 가까운 자리에서 이야기할 때에는 대위나 중위라고 계급만으로 불러도 괜찮다. 육군 하사관도 원래 계급을 붙여서 부르지만 사교모임에서는 흔히 Mr. 누구라고 부른다.

공군의 경우는 앞서 말한 육군의 경우와 똑같다.

해군 장교는 소령부터 계급을 붙여서 부른다. 이야기를 나누면서 소령을 부를 때에는 Commander(사령관)라고 해도 괜찮다. 대위 이하의 장교와는 Mr. 누구라고 부르면서 이야기를 하여도 좋으나 남에게 소개하는 자리에서는 군대의 계급을 말해 주는 것이 좋다.

육군 중위와 소위, 그리고 해군 중위는 대화에서는 모두 Lieutenant(부관)라고 부른다. 이와 마찬가지로 육군과 공군의 중령은 Colonel(연대장), 해군 중장과 소장은 Admiral(제독)이라고 부른다. 또, 육군과 공군의 중장이나 소장은 General(장군)이라고 부른다.

군목은 계급에 관계없이 기독교일 경우에는 Chaplain(목사), 천주교일 경우에는 Father(신부)라고 부른다.

군의관의 공식 호칭에도 계급이 들어간다. 그러나 사교 모임에서는 군의관을 계급이 낮으면 Dr.라고 불러도 괜찮다.

준사관은 언제나 Mr. 누구라고 부른다. 미국에 있는 웨스트포인트 육군사관학교와 아나폴리스 해군 사관학교 생도의 공식 호칭은 각각 사관후보생이라는 뜻의 Cadet와 Midshipman이고, 보통 사교모임에서는 Mr. 누구라고 부른다.

예비역으로 편입한 사람은 일반인이 된 뒤에도 군대에서의 계급을 그대로 써도 좋으나, 장교로서 잠깐 군대에 있었거나 전쟁 동안에만 군인으로 복무하였던 사람이 자신을 가리켜 대령이나 소령이라고 말하는 것은 옳지 않다.

미국 정부의 고위 공직자, 성직자, 교수와 같은 인사들에게 격식을 갖추어 서신을 보내거나, 공식적인 자리에서 다른 사람들에게 소개를 하거나 함께 이야기를 나눌 때 그들에게 붙여야 할 적절한 호칭을 정하여 놓고 있다.

## 제4절 악수(Handshake, 握手) 에티켓

악수에는 일정한 규칙이 있다. 서로가 대등한 입장에서, 감사의 마음과 우정을 표시하기 위하여 손을 마주잡는 것이다. 중세까지는 약속을 조인하거나 선의를 보여주기 위하여 손을 잡는 행위에 지나지 않았고 후에 이것이 전 세계에 퍼지게 되었다는 설과 미국의 남북전쟁 당시 적군을 만나 회담하거나 점령한 군대가 마을을 방문할 때 자기 손에는 무기가 없으니 안심하라는 뜻에서 오른손을 내민 것에서 유래되었다는 설이 있다. 따라서 지금도 악수는 특별한 장애가 없는 한 반드시 오른손으로 하는 것으로 되어 있다.

### 1. 악수

소개를 받으면 서로 악수를 교환한다. 상대의 눈을 보면서 빙긋이 웃으며 손을 힘 있게 꼭 쥔다. 그러나 상대가 여성인 경우는 손을 아주 가볍게 잡는 것이 예의이다. 과도하게 악수하면서 머리를 너무 숙여 절을 하거나 여러 번 머리를 숙이거나 두 손으로 잡는 것은 가볍게 보일 수 있어 보기에 좋지 않다. 즉 악수 자체가 곧 인사이므로 머리를 지나치게 숙여 절을 할 필요는 없다. 목례 정도는 괜찮다. 주머니에 한 손을 넣고 인사하는 것은 보기에 좋지 않다.

유럽인들은 소개 시 꼭 악수를 하나 미국인들은 머리를 약간 숙이거나 목례만 한다.

### 2. 악수의 중요 포인트

① 반드시 윗사람이 먼저 손을 내밀었을 때에만 악수를 함. 아랫사람이 먼저 악수를

청해서는 안 된다.

② 남자가 여자에게 소개되었을 때는 여자가 먼저 악수를 청하지 않는 한 악수를 안하는 것이 보통이다.

③ 악수는 바로 서양식 인사이므로 악수를 하면서 우리식으로 절까지 할 필요는 없다. (두 손으로 하는 것도 아름답지 못함)

## 3. 악수의 3단계

① 이름을 말하면서 손을 내민다.

② 엄지를 위로 세우고 비스듬히 손을 내민다. 손을 잡을 때는 엄지와 인지 사이의 깊숙한 부분이 반드시 서로 닿도록 한다.

※ 가장 지켜지지 않는 단계이다. 상대방이 제대로 악수하는지는 손을 내밀 때 판가름 난다.

③ 꽉 잡되 지나쳐서는 안 된다. 두세 번 흔들면 족하다.

## 4. 올바른 악수법

① 손을 잡을 때

- 너무 꽉 잡지도, 느슨하지도 않게 3~4초간 잡는다.
- 힘없이 하는 악수를 'Dead Fish'라고 하며 죽은 물고기를 쥔 것 같다고 여긴다. 이것은 상대방의 기분을 언짢게 할 수도 있으므로 주의한다.
- 두 손으로 잡는 것(Handshake Hug 또는 Power Struggle)은 되도록 피하되 친한 관계라면 상관없다. 단, 다른 한 손이 상대방 손의 위에 올라가는 것은 좋지 않다.

② 시선 처리

반드시 상대방의 눈을 쳐다보아야 한다.

③ 자세

허리를 꼿꼿이 세워 대등하게 한다. 대통령, 왕족을 대하는 경우에는 머리를 숙여야 하지만 그 외의 경우에는 머리를 숙일 필요가 없다.

## 5. 악수의 순서

악수는 원칙적으로 동성 간에는 손윗사람이 손아랫사람에게 하는 것으로 되어 있다.

다만 국가원수, 왕족, 성직자 등은 예외이다.

- 어른이 아랫사람에게 선배가 후배에게 먼저 청한다. 악수는 상급자가 먼저 청한다.
- 여성은 남성과 악수를 하지 않는 것이 보통인데, 여성 쪽에서 손을 내밀었을 경우 남성은 악수를 해도 된다. 원칙적으로 남성 쪽에서 여성에게 먼저 손을 내밀지 않는다.
- 연령대가 비슷한 남녀 간에는 여자가 먼저 악수를 청한다.
- 남녀 간 악수에서는 상하 구별이 우선이다. 연령대가 비슷한 남녀 간에는 여자가 먼저 악수를 청한다.
- 기혼자가 미혼자에게 먼저 손을 내밀어서 악수를 청한다.
- 상대편이 부부동반일 경우는 남자들이 먼저 악수를 하는 것이 예의이다.
- 왼손은 불결한 손이라고 믿고 있기 때문에 반드시 오른손으로 악수해야 한다.
- 악수는 상사 즉 '벼슬이나 지위가 위인 사람'이나 연장자가 먼저 손을 내밀어 하는 것이 순서이다.

## 6. 악수하는 법

- 여성은 앉은 채로 악수를 받아도 상관없지만 상대보다 젊은 여성은 일어서서 받는 것이 좋다.
- 오른쪽 팔꿈치를 직각으로 굽혀 손을 자기 몸 중앙이 되게 수평으로 올린다.
- 네 손가락은 가지런히 펴고 엄지는 벌려서 상대의 오른손을 살며시 쥔다.
- 상대방의 눈-손-눈을 보며 가볍게 3번 정도 흔든다.
- 상대가 아플 정도로 힘을 주거나 지나치게 흔들어 봄이 흔들려서도 안 된다.
- 악수는 오른손으로 하는 것이 올바르다.
- 악수를 한 상태에서 이야기를 오래 하지 않는다.
- 악수를 하지 않은 왼손은 주머니에 넣지 않는다.
- 윗사람과 악수할 때에는 아랫사람이 허리를 약간 숙이는 것이 좋다.
- 악수를 하면서 절은 하지 않는다.
- 부인(夫人)도 여성 간에는 서로 악수를 하나 남성과는 보통 악수를 하지 않고 목례를 한다.
- 남성은 여성이 먼저 손을 내밀어 악수를 청하지 않는 한 여성에게 악수를 청하지 않는다. 무조건 남성이 먼저 손을 내밀어 악수를 청하는 경우는 결례이다. 그러나 남성

이 악수를 청했을 시 여성은 이에 자연스럽게 응하는 것이 좋다.

- 악수를 할 때 기본적으로 장갑은 벗어야 하지만, 그 장갑이 예식용 장갑일 경우 그냥 끼고 있어도 무방하다. 그러나 방한용 장갑일 때에는 벗는 것이 예의에 어긋나지 않는다.

- 악수를 청하면 남녀 모두 장갑을 벗는 것이 에티켓이다. 그러나 여성은 정장을 하여 팔꿈치까지 오는 긴 장갑을 끼고 있을 때와 실외에서는 장갑을 낀 채 악수해도 괜찮다.

- 남성은 장갑을 벗는 것이 원칙이다. 겨울에 실외에서도 오른쪽 장갑만은 벗어야 한다. 부득이한 경우 장갑을 낀 채 악수를 해야만 할 상황에서는 "Please Forgive Me That Does Not Take Off The Gloves(제가 장갑을 벗지 못하는 것을 용서하십시오)"라고 정중하게 사과하는 것이 좋다.

## 7. 손에 입 맞추기

- 신사가 숙녀의 손에 입술을 가볍게 대는 것을 Kissing hand라 하며, 이 경우 여자는 손가락을 밑으로 향하도록 손을 내민다.
- 신사가 숙녀의 손에 입 맞추기(Gentleman Kissing a Lady's Hand)
- 유럽이나 중남미(中南美, 라틴아메리카)에서는 신사가 숙녀에게 악수할 때 신사가 숙녀의 손을 잡고 정중하게 상반신을 앞으로 굽혀 손가락에 입술을 가볍게 대는 풍습이 있다. 이것은 부인에 대한 전통적인 정중한 인사법의 하나인데 여성은 손바닥이 밑을 향하도록 손을 우아하게 내민다.

## 8. 포옹(임브레이스 Embrace)

유럽계 프랑스, 이태리 등 라틴계나 중동아시아 지역 사람들은 친밀한 인사표시로 포옹을 하는 경우가 있는바, 이 경우는 자연스럽게 응한다. 러시아인, 우크라이나인, 벨라루스인 등의 동슬라브, 폴란드인, 체코인, 슬로바키아인 등의 서슬라브, 슬로베니아인, 세르비아인, 크로아티아인, 불가리아인 등의 남슬라브 등의 나라에서는 가까운 친구나 부모형제가 오래간만에 만나면 서로 껴안고 볼에 키스를 하면서 반가워한다. 훨씬 다정한 표현이다.

## 제5절 명함 에티켓

## 1. 명함의 역사

프랑스에서는 벌써 루이 14세 시대에 명함이 생겨 루이 15세 때에는 현재와 같은 동판 인쇄의 명함을 사교 시 사용했다고 한다. 이는 옛날 중국에서 대나무를 깎아 이름을 적은 데서 비롯되었다. 유럽·미주 국가들이 더 상세히 약속사항을 규정하고 있다. 보통 일정 크기에 네모진 흰 용지로 만든다. 모퉁이를 원형으로 하거나 금 색칠과 색지를 쓰는 것은 피해야 한다.

## 2. 명함체제

① 명함용지는 순백색이 관례이며, 너무 얇거나 두꺼운 것은 피한다. 인쇄방법은 양각이 원칙이다. 반드시 흑색 잉크를 사용해야 하며 금색 둘레를 친다거나 기타 색채를 사용하면 안 된다.

② 흑색 잉크를 사용하여 필기체를 사용하는 것이 일반 관례이다.

## 3. 사용방법

① 명함은 원래 남의 집을 방문하였다가 주인을 만나지 못하였을 때 자신이 다녀갔다는 증거로 남기고 오는 쪽지에서 유래되었다.

② 이 같은 습관은 현재 많이 변모하여, 선물이나 꽃을 보낼 때, 소개장, 조의나 축의 또는 사의를 표하는 메시지 카드로 널리 사용되고 있다.

③ 한국처럼 상대방과 인사하면서 직접 명함을 내미는 관습은 서양에는 없으나 명함을 내밀 때는 같이 교환에 응하는 것이 예의이다.

## 4. 명함에 쓰이는 약자

먼저 연로자나 상위자에 대해 그의 이름을 부른 후 명함 좌측 하단에 연필로 기입하여 봉투에 넣어 보냄으로써 인사에 대신함이 가능하다. 자기 스스로 방문한 것을 나타낼 때에는 명함의 모서리를 꺾어둔다. 이 경우 자기 이름의 첫 글자 쪽을 꺾는 것이 보통이다.

타인의 명함을 부탁받았을 경우 꺾으면 안 된다. 명함만을 두고 올 때에는 방문의 목적을 간단히 메모해 둔다. 사교장에서도 명함의 교환은 친교를 약속하는 뜻이 있으므로, 단순히 이름을 알릴 때에는 명함을 굳이 교환할 필요가 없다.

① 약자 예(경사(慶事)나 상사(喪事) 등에 사용)
- P. R.(Pour Remercier) : 감사(感謝), 문안(問安)
- P. F.(Pour Feliciter) : 축하(祝賀)
- P. C.(Pour Consoler) : 조의(弔意)
- P. P.(Pour Presenter) : 소개(紹介)
- P. P.C.(Pour Prendre Conge) : 작별(作別)인사를 나누고 헤어짐. 또는 그 인사

또 생일에는 'A happy birthday to you', 크리스마스에는 'A merry christmas', 여성에게 꽃을 선물할 때에는 'In loving memory' 등으로 적는 것이 예의이다.

## 5. 명함의 종류와 용법

서양에는 사교용으로 쓰는 방문 명함(Visiting cards 또는 Calling cards)과 사업에 쓰는 업무용 명함(Business cards) 등이 있다.

### 1) 사교용 명함

미국의 사교용 명함은 흑색 잉크로 동판 인쇄하고 서체는 일반적으로 필기체(Script)를 쓴다. 사교용 명함은 파티 등에서 처음 만난 사람과 마구 교환하는 것이 아니고 꽃이나 선물을 보낼 때나 파티의 날짜와 시간을 적어 초청장 대신으로 쓸 때 사용한다.

### 2) 접이식 명함(Fold over card)

교제가 많은 사람들은 Mr. and Mrs.의 존칭을 이름에 붙인 둘로 접은 명함을 따로 준비해서 사용하는데 손님을 비공식으로 초청할 때, 초청의 수락 또는 감사의 표시글을 적어 보내는 용도이며 이를 명함용도로 사용해선 안 된다.

### 3) 업무용 명함

회사의 사원이 다른 회사나 고객을 사업상 만났을 때와 같이 업무용으로 쓰는 것으로 방문용 명함처럼 사교용으로 사용해선 안 된다. 원래 Mr.나 Mrs. 또는 Mr. and Mrs.의 존칭

을 붙여 이름만 인쇄했으나 근래에 와서 통상 주소나 전화번호, 회사 직위(職位, Post position)까지 넣는데 명함 우측하단에 넣는다. 미국은 사교용 명함보다 약간 크며, 서체는 로마자체(Roman)나 사선이 든 로마자체(Shaded Roman) 또는 블록체(Plain Block Letters)를 쓴다. 그리고 업무용 명함이라도 사장이나 중역용과 사원용은 각기 다르다.

사장이나 중역용은 명함의 중앙에 이름을 넣고 중앙 하단에 직위와 회사명을 쓴다. 미국에서는 전화번호의 표기를 안 하는 상례를 따른다.

임원이 아닌 사원의 경우 명함의 중앙에 회사명을 인쇄하고, 좌측 하단에 성명과 소속 부서 그리고 회사주소 등을 인쇄하며, 남자의 경우는 Mr.의 존칭을 붙인다.

## 6. 명함 교환 매너

### 1) 명함 보관

- 명함은 자기의 얼굴과 같기 때문에 구겨지지 않도록 잘 보관한다. 그리고 받은 명함은 그 사람을 대표하는 것으로, 정중히 다루는 것이 상대방에 대한 예의이다.
- 반드시 명함지갑에 넣어 다니며, 명함집 안에 반대로 넣어두어 상대방에게 전달할 때 용이하도록 한다.
- 명함은 주머니나 가방에 넣어 쉽게 꺼낼 수 있도록 한다. 명함지갑은 남성의 경우 상의 가슴 주머니나, 양복주머니에 넣고, 여성의 경우 핸드백 속에 넣는 것이 좋다.

### 2) 명함 사용 및 유의할 점

명함은 반드시 상급자나 연장자가 먼저 주어야 하는데, 명함의 맞교환은 실례인 쪽에 속하지만, 이렇게 부득이한 경우에는 왼손으로 받고, 오른손으로 건넨다.

#### (1) 명함을 건넬 때

- 상급자나 연장자가 먼저 준다.
- 일어서서 오른손으로 준다. 특히, 중동, 동남아시아, 아프리카에서는 오른손으로 전달한다. 왜냐하면 그들 국가에서 왼손은 화장실용 휴지를 대신하며 그 용도가 분명히 구분되어 있기 때문이다.
- 명함을 준비하여, 상대방에게 건네면서 인사를 한다.
- 직급이 낮은 사람이 직급이 높은 사람을 향해 먼저 명함을 건넨다.

- 소개를 받은 경우에는 소개된 사람부터 명함을 건넨다.
- 명함은 오른쪽 손으로 자신의 이름이 상대방 쪽으로 바로 보이게끔 건넨다.

### (2) 명함을 받을 때

- 반드시 일어서서 주고받는다.
- 받은 명함은 그 자리에서 읽어보는 것이 예의이다. 그 자리에서 이름을 잊는 실례를 범하지 않기 위해서이다.
- 명함의 내용 중 발음하기 어려운 이름 등 의문점은 그 자리에서 물어보는 것이 좋다. 명함을 받고 나서 그 명함을 테이블 위에 바로 내려놓거나, 명함을 손으로 만지작거리며 훼손하는 것은 예의에 상당히 어긋난다.
- 받은 명함은 반드시 명함지갑에 잘 보관하며 아무렇게나 주머니 속에 넣지 않도록 한다. 명함을 받고 돌아와서, 명함 뒷면에 상대방에 대한 간단한 정보를 적어두면 상대방을 기억하는 데 도움이 된다.
- 명함을 받을 때에는 두 손으로 명함의 아래쪽을 잡고 받으며, 상대방에게 명함을 받았을 때에는 자신의 명함도 주어야 한다.
- 명함을 받았지만, 자신의 명함이 없을 때에는 양해를 구한다.

## 제6절  방문 에티켓

외국인을 방문할 경우 관습 차이가 크므로 각별히 에티켓이 매우 중요하다.

## 1. 방문시간

외국의 방문시간은 점심 후부터 저녁 전까지가 상례인데, 오후 4~6시 사이가 가장 적당하다. 반드시 상대의 편리한 시간을 미리 묻고 약속한 뒤 방문해야 하며 그렇지 않으면 큰 결례이다. 서양의 경우 오전 중에는 주부의 집안 정리 시간이며, 손님을 맞을 상태가 안 되어 있으므로 병문안, 상가 조문 등의 경우 외에 오전 중에는 사교 방문을 하지 않는다.

## 2. 방문시간 엄수

방문 약속에 있어서는 대개 미리 시간을 정하고 가므로 어떠한 일이 있어도 방문시간 엄수를 위해 10~15분 전에 미리 도착하도록 서둘러 출발한다. 만일 부득이한 사정이 생겨 늦을 때에는 꼭 사전연락을 취한다.

## 3. 방문의 에티켓

방문객은 현관에서 인사를 하고 집안에 들어서면(아파트의 경우는 문 밖에서) 남자는 모자를 벗어야 하나 외투와 장갑은 벗지 않아도 된다. 그러나 우의(雨衣)는 벗어야 한다.

한국 사람들은 현관에 들어서기 전에 미리 외투를 벗는 습관이 있으나 서양에서는 잠시 방문할 때에는 거실에서도 남녀 모두 외투를 벗지 않아도 된다. 장시간 방문일 때 남자는 외투를 벗고 여자는 그냥 입고 있어도 된다.

벗은 외투나 장갑은 현관에 놓고 거실에 들어가는 것이 좋으며 부인이 외투를 벗으려 하면 주인이 이를 도와주는 것이 예의이다. 부인의 경우 장갑은 벗지 않으나 보통 차나 커피가 나오므로 그때 재빨리 장갑을 벗는 것이 몸가짐이 단정하고 맵시 있게 보인다.

거실에 들어서면 방안을 여기저기 둘러보지 말고 행동이 들뜨지 아니하고 차분하게 의자에 앉는다. 먼저 온 여자 손님이 있을 경우 남자손님은 안주인이 권할 때까지 서 있는 것이 예의이다. 서양에서는 연회실(거실) 입구 쪽이 말석(末席)이고 그 반대가 상석(上席)이 된다. 그리고 거실에는 긴 의자와 안락의자가 있는데 긴 의자가 손님용으로 상석이다. 다른 손님들이 같이 있을 때 독점하여 여주인과 말을 계속하는 것은 예의에 어긋난다.

첫 방문은 20분을 넘지 않는 것이 에티켓이며 작별인사는 가급적 짧게 하는 것이 좋다.

방문을 받는 사람은 되도록 빠른 시일 안에 반드시 답방을 하여야 한다. 그리고 부부의 방문에 대해서는 부부가 답방하도록 해야 한다. 그러나 남편에게 사정이 있어 부인만 혼자 답방을 할 때는 작별인사 시 자신의 남편 명함을 전하고 오면 된다.

미리 약속을 하지 않고 방문한 경우 "Is Mrs. ○○○ at Home?" (○○○ 부인께서 댁에 계시나요?)라고 물어 가족이 "She is not Here."(그녀가 없는데요)라고 대답하면 더 묻지 말고 명함만 두고 돌아온다. 서양에서 교양 있는 사람들은 직접 방문했다는 것을 표시하기 위하여 명함 좌측상단 귀퉁이를 접는 관습이 있다.

다른 사람이 마셨던 잔이 그대로 있으면 새 손님에게 실례가 되니 새 손님 방문 전에 탁자를 말끔하게 치워야 하며 또 손님에게 좋아하는 음료를 묻는 것이 에티켓이다.


## 제7절 선물 에티켓

## 1. 선물을 줄 때

### 1) 품목

① 외국인에게 선물 시 고려해야 할 2원칙

첫째, 나라마다 선물에 대해 금기사항이 있다. 상대방 문화에 맞는 선물을 고른다.

둘째, '가장 한국적인 것이 가장 세계적'이라는 말도 있듯이 외국 거래선에게 줄 선물 중 1순위는 '전통적'인 것이다. 한국의 전통공예품을 선물하는 것도 좋다.

② 권장품목과 금해야 할 품목은 그 나라의 관행에 따른다.

### 2) 전달시기

① 일반적으로 비즈니스 선물은 첫 미팅 때 전달한다.→ 주는 시기는 회의 시작 전이나 후 아무래도 관계없다.

② 저녁 초대를 받은 경우 안주인을 위한 초콜릿이나 차(Tea)를 가져간다. 꽃은 미리 보내거나 다음 날 보내도록 한다.

### 3) 포장

① 포장지는 수수한 것, 감사의 인사말이 간단하게 들어간 것을 선택한다.

② 포장하기 전 가격표는 반드시 뗀다.

③ 포장지의 색깔도 국가별로 그 의미가 다르므로 유의한다.

- 일본 : 검은색이나 흰색 포장지는 부적당하다.
- 중국 : 빨간색 포장지가 적당하다.

### 4) 카드 첨부

① 짧은 편지 또는 성명카드를 봉투에 넣어 선물과 함께 주는 것이 좋다.

② 비즈니스 카드보다는 빈 카드(Blank Card)에 직접 쓰는 것이 더 정중하다.

## 2. 선물은 간단한 것을 준비

우리나라 습관과는 달리 서양에서는 파티에 초청받아 갈 때도 선물을 갖고 가지 않는다. 그러나 작은 초콜릿 상자라든가 식후 커피와 함께 먹는 Mint(After Dinner), 포도주, 소형 화분 등 간단한 선물을 갖고 가는 사람들도 있다. 특히 본인이 주빈으로 초대되었을 때는 파티에 앞서 꽃을 보내거나 당일 직접 꽃이나 선물을 지참하는 것이 정중하다.

북유럽이나 네덜란드(화란), 독일에서는 특히 꽃을 선물로 많이 쓰는데 이때 꽃은 셋이나 다섯 또는 일곱 송이 등 홀수로 갖고 가는 것이 그곳의 관습이다. 불란서에서는 카네이션은 선물하지 않는다. 장례식에 많이 써서 불길한 꽃으로 생각되기 때문이다. 방문 때 너무 고가의 선물을 지참하는 것은 상대방을 당황하게 하고 또 부담을 주게 되므로 피하고 값이 싸면서도 받아서 반가운 것을 보내는 것이 좋다. 그리고 서양에서는 보통 케이크는 지참하지 않는다. 왜냐하면 여주인이 자신의 솜씨 자랑으로 케이크는 스스로 만들기 때문이다.

## 3. 선물은 집에 들어가면서

한국인들은 방문을 마치고 나올 때 슬그머니 선물을 내놓는 습관이 있는데 이것은 선물을 하는 본래의 취지에도 어긋나고 주인 쪽에서 인사할 수 있는 기회도 없애는 결과가 된다.

따라서 선물을 갖고 갔을 때에는 모처럼 성의를 표시하기 위하여 준비해 간 것인 만큼 그 집에 들어가면서 인사를 한 후 다음과 같이 '마음에 드실 것 같아서' 정도의 말과 함께 선물을 먼저 전하는 것이 좋다. "This is a little gift set I hope you will like it."(조그마한 선물 세트입니다. 좋아하실 것 같아서요.)

한편 선물을 받는 쪽에서는 그 성의에 감사하고, 쉽게 개봉할 수 있는 것이면 "May I Open It?"(열어도 될까요?)라고 한 다음 선물상자를 풀어보고 적당히 좋아하는 표시를 하는 것이 좋다. 서양 사람들은 선물을 받고 그 자리에서 반드시 열어 보이며 감사에 표시를 한다. "It's beautiful, I really like this one(아름답군요. 이것이 정말 내 마음에 들어요.) 또는 I really appreciate this gift.(이 선물 정말 감사해요.), Oh, It's Beautiful. I like it very much"(아름답군요. 정말 마음에 들어요.) 등이다.

# 제5장

## 조찬 식사 에티켓

# 제 5 장  조찬 식사 에티켓

## 제1절  호텔 커피숍의 개요

아침 · 점심 · 저녁식사를 제공하는 경양식 레스토랑의 기능과 각 식사시간 사이에는 커피, 각종 음료수, 간단한 샌드위치 같은 snack bar 메뉴, 디저트류가 제공되는 티룸(Tea Room)의 기능을 복합적으로 갖고 있다. 24시간 계속 영업하는 곳도 있다. 간단한 양식과 한식의 일품요리(A La Carte)를 제공하여 양, 한식당의 기능을 대신하기도 한다. 고객 출입이 많은 호텔의 로비(Lobby)에 위치하여 커피와 각종 음료 그리고 간단한 식사류 등을 판매하는 레스토랑의 일종이라 정의할 수 있다. 이른 아침 관광이나 사업상의 이유로 시간적인 여유가 없는 사람들이 대부분이고, 아침식사는 하루 일과 중 첫 시작이므로 신속, 정확, 친절의 3가지 요소가 필수이다. 'Breakfast'는 Break(깨다)와 Fast(단식)의 의미가 합쳐져 긴 밤 동안의 단식을 깬다는 뜻이다. 전날 저녁식사 후 12시간 정도의 공복상태이므로 위에 부담을 주지 않는 부드러운 음식이면서 열량이 많은 요리가 좋다.

## 1. 달걀요리(Egg dish)

달걀요리는 아침식사의 주요리에 해당되는 것으로 보통 달걀 2~3개로 요리하여 햄(Ham), 소시지(Sausage), 베이컨(Bacon) 등과 함께 제공하는데 고객입장에서 햄, 소시지, 베이컨 중에서 반드시 1가지만 선택해야 하며 2~3가지를 다 달라하면 식당 에티켓에 어긋난다. 달걀요리의 종류는 조리방법에 따라 다양하게 구분되는데 다음과 같다.

## 1) 프라이드 에그(Fried Egg)

① 써니 사이드 업(Sunny Side Up) : 달걀을 한 면만 익혀 샐러맨더(Salamander)에 잠시 넣어 윗면을 덮게 하는 달걀요리다.

② 턴 오버(Turned Over)

- 오버 이지(Over Easy Light) : 달걀의 양면을 굽되 흰자만 약간 익힌 것
- 오버 미디엄(Over Medium) : 흰자는 완전히 익고 노른자는 약간 익힌 것
- 오버 하드(Over Hard : Welldone) : 흰자와 노른자를 모두 익힌 것

## 2) 스크램블드 에그(Scrambled Egg)

두 개의 달걀에 한 스푼 정도의 우유 또는 생크림을 넣고 잘 휘저은 다음 프라이팬에 앤초비, 치즈, 감자, 버섯, 새우 등을 넣어 만들기도 한다.

## 3) 보일드 에그(Boiled Egg)

93℃에서 통째로 삶은 달걀요리로 달걀을 세우기 위한 Egg Stand와 달걀 속을 떠먹기 위한 Tea Spoon이 필요하다.

- 소프트 보일드 에그(Soft Boiled Egg)(연숙 또는 미숙) : 3~4분
- 미디엄 보일드 에그(Medium Boiled Egg)(반숙) : 5~6분
- 하드 보일드 에그(Hard Boiled Egg)(완숙) : 10~12분

## 4) 포치드 에그(Poached Egg)

소금, 식초를 넣어 약한 불(93℃)에 달걀껍질을 제거하고 삶은 요리

- 소프트 포치드 에그(Soft Poached Egg)(미숙) : 3~4분
- 미디엄 포치드 에그(Medium Poached Egg)(반숙) : 5~6분

• 하드 포치드 에그(Hard Poached Egg)(완숙) : 8~9분

출처 : https://cookinginsens.wordpress.com/2012/01/04/poached-egg-on-brioche/

### 5) 오믈렛(Omelet)

보기 좋은 모양과 형태를 만들기 위해 3개의 달걀을 사용하며 첨가물 없이 달걀만 말아서 만든 Plain Omelet에 Ham, Cheese, Bacon, Mushroom, Onion 등을 속에 넣어서 만들기도 하며 Plain Omelet에 Ham이나 Bacon, Sausage를 함께 넣은 것도 있다.

### 6) 콘 비프해시 위드 투에그(Corned beef hash with two eggs any style)

쇠고기의 질긴 부위를 소금물에 절인 후 삶아서 작게 다져 양파, 샐러드를 첨가해 요리하거나 토마토 페이스트를 넣어 요리하는 형태도 있다. 이때 달걀요리와 함께 서브된다.

출처 : http://www.jackandmarysdiner.com/menu_items/137945-corn-beef-hash-2-eggs-any-style

## 7) 에그 베네딕틴(Tow Poached Eggs Benedictine)

베네딕트수도원식 달걀요리이다.

출처 : http://blog.sousvidesupreme.com/2011/01/the-perfect-sous-vide-eggs-benedict

## 8) 팬케이크와 와플(Pancakes and Waffles)

### (1) 팬케이크(Pancake)

밀가루, 달걀, 버터, 우유, 베이킹파우더를 반죽하여 철판에 구운 것이다(Blueberry, Pineapple 을 첨가).

출처 : http://www.krusteaz.com/products/pancakes-waffles/buttermilk-pancake-mix

## (2) 와플(Waffle)

Pancake 재료와 같고 Waffle틀 속에 넣어 구운 케이크이다.

## (3) 프렌치 토스트(French Toast)

토스트 브레드(Toast Bread)를 우유에 적신 후 달걀을 입혀서 철판에 구운 것이다.

• Maple Syrup, Maple Butter를 같이 제공하고 와플과 프렌치 토스트에 계핏가루를 뿌린다.

출처 : http://breakfast.food.com/topic/french-toast

Maple Syrup    Maple Butter
출처 : http://www.dakinfarm.com/Maple-Butter,3089.html

## 2. 미국식 조찬과 유럽식 조찬

아메리칸 브렉퍼스트(미국식 조찬 American Breakfast)에는 주스, 달걀요리, 빵, 커피 또는 홍차가 제공된다. 이 중 달걀요리가 생략된 콘티넨털 브렉퍼스트(유럽식 조찬 Continental Breakfast)는 주스 선택, 커피 또는 홍차 중 선택, 빵 제공이 전부인 간단한 유럽식 아침식사이다. 구체적인 조찬 메뉴는 다음과 같다.

### 1) 아메리칸식 조찬(American Breakfast)

주스, 빵, 달걀요리 그리고 커피나 홍차로 구성된 세트메뉴이다. 영국식 조식(English Breakfast)은 여기에 생선구이가 추가된다.

- **미국식 조식(American Breakfast)의 예**

  - Choice of Chilled Fruit Juice 과일주스 중 선택
  - Two Fresh Country Eggs Any Style : Scrambled, Fried, Boiled, Poached or Omelette(Omelet), Served with Ham, Bacon or Sausage and Hash Brown Potatoes, 달걀요리와 햄, 베이컨, 소시지 중 한 가지 선택
  - Baker Master's Basket Croissants, Danish Pastries, Rolls, Doughnut and Toast 각종 빵과 토스트
  - Marmalade, Jam, Honey and Butter 마멀레이드, 잼, 꿀, 버터
  - Freshly Brewed Coffee or Tea 커피 또는 홍차

### 2) 유럽식 조찬(콘티넨털식 조찬 Continental Breakfast)

섬나라 영국식 조식과 구별하기 위해 대륙식 조식이라 하며 주스, 빵, 커피나 홍차로 구성되는 간단한 아침식사이다.

- **유럽식 조식(콘티네탈식 조찬 Continental Breakfast)의 예**
  - Choice of Chilled Juice 주스
  - Orange, Tomato or Pineapple 오렌지, 토마토 또는 파인애플 주스 중 선택
  - Freshly Baked Pastries 신선하게 구운 빵

- With Butter and Jam or Marmalade 버터
  와 잼 또는 마멀레이드
- Milk, Coffee or Tea 우유, 커피 또는 홍차
  중 선택
- From The Menu 6:30~11:00AM

## 3. 커피숍 조식 테이블 세팅(Breakfast Table Setting)

출처 : http://rehmancare.com/117733/breakfast-table-setting-ideas.html

## 4. 브런치(Brunch)

아침과 점심식사의 겸용 식사이다. 주중은 오전 10~12시(정오)까지이고, 일요일은 12 (정오)~2시까지 선데이 브런치를 제공한다(부록의 5성급 호텔 메뉴 사례 참조).

### 제2절  조찬 식사 에티켓

아침식사는 하루 일과 중 가장 먼저 시작하는 일로 아침식사 중의 기분이 하루 기분을 좌우하므로 중요하다. 통상 일본인 관광객들은 아침 일찍 관광하기 전에 시간적 여유가 별로 없이 레스토랑에 오기 때문에 신속, 정확, 친절의 세 가지 서비스 요소가 필수적이다.

## 1. 아침식사 요령

호텔이나 인, 리조트 등에서 아침식사(브렉퍼스트 Breakfast)를 할 경우 룸서비스를 요청하여 객실에서 식사할 수도 있고 커피숍에 가서 할 수도 있다. 여행객들은 통상 아침식사를 관광지로 출발 전에 기상하여 06:00~09:00 사이에 커피숍에서 조식뷔페 형식으로 해결한다. 브렉퍼스트는 크게 아메리칸

브렉퍼스트와 콘티넨털 브렉퍼스트의 2가지로 대별할 수 있고 조식뷔페는 서양식 식단에 한식, 일식 식단이 약간씩 곁들여진다. 이 밖에 한조정식, 일조정식 메뉴가 제공되기도 한다.

## 2. 옷차림

아침식사를 할 경우에는 가벼운 옷차림이 좋으며 남성은 넥타이 없이 캐주얼 차림으로 입는 것도 무방하다. 객실 슬리퍼를 신고 식당에 출입하는 것은 에티켓에 어긋난다.

## 3. 보일드 에그(Boiled egg 삶은 달걀) 먹기

끓기 시작한 물에 달걀을 넣고 7분간 삶으면 반숙이 되고, 12분간 삶으면 완숙이 된다. 삶은 달걀이 에그 스탠드 위에 올려 제공되면 Egg Cracker를 사용하여 아래 사진①부터 ④의 순서로 껍질을 벗기거나 아니면 티스푼으로 윗부분을 두드려 손으로 껍질을 조금 벗긴 후에 먹는데 윗부분부터 먹기 시작해야 한다. 다 먹은 후 뒤집어놓는다.

① 구슬모양의 손잡이는 당길 수 있는 장치이다.
② 달걀의 윗부분에 컵을 대고 손잡이를 당긴다.
③ 손잡이를 당겼다가 놓으면 달걀 상부가 깔끔하게 벗겨진다.
④ 완성된 상태이며 손으로 껍질을 조금 벗긴 후에 먹는다.

## DO IT BETTER

### A perfectly boiled egg

Get the result you want by following these timings. We used large hen's eggs dropped into boiling water. When done, scoop them out and into cold water (if you're not eating straight away) to prevent them cooking any further.

**5 mins**
SET WHITE, RUNNY YOLK, just right for a dippy egg. Serve them with toast soldiers

**6 mins**
LIQUID YOLK, just a little less oozy. Use to top a bowl of steaming ramen

**7 mins**
ALMOST SET, but still deliciously sticky, perfect for tuna Niçoise

**8 mins**
SOFTLY SET, this is what you want to make Scotch eggs. They'll be easy to peel, and won't overcook when breadcrumbed and fried.

**9 mins**
THE CLASSIC HARD-BOILED EGG, mashable, but not dry and chalky. Use to make creamy egg mayonnaise.

①      ②      ③      ④      Egg Cracker and Topper

출처 : https://www.amazon.co.uk/Impeccable-Culinary-Objects-ICO-Cracker-x/dp/B010MQAJ8E

## 4. 조식 주문요령

① 미국식 조찬(American Breakfast)에는 주스, 달걀요리, 빵, 커피 또는 홍차가 제공된다. 이때 주스를 선택해 말해 주고 달걀요리 주문 시 햄, 베이컨, 소시지 중 한 가지를 선택해서 말해야 한다. 빵은 호텔 여건대로 토스트나 롤빵, 크루아상 등이 나오므로 따로 말할 필요가 없다.

- 먹는 법 : 빵은 손으로 먹을 만한 크기로 잘라 버터, 잼 등을 발라 먹는다. 빵 중 토스트는 아침식사에만 제공되며 왼손으로 빵을 잡고 버터나이프를 이용하여 1/4 등분한 후 버터나 잼을 발라 먹는다. 커피나 홍차는 식사 시작할 때 마실 수도 있고 식사가 끝날 때쯤 주문해서 마셔도 좋다. 조찬 이외의 식사시간인 런치(중식), 디너(석식) 시 빵 중에 토스트, 크루아상, 데니시 페이스트리(Danish Pastry) 등을

찾는다든가, 버터가 아닌 잼 등을 찾으면 에티켓에 어긋난다.

② 유럽식 조찬(Continental Breakfast) 식사 시에는 주스를 선택하고, 커피 또는 홍차 중 선택을 하며, 빵은 주는 대로 먹는다.

③ 좌석에 앉자마자 웨이터가 주문을 받으면 커피와 홍차 등의 음료를 선택하면 된다. 보통 2~3차례 추가로 리필을 해도 된다.

④ 오믈렛 달걀요리는 달걀 2개로 만드는 다른 달걀요리와 달리 3개로 만들고 가격의 차이가 있다. Omelet은 Plain omelet인지 아니면 Ham, Bacon, Sausage, 버섯 등을 곁들여 조리할 것인지 구분하여 정확하게 주문한다.

제6장

풀코스 테이블 매너

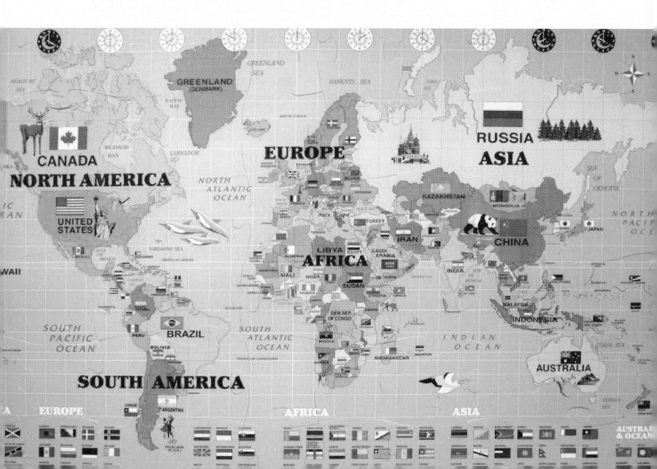

# 제6장 풀코스 테이블 매너

출처 : http://etiquipedia.blogspot.kr/2014/04/the-etiquette-errors-in-popular-period.html

## 제1절 ❯ 메뉴(Menu)의 이해

메뉴와 Place Card(좌석표 : 연회에서 사람 이름을 적어 앉을 탁자 위치에 얹어 놓는 표)
는 중요한 정식 만찬일수록 고급스럽게 준비하는데 독특한 메뉴는 추억을 남기는 기념물
이 될 수 있을 것이다.

# 1. 메뉴(Menu)의 개념

메뉴는 본래 프랑스 말로서 Carte(식단표, 카르트)라고도 불리나, menu는 세계 공통어로 사용되고 있다.

① 식사로 제공되는 요리를 상세히 기록한 목록표

② 판매상품의 이름과 가격 그리고 상품을 구입하는 데 필요한 조건과 정보를 기록한 표

- 대한민국 : 차림표 또는 식단
- 영국 : Bill of Fare(빌 오브 페어)
- 일본 : 곤다데효(ゴンダデヒョ)
- 독일 : Speise Karte(슈파이제 카르테)
- 스페인 : Minuta(미누타)
- 중국 : 菜單子(차이단즈, 채선자)

1541년 프랑스의 헨리 8세 당시 '부랑위그(Brunswick)' 공작의 집에서 열린 향연 때 생겨난 것이라고 전한다. 그 연회석상에서 Host인 공작은 "이것은 이 정찬의 요리표입니다"라고 대답한 것이 메뉴의 유래가 되었다고 하며 이때 참석자들이 흉내를 내기 시작한 데서 비롯되어 널리 퍼지게 되었다. 정식 만찬의 메뉴는 현재도 불어로 쓰는 것이 관례이다.

# 2. Menu의 준비

소 만찬에서는 흰 카드에 여주인이 직접 손으로 쓰나 대규모의 정식 만찬 때에는 platemaker(제판기, 플레이트메이커)로 인쇄한다. 메뉴 겉장에 누구를 위한 만찬이란 것과 그 밑에 주최자, 일시, 장소를 기재(記載)하고 다시 그 아래나 다음 페이지 좌측에 그날 식탁에서 제공되는 와인의 이름을, 그리고 우측에는 요리명을 적는다. 여흥(Entertainment)이 있을 경우 내용을 인쇄한다.

## 3. 식사의 종류

### 1) 식사시간에 의한 분류

#### (1) 조식, 조찬(Breakfast)

조찬시간은 각국이 다른데 영국은 오전 8시경, 미국은 오전 7시 반경, 프랑스는 오전 8시 전후이다. 5성급 호텔의 경우 관광객의 일정상 오전 6시 반부터 Open한다.

① 아메리칸 브렉퍼스트(미국식 조찬 American Breakfast)

② 콘티넨털 브렉퍼스트(유럽식 조찬 Continental Breakfast)

③ 잉글리시 브렉퍼스트(영국식 조찬 English Breakfast) : 달걀프라이, 베이컨, 소시지, 생선 등 다양한 요리로 구성되는 전통 영국식 조찬이다. 생선요리는 많이 잡히는 넙치(Halibut, Sole), 대구(Cod), 훈제청어(Smoked herring) 등이 제공된다.

잉글리시 브렉퍼스트
출처 : https://aliceinliuliuland.wordpress.com-full-english-breakfast-in-london/

④ 비엔나식 조식(Vienna Breakfast) : 달걀 요리와 Rolls 정도로 Cafe au Lait와 같이 먹는 식사이다. 커피 1/2에 밀크를 1/2 정도 타서 먹는데 이것을 Melange라 한다.

비엔나식 조식
출처 : https://www.tripadvisor.at/LocationPhotoDirectLink-g190454-d112
5996-i123335978-Haas_Haas_Colonial_Teahouse-Vienna.html

⑤ 프랑스식 브렉퍼스트(불란서식 조찬 French Breakfast)는 빵과 커피에 밀크를 탄 이른 바 카페 오레(Cafe au Lait)와 과일 정도로 가볍게 나온다.

프랑스식 브렉퍼스트
출처 : http://misadventureswithandi.com/a-typical-french-breakfast.html

## (2) 런치(Lunch)

통상 Dinner에 비하여 라이트한 메뉴로 구성된다. Set 메뉴인 경우, 수프나 샐러드, 생선 요리나 고기 메인요리, 커피 또는 홍차의 순으로 구성된다. 미국인들은 우리나라와는 달리 점심에 가벼운 와인이라도 술은 가급적 삼가는 것이 에티켓이다. 레스토랑에서 일품요리로 파스타 한 가지만 주문해도 된다.

## (3) 브런치(Brunch)

'Brunch'는 '브렉퍼스트(breakfast)와 런치(lunch)의 합성어'이다. 오전 10시부터 12시 사이에 하는 식사로 여러 가지 빵, 와플, Sausage, Sandwich, Eggs, Cereal, Yogurt, 해시 브라운 포테이토, 프렌치 토스트, 브런치 뷔페 등이 제공된다(부록 참조).

## (4) 디너(Dinner)

'정식, 만찬' 등의 뜻을 가지며 손님을 초대할 때는 일반적으로 디너에 초대하는 것이 예의이다. 각별히 격식을 갖추어 놓은 테이블 세팅과 여러 종류의 음식으로 구성된 메뉴가 제공된다. 모임의 성격에 따라 복장을 잘 갖추도록 하는 것이 에티켓이다.

## 2) 식사내용에 따른 메뉴의 분류

### (1) 타블도트(Full course 정식요리 Table d'hôte)

일정한 순서로 짜인 식단이다. 서양요리에서는 전채, 수프, 생선요리, 셔벗, 고기요리, 샐러드, 로스트(가금류), 디저트, 과일, 커피의 차례가 표준이다.

### (2) 플라두주(Special menu 특별요리 Plat du jour)

그날그날 미리 정해진 셰프(chef) 특선요리, 계절 특선요리(스페셔리티 드 세종 Spécialités de saison, Seasonal specialties) 등 계절에 맞게 내놓는 메뉴 구성이다.

### (3) 알 라 카르트(일품요리 A la Carte)

전채요리부터 Start하여 디저트까지의 각 메뉴 중에서 기호에 따라 메뉴를 선택하게 되며 전체 계산 시 정식요리보다 대체로 가격이 높아지므로 점심특선, 정찬 코스 A, B, C 등으로 구성된 코스요리 중 선택하여 주문하는 것이 손님 접대 시에 경제적이고 서로 편한 식사방법일 수 있다. 그러나 식사량이 많을 수 있으므로 부부 또는 연인이 식사할 때는 한두 가지 A la Carte를 주문하여 골고루 같이 맛보는 것도 괜찮다.

## 제2절 풀코스(Full Course)

## 1. 풀코스(Full Course)의 유래

풀코스(Full Course) 즉 '타블도트(Table d'hôte)'의 유래는 다음과 같다. 고대 희랍시대에 숙박시설은 갖추어져 있었으나 식사는 제공되지 않았기 때문에 직접 식사를 가지고 다녀야 하는 불편을 감수해야만 했다. 따라서 숙박업소 주인들이 이들의 불편을 덜고 매상도 올리려고 착안한 것이 풀팡숑(Full pension)이었으며 오늘날의 '정식(Table d'hôte or Full Course)'의 기원이다.

풀코스 연회는 요리의 맛에 성패가 달려 있으므로 Hostess는 요리의 준비에 최선을 다해야 한다. 요리가 하나씩 차례로 나오고 이렇게 차례로 나오는 요리를 각각 코스(Course)라고 칭하며, 고전적인 코스요리가 다 포함된 것을 'Full Course'라고 한다.

프랑스 요리는 세계 각국의 요리 중에서 가장 세련된 요리로 정평이 나 있어 정식연회는 어느 나라에서든지 프랑스 요리로 행해지는 것이 일반적인 관습이다.

허나 오늘날 세계 제일로 치는 프랑스 요리도 16세
기 초기로 거슬러 올라가면 무척 거칠고 세련되지 못
했었다. 그러다가 피렌체의 메디치가(家) 출신인 카트
린 드 메디시스(Catherine De Médicis : 앙리 2세의 왕
비(1519~89))가 1533년 법왕 클레멘트(Clement) 7세의
중매로 프랑스의 앙리(Henry) 2세와 결혼하여 왕비가
되었다. 그녀가 시집 올 때 프랑스 궁정에 이탈리안
요리, 패션과 러프(Ruff : 유럽에서 16~17세기에 남녀
가 모두 사용한 주름 칼라)를 들여왔다고 전해진다.

플로렌스로부터 요리사를 데리고 와서 그때까지만
해도 나이프는 사용했으나 포크가 없어 손으로 먹던
프랑스 궁중요리를 크게 개선했다. 그 후 프랑스에서

출처 : http://www.cooksinfo.com/catherine-de-medici

는 궁중을 비롯하여 승려, 귀족들 사이에서 요리법에 대한 관심이 크게 일어나 서로 우수
한 요리사를 고용하고 새로운 요리를 고안케 하여 이것을 자랑함으로써 오늘날 프랑스
요리의 기반을 이루었다고 한다. 프랑스 요리의 특징은 맛, 냄새, 모양이 뛰어날 뿐만 아
니라 프랑스 지형 특성상 훌륭하게 잘 재배된 포도로 양조한 세계 최고의 포도주 그리고
호화로운 귀족 저택의 분위기가 대대로 전해지고 있다는 것이 그 장점이다. 프랑스 귀족
들의 고전메뉴상의 정식 풀코스는 11코스 이상으로 되어 있다는 것이 정설이다.

## 2. 정찬메뉴(Full Course)

프랑스의 요리구성은 풀코스(Full Course)인데, 레스토랑에서 타블도트(정식 식사 Table
d'hôte)라고도 통한다. 각 코스는 맛과 소화를 고려하여 오랜 역사적 경험을 통하여 인체
에 맞게 정착시킨 것으로 다음과 같다.

고전메뉴 구성은 식욕을 촉진시키는 Hors-D'Oeuvre, 수프 등을 제공하여 위를 서서히
활동시킨 후에 부드러운 생선을 즐긴 후 Sorbet(소르베 : 셔벗)로 입가심을 한 후 메인으
로 주요리(Entree)를 제공한다. 그리고 Rôti(로티)-가금류-Roast를 먹고 샐러드를 드는 형
식으로 되어 있다. 프랑스 요리에서 '치즈가 빠진 식사는 해가 없는 하루와 같다'는 속담
이 있을 정도로 치즈는 만찬에 빠질 수 없는 중요한 코스로 되어 있어 샐러드 다음에

꼭 나온다. 이것은 영양학적으로 잘 배합된 구성이다. 현대에 이르러 그 양이 다소 많아 합리적으로 그때그때 코스를 줄여서 제공하고 있다. 다음은 Table d'hôte를 정리한 일람 표이다.

| 메뉴의 순서 | Modern American | Modern French | Modern Italian |
|---|---|---|---|
| 전채요리 | Appetizer (애피타이저) | Hors D'oeuvre(오르되브르) | 이탈리아어로 안티파스티(Antipasti) |
| 수 프 | Soup (수프) | Potage(포타주) | 제1요리 : 프리모 피아토(Primo Piatto)<br>㉠ Zuppa(주파) : 국물이 거의 없는 수프<br>㉡ Minestra(미네스트라) : 맑은 수프<br>㉢ Minestrone(미네스트로네) : 찌개처럼 국물이 적은 수프<br>㉣ Pasta(파스타)<br>㉤ Gnocchi(뇨키) : 수제비<br>㉥ Risotto(리조토) : 쌀요리<br>㉦ Pizza(피자)<br>㉧ Calzone(칼초네) : 반달형 만두 |
| 생 선 | Fish(피시) | Poisson(푸아송) | Pesce(페셰) |
| 셔 벗 | Sherbet(셔벗) | sorbet(소르베) | sorbetto(소르베토) |
| 육 류 | Main Dish(Meat) (메인디시) | Entree(앙트레) | 제2요리 : 세칸도 피아토(Secando Piatto), 생선요리(Pesce 페셰), 고기요리 (Carne : Meat) |
| 가금류 | Roast(로스트) | Rôti(로티) | Arrosto(아로스토) |
| 샐러드 | Salad (샐러드) | Salade(살라드) | 인살라타(Insalata), 베르두라(Verdura), 곁들인 채소(Contorno : 콘토르노) |
| 치 즈 | Cheese(치즈) | Fromage(프로마주) | 포르마조(Formaggio) |
| 후 식 | Dessert(디저트) | • 찬 후식(Entremet Froid 앙 트레메 프루아)<br>• 더운 후식(Entremet Chaud 앙트레메 쇼) | 돌체(Dolce) |
| 음 료 | Beverage(비버리지) | Boisson(부아송) | 카페(Caffè : Coffee) |

## 제3절 풀코스 메뉴구성

〈풀코스 전 과정의 식사 중 손으로 먹는 것을 허용하는 경우〉

(1) **빵** : Finger bowl이 필요 없음

(2) **새우, 게** : Finger bowl이 필요

(3) **과일** : Finger bowl이 필요

■ **Finger bowl(핑거볼)**
  식사 중에 손가락을 씻을 수 있도록 물을 담아놓은 작은 그릇

출처 : http://www.replacements.com/thismonth/archive/v1306s.htm

① 서양에서는 식탁에서 반드시 나이프와 포크를 써서 음식을 먹는 것이 원칙이며, 손
   으로 먹는 것은 엄하게 금지되어 있음

② 새우나 게의 껍질을 벗길 때 손은 쓰나 이 경우 Finger bowl이 나오므로 손가락을
   반드시 씻어야 함

③ 생선의 작은 뼈를 입 속에서 꺼낼 때는 이것을 포크로 받아서 접시 위에 놓는 것이
   좋음. 손으로 꺼내면 안 됨

④ 빵은 손으로 조금씩 뜯어 먹는 것이 허용됨

식전주를 주문한 후 메뉴를 받으면 차분히 메뉴를 살펴본 후 주문하도록 한다. 풀코스
는 정식 디너나 정식 초대행사에 나오는 요리로 다음과 같은 순서로 제공되는데 Main
Dish(고기요리) 다음에 로스트(가금류 Roast)가 제공된 후 Salad가 제공되기도 한다.

풀코스(Full Course)의 메뉴 구성을 요약해서 살펴보면 다음 표와 같다.

풀코스(Full Course)의 메뉴 구성 요약

| 코 스 | 프랑스어, 영어 표기 | 내 용 |
|---|---|---|
| 1. 아페리티프 | (프) Apéritif<br>(영) Aperitif | 버무스 · 셰리주 · 비터스 또는 마티니, 맨해튼, 캄파리 소다 등의 칵테일 등 |
| 1. 전채요리 | (프) Hors-D'Oeuvre(오르되브르)<br>(영) Appetizer(애피타이저) | 식욕을 증진시키기 위하여 나오는 적은 양의 요리로 찬요리; 푸아그라(Foie Gras) : 거위의 간 요리<br>• 벨루가 또는 오세트라 캐비아(Beluga or Osetra Caviar)<br>• 스모크드 샐먼(Smoked Salmon)<br>• 특제 테린(Terrine) : 더운 요리<br>• 에스카르고(Escargot) : 불란서 부르고뉴 지방 특유의 식용 달팽이요리<br>• 프로그 레그(Frog Legs) : 식용 개구리 다리요리<br>• 관자 타르타르(Sea Scallop Tartar) : 관자요리<br>• 오이스터 플로란틴(Oyster Florentine) |
| 2. 수프 | (프) potage<br>(영) Soup(수프) | (1) 콩소메 Clear Soup 맑은 수프(Potage Clair, 포타주 클레르, Consomme Clair) 맑은 스톡이나 Broth를 사용하여 만든 수프(맑은 수프 = 포타주 · 크레루)<br>(2) 포타주 Thick Soup 진한 수프(Potage Lie 포타주 리에) |
| 3. 생선요리(식중주) 백포도주, 5~10℃ 로 차게 해서 마신다. | (프) Poisson(푸아송)<br>(영) Fish(피시) | 위 부담 적고 소화 촉진 쉬운 생선을 삶기, 찌기, 튀기기, 굽기, 로스팅, 그라탱, 조림 등<br>넙치(Sole, Halibut), 넙치(Halibut), 가자미(Flounder), 바닷가재(Lobster), 송어(Trout), 왕새우(King Prown), 청어(Herring), 대구(Cod) |
| 4. 육류요리(식중주) 적포도주, 실온 17~20℃에서 마신다. | (프) Entrée(앙트레)<br>(영) Main dish(메인디시) | 약식 코스의 중심 요리인 쇠고기(Beef), 송아지(Veal), 양고기(Lamb), 돼지고기(Pork) 등. Meat류<br>진한 맛, 소테, 로티, 그릴(석쇠구이), 브레이지 등의 조리법을 사용 |
| 5. 소르베 | (프) Sorbet(소르베)<br>(영) Sorbet(셔벗) | 셔벗은 생선 다음에 입가심용으로 먹는 얼음과자. 와인셔벗, 레몬셔벗 등 들어가는 재료로 명명 |
| 6. 로스트 | (프) Rôti(로티)<br>(영) Roast(로스트) | 디너의 클라이맥스로서, 가금류(Roast : 오리, 거위, 칠면조, 닭 등이 이에 해당된다), 엽조류(꿩, 메추리, 사슴, 멧돼지, 비둘기). 이 코스는 풀코스에서 생략되는 경우가 많다. |
| 7. 샐러드 | (프) Salade(살라드)<br>(영) Salad(샐러드) | 3가지 서빙방법이 가능함<br>① 메인 전(Before), ② 메인과 같이(With), ③ 메인과 로스트 요리가 끝난 후(After : 고전메뉴의 정통방법임) 각각 제공이 가능함 |
| 8. 디저트 | (프) Entremet(앙트레메)<br>(영) Dessert | 단 과자나 아이스크림, 젤리 등이 이에 해당된다. Fruits(신선한 계절 과일을 제공. 딸기, 바나나, 파인애플, 멜론, 수박 등) |

| | | |
|---|---|---|
| 9. 커피, 홍차 | (프) Café(카페), thé(테)<br>(영) Coffee, Tea | 보통 컵의 반(1/2) 정도 되는 작은 데미타스 컵으로 서브된다. |
| 10. 식후주 | (프) Digestif(디제스티프)<br>(영) After Drinks | Digere(소화한다)에서 유래. 술은 코냑·브랜디·위스키·진·칼바도스 등이다. 저녁 정찬에서 디저트 코스에 들어가서 커피 뒤에 식후주로 베네딕틴, 드람부이, 갈루아 등의 리큐어(Liqueur)가 나오는데, 식사가 끝난 후에 주문을 받는다. 간략한 저녁식사일 경우에는 보통 식후주가 생략될 수 있다. |

　위의 표를 참고하면서 풀코스 메뉴 및 각 코스별 매너와 에티켓의 포인트를 각 코스별로 나누어 다음과 같이 자세히 살펴보자.

<br>

### 제4절　전채요리(Appetizer)

## 1. 전채[오르되브르 Hors D'Oeuvre, 前菜]

　식사 전(食事前) 식욕을 돋우기 위해 제공되는 모든 요리를 총칭하여 오르되브르라고 하는데 마르크 폴로가 중국을 다니면서 중국의 냉채요리를 모방하여 창안된 것이 그 유래라 한다. 이탈리아에서 시작하여 프랑스로 건너갔다는 설과 러시아의 자쿠스키라는 간단한 요리가 오늘날의 오르되브르로 발전되었다는 설이 있다. 즉 본 요리 이외의 엑스트라(Extra 가외의) 요리로 영어로는 Appetizer라고 하여 식욕촉진제의 의미를 갖고 있다.

### 1) 요리온도에 따라

#### (1) 찬 전채요리(Cold Appetizer : Hors-D'Oeuvre Froid, 오르되브르 프루아)

① 푸아그라(Foie Gras) : 거위의 간요리

　푸아그라는 프랑스어로 '살찐 간(fat liver)'이라는 뜻이다. 프랑스 북동부의 알자스(Alsace)와 남부 페리고르(Perigord) 지방의 특산품이다. 가격이 매우 비싸 보통 오르되브르에 사용하거나 크리스마스 등의 명절에 먹는다. 지방 함량이 높아서 맛이 풍부하고 매우 부드럽다. 화이트와인의 일종인 소테른(Sauternes)과 맛이 잘 어울린다. 간을 그대로 굽기도 하고, 토스트 위에 얇게 바르거나 수프에 넣어서 먹는 등 다양한 요리법이 있다. 프랑스 스트라스부르(Strasbourg)산을 제일로 친다. 이 지방의 농가에서는 거위를 죽이기 1주일 전에 기계로 입안에 사료를 억지로 밀어넣어 포착시키고 한 마리씩 상자에 넣어 운동을 못하게 함으로써 간장을 비대하게 만든다고 한다. 살찐 간을 얻기 위하여 거위를 움직이지 못하게 고정시킨 채 약 한 달간 300g의 사료를 하루에 3번씩 강제로 먹여서 사육하는데, 이 과정을 가바주(gavage)라고 한다. 이렇게 키워서 다 자란 거위의 간은 무게가 평균 1.35kg이다. 오리보다는 거위의 간을 상품(上品)으로 취급한다. '파테 드 푸아그라'는 거위 간 80%에 돼지 간, 트뤼프, 달걀 등을 섞어 퓌레 형태로 만든 것을 말한다. '무스(퓌레) 드 푸아그라'는 거위 간 55% 이상을 포함한 것을 말한다.

출처 : http://www.seriouseats.com/2010/12/the-physiology-of-foie-why-foie-gras-is-not-u.html

출처 : http://www.huffingtonpost.com          출처 : http://www.dartagnan.com

② 벨루가 또는 오세트라 캐비아(Beluga or Osetra Caviar)

세계의 진미인 캐비아(Caviar)는 철갑상어(Sturgeon 스터전)의 알이다. 러시아의 볼가강에서 잡은 상어알이 유명해 전 세계로 수출하며 청어알보다 약간 크고 색깔은 흑색과 회색이 있는데 흑색에 약간 우윳빛이 도는 것을 우량품으로 친다. 최상품은 이란산(産)으로 색깔이 거의 흰데 이것은 5성급 호텔의 최고급 레스토랑에서나 맛볼 수 있는 진품이다.

러시아, 유럽, 이란, 흑해, 카스피해 등에 분포하는 상어를 잡자마자 알을 꺼내 알 가장자리의 막을 제거하고 소금에 절여 냉동하거나 병조림한다. 알의 크기가 크고 은회색 색깔이 연하면 연할수록 또 짠맛과 쓴맛이 없고 연하고 순한 맛을 가져야 상품이다. 단백질이 30%, 지질이 20%나 되는 고열량 식품으로 씹으면 고소하고 독특한 풍미의 캐비아는 차가운 보드카 또는 샴페인을 곁들이면 더욱 별미이다. 얼음조각 위에 세팅해 오드블로 차려지며, 카나페처럼 멜바토스트

출처 : https://www.petrossian.com/caviar

(Melba Toast : 흰 식빵을 열게 썰어 오븐에 갈색이 되도록 구워낸 토스트) 위에 올려 보드카를 차게 해서 안주와 전채요리로도 즐긴다. 진품은 고가라 연어·대구·잉어 등의 생선 알로 같은 방법으로 미국, 유럽에서 만든 대용품을 캐비아라 하여 뷔페식당에서 제공되기도 한다.

③ 트뤼플(Truffles fresh 송로버섯)

검은 송로버섯은 양식 채취가 가능한 반면 흰 송로버섯은 자연 채취만 가능하고 그 양이 희소해 더 귀하게 여겨지고 있다. 송로버섯은 "뿌리 외부에 서식하면서 식물과 공생작용을 하는 사상균의 일종"인 '외생균근균(外生菌根菌, ectomycorrhizal fungi)'이며, 나무의 뿌리와 밀접한 관계가 있다. 떡갈나무 숲의 땅속에서 자라기 때문에 개나 돼지의 예민한 후각을 이용하여 10월에 채취를 시

How to find truffles?

작한다. 신선하고 진한 향기를 지닌 것일수록 상품이며 프랑스 남서쪽 페리고 지방의 흑(黑)트뤼플과 이탈리아 북서쪽 피에몬테 지방의 백(白)트뤼플을 최고로 친다. 프랑스 미식가 Jean Anthelme Brillat-Savarin은 '부엌의 다이아몬드'라고 극찬하였다. 송아지고기, 바닷가재 요리에 곁들이거나 샐러드, 전채, 수프 요리 등으로 사용한다.

출처 : https://gardenofeaden.blogspot.kr/2011/06/how-to-train-dog-to-find-truffles.html

④ 생굴(Fresh Oyster)은 '오르되브르의 꽃이다'라는 말이 있을 정도로 좋은 전채의 하나
이다. 굴이 맛있는 철은 10월 중순부터 다음해 2월 말까지 소위 'er'로 끝나는 달로
기온이 낮은 계절이다. 이때의 굴은 몸이 단단하고 풍미가 좋다.

⑤ 스모크드 샐먼(Smoked Salmon) : 훈제연어

⑥ 특제 테린(Terrine) : 테린형이라 불리는 내열성
용기에 고기나 생선 등의 재료를 불에 익힌
후 차갑게 한 요리를 말한다. 전복(Abalone),
거위간(Foie Gras)

특제 테린(Terrine)

## (2) 더운 전채요리(Hot Appetizer : Hors-D'Oeuvre Chaud, 오르되브르 쇼)

① 게살 리조토와 발사믹 에멀전의 전복구이(Marinated Abalone Slices with Crab Meat Risotto, Balsamic Emulsion) : 게살과 전복구이 요리

② 에스카르고(Escargot) : 불란서 부르고뉴 지방 특유의 식용 달팽이요리

에스카르고(Escargot)

③ 프라이드 머시룸(Fried Mushroom) : 튀긴 양송이요리

④ 프로그 레그(Frog Legs) : 식용 개구리 다리요리

프로그 레그(Frog Legs)

⑤ 그릴드 로브스터(Lobster) : 석쇠구이 바닷가재요리
⑥ 관자 타르타르(Sea Scallop Tartar) : 관자요리

관자 타르타르(Sea Scallop Tartar)

⑦ 오이스터 플로렌틴(Oyster Florentine): 굴 아래에 시금치를 곁들인 피렌체식 익힌 굴
요리

오이스터 플로렌틴(Oyster Florentine)

## 2) 가공형태에 의해

### (1) 가공되지 않은 전채요리(Plain Appetizer)

형태, 모양, 맛이 그대로 유지 제공되는 훈제연어, 생굴, 살라미(Salami) 등을 말한다.

## (2) 가공된 전채요리(Dressed Appetizer)

카나페(Canape), 고기완자(Meat Ball), 달걀요리(Stuffed Egg), 게살요리(Crab Meat), 각종 무스 등 조리 가공에 의해 형태, 모양, 맛이 변화된 전채음식을 말한다.

## 3) 조리형태에 의한 분류

① 바게트(Baguette) : 밀가루 반죽으로 작은 배모양을 만들어 그 안에 생선 알이나 고기를 갈아 채워서 만든 것

바게트(Baguette)

출처 : http://www.delish.com/holiday-recipes

② 칵테일(Cocktail) : 칵테일의 재료로는 일반적으로 새우(Shrimp), 바닷가재(Lobster), 게 살요리(Crab Meat) 등을 들 수 있다. 주로 칵테일글라스를 사용한다.

③ 부셰(Bouchee) : 소형 파이. 얇은 밀가루 반죽에 달걀 등을 넣어 예쁜 만두같이 만 든 것

부셰(Bouchee)

출처 : http://spices.rs/en/prehrambeni_proizvodi/katering/

④ 카나페(Canape) : 빵을 한입에 들어갈 수 있도록 작게 여러 가지 모양으로 얇게 잘 라 튀기거나 토스트하여 버터를 바른 다음 그 위에 여러 가지 재료 등을 얹어 만든

요리

⑤ 브로쉐(Broche) : 육류, 생선, 채소 등을 꼬치에 끼워 요리한 것

⑥ 렐리시(Relish) : 소형 유리 볼이나 글라스에 분쇄한 얼음을 채우고 무, 셀러리, 당근, 오이 등을 꽂아 내놓는 전채요리

⑦ 소형 파이요리 : Barguette(바게트), Bouchee(부셰), Canape(카나페), Carolines(카롤린; 술통 같은 모양으로 조그마하게 만들어 그 속에 여러 가지 재료를 넣어 익혀낸 전채요리) 등이 있다.

⑧ 스파게티 : 이탈리아에서는 스파게티를 전채로 낸다. 다음 요리를 즐기기 위해 이것은 아주 소량만 맛보도록 주의해야 한다.

Carolines(카롤린) Scallops with Cranberry Bacon Jam
출처: http://www.carolinescooking.com/scallops-with-cranberry-bacon-jam/

오르되브르는 주로 오찬에 내놓는 것으로 만찬의 경우는 대개 식전 Aperitif의 술안주로 생선이나 치즈 등을 빵조각이나 Cracker 위에 얹은 Canapes가 나온다.

오르되브르는 원래 러시아 요리의 일종인 자쿠스키(Zakouski)를 받아들여 불란서식으로 발달시킨 것으로 본 요리를 더 맛있게 먹기 위하여 위를 자극하여 위액의 분비를 촉진시키는 것을 목적으로 하는 요리이다. 식사 전의 칵테일과 함께 즐기고 있다. 맛이 좋으며 입 속에 타액의 분비를 촉진하여 식욕을 돋울 수 있도록 약간 짜거나 시고 또 양이 소량이어야 하는 등 전채로서의 조건이 맞으면 오르되브르 요리가 될 수 있다.

칵테일에 나오는 안주와 오르되브르는 실질적으로 같은 것이나 안주로 나올 때는 손가락으로 집어 먹고 식탁의 오르되브르로 나올 때는 나이프와 포크로 먹는다.

## 제5절 ▶ 포타주, 수프(Potage, Soup)

조수육류(鳥獸肉類)·어패류 등의 고기나 뼈에 채소와 향료를 섞어서 끓인 국물(수프스톡)에 건더기를 넣고 끓여 양념한 서양요리의 국이다. 스톡(Stock, Fond)을 기초로 하여

만든 것을 말한다. 맑은 것은 콩소메(Consomme), 진한 것은 포타주(Potage)라 한다.

① 맑은 수프 : 콩소메(Consommé)가 대표적이며, 조수육류 · 어류의 스톡을 달걀흰자로 누린내 또는 비린내를 없애고 정제하는 것이다. 띄우는 고명에 두부 · 당근 · 마카로니 등이 쓰이며 이러한 재료에 따라 수프 이름이 달라진다.

② 진한 수프 : 포타주(Potage)라 하며, 퓌레(Purée) · 벨루테(Veloute) · 크림(Cream) 등으로 분류된다. 퓌레는 호박, 콩 등 녹말이 많은 재료를 삶아 으깨어 걸쭉하게 만든 것이다. 벨루테는 밀가루를 버터에 볶은 루(Roux)를 수프스톡으로 녹여 농도를 더한 것이며, 크림은 루를 우유로 녹여 주재료와 생크림을 넣고 만든 것이다. 크래커 · 크루통(Crouton : 빵조각) · 콘플레이크(Cornflakes) 등을 띄우는 고명으로 이용한다. 진한 수프로는 크림수프(Crearm soup), 채소수프(Vegetable soup), 차우더 수프(Chowder Soup), 비스크 수프(Bisque Soup) 등이 있는데 비스크 수프는 어패류 비스크, 새우비스크, 바닷가재 비스크 수프 등이 있고 빵 반죽으로 수프 볼에 씌워 오븐에서 조리해 낸다.

③ 가정용 수프 : 육류와 채소 등을 끓여 국물을 만든다. 러시아의 보르시(Borscht), 미국의 클램차우더(Clam Chowder), 영국의 아이리시 스튜(Irish Stew) 등

■ **클램차우더(Clam Chowder)**
미국풍의 수프로 주로 점심에 먹으며, 대합조개를 사용한 차우더이다. 차우더는 어패류와 옥수수 등의 곡류를 주재료로 하여 만든 수프의 일종, 최근에는 건더기가 많아져 걸쭉한 간이식 일품요리로도 이용

출처 : http://www.today.com/food/best-clam-chowder-recipe-t22156

## 1) 수프의 분류

수프의 기본이 되는 스톡(Stock, Fond)을 가리켜 포토푀(Pot au Feu)라고도 한다. 이것을 다시 고아낸 국물을 부용(Bouillon)이라 하고 고아낸 찌꺼기를 부이(Bouilli)라고 한다. 수프는 부용을 Base로 맑은 수프(Potage Clair, Clear Soup)와 진한 수프(Potage Lie, Thick Soup)를 만든다.

## 2) Clear Soup 맑은 수프(Potage Clair, 포타주 클레르, Consomme Clair)

맑은 스톡이나 Broth를 사용하여 만든 수프

① 콩소메(Consomme) : 부용을 조린 것이 아니라 맑게 한 것. 지방분이 제거된 고기를 잘게 썰거나 기계에 갈아서 사용하며, 양파, 당근, 백리향, 파슬리 등과 함께 서서히 끓이면서 달걀흰자를 넣어 빠른 속도로 젓는다. 이것이 Consomme Clair인데 종류는 400가지가 넘는다.

② Bouillon : 부용은 화이트 스톡을 기본으로 하여 뼈 대신 고깃덩어리를 크게 잘라 넣고 고아낸 국물

③ Vegetable Soup : 채소수프. 여러 가지 채소를 썰어 버터로 볶고 수프스톡을 가하여 끓인 수프

  ㉠ French Onion Soup : 양파와 마늘을 넣고 끓인 스톡에 Crouton과 치즈를 뿌려 Salamander에 넣어 갈색으로 구워 제공

  ㉡ Minestrone Soup : 베이컨, 양파, 셀러리, 당근, 감자, Tomato Dice를 볶아 스톡에 넣은 후 향료를 첨가하여 끓인 수프

## 3) Thick Soup 진한 수프(Potage Lie 포타주 리에)

채소, 쌀, 밀가루, 생선, 육류 등을 주재료로 해서 관련재료와 양념을 가해 부용(Bouillon)을 가지고 만드는 탁하고 농도가 진한 수프이다.

① 크림수프(Cream Soup) : 밀가루를 커터로 볶아 우유를 넣어 만드는 수프로써 흰색 스톡을 사용하거나 기타의 스톡으로 만듦. 치킨 크림수프, 생선 크림수프, 채소 크림수프 등이 있음

  ㉠ Bechamel : Roux에 우유와 Creme을 첨가하여 만든 것

  ㉡ Veloute : Roux에 여러 종류의 스톡을 넣어 만드는 것으로 달걀과 각종 채소를 섞

어 만든다. 헝가리안 굴라시 수프, 생선 벨루테 수프 등이 있음

② 퓌레 수프(Puréue Soup : Potage Purée) : 채소를 잘게 분쇄한 것을 Purére라 하며, 이것을 Bouillon과 혼합하여 조리한 수프

③ 차우더 수프(Chowder Soup) : 조개, 새우, 게, 생선류, 감자와 채소로 만든 크림형태의 수프로 조갯살 차우더 수프, 옥수수 차우더 수프 등이 있음

④ 비스크 수프(Bisque Soup) : 비스크 수프는 씌워진 빵 반죽을 수프 볼 안에 깨뜨려서 같이 먹는다. 새우, 게, 가재 등을 만든 어패류 수프, 새우비스크 수프, 바닷가재 수프 등이 있는데, 빵 반죽을 수프 볼에 씌워 오븐에 조리해 냄

비스크 수프(Bisque Soup)는 씌워진 빵 반죽을 수프 볼 안에 깨뜨려서 같이 먹는다.
출처 : http://www.foodnetwork.ca/recipe/mushroom-bisque-under-puff-pastry-dome/10963/

## 제6절 수프(Soup) 먹는 법

왼손으로 국그릇(soup plate)을 잡고 바깥쪽으로 약간 숙인 다음에 오른손의 스푼으로 바깥쪽으로 떠서 먹는 것이 옛날 예법이며, 요즈음은 그릇을 그대로 두고 먹어도 됨. "소리를 내는 것은 동물의 표시(to make a noise is to suggest an animal)"라는 말처럼, 절대 소리를 내며 먹어서는 안 되며, 수프는 소리 내지 않고 먹는다.

우리나라 사람들은 국물을 먹을 때 흔히 '후루룩' 하는 소리와 함께 먹기도 하지만, 서양에서는 싫어하는 사람 앞에서 일부러 수프를 소리 내어 먹으라고 할 정도로 소리 내어 먹는 것을 싫어한다. 뜨겁다고 '후후' 불면서 먹는 것도 같으므로 뜨거운 수프는 아주 싫어하므로 수프의 윗부분부터 떠서 먹도록 한다.

서양 사람들은 우리와는 철저히 다르게 수프 먹을 때 소리내는 것을 아주 싫어해서 금기시한다. 그리고 수프는 아무리 뜨거워도 식히려고 불어서는 안 된다. 또한 스푼에 한번 뜬 것은 단번에 먹는 것이 예법이며 Consomme만은 한두 숟가락 먹은 후 커피를 마시듯이 컵 한쪽 손잡이를 들고 마신다. 이때 스푼은 반드시 Soup Bowl 뒤편에 놓는다. 수프는 오른손으로 수프-스푼을 쥐고 왼손으로 그릇의 자기 앞쪽을 약간 들고 스푼을 앞에서 뒤로 밀면서 떠서 스푼 끝 옆쪽으로 입 속에 쏟아넣듯이 하여 먹는다. 이것이 소위 영국식으로 프랑스식은 스푼을 앞에서 뒤로 밀지 않고 스푼을 자기 쪽으로 당기듯이 떠서 먹는 것이 다르다. 우리나라처럼 한 번 뜬 수프를 한입에 먹지 않고 두세 번에 나누어 먹는 것도 좋지 않으며 스푼을 빨듯이 먹는 것도 좋지 않다. 빵이 있을 경우, 빵을 뜯어 수프에 넣는 것은 점잖지 못하며 빵을 수프에 적셔 먹는 것도 바람직하지 않다.

수프는 웨이터가 서브를 하면 곧 먹기 시작해도 괜찮으며 꼭 여주인이 먹는 것을 기다릴 필요는 없다. 그리고 수프를 다 먹고 나면 스푼은 손잡이를 오른쪽으로 하여 수프 볼(수프그릇 Soup Bowl) 속에 넣어둔다.

만찬의 수프로 Potage나 Cream은 농도가 진하여 무겁고 Consomme가 가벼워 코스요리가 상대적으로 많은 정식 만찬에서는 보통 콩소메를 먹는다. 손님 수가 많은 정식 만찬에서는 수프가 식지 않도록 하기 위하여 보통 6~10인분의 수프를 큰 그릇(tureen)에 담아 손님 옆에서 서브할 경우, 사람의 왼쪽에서 제공되므로, 이때 고개를 오른쪽으로 조금만 기울여주면 웨이터가 쉽게 서브할 수 있다. 수프를 먹고 싶지 않을 때는 빈 수프그릇 안에 스푼을 뒤집어 올려놓으면 된다. 캐주얼 레스토랑에서는 손잡이가 달린 컵에 수프가 나오는 경우도 있다. 먼저 스푼으로 떠서 수프가 뜨거운지 확인하고, 스푼은 받침 접시 위에 내려놓고 양쪽 손잡이를 잡고 마시면 된다. 한 손으로 컵을 들고 스푼으로 떠먹는 것은 좋지 않다.

### ■ 주의사항

- 수프를 먹는 동안에는 와인을 마시지 않는다.
- 한번 스푼으로 뜬 것은 한입에 다 먹도록 하고 수프가 얼마 남지 않았을 때 바닥 긁는 소리를 내지 않는다. 크림수프 대신에 아스파라거스 크림수프나 콜드 크림수프를 주문하도록 한다.
- 수프가 서브될 때 크래커나 식빵을 작게 잘라 기름에 튀기거나 볶은 크루통이 곁들여 나올 때가 있다. 크루통은 따라 나온 작은 스푼으로 떠서 수프에 띄워 놓고 먹기도 하며, 크래커나 연필모양의 긴 빵은 수프 위에서 손으로 작게 잘라 띄워서 먹는다. 수프의 건더기 재료가 귀한 재료일 경우 스푼 이외에 포크와 나이프가 따라 나오기도 하며 이때 국물은 스푼으로, 건더기는 포크와 나이프를 이용하는 것이 좋고 수프를 다 먹은 후에는 스푼과 포크, 나이프를 수프그릇 안에 가지런히 놓는다.

## 제7절 빵과 버터(Bread and Butter) 먹는 법

**■ 빵 먹는 법 Point**
- 빵 접시는 본인의 왼쪽에 놓이며, 물컵은 오른쪽에 놓인다.
- 빵은 나이프를 쓰지 않고 한입에 먹을 만큼 손으로 떼어 먹으며, 빵을 입으로 베어 먹어서는 안 된다.
- 빵은 수프가 나온 후에 먹기 시작하고, 디저트가 나오기 전에 마쳐야 한다.
  ① 어떤 레스토랑은 테이블 중앙에 다양한 빵이 바구니에 담겨 나오게 되는데 먹고 싶은 빵을 한 개 손으로 집어 왼쪽에 위치한 개인빵 접시 위에 올려놓고 먹는데 욕심 많게 한꺼번에 많이 가져오지 않도록 주의한다. 몇 번이고 가져다 먹을 수 있기 때문이다. 버터가 중심에 위치해 있으면 버터 홀더에서 버터나이프를 이용하여 적당량의 버터를 자신의 빵 접시 위에 옮겨 놓는다. 케이스에 들어 있는 버터라면 케이스 하나를 집어와 빵 접시 위에 올려놓고 사용한다. 테이블 왼쪽에 놓인 것이 자기 몫의 빵이다.
  ② 토스트나 크루아상, 브리오슈 등은 아침식사용 빵이다.
  ③ 빵 접시를 중앙에 갖다 놓지 않는다.
  ④ 딱딱한 프렌치 빵은 가운데 부분을 눌러 4등분한 뒤 한입 크기만큼 손으로 떼어 먹는다.
  ⑤ 빵을 밀크, 커피에 적셔 먹지는 않는다. 그러나 고깃국물과 소스라면 빵을 적셔서 포크로 먹는다.

빵은 처음에 자리에 앉으면 제공되는 경우가 많다.

빵은 처음부터 빵바구니에 담겨 식탁에 놓여 있거나 아니면 왼쪽 빵 접시 위에 놓여 있기도 하지만 보통은 수프를 다 먹은 직후에 웨이터가 가지고 와서 차례로 돌린다.

빵이 처음부터 식탁 위에 놓여 있는 경우라도 좌석에 앉자마자 빵을 먹기 시작하는 것은 아니며 또 수프와 함께 먹는 것도 아니다. 빵은 반드시 수프 다음에 나오는 요리와 함께 먹기 시작해서 디저트 코스에 들어가기 전에 끝내야 한다.

요즈음에는 결혼식 피로연회 등에서 미리 빵(Hard Roll)이 올려져 있고 이때 처음 코스가 나오기 전에 천천히 먹기 시작해도 무방하다. 그러나 격식 있는 식당에서의 식사 시에는 수프 다음 요리와 같이 먹는다.

그리고 빵은 식탁에서 나이프로 자르거나 포크로 찍어 먹어선 안 되며 반드시 한입에 먹을 만큼 손으로 떼어서 먹어야 한다. 손으로 빵을 뗄 때 빵 부스러기가 떨어지기 쉬우므로 몸을 조금 왼쪽 앞으로 기울여 빵 접시 위에서 빵을 뜯도록 한다.

토스트만은 예외인데 사각형 한쪽 그대로인 경우 나이프로 이를 반을 자르고 이것을 다시 반으로 잘라서 손으로 먹는다. 토스트란 말이 나왔으니 말인데 토스트는 아침식사로 먹는 것이지 만찬 때는 먹지 않는다. 따라서 만찬 때 웨이터에게 토스트를 주문하는 것은 격식에 맞지 않는다. 잼도 마찬가지로 아침식사에만 먹는 것이다. 정식 만찬에서는 Jam이 나오지 않으므로 Jam을 찾지 말아야 한다.

버터는 버터 그릇에 담겨 식탁에 나온다. 버터 그릇을 자기 앞에 갖고 와 버터나이프로 버터를 약간 떠서 일단 자신의 빵 접시에 옮긴다. 반드시 한입에 먹을 만큼만 손으로 떼어 먹는데, 빵에 버터를 발라 먹을 때는 오른손에 버터나이프를 들고 한입에 먹을 만큼 작게 자른 빵조각에 버터를 바른다. 만일 버터나이프가 없을 때는 보통 나이프를 써도 좋은데 이때는 반드시 새것을 써야 한다. 빵을 통째로 들고 입으로 잘라 먹거나 빵 전체에 버터를 발라 들고 먹는 것도 좋지 않다. 1인분 포션(portion) 버터라면 케이스 하나를 집어와 빵 접시 위에 올려놓고 사용한다. 1인분 포션 버터를 사용했을 경우 빵을 다 먹고 나면 케이스는 뒤집어놓는다. 빵과 버터 먹는 법은 다음 사진을 참고한다.

올바른 빵 먹는 법     잘못된 버터 바르는 법     올바른 버터 바르는 법

## 제8절   생선(Fish : Poisson 푸아송)

생선은 위의 부담을 줄이고 소화촉진을 도우며 육류보다 섬유질이 연하고 열량이 적으므로 건강을 추구하는 고객과 여성고객들이 주로 주요리(Main Dish)로 많이 먹는다. 단백질, 지방질, 칼슘, 비타민(A, B, C)이 함유되어 있어 건강과 소화에 좋다. White Wine을 곁들여 먹는다.

## 1) 생선의 구분

### (1) 생선의 구분

- 바다생선(Sea Food)
- 민물고기(Freshwater Fish)
- 갑각패류(Gapgak Shellfish)
- 식용 개구리(Bullfrogs, Frogs Leg)
- 달팽이(Snail : Escargot)

### (2) 저장법에 따른 구분

- 신선한 생선(Fresh Fish)
- 얼린 생선(Frozen Fish)
- 절인 생선(Pickled Fish)
- 통조림 생선(Canned Fish)

## 2) 생선의 요리법

식품에 조미료를 첨가하여 가열하거나 여러 수단으로 음식을 만드는 과정이 조리이다. 목적은 식품의 성분 및 형태에 변화를 주어 시각적 효과를 높이며 체내의 소화를 돕고 위생적으로 안전하게 섭취하는 데 있다. 생선 중에서 대구·광어·연어·다랑어 같은 기름기 많고 큰 생선은 내장을 빼고 토막 쳐서 구운 것도 스테이크라고 칭한다.

### (1) 기본 조리법 분류

① 액체를 이용한 조리법 : 데치기(Blanching), 삶기(Poaching), 끓이기(Boiling), 증기찌기(Steaming)

② 기름을 이용한 조리법 : 볶기(Sauteing), 튀기기(Deep Fat Frying)

③ 직접 열을 이용한 조리법 : 굽기(Broiling), 그라탱(Gratinating), 로스팅(Roasting)

④ 간접 열을 이용한 조리법 : 오븐 굽기(Baking In The Oven), 브레이징(Braising), 조림(Glazing), 푸알레(Poêoler), 스튜(Stewing)

### (2) 생선 조리법

① 메트로트(Metelote) : 생선의 포도주 조림으로 잘게 썬 양파를 버터로 조린 뒤 생선을 넣어 소금, 후추, 마늘, 향초를 가하여 생선이 잠길 정도로 포도주를 붓고 중간불로

20분 정도 조림

② 포셰(Pocher) : 팬에 버터를 바른 다음 생선을 넣고 백포도주(Vin Blanc), 적포도주(Vin Rouge)를 첨가한 뒤 생선스톡(Fumet de Poisson)을 1/3 정도 부어 소금, 후추로 간을 맞추어 약한 불로 끓임. 끓기 직전의 액체에 삶아 익히는 것

메트로트(Metelote)
출처 : http://www.cookforyourlife.org/recipes/matelote-de-poissons/

③ 그릴드(Grilled) 또는 그리예(Griller) : 수분을 제거한 생선에 소금, 후추를 뿌려 샐러드 오일을 바른 후 그릴(Grill)에 X형 무늬를 내어 굽는다. 석쇠나 팬에 굽는 방법으로 버터나 올리브유를 먼저 팬에 바른 후 뜨겁게 달구어 생선을 올려 조리. 석쇠구이는 석쇠자국이 생선에 뚜렷이 남도록 모양을 내기도 하는데 이는 주로 약간 굳은 생선에 적합한 조리방법으로 넙치, 연어, 고등어 등의 요리에 이용

④ 아 랑글레즈(A L'Anglaise) : 생선의 수분을 제거한 후 소금, 후추를 뿌려 밀가루를 바른 후 달걀을 입힌다. 그 다음 빵가루를 칠하고 칼등으로 무늬를 낸 뒤 버터에 소테한다.

⑤ 뫼니에르(Meunier) : 다른 말로는 버터구이임. 생선 위에 레몬즙을 뿌리거나 레몬을 잘라서 얹어 굽는다. 의미는 밀가루집 여주인이란 뜻이며 생선에 수분을 제거한 후 우유를 절여서 소금, 후추로 간을 맞춘 뒤 밀가루를 발라 Pan에 버터를 녹여 Saute한다.

⑥ 프라이드(Fried : Friture) : 부드러운 생선살에 적합하며 다음 3가지로 구분할 수 있는데, 첫째, 생선에 우유를 바르고 밀가루에 버무려 기름이나 올리브유 등으로 황금색이 나도록 튀기는 불란서식 방법과, 둘째, 생선을 달걀과 빵가루에 버무려서 프라이팬에 버터로 굽는 영국식 방법, 셋째, 적은 생선을 튀김식으로 조리하는 방법 등이 있다. 주로 연어, 새우, 굴 등의 요리에 이용된다.

⑦ 밀라네제(Milanese) : 생선의 수분을 제거한 후 소금, 후추를 뿌리고 밀가루를 바른 후, 잘 저어진 달걀에 다진 파슬리, 가루치즈(Parmesan Cheese)를 섞은 후 생선에 입혀 Pan에 버터를 녹여 Saute한다.

⑧ 그라탱(Gratinated) : 생선 표면에 빵가루, 버터, 치즈 등을 뿌려 겉이 노랗게 착색될 때까지 오븐으로 굽는 방법이다. 일반적으로 그라탱 접시에 버터를 바르고 재료를

담아서 Bechamel 소스를 얹어 가루치즈를 뿌린 뒤 오븐에 굽는다.

⑨ 브레이즈드(Braised, Braisage) : 연어나 큰 송어에 적합하며 버터를 발라 브레이징 팬에 얇게 자른 당근, 양파를 깔고 그 위에 올려놓아 스톡이나 와인을 넣은 다음 뚜껑을 덮고 오븐에 쪄내는 것이다.

⑩ 스모크드(Smoked) : 특수 기술과 장시간을 요하는 훈제조리방법으로 연어, 장어, 송어 등에 많이 사용된다.

⑪ 스팀드(Steamed) : 식품을 고압의 수증기의 압력으로 조리하는 방법으로 짧은 시간에 다량의 조리가 가능하다. 물에 삶는 것보다 영양의 손실이 적어, 육류, 해물, 채소 등의 조리에 널리 사용된다.

⑫ 보일드(Boild) : 부이(Bouilli). 물이나 생선스톡에 식초, 소금, 향료, 화이트와인 등을 넣고 약한 불로 삶아내는 방법으로 연어, 송어, 고등어, 새우 등의 요리에 이용한다. 물 또는 생선스톡에다 식초, 소금 등을 넣고 끓여내는 조리법. 즉 생선을 소량의 스톡에 포도주를 가미해 조리는 방법으로 이때 졸인 국물은 소스로 이용한다.
부야베스(Bouillabaisse)는 보일드 조리법인데 국물을 달이듯 뭉근히 끓여내는 생선 조리법이다.

⑬ 포치드(Poached) : 달걀이나 단백질 식품 등을 비등점 이하의 온도(65~92℃)에서 끓고 있는 물, 혹은 액체 속에 담가 익히는 방법이다. 낮은 온도에서 조리함으로써 단백질 식품의 건조하고 딱딱해짐을 방지하고 부드러움을 살리는 장점이 있다(전문조리용어 해설, 백산출판사, 2016).

⑭ 블랑쉬르(Blanchir) : 데치는 조리법. 블랜칭(blanching), 재료와 물 또는 기름이 1 : 10 정도의 비율로 끓는 물에 순간적으로 넣었다가 건져내어 흐르는 찬물에 헹구어 조리하는 방법으로 채소나 감자 등을 조리할 때 많이 쓰인다.

⑮ 푸알레(Poêoler) : 프라이 팬(Fry Pan)에 버터나 유지를 넣어 굽는 것. 약간 물기 있는 음식물을 타지 않을 정도로 볶아서 익히는 프랑스 조리용어

## 3) 생선요리

(1) 주요리(Main Dish)로 제공하는 생선요리 메뉴의 예(인터콘티넨털 서울 파르나스 호텔의 1,000병 이상의 와인셀러를 갖춘 최고급 프렌치 레스토랑 '테이블 34')
MAIN COURSES FISH

- Mero, champagne sabayon, savoy cabbage, toulouse sausage "pot-au-feu style", clam jus메로, 샴페인 사바용, 사보이 양배추, 툴루즈 소시지(돼지고기 : 국내산), 포토프 스타일, 조개 주스 62

- Lobster and Abalone "marmite", assorted seasonal vegetables with rouille sauce 바닷가재, 전복 마미트, 모듬 계절채소, 로울리 소스 75

- Pan seared sea bass, truffle riso pasta, porcini cappuccino 농어구이, 트러플 리소 파스타, 포르치니 카푸치노 65

- Whole lobster(Grilled or Thermidor), choice of two side dishes 바닷가재(그릴 또는 텔미도), 두 가지 중 선택 21.5(100g)

## (2) 생선요리

① Fish fillet dish, Lemon Pepper Salmon with Salsa makes a healthy and delicious meal(레몬 후추 연어 필레에 매콤한 맛을 내는 살사소스를 곁들인 건강식)

출처 : http://www.imtwelve.com/9918-fish-fillet-dish

② Poached Canadian Lobster with Seaweed Butter and Bread(해초버터와 브레드를 곁들인 캐나다 로브스터 삶은 요리

출처 : http://www.hungrygowhere.com/gallery/23-lobster-dishes-in-singapore-*gid-886d3101/d62b0200

③ Lobster Thermidor(바닷가재 테르미도르 : 바닷가재 살을 소스에 버무려 그 껍질 속에
다시 넣고 그 위에 치즈를 얹은 요리)

출처 : http://www.hungrygowhere.com/gallery/23-lobster-dishes-in-singapore-*gid-886d
3101/f72b0200

④ Baked sea bass with lemon caper dressing(구운 농어요리에 레몬 케이퍼 드레싱 곁들임)

출처 : https://www.bbcgoodfood.com/recipes/baked-sea-bass-lemon-caper-dressing

⑤ Dover sole with buttered leeks & shrimps(버터를 바른 파와 새우를 곁들인 도버산 혀넙치요리)

출처 : https://www.bbcgoodfood.com/recipes/5880/dover-sole-with-buttered-leeks-and-shrimps

⑥ Pancetta-wrapped trout(이탈리아식 판체타로 감싼 송어요리)

출처 : https://www.bbcgoodfood.com/recipes/5134/pancettawrapped-trout

⑦ Sole Meunière(가자미 뫼니에르 요리)

출처 : http://www.amyglaze.com/trade-your-soul/

## 제9절 생선요리(Fish) 먹는 법

### 1. 생선요리의 레몬즙

생선요리에는 레몬이 곁들여지는데, 담백한 맛을 돋보이게 하고 생선의 비린내를 없애기 위함이다. 이때 레몬이 여러 형태로 나오게 되는데, 레몬을 처리하는 방법은 다음과 같다.

- 원형 절단 레몬포크와 나이프를 이용하여 레몬을 생선 위에 올려놓은 후 포크를 이용하여 지그시 눌러 레몬즙이 생선에 가도록 한 다음 다시 포크와 나이프를 이용하여 레몬을 집어 접시 우측상단에 놓는다.
- 4등분 레몬 : 오른손으로 레몬을 쥐고 상대 손님에게 즙이 튀지 않도록 하기 위하여 왼손으로 가리고 지그시 눌러 즙을 짠다. 즙을 짠 후 레몬은 접시 우측상단에 놓는다.

### 2. 입안의 가시

생선의 작은 뼈를 입 속에서 꺼낼 때는 이것을 꼭 포크로 받아서 접시 위에 놓는 것이 좋다. 입안에 가시가 있는 경우 바로 식탁 또는 접시 위에 뱉어서는 안 된다. 꼭 포크로 받아낸 후 접시 한쪽에 스마트하게 놓으면 된다. 우리나라 스타일로 꼬리를 손으로 잡고 발라먹고 손가락을 빠는 행위는 절대 외국정서에 맞지 않고 우리나라 어른들처럼 '어두진미(魚頭珍味)'라고 머리를 먹어서는 안 된다.

이쑤시개를 이용하는 경우에도 냅킨으로 입을 가리고, 가시들은 접시 위에 지저분하게 놓지 않고 한쪽에 가지런히 모아놓는다.

## 3. 손으로 먹는 경우

① 서양에서는 식탁에서 반드시 나이프와 포크를 써서 음식을 먹는 것이 원칙이며, 손으로 먹는 것은 엄하게 금지되어 있음
② 새우나 게의 껍질을 벗길 때 손은 쓰나 이 경우 Finger bowl이 나오므로 손가락을 반드시 씻어야 함

## 4. 핑거볼(Finger bowl)

식사의 마지막 코스인 디저트를 마친 후 손가락을 씻도록 내오는 물로 손가락만 한 손씩 씻는 것이지 손 전체를 집어넣거나 두 손을 넣는 것은 금기

출처: http://dianegottsman.com/2012/03/dining-etiquette-finger-bowl-etiquette/

## 5. 먹고 마시는 양과 속도

먹고 마시는 것은 절도 있게 적당한 양으로 제한. 뷔페의 경우 너무 많이 먹는 것도

보기 안 좋음

## 6. 통째로 조리되어 나온 생선요리

통째로 조리된 생선은 머리가 접시 우측에 오고 꼬리 부분이 좌측에 오게 담아 나온다. 생선은 절대로 우리나라 식으로 뒤집어 먹지 말고 다음 요령으로 가시를 발라낸 후 아래쪽을 먹도록 한다.

통째로 나왔을 경우 머리 부분은 먼저 먹지 않으며, 포크로 머리 부분을 단단히 누르고

나이프로 머리 밑 부분과 가장자리에 칼집을 넣어 포를 뜨듯이 생선살을 떠내어 접시 앞쪽에 놓고 왼쪽 꼬리부터 한입 크기로 잘라 먹는다. 위쪽을 다 먹은 후에는 포크와 나이프를 이용하여 뼈를 들어 올려 접시 위쪽에 올려놓고 아래쪽의 생선을 먹는다.

통째로 조리되어 나온 생선요리 먹는 법

통째로 조리되어 나온 생선요리를 먹는 법은 옆의 사진과 같다.

## 7. 생선은 반드시 생선용 나이프와 포크를 사용하여 먹는다

생선용 나이프는 살이 부드러운 생선을 자르게 되므로 날이 무디고 특수한 모양을 띠게 되어 있는 생선용 나이프와 포크를 사용하여 먹는다.

## 8. 새우(Shrimp) 또는 게(Crab)

새우나 게의 껍질을 벗길 때 손을 쓰는 것이 허용된다. 이 경우 Finger bowl이 나오므로 손가락을 반드시 씻어야 한다.

간혹 껍질째 나오기도 하는데 당황하지 말고 손으로 껍질을 발라내어 먹은 후 핑거볼에 손을 닦는다.

## 9. 바닷가재(Lobster)

집게발을 손으로 잡고 전용가위로 가볍게 자른 후, 전용포크로 살을 꺼내어 나이프와
포크로 잘라 먹는다.

## 10. 달팽이(Snail, Escargot)

- 스네일 텅(Snail(Escargot) Tongs)과 스네일 포크(Snail Fork)를 사용한다.
- 껍질 속에 남아 있는 국물은 마셔도 된다.

\* 달팽이요리를 먹는 방법(왼손에 스네일 텅, 오른손에 스네일 포크를 잡고 먹는다).

---

### 제10절 소르베(Sorbet, 셔벗 Sherbet) 먹는 법

① 디저트가 아니라 생선요리와 육류 사이에 제공함으
로써 비린내를 제거해 입안을 개운하게 하여 다음
요리를 준비하는 효과를 갖게 하는 입가심용도. 레
몬, 와인, 과일주스 등 재료에 따라 다양한 맛이 나
고 입에 넣으면 사르르 녹는 빙과이다.

② 다리가 있는 작은 글라스에 나오므로 디저트용 스
푼으로 먹는다. 맨 윗부분부터 먹으면 형태가 망가
지므로 앞쪽부터 먹는 것이 좋다.

출처 : http://savoringtimeinthekitchen.bl
ogspot.kr/2012/08/aperol-granita.html

## 제11절 육류, 앙트레(Entrée : Main Dish)

수조육류(獸鳥肉類)를 재료로 예술적으로 조리한 정찬코스에서 식단의 중심(Main)이 되는 요리이다. 생선요리와 로스트 사이에 내놓는다. 앙트레는 영어의 Entrance에 해당하는 말로, 식사의 코스 중에서 가장 중심이 되고 육류로 제공되는 요리를 의미한다.

옛날 프랑스에서 조수를 통째로 구이해서 처음에 내놓았고, 이것을 '처음의 요리'라 하여 Entry라고 하였는데, 오늘날 Entrée로 쓰이게 되었다. 소고기, 송아지고기, 양고기, 돼지고기 등의 육류는 칼로리가 높고, 특히 단백질, 광물질, 비타민 등이 많이 함유되어 있다.

• **쇠고기 스테이크(Beef Steak)**
일반적으로 스테이크라고 하면 쇠고기를 구운 비프스테이크(Beef Steak)를 말한다.

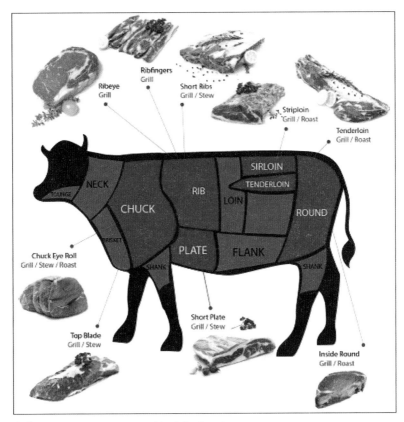

출처 : http://www.newvietshop.com/blog/usbeef-cuts/

# 1. 안심(Tenderloin) 부분

쇠고기 중 가장 부드럽고 연하며 지방이 적고 담백하며 맛이 좋아 최고급으로 취급되는 부위이다. 등심 안쪽에 위치한 부분으로 쇠고기 중에서 결이 곱고 부드러우며 소 한 마리에서 겨우 2~3% 정도밖에 얻을 수 없는 최고급 부위이다. 안심을 우리나라 요리에서는 구이, 전골, 산적의 용도로 이용하며, 서양요리에서는 로스트, 고급 스테이크(안심스테이크), 바비큐(Barbecue), 브로일(美; 석쇠 · 그릴 · 숯불에 굽는 것=grill)에 이용한다.

## 1) 샤토브리앙 스테이크(Chateaubriand Steak)

안심 중 가장 붉은 부위를 제비추리라고 하며, 샤토브리앙은 그릴에 구운 안심스테이크로 샤토브리앙 소스(Chateaubriand Sauce) 또는 베어네이즈 소스(Bearnaise Sauce)와 함께 제공된다. 샤토브리앙은 19세기 불란서의 귀족이며 작가인 샤토브리앙 남작 집의 요리사인 몽미레이유(Montmireil)가 개발한 안심스테이크이다. 소 1마리에 4인분 정도밖에 나오지 않는 안심 중의 안심이다. 전통적으로는 약 12온스(약 330g) 정도를 두껍게 썰어낸 것을 말하기도 한다. 소의 등뼈 양쪽 밑에 붙어 있는 가장 연한 안심의 머리 부분이다. 4~5cm 두께로 잘라 굽는 것으로 중년 이상의 고객층이 즐겨 먹으며 연하고 맛있는 부위의 최고급 스테이크이다.

샤토브리앙 스테이크(Chateaubriand Steak)
출처 : https://www.kansascitysteaks.com/product/roasted-steakhouse-rub-tenderloin-roast

## 2) 투르네도 스테이크(Tournedos Steak)

투르네도는 텐더로인(Tenderloin, 안심)에서 잘라낸 2~2.5cm 두께, 지름이 5~6cm인 쇠고기 스테이크용 고기를 말한다. 작고 둥근 살코기 스테이크용 부위로 운동량이 적어 조직이 연하다. 투르네도는 지방함량이 매우 적으므로 굽기 전 돼지기름이나 베이컨 등으로 감아서 조리에 이용한다. 스테이크는 프라이한 동그란 빵 위에 놓여서 제공되며 버섯소스와 같은 소스를 위에 뿌려 먹는다. "눈 깜짝할 사이에 다 된다"라는 의미를 지니고 있다. 필레(Filet)의 앞쪽 맨 끝부분 Filet Mignon의 다음 부분이다.

투르네도 스테이크(Tournedos Steak)
출처 : http://www.saq.com/page/en/saqcom/recette/tournedos-de-boeuf-marines-basilic-et-poivre

### 3) 필레미뇽 스테이크(Filet Mignon Steak)

일반적으로 2.5~5.0cm의 두께이고 지름이 4~8cm이며, 필레(Filet)고기의 꼬리 쪽에 해당하는 세모꼴 부분을 잘라 베이컨(Bacon)으로 감아 구워낸다. 안심부분의 뒷부분으로 만든 소형의 아주 예쁜 스테이크라는 의미를 포함하고 있는 스테이크이다.

안심스테이크는 소고기 중에서 가장 연한 것으로, 이것은 아래 그림과 같이 미국식 안심 분류법에 의해 구분된다. 앞에서부터 차례대로 헤드, 샤토브리앙, 필레, 투르네도, 필레미뇽이다.

필레미뇽 스테이크(Filet Mignon Steak)
출처 : http://www.saq.com/page/en/saqcom/recette/filet-mignon-sauce-poivre?selectedIndex=1&searchContextId=-1002126222659

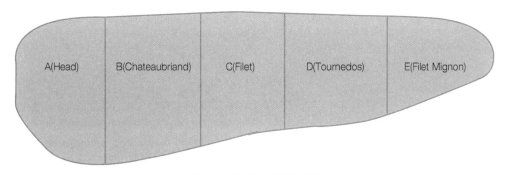

Tenderloin의 부위별 명칭

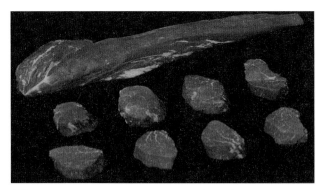

## 2. 어깨 부분

어깨 부분에서 잘라낸 것에 블레이드 스테이크(Blade Steak)가 있다.

## 3. 갈비 중심부분 스테이크(Rib Steak)

### 1) 갈비(Rib)

갈비는 한국의 요리로 척추를 제외한, 지방이 적고 단백질(근육)이 많은 등뼈 부분, 또는 그 등뼈로 만든 요리를 말한다. 갈비를 구운 것을 갈비구이라고 부른다.

갈비 중심부분 스테이크는 등쪽에 있는 부위로 두터우며 지방분이 많다. 이 스테이크에는 립 아이 스테이크(Rib Eye Steak), 로스트 비프(Roast Beef) 등이 있다. 갈비 부분에서 잘라낸 것에 립 스테이크(Rib Steak)가 있다.

립 아이 스테이크(Rib Eye Steak)          로스트 비프(Roast Beef)

출처 : http://www.dartagnan.com/grilled-rib-eye-steak-with-basil-butter-recipe.html

## 4. 허리 중심 스테이크(Poterhouse Steak) 부분에서 잘라낸 것

① 포터하우스 스테이크(Porterhouse Steak) : 큰 스테이크로 허리고기 윗부분 살에서 안심과 뼈를 같이 잘라낸 것을 말한다.

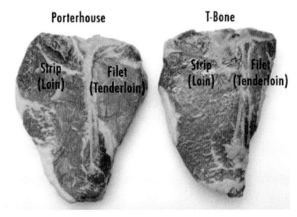

포터하우스 스테이크(Porterhouse Steak)
출처 : http://amazingribs.com/recipes/beef/zen_of_beef_cuts.html

② 티본 스테이크(T-Bone Steak) : Porterhouse Steak를 잘라낸 다음 조금 작은 부분을 자른 큰 스테이크. 허리고기 윗부분 살에서 안심과 뼈를 같이 잘라낸 것. 소 안심과 등심 사이 T자형의 뼈 부분에 있는 스테이크로 이러한 이름이 붙여지게 되었다. 안심과 등심을 동시에 맛볼 수 있는 별미의 스테이크 요리로 T-Bone Steak는 포터하우스 스테이크보다 안심부분이 작다.

티본 스테이크(T-Bone steak)
출처 : http://www.angelicas-kitchen.comt/bes-steak-knives-for-t-bone-steak/

③ 클럽 스테이크(Club Steak) : 소의 갈비 쪽에 가까운 허리 부분 고기의 스테이크

클럽 스테이크(Club Steak)
출처 : http://www.hurwitzbeef.co.za/product-category/hindquarter/rump-loin/

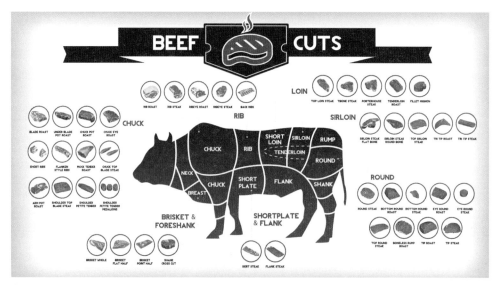

출처 : http://www.bbqguru.nl/index.php/en/

## 5. Sir Loin(등심) 부분

등심은 갈비뼈의 바깥쪽으로 붙어 있는 것이고 갈비의 안쪽에 붙어 있는 것은 안심이
다. 등심은 안심보다 길고 크다. 이 부위의 외부에서 볼 수 있는 특징은 갈비가 붙어 있던
부분에 가로로 지방이 끼어 있어 희끗희끗한 줄무늬가 보이는 것이다. 등심을 얇게 썰었

을 때의 특징은 반달모양의 황색 인대가 있는 것이다. 소의 등골뼈에 붙은 살코기이다.

한국에서는 등심으로 불고기를 한다. 고기를 질적으로 평가하면 등심은 가장 연하며 등심 주위에 있는 지방은 맛이 좋으므로 고기 전체의 맛을 돋운다. 좋은 조건에서 사육한 소의 등심일수록 지방이 살 사이에 많이 축적되어 있는데, 그런 고기를 서양에서는 대리석 같다는 뜻에서 마블드 미트(Marbled Meat)라 하여 고가(高價)로 판매한다.

서양에서는 등심을 갈비뼈가 붙은 채로 갈비뼈 두께로 잘라 판매한다. 목에 가까운 등심을 립(Rib)이라 하고 허리 부분을 로인(Loin)이라 한다. 갈비뼈 몇 개를 함께 큰 덩어리로 자른 것은 큰 덩어리째로 오븐에 로스트로 굽고, 갈비 하나씩 두께로 자른 것은 스테이크용이다. 허리 끝에서 잘라낸 것은 다음과 같다.

① 서로인 스테이크(Sirloin Steak)

② 핀본 서로인 스테이크(Pinbone Sirloin Steak)

③ 앙트르코트 스테이크(Entrecote Steak): 등심 스테이크(Sirlon Steak)를 말한다. 앙트르코트(Entrecote)는 서로인 스테이크(Sirloin Steak)를 나타내는 불란서 조리용어이다. 문자상으로는 '갈빗대 사이'를 의미하며, 쇠고기의 9번째와 11번째 갈비뼈 사이에서 떼어낸 스테이크를 가리킨다. 매우 부드러우며 일반적으로 살짝 굽거나 튀기는 요리에 이용한다. 영국의 왕이었던 찰스 2세가 이 스테이크에 '남작'의 작위를 수여할 정도로 가장 즐겨 먹었고 그래서 'Loin'에 'Sir'라는 경어를 붙여 'Sirloin'이라고 한다.

앙트르코트 스테이크(Entrecote Steak)
출처 : https://behind-the-french-menu.blogspot.kr/2012/06/searching-for-that-perfect-entrecote.html

## 6. 그 외 등심 스테이크의 종류

① 뉴욕 컷 스테이크(New York Cut Steak): 등심 중에서도 기름기가 적은 가운데 부분으로 소의 이 부분을 자른 모양이 미국의

뉴욕 컷 스테이크(New York Cut Steak)
출처 : http://www.nydailynews.com/life-style/eats/mets-kansas-city-royals-heat-strip-steak-rivalry-article-1.2412252

뉴욕주와 비슷해서 명명되었다. 300g 정도의 크기로 요리되어 스테이크를 좋아하는 미식가들이 즐긴다.

② 미뉴트 스테이크(Minute Steak) : 바쁜 현대인들을 위해 요리가 빨리 되는 스테이크를 개발하여 만든 것으로 1분 이내에 구울 수 있다 하여 미뉴트(Minute)라 칭함. 간장과 미림을 섞어서 민든 소스로 요리되는 일본풍의 스테이크 요리

미뉴트 스테이크(Minute Steak)
출처 : http://www.japanesecooking101.com/japanese-beef-steak-recipe/

## 7. 엉덩이 부분

① 런던브로일(London Broil) : 소의 옆구리 살 또는 우둔을 커다란 조각으로 잘라서 마리네이드(Marinade)로 연하게 만든 후에 브로일(Broil)하거나 그릴에 구워서 고기 결과 빈대방향으로 얇게 슬리이스한 프랭크 스테이크(Frank Steak)이다. 런던 브로일 또는 서로인(Sirloin : 갈비 위쪽에 붙은 살)과 우둔살(Top Round)을 포함하는 여러 가지 두꺼운 고깃덩어리를 가리킴

② 럼프 스테이크(Rump Steak) : 쇠고기 윗다리 살로서 근육을 많이 사용하는 부분에서 잘라낸 고기이므로 질기고 요리시간도 길다.

출처 : http://coppins-butchers.com/blog/beef-rump/

## 8. 허벅지 부분 : 라운드 스테이크(Round Steak)

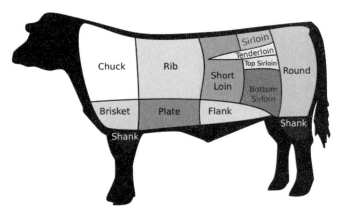

출처 : http://www.primesteakhouses.com/tbone-porterhouse-steak.html

## 9. 배 부분 : 프랭크 스테이크(Frank Steak)

프랭크 스테이크는 소 옆구리 부위의 서양배 모양의 살점으로 요리한 스테이크

## 제12절 Steak 굽는 정도(Temperature)는?

평소 좋아하는 고기의 굽기 정도를 주문 시 반드시 말해 준다.

일반적으로 다음의 5가지 정도로 구분한다. 어린아이는 웰던(Well-Done)을 선호하며 서양인들은 미디엄 레어(Medium Rare)를 선호한다.

① Rare(Bleu)(레어(블뢰)) : 색깔만 살짝 내고 속은 따뜻하게 한 것으로 자르면 속에서 피가 난다. 조리시간 : 약 2~3분 정도, 고기 내부온도 : 46~52℃ 정도

② Medium Rare(Saignant)(미디엄 레어(세냥)) : Rare보다 조금 더 익힌 것으로 자르면 피가 보이도록 한다. 조리시간 : 약 3~4분 정도, 고기 내부온도 : 54~60℃ 정도

③ Medium(A Point)(미디엄(아 푸앵)) : 절반 정도 익힌 것으로 자르면 붉은색이 난다. 조리시간 : 약 5~6분 정도, 고기 내부온도 : 60~66℃ 정도

④ Medium Well-Done(Cuit)(미디엄 웰던(퀴이)) : 거의 다 익힌 것으로 자르면 가운데 부분에 약간 붉은색이 난다. 조리시간 : 약 8~9분 정도, 고기 내부온도 : 66~71℃ 정도

⑤ Well-Done(Bien Cuit)(웰던(비앵 퀴이)) : 속까지 완전히 익힌 것. 조리시간 : 약 10~12분 정도, 고기 내부온도 : 71℃ 정도

출처 : http://boards.straightdope.com/sdmb/archive/index.php/t-659783.html

고기 내부온도(Internal Temperature) 일람표

| Cooked | Temperature | Description |
|---|---|---|
| Very Rare | 115~125°F(46~52°C) | Blood-Red Meat, Soft, Very Juicy |
| Rare | 125~130°F(52~54°C) | Red Center, Gray Surface, Soft, Juicy |
| Medium Rare | 130~140°F(54~60°C) | Pink Throughout, Gray-Brown Surface, Often Remains Juicy |
| Medium | 140~150°F(60~66°C) | Pink Center, Becomes Gray-Brown Towards Surface |
| Medium Well | 150~160°F(66~71°C) | Thin Line of Pink, Firm Texture |
| Well Done | 〉160°F(〉71°C) | Gray-Brown Throughout, Tough Texture |

## 제13절 송아지(Veau, Veal)

송아지고기는 생후 12주 미만으로 어미소 젖으로만 기른 송아지로, 조직이 무척 연하고 부드러우며 밝은 회색의 핑크빛을 띤다. 송아지고기는 아주 적은 지방층과 많은 양의 수분을 가지고 있어 매우 연한 맛이 있다.

### 1) 스캘로핀(Scaloppine)(Veal Chop)

이탈리아 요리로 송아지 다리부분에서 잘라낸 작고 얇은 고기로서 소금, 후추로 양념하여 밀가루를 뿌린 후 소테(Sauté : 재빨리 볶는 요리법)하여 마데라 소스를 곁들인다. 스캘로핀은 조개의 일종으로 껍질은 넓으며, 뚜껑이 되는 부분은 붉고 평평하나 움푹하다.

스캘로핀(Scaloppine)(Veal Chop)
출처 : https://cooking.nytimes.com/recipes/1017702-scaloppine-
with-any-meat

### 2) 빌 커틀릿(Veal Cutlet, Wiener Schnitzel 비너 슈니첼)

뼈를 제거한 송아지고기를 얇게 저며서 소금, 후추를 뿌리고 밀가루를 칠한다. 그 후 달걀을 풀어 고기에 골고루 바른 다음 빵가루를 입혀 버터로 소테(Saute)한다. Fond de Veau Sauce가 곁들여지기도 한다.

빌 커틀릿(Veal Cutlet)
출처 : http://www.thecherryshare.com/food
/how-to-make-wienerschnitzel-1313

### 3) 스위트브레드(Sweetbread)

스위트브레드는 송아지의 췌장 또는 흉선을 말하는 것으로, 전 세계 미식가들에게 인기 있는 식재료 중 하나이다. 심장과 가까운 쪽에 있는 흉선이 섬세하고 단단하며 크림처럼 부드러운 질감 때문에 더 맛이 있고 비싸다. 젖을 먹여 키운 송아지나 어린 소의 흉선이 가장 맛이 있다.

스위트브레드(Sweetbread)
출처 : http://ifood.tv/sweetbread/sweetbread-
with-white-sauce

## 제14절 양고기(Agneau, Lamb)

양고기요리는 호주, 중동지역인이나 유태인들이 즐겨 찾는 요리이며 양고기를 고객에게 제공할 때는 반드시 민트소스(Mint Sauce)를 함께 서비스해야 한다. 양고기는 섬유조직이 가늘고 약하기 때문에 소화가 잘되고 특유한 향이 있으므로 레몬주스나 식초, 박하, 로즈메리 등을 많이 사용한다.

양고기는 소고기보다 엷으나 돼지고기보다 진한 선홍색이다. 생후 1년 미만인 어린 양의 고기는 새끼양고기(Lamb)라고 하며 생후 12~20개월의 고기는 이얼링머턴(Yearling Mutton)이라고 한다. 생후 6~10주 된 양고기는 보통 베이비램(Baby Lamb), 생후 5~6개월짜리는 스프링램(Spring Lamb)이라 한다. 일반적으로 사용하는 양고기는 생후 1~2년 미만의 것으로 검붉은색이고, 그 이후의 고기는 3~4년생의 것이 좋다(염진철 외 7인, 전문조리용어

해설, 백산출판사, 2016).

① 록 오브 램(Rock of Lamb) : 양의 허리 부분 중에서 뼈가 달린 부분을 잘라서 양념을 뿌려서 소테한 다음 다시 양념하여 샐러맨더(Salamander)로 요리한 것이다.

출처 : https://www.youtube.com/watch?v=1sD mrLVA5gY

② 램촙(Lamb Chop) : 1년 이하의 양고기 갈비를 뼈가 붙어 있는 채로 잘라서 절인 후 조리하는 것

③ 램 커리(Lamb Curry) : 양고기를 잘게 잘라서 카레에 넣고 조리한 요리이다. 케밥은 양고기를 작게 잘라 양념에 절인 다음 긴 꼬챙이에 채소와 함께 끼워서 요리하여 밥과 같이 제공

④ 새들 오브 램(Saddle of Lamb) : 어린 양을 통째로 구이한 요리

출처 : http://www.greatbritishchefs.com/recipe s/roast-saddle-lamb-recipe

⑤ 램 케밥(Lamb Kebab) : 양고기와 채소를 끼운 꼬치 구이요리

## 제15절 돼지고기(Porc, Pork)

돼지고기는 호텔에서 소고기 다음으로 많이 소비되는 것으로, 햄, 베이컨, 소시지 등의 가공식품뿐만 아니라 중국식당, 뷔페식당, 양식당 등에서 많이 제공된다. 잡은 지 3~4일 지난 것이 가장 맛있다고 하며, 등심은 한국에서는 제육용으로 사용하고, 서양에서는 역시 갈비뼈째 잘라 판매하는데, 갈비 하나 두께로 자른 것은 포크춉(Pork Chop)용이고 갈비 몇 개를 함께 자른 것은 로스트용이다. 열량이 많은 식품이다. 다만, 갈고리촌충 등의 기생충이 있을 염려가 많으므로 반드시 충분히 익혀서 먹어야 한다.

① 바비큐드 포크춉(Barbecued Pork Chop) : 돼지고기의 갈비 부위를 뼈가 붙어 있는 상태로 칼집을 낸 후 소금, 후추를 뿌리고 밀가루를 묻혀 조리한 것이다.

출처 : http://www.izettasbbq.com/tag/barbecued-pork-chops/

② 포크 커틀릿(Pork Cutlet) : 돼지고기를 얇게 저민 다음 소금, 후추를 뿌린 후 밀가루, 달걀, 빵가루를 묻혀 기름에 튀긴 것이다.

출처 : http://www.myrecipes.com/recipe/parmesan-pork-cutlets-0

③ 햄 스테이크(Ham Steak) : 뜨거운 팬(Pan)에 버터를 녹인 후 햄을 썰어 살짝 익히고 백포
　도주를 뿌린다. 이때 파인애플도 함께 곁들인다.

출처 : http://www.myrecipes.com/recipe/ham-steak-with-pineapple

제16절　가금류 요리(Rotis : Roast)

　닭, 오리, 칠면조, 비둘기, 거위 등 집에서 사육하는 날짐승을 말하는데 흰색 살코기와
검은색 살코기로 분류할 수 있다. 흰색 살코기는 생후 6주일째를 일컫는 새끼병아리, 병아
리, 그리고 10주 정도 성장된 닭인 스프링 치킨, 닭, 난소를 제거한 식용 암탉 프라드, 거세
되어 8개월 정도 된 성숙한 수탉을 일컫는 케이펀, 10개월 된 암탉인 헨, 어린 칠면조, 칠
면조가 있다. 검은색 살코기는 새끼거위, 거위, 새끼비둘기, 오리, 뿔닭 등이 있다.

　엽수류 및 엽조류도 앙트레로 제공되는데 야수(野獸)이다. 이것은 사냥을 통해 얻은 들
짐승으로 육질은 사육동물과 비슷하나 사육고기에 비해 연하고 지방성분도 매우 적고 영
양가가 높다. 사슴, 멧돼지, 산토끼, 메추리, 꿩, 비둘기 등이 있다.

　이들 중에 사슴요리는 로스팅과 레어로 익히는 것이 좋고, 멧돼지는 로스팅과 스테이크
로 많이 사용한다. 조류에는 철분과 인, 지방이 많을 뿐만 아니라 다른 육류와 마찬가지로
많은 영양을 함유하고 있어 앙트레로 제공한다. 조류를 요리할 때는 단백질이 유실되지
않도록 적당한 온도에서 Broiling(석쇠구이), Pan Frying(팬프라잉), Roasting(오븐구이) 등의

방법으로 하며 Roast요리는 Roast할 때 생긴 즙을 그 요리의 기본소스로 사용한다. 콜드 미트(Cold Meat) 같은 Roast는 신선한 채소와 함께 제공된다.

① 오리구이(Roast Duck) : 16주 이하의 연한 오리구이를 사용하고, 향신료 Sage와 양파를 곁들여 요리하며 Apple Sauce와 함께 제공된다.

오리구이(Roast Duck)  
출처 : http://www.mapleleaffarms.com/265?recipe=297

거위구이(Roast Goose)  
출처 : http://www.bettycrocker.com/recipes/roast-goose-with  
-apple-stuffing/21bdffb3-79e7-471a-a374-92fc9d982f51

② 거위구이(Roast Goose) : 거위는 많은 지방질을 함유하고 있으며 영양가가 좋다. 향신료 는 Sage, 양파, Apple Sauce, Roast Gravy(그레이비 소스)이다.

③ 칠면조구이(Roast Turkey) : 추수감사절과 크리스마스 등 전통적인 축제에 사용된다. 꼬 챙이로 꽂아 기름종이를 깔아 서브되며 세이버리(Savory), 밤(Chestnuts), Cranberry Sauce 와 곁들인다.

출처 : http://www.goodhousekeeping.com/holidays/thanksgiving-ideas/g  
2008/prepare-roast-turkey/

④ 닭구이(Roast Chicken) : 생후 2개월의 영계를 푸생(Poussin), 생후 3~5개월은 풀레(Poulet) 라 하며 고기로 쓰기 위해 키운 닭은 풀라르드(Poularde)라 한다.

## 제17절  육류 및 가금류 조리방법

① 소테(Sauté) : Sautéed(소티드). 팬(Pan)에 버터나 기름을 넣고 높은 열로 볶는다.

② 로티(Rôti) : Roast(로스트). 주로 큰 덩어리를 익히는 방법으로 오븐에서 기름과 즙을 끼얹으면서 굽는다.

③ 구릴(Gril) : Grill(그릴). Broiled(브로일드), Pan-Broiled Steak(팬-브로일드 스테이크). 석쇠구이는 고기가 쇠에 닿는 부분이 적기 때문에 연하고, 고기에서 나오는 지방이 불에 떨어져 연기가 나면서 고기표면에 붙으므로 풍미가 좋으며, 표면에 석쇠 자국이 나는 것이 보통이다. 석쇠를 이용하여 불로 직접 굽는다. 직화구이.

④ 브레제(Braisérs) : Braise(브레이즈). 질긴 육류를 익히는 방법으로 팬(Pan)에 Mirepoix(당근, 셀러리, 양파)를 넣고 소스나 즙을 이용하여 오랜 시간 오븐에서 천천히 익힌다.

⑤ 에튀베(Etuver) : Steaming(스티밍). 천천히 색이 변하지 않게 찌거나 굽는다.

⑥ 그라티네(Gratiner) : Gratin(그라탱). 소스나 체로 친 치즈를 뿌린 후 오븐이나 샐러맨더(Salamander)에 구워 표면을 완전히 막으로 덮이게 한다.

⑦ 푸알레(Poêler) : Fry(프라이). 프라이 팬(Fry Pan)으로 볶거나 굽는다.

⑧ 글라세(Glacer) : Glaze(글레이즈). 요리에 소스를 쳐서 뜨거운 오븐이나 샐러맨더(Salamander)에 넣어 표면을 구운 색깔로 만든다.

⑨ 블랑쉬르(Blanchir) : Blach(블랜치). 끓는 물에 넣어 살짝 익힌 후 건져놓거나 찬물에 식히는 방법으로 채소의 쓴맛, 떫은맛을 빼거나 장기간 보존하기 위해 살짝 데친다.

⑩ 바푀르(Vapeur) : Steamer(스티머). 수증기로 찐다.

⑪ 포셰(Pocher) : Poach(포치). 육즙이나 생선즙, 포도주로 천천히 끓여 익힌다.

⑫ 프리르(Frire) : Fry(프라이). 기름에 튀겨낸다.

⑬ 부이르(Bouillir) : Boiled(보일드). 끓이는 방법이다.

# 제18절 소스의 종류

## 1) 그레이비소스(Gravy Sauce)

쇠고기나 닭고기의 로스트에 곁들이는 소스이다. 육류를 철판에 구울 때 생겨난 국물을 이용하는 것으로 수프스톡을 적당히 넣고 가열하면서 후춧가루·소금·캐러멜을 넣고 밑바닥에 눌어붙지 않게 잘 저으면서 끓여 헝겊으로 거르고, 떠 있는 지방을 숟가락으로 떠낸다.

## 2) 베샤멜소스(Béchamel Sauce)

베샤멜소스의 명칭은 창시자의 이름을 딴 것으로 모든 백색 소스의 기본이 된다. 소스의 기본이 되는 것으로는, 하얀색 루(밀가루와 버터를 살짝 하얗게 볶은 것)를 데운 우유에 넣고 걸쭉하게 다시 끓인 후에 소금·후춧가루·육두구로 양념한 것이다. 이것에 수프스톡·생크림을 가한 것이 백색 소스이다. 걸러내는 용도의 천에 거른 다음 중탕냄비에 넣어 따뜻하게 데워서 사용한다. 베샤멜소스는 대부분 채소·생선·수조육류의 요리에 사용되며 농도에 따라서는 크로켓·그라탱에도 사용된다. 생크림과 달걀노른자를 가한 크림소스, 치즈를 가한 모르네소스 등도 흔히 이용된다.

## 3) 크림소스(Cream Sauce)

베샤멜소스에 생크림을 섞어 만든 희고 걸쭉하고 진한 맛의 소스이다. 닭고기·생선·달걀·채소(아스파라거스·셀러리·콜리플라워·그린피스·당근·순무 등) 등을 찌거나 삶아서 무칠 때나 그릇에 담은 후 끼얹는 소스이다. 베샤멜소스에 반 또는 같은 양의 생크림을 섞어 저으면서 가열한 후 소금·후춧가루·육두구로 간을 맞추고 달걀노른자를 약간 생크림에 개어서 넣으면 맛이 더 좋다. 레몬즙을 몇 드롭 추가하기도 한다.

## 4) 모르네이소스(Mornay Sauce)

베샤멜소스와 그뤼에르 치즈로 만든 소스이다. 모르네이소스(Mornay Sauce)는 베샤멜소스(Bechamel Sauce)와 그뤼에르 치즈(Gruyere Cheese)로 만든 소스로서 베샤멜소스의 파생소스이다. 간혹 생선이나 닭고기 스톡 또는 크림이나 달걀노른자를 첨가한다. 모르네이소스는 달걀, 생선, 갑각류, 닭고기, 채소 등의 요리에 곁들이는 소스이다.

### 5) 토마토소스(Tomate Sauce)

모든 요리에 많이 사용되며 버터를 녹인 후 당근, 양파, 고기조각에 밀가루를 뿌린 후 오븐 속에서 익혀 토마토케첩, 마늘, 소금, 후추, 설탕을 넣고 끓여서 쓰는 소스이다.

### 6) 에밀시오네 소스(Émulsionnée Sauce)

기름을 사용하여 만든 유화소스이다.

① 마요네즈(Mayonnaise) : 샐러드, 샌드위치에 사용되는 소스로 달걀노른자에 겨자, 소금, 후추, 식초를 섞은 다음 식용유를 넣어 사용하며 냉장고에 넣지 않고 서늘한 곳에 보관한다.

② 홀랜다이즈(Hollandaise) : 생선찜이나 조림에 사용되는 소스로 달걀노른자를 거품기로 휘저으며 크림의 상태가 될 때까지 열을 가한 다음 버터, 소금, 후추를 넣고 사용 전에는 레몬즙을 첨가한다.

③ 베어네이즈(Béarnaise) : 스테이크나 생선에 사용되는 소스로 후추, Echalotes, 타라곤, 식초를 넣어 끓인 다음 달걀노른자, 버터를 첨가한다. 미지근한 온도로 보관한다.

④ 비네그레트(Vinaigrette) : 샐러드, 날 음식, 양념의 기초가 되는 소스로서 소금, 흰 후추, 식초를 섞은 후 식용유를 넣고 거품기로 뒤섞어 사용한다.

---

## 제19절 육류(스테이크) 먹는 법

## 1. 육류(스테이크)는 왼쪽부터 잘라 먹는다

고기요리는 생선요리에 비해 약간 단단하므로 나이프와 포크를 꽉 잡고, 위에서 집게손가락으로 누르듯이 썰면 쉽다.

오른쪽 위부터 자르는 경우가 있는데, 이렇게 하면 포크를 빼서 다시 고기를 찔러 먹어야 하기 때문에 불편하다. 자를 때는 반드시 왼쪽부터 자

육류(스테이크) 먹는 법
출처 : professionalimagedress.com

르고, 포크로 단단히 고기를 누르고 포크의 바로 옆을 나이프로 세운 듯한 기분으로 자른다.

'톱질'하듯 썰거나 너무 힘을 주면 접시를 긁는 불쾌한 소리가 나거나, 접시 위 음식이 튀어나갈 수도 있다.

스테이크를 한꺼번에 다 잘라놓으면 쉽게 식어 고기 맛이 떨어진다. 단, 반으로 잘라 놓고 왼쪽 반 동강이를 한두 점씩 잘라 먹으면 좋다.

스테이크를 일단 한두 점 정도 잘라놓고 나이프를 접시에 내려놓은 후, 포크를 오른손 으로 옮겨 한 점씩 찍어 먹는 것은 미국식이다. 그러나 정식 만찬자리에서는 그렇게 하지 않는다. 스테이크를 먹으면서 곁들여 나온 채소를 동시에 한입에 넣고 먹지 않는다. 한 가지씩 먹는 것이 좋다.

## 2. 소스

웨이터가 소스 포트를 가지고 와서 서브할 때는 자신이 직접 떠서 요리에 얹기도 하고 웨이터에게 부탁해서 받을 수도 있다. 생선요리나 스테이크가 제공될 경우 그에 알맞은 소스가 함께 제공되므로 요리는 소스가 나오기를 기다렸다 먹도록 한다. 서양 요리는 소스가 중요하므로 요리가 제공되면 바로 먹기보다 소스를 확인한 후 먹는 것 이 좋다.

서양사람들은 요리솜씨를 칭찬할 때 보통 소스가 훌륭하다고 한다. 그만큼 서양요리에 서 소스는 대단히 중요한 역할을 한다. 서양에는 소스의 수가 요리 종류만큼이나 많은데 메뉴에는 요리 이름과 함께 나오는 소스 이름도 적는 것이 보통이다. 소스를 치는 요리가 나올 때는 요리가 나왔다고 곧 먹기 시작해서는 안 되며 소스를 받은 다음에 먹기 시작하 는 것이 좋다.

그레이비소스 같은 묽은 소스는 요리 위에 직접 올려 고루 퍼지게 하고 겨자소스 (Mustard sauce) 같이 묽지 않은 소스는 접시 위에 떠서 먹어야 하며 액체 소스나 육즙 (Gravy)처럼 직접 음식 위에 쳐서 먹으면 안 된다.

■ **스테이크 먹을 때 주의사항**

비프스테이크(Beef Steak)는 단순히 스테이크라고도 하는데 약간의 불 조정으로 구워진 고기상 태가 달라지고 맛이 달라진다. 따라서 비프스테이크를 주문할 때는 반드시 웨이터에게 자신의 기호에 따라 고기 굽는 정도를 말해 주어야 한다.

서양 스테이크의 진미는 고기즙에 있다고 해도 과언이 아닌데 설익은 것일수록 즙이 많고 맛이 있는 법이다. 비프스테이크같이 큰 고기는 처음에 가운데를 자르고 왼쪽편의 고기부터 왼쪽에서 오른쪽으로 한입에 먹을 만큼씩 잘라서 먹는 것이 정식이다.

앙트레(Entrée)는 주요한 코스에 들어간다는 뜻으로 원래 양고기 같은 가벼운 고기 종류를 내 놓았으나 오늘날 앙트레라고 하면 주요한 코스 자세를 의미하여 소, 송아지, 양, 돼지, 닭, 오리, 고기 등을 재료로 하여 여러 가지로 조리한 요리를 내놓는다. Entrée란 영어의 Entrance의 의미 로 불란서에서는 전채코스를 뜻하기도 한다. 우리나라에서는 쇠고기요리를 모두 일률적으로 Beef Steak라고 부르고 있으나 서양에서는 반드시 Fillet(필레 : 안심살), Faux Fillet(포 필레 : 등 심살), Entrecote(앙트르코트 : 서로인, 등심), Tenderloin(텐더로인 : 안심) 등 고기의 부분을 지적하 게 되어 있다. 로스트(Roast)는 원래 고전메뉴 코스에서는 닭, 오리, 칠면조, 꿩 등 새 고기를 불에 구운 것을 말하는데 오늘날은 위에서 말한 대로 앙트레와 합쳐 Main Course를 가리키기도 한다.

## 3. 앙트레와 샐러드의 관계

앙트레는 수프와 생선요리, 셔벗 다음에 메인디시(Main Dish)에 담겨져 제공된다.

앙트레가 끝난 후 샐러드가 제공되는 것이 고전메뉴 방식인데 앙트레 이전에 제공되거 나 앙트레와 동시에 제공될 수도 있다. 즉 다음과 같이 샐러드를 제공하는 방법은 3가지 이다.

① 미국인은 샐러드를 고기 앞에 제공
② 유럽인들은 고전메뉴 그대로 고기 다음으로 샐러드를 제공
③ 우리나라는 편의상 샐러드를 고기와 같이 제공

## 제20절  샐러드(Salad) 먹는 법

## 1. 샐러드 먹는 법

샐러드는 보통 딴 접시에 담아서 내놓는다. 따라서 샐러드를 메뉴에서는 독립된 요리 로 취급한다. 샐러드에는 Dressing이라고 하여 올리브기름, 식초, 소금, 후추, 겨자 등을 섞

어서 만든 소스를 쳐서 먹는데 먹기 직전에 치지 않으면 맛이 달라진다. 샐러드는 왼쪽으로 제공되므로 빵처럼 오른쪽 것, 즉 우측 좌석 손님 것을 먹으면 안 된다.

> ■ **샐러드 먹는 법**
> ① 고기 냄새를 중화시키므로 고기와 번갈아가며 먹는 것이 좋다.
> ② 여러 사람 몫이 한 그릇에 담겨 나올 때는 오른손의 스푼으로 샐러드를 뜬 다음 왼손의 포크로 받쳐서 자기 접시에 옮겨 담는다.
> ③ 한국인들은 진한 맛을 낼 때 사용하는 사우전드 아일랜드 드레싱을 선호한다.

샐러드는 고기요리에서 빠질 수 없는 것으로 다른 접시에 곁들여 나온다. Dressing에는 식초가 들어 있으므로 고기요리가 따뜻할 때는 고기를 다 먹고 난 후에 샐러드를 먹는 것이 맛이 있고 찬 고기요리는 샐러드와 서로 번갈아가며 먹는 것이 맛이 있다.

정식 만찬에서는 샐러드가 독립된 하나의 코스로 나온다. 샐러드에 치는 소스를 Dressing이라고 하는데 보통 곁들임으로 나오는 샐러드

Which items are yours?

좌석 중앙 냅킨의 왼쪽 빵과 샐러드가 본인 몫이다.
출처 : http://www.professionalimagedress.com

에는 식초를 주로 한 French Dressing을 치고, 코스의 하나로 나오는 양이 많은 샐러드에는 사우전드 아일랜드 드레싱과 같은 마요네즈 소스를 주로 한 Dressing을 먹기 직전에 쳐서 먹는다.

## 2. 샐러드드레싱(Salad Dressing)

샐러드드레싱에는 다양한 종류가 있으나 대체로 마요네즈와 같이 기름이 항상 유화되어 있는 종류와 프렌치드레싱과 같이 식초와 기름이 분리되어 있는 종류로 크게 2가지로 구분된다. 샐러드에서 중요한 것은 드레싱인데 그 이유는 드레싱에 따라 샐러드의 맛이 수없이 변하기 때문이다. 여성의 'Dress'에서 유래한 것으로 샐러드 위에 드레싱을 얹었을 때 흘러내리는 모양이 여성이 드레스를 벗는 모습과 흡사하다 하여 붙여지게 되었다고 한다.

① 사우전드 아일랜드 드레싱(Thousand Island Dressing) : 마요네즈에 칠리소스나 토마

토케첩을 넣고 피클 등을 다져 넣은 드레싱의 일종이다. 고소한 맛, 신맛, 단맛이 어우러지고 씹히는 맛이 있어 상추샐러드 등 채소를 주재료로 만든 샐러드와 잘 어울린다. 마요네즈, 토마토케첩, 올리브유, 토마토페이스트, 다진 양파, 다진 피클, 다진 셀러리, 올리브유, 토마토페이스트, 검은 올리브, 초록 올리브, 백포도주, 파프리카, 삶은 달걀, 피클, 양파, 피망, 레몬주스, 식초, 흰 후추와 소금, 후추 등의 재료를 전부 넣고 잘 섞어 만든다. 상추샐러드에 얹으면 피클·양파 등이 섬처럼 보인다 하여 1,000개의 섬이 있는 소스라고도 한다.

② 프렌치 드레싱(French Dressing) : 소금, 후추, 식초, 식용유, 프렌치 머스터드, 레몬즙, 달걀노른자, 다진 양파 등으로 만든 비니거(Vinegar)성 드레싱

③ 아메리칸 드레싱(American Dressing) : 후추, 식초, 식용유, 설탕, 겨자, 달걀노른자로 만드는 것으로 English Dressing과 비슷

④ 이탈리안 드레싱(Italian Dressing) : 주로 채소 샐러드에 사용하는 드레싱이다. 식초 1, 올리브유 2의 비율로 섞는다. 올리브유 대신 다른 식물성 기름을 사용해도 된다. 여기에 다진 토마토를 약간 넣는다. 소금·후추·양파즙·레몬즙 등으로 간을 맞춘다. 바질, 로즈메리 등의 허브나 다진 오이, 피클 등을 첨가하기도 한다. 기호에 따라 설탕을 넣을 수도 있다.

⑤ 파프리카 드레싱(Paprika Dressing) : Italian Dressing에다 소금, 후추, 파프리카, 토마토케첩, 타바스코를 넣어 만든 것

⑥ 잉글리시 드레싱(English Dressing) : 소금, 후추, 식초, 식용유, 잉글리시 머스터드, 설탕

⑦ 오일 앤 비니거 드레싱(Oil & Vinegar Dressing) : 올리브오일, 식용유, 식초, 소금, 후추, 적포도주

⑧ 로크포르 치즈 드레싱(Roquefort & Cheese Dressing) : French Dressing에 로크포르 치즈를 추가

## 제21절 · 치즈(Cheese)

몇 종류의 치즈를 먹을 경우 맛이 섞이지 않도록 풍미가 약한 것부터 먹는다.

전유, 탈지유, 크림, 버터밀크 등의 원료 우유를 유산균에 의해 발효시키고 응유효소를 가하여 응고시킨 후 유청을 제거한 다음 가열 또는 가압 등 처리에 의해 만들어진 신선한 응고물 또는 숙성시킨 식품을 말한다. 가공치즈는 자연치즈에 유제품을 혼합하고 첨가물을 가하여 유화한 것을 말한다.

## 1. 제조상태에 따른 분류

### 1) 천연치즈(Natural Cheese)

우유의 단백질을 효소와 젖산균으로 굳혀서 숙성시켜 만든 치즈이다. 치즈를 숙성시킨 미생물이 온도와 습도의 영향으로 숙성을 계속하게 되므로 같은 종류의 치즈라도 먹는 시기에 따라 독특한 맛이나 향취가 달라진다. 체더 치즈, 고다(Gouda) 치즈 등이 있다. 유통되는 대부분의 치즈는 천연치즈(Natural Cheese)이다.

### 2) 프로세스치즈(Process Cheese : 가공치즈)

두 가지 이상의 천연치즈를 녹여서 향신료 따위를 넣고 다시 제조한 가공치즈. 가공치즈는 천연치즈를 우리의 기호에 맞게 가공한 것으로 강하게 느껴지는 치즈 특유의 향취를 약하게 유화시킨 것이다. 가공치즈는 품질이 안정되어 있기 때문에 보존성이 높다.

## 2. 강도에 따른 분류

### 1) 연질치즈(軟質—, Soft Cheese)

치즈를 굳기에 따라 분류할 때 연한 편에 속하는 치즈의 총칭이다. 연질치즈에는 숙성시킨 것과 숙성시키지 않은 것이 있는데, 숙성시킨 것에는 카망베르 치즈·브리 치즈와 같이 곰팡이를 이용한 것과, 림버거 치즈·벨페 치즈와 같이 세균을 이용한 것이 있다. 숙성기간은 짧아서 몇 주일이면 된다. 숙성시키지 않은 것에는 코티지 치즈·크림 치즈·

뉴샤텔 치즈가 있다. 일반적으로 수분함량이 높아 40~60%나 되고, 보존성이 좋지 않으므로 제조 후 빠른 기일 내에 식용하며, 또 저온에서 보존해야 한다. 연질치즈의 종류에는 모차렐라(Mozarella), 카망베르(Camembert), 브리(Brie), 코티지(Cottage), 크림 치즈(Cream Cheese), 림버거(Limburger) 등이 있다. 제품의 저장성이 낮다.

모차렐라 치즈             카망베르 치즈

출처: http://www.cheese.com/cheddar/

브리 치즈             코티지 치즈

크림치즈 치즈             림버거 치즈

## 2) 반경질치즈(Semi Hard Cheese)

반경질치즈는 수분함량이 40~60% 내외로 수분의 함량이 적으며 용유를 익히지 않고 압착하여 만든다. 경질치즈나 블루 치즈보다 숙성하는 기간이 길며 오래 저장할 수 있다.

반경질치즈의 종류에는 던롭(Dunlop), 그뤼에르(Gruyere), 로크포르(Roquefort), 체더 치즈(Chedda Cheese), 블루 치즈(Blue Cheese), 브릭 치즈(Brick Cheese) 등이 있다.

던롭 치즈

그뤼에르 치즈

로크포르 치즈

체더 치즈

블루 치즈

브릭 치즈

## 3) 경질치즈(Hard Cheese)

산악지역에서 생산되며 세균에 의한 숙성치즈로 수분함량이 30~40% 내외이다. 단단하며 운반과 저장이 용이하다. 에담 치즈(Edam Cheese), 에멘탈 치즈(Emmental Cheese), 아메리칸 치즈(American Cheese), 체더 치즈(Cheddar Cheese) 등이 있다.

에담 치즈

에멘탈 치즈                    아메리칸 치즈

| 생산국명 | 품 명 | 분 류 |
|---|---|---|
| 벨 기 에 | Limburger 림버거 | 연질치즈(Soft Cheese) |
| 프 랑 스 | Camembert Cheese 카망베르 치즈<br>Brie Cheese 브리 치즈<br>Blue Cheese 블루 치즈<br>Roquefort Cheese 로크포르 치즈<br>Le Saint-Marcellin 생 마르셀렝<br>Reblochon 르블로숑 | 연질치즈(Soft Cheese)<br>연질치즈(Soft Cheese)<br>반경질치즈(Semi Hard Cheese)<br>반경질치즈(Semi Hard Cheese)<br>연질치즈(Soft Cheese)<br>경질치즈(Hard Cheese) |
| 네덜란드 | Edam Cheese 에담 치즈 | 경질치즈(Hard Cheese) |

| 생산국명 | 품 명 | 분 류 |
|---|---|---|
| 스 위 스 | Emmental Cheese 에멘탈 치즈 | 경질치즈(Hard Cheese) |
| 미 국 | Brick Cheese 브릭 치즈<br>Cream Cheese 크림 치즈<br>American Cheese 아메리칸 치즈 | 반경질치즈(Semi Hard Cheese)<br>연질치즈(Soft Cheese)<br>경질치즈(Hard Cheese) |
| 영 국 | 마로키노(Marocchino)는 이탈리아어로 '모로코(Morocco)'라는 뜻인데 밝은 갈색(에스프레소, Espresso)과 흰색 우유의 조화로운 색상 대비를 의미한다(모로코 색상). 에스프레소와 우유를 섞는 과정에서 층을 이루는 것이 마로키노의 특징이다. 이탈리아 정통 갈색 모자의 흰 띠를 본뜬 메뉴라는 설도 있다. 유리글라스에 초콜릿소스와 에스프레소를 넣고 우유 거품을 얹어 초콜릿 가루로 장식한다. 기호에 따라 우유를 첨가하기도 한다. 비중차이로 층을 이루기 때문에 커피와 달콤한 시럽의 맛을 차례로 느낄 수 있는 메뉴이다. | 경질치즈(Hard Cheese) |
| 이탈리아 | Mozzarella Cheese 모차렐라 | 연질치즈(Soft Cheese) |

## 3. 치즈의 서비스 방법

치즈(Cheese)는 나무판이나 대리석으로 된 판에 제공하며, 신선한 나뭇잎으로 장식하면 생동감을 주는 데 효과적이다. 채소나 신선한 과일 그리고 견과류, 크래커 등을 함께 제공하며, 치즈의 맛을 돋우기 위해서는 빵이나 레드와인을 곁들인다. 준비된 치즈는 냉장고에 보관해야 하며 서빙하기 2시간 전에 실온에 꺼내놓도록 한다. 그러면 치즈의 온도가 실내온도와 비슷하게 되어 먹을 때 풍미를 더 느낄 수 있다.

## 4. 치즈의 보관법

① 온도가 높은 곳에 두면 곰팡이가 발생하여 풍미가 떨어지므로 필히 냉장고에 보관한다. 그러나 치즈의 수분이 얼어버릴 정도로 찬 곳에 두면 흐늘흐늘 문드러진다.
② 건조하게 두면 치즈의 끝부분이 말라버려 딱딱해지므로 폴리에틸렌 필름(Polyethylene Film)으로 감싸거나 유리용기에 보관하여 공기에 닿지 않게 보관한다.
③ 냉장고에 그대로 두면 물방울이 생겨 곰팡이가 발생하므로 필히 폴리에틸렌 필름(Polyethylene Film)으로 감싸서 물방울이 생기지 않도록 한다.

④ 플라스틱통에 넣거나 다른 재료와 섞지 않는다.

⑤ 먹기 45분 전에 냉장고에서 실온에 꺼내놓는다. 그러나 냉장고에 넣고 꺼내기를 반복하여 온도가 변동하면 맛이 손상되므로 치즈에는 치명적이다.

⑥ 나무 위에 놓아두면 맛이 좋아진다. 절대로 직사광선에 노출되어서는 안 된다.

⑦ 보온의 이상적인 온도는 섭씨 5~8℃ 사이다.

⑧ 주위 공기의 습도는 일정해야 하며 세찬 통풍은 좋지 않다.

⑨ 외피에 곰팡이가 발생한 부분은 충분히 제거해 깎아내야 한다.

⑩ 두 개의 치즈를 딱 붙여두면 안 되며 치즈와 치즈 사이에 공기가 잘 통하도록 해둔다.

⑪ 잘린 부분은 알루미늄 호일 또는 폴리에틸렌 필름(Polyethylene Film)으로 감싸둔다.

## 제22절  후식(Dessert : 앙트르메(Entremet))

감미로운 후식인 앙트르메(Entremet)는 불란서어로 '식사를 끝마치다' 또는 '식탁 위를 치우다'의 뜻이다. 식후 입안에 남아 있는 기름기를 없애주며 소화를 돕는다. 디저트는 뜨거운 것을 앙트르메 쇼(Entremets Chaud)라고 하는데, 프랑스식당에서는 고객 테이블 앞에서 직접 이를 쇼잉해 가면서 플람베하여 서비스하는 Crêpe Suzette(크레페수제트), 체리쥬블레 등이 있다. 주방에서 제공되는 뜨거운 디저트는 푸딩(Pudding), 수플레(Soufflé), 케이크, 과일튀김 등이 있다.

찬 것은 앙트르메 프루아(Entremets Froid)라고 하여 냉과(冷菓)와 아이스크림이 있고 두 개의 혼합형인 '케이크에 아이스크림을 얹고 머랭으로 싸서 살짝 구운 디저트'인 베이크드 알래스카(Baked Alaska)도 있다.

더운 것과 찬 것을 모두 낼 때는 더운 것을 먼저 내고 찬 것을 후에 내는 것이 순서이다. 디저트 코스로 들어가면 나라에 따라 금연식당이 아닌 경우 흡연이 가능하고, 테이블 스피치(Table Speech)도 이때 한다.

## 1. 후식의 유형(Dessert Recipes)

Cookies, Biscuits, Gelatins, Pastries, Ice Creams, Pies, Pudding, and Fruit Candies

## 2. 크레페수제트(Crepe Suzette)란?

바로 만들어낸 크레페 위에 리큐어(혼성주) 그랑마니에르를 따르고 설탕을 뿌려준다.

오렌지 10개를 짜서 만든 오렌지즙 또는 오렌지주스 500cc, 키르슈 5cc를 섞어서 오렌지소스를 만든다(키르슈는 체리로 만든 리큐어이고, 그랑마니에르와 쿠앵트로는 오렌지로 만든 리큐어로 쿠앵트로가 좀 더 맛이 부드럽다).

크레페를 프라이팬에 하드 버터를 넣고 끓이면서 그랑마니에르를 넣어 불을 붙인다. 여기에 오렌지 소스 또는 오렌지 주스를 넣어 끓이면서 구워 놓은 크레페를 넣는다. 소스가 고르게 묻게 하면서 삼각으로 접는다. 오렌지는 포크를 꽂아 고정시킨 뒤 껍질을 길게 깎아 팬 위로 늘어뜨린다. 국자에 쿠앵트로를 따

크레페 수제트(Crepe Suzette)
출처 : http://mobile-cuisine.com/did-you-know/crepe-suzette-fun-facts/

른 뒤 불을 붙인다. 화력을 높이기 위해 럼을 추가해도 된다. 오렌지에 끼얹으면 크레페수제트가 완성된다.

## 3. 베이크드 알래스카(Baked Alaska)란?

케이크에 아이스크림을 얹고 머랭으로 싸서 살짝 구운 디저트가 있는데 이는 스펀지케이크를 여러 겹 쌓은 후에 아이스크림을 얹고 머랭(Meringue)으로 싸서 살짝 구운 것이다.

베이크드 알래스카(Baked Alaska)
출처 : https://www.youtube.com/watch?v=a-5_DpWvZDg

머랭(Meringue)으로 싸서 살짝 구운 것
출처 : https://theculturetrip.com/north-america/usa/articles/a-brief-history-of-baked-alaska/

## 4. 과일(Fruit)

사과(Apple), 배(Pear), 감(Persimmon), 오렌지(Orange), 레몬(Lemon), 바나나(Banana), 그레이프프루트(Grapefruit) 등이 있다. 과일은 비타민 C가 함유되어 있어 주요리를 먹고 난 후 섭취하여 입안에 남아 있는 기름기를 없애주는 데 적당하다. 통째로 제공할 경우 서브할 때는 과일 나이프 & 포크(Fruit Knife & Fork) 외에 핑거볼(Finger Bowl)을 함께 제공한다.

## 5. 아이스크림 먹는 법

아이스크림이 나올 때 간혹 쿠키가 얹혀서 나온다. 쿠키는 아이스크림을 먹다가 입안이 얼얼해지는 것을 막기 위해 중간에 먹는 것이므로 아이스크림과 쿠키를 번갈아가며 먹도록 한다. 디저트 접시에 제공되면 상대방을 배려 모양이 흐트러짐을 감안해서 보기 좋게 떠먹는다.

## 6. 과자류 먹는 법

- 디저트용 과자는 프랑스어로 앙트르메(Entremets)라고 하는데 영어로는 스위트(Sweet)라고 부른다.
- 디저트용 과자에는 무스(Mousse), 푸딩(Puddings), 파이(Pies), 소프트 케이크(Soft Cakes), 아이스크림(Ice Cream), 슈크림(Cream Puffs) 등이 있다.

## 제23절 과일류 먹는 법과 핑거볼 사용법

- 대부분의 메뉴에는 과일이 기재되어 있지 않으므로 웨이터에게 따로 주문한다.
- 참외(Oriental Melon), 멜론(Cantaloupe), 수박(Watermelon), 딸기(Strawberry), 파파야(Papaya) 등과 같이 수분이 많은 과일은 스푼이나 포크를 이용한다.
- 사과(Apple), 배(Pear), 복숭아(Peach), 바나나(Banana) 등과 같이 수분이 적은 과일은 나이프와 포크를 이용한다.

- 오렌지(Orange), 포도(Grape), 체리(Cherry), 자두(Plum) 등의 과일은 손가락을 이용해 먹어도 무방하다.

- **핑거볼(Finger Bowl)**

후식으로 과일이 나오기 전에 대개 디저트 접시 위에 Finger Bowl(손가락 씻는 그릇)이 얹혀 나온다. 그릇과 접시 사이에 천이나 종이 깔개가 나오면 이 깔개째로 그릇을 들어 왼쪽 옆에 놓는다.

Finger Bowl에서는 한 손씩 손가락 끝만을 씻는다. 두 손을 같이 넣으면 안 된다. 특히 서양에서는 여성이 두 손을 한꺼번에 넣는 것은 아주 금기로 되어 있다. 레몬 조각이 띄워 나오기도 하나 이 Finger Bowl의 물을 마시면 안 된다. 손끝만 닦은 뒤 물기는 자기 냅킨에 닦는다.

■ **핑거볼(Finger Bowl)**
손가락 끝을 씻기 위한 물을 담은 작은 사발이다. 재질은 주로 스테인리스 강(鋼)이나 은, 또는 은도금한 놋쇠 등의 금속이다. 서양요리의 정찬(正餐)에서 마지막에 나오는 과일을 먹고 난 뒤에 손가락 끝을 이 사발에 담가 조용히 씻는다. 이 물에는 극소량의 향료를 떨어뜨려 향기를 내거나 작은 꽃을 한 송이, 또는 얇게 썬 레몬 조각을 하나 띄운다(두산백과).

출처 : https://monkeysee.com/basic-dining-etiquette-using-a-finger-bowl/

## 제24절 ● 음료(Beverage)

모든 식사의 마지막 코스로 흡연을 허락하는 나라의 식당에서는 고객이 담배를 피울 때 재떨이를 제공하고 원하는 음료 주문을 받는다. 이 음료 코스는 충분히 쉬면서 대화를 나눌 수 있는 기회를 주기 위함이다.

이때 모든 글라스류, 커피잔류, 냅킨, 재떨이는 고객이 떠날 때까지 절대로 치우지 않는 것이 규칙이다. 이것들을 치우면 고객에게 떠나기를 재촉하는 인상을 주기 때문에 안 치우는 것이다.

커피는 식후 음료로 일반적이며 보통은 1/2 크기의 컵에 블랙커피로 제공된다. 이때 고객의 기호에 따라 설탕, 크림 등을 함께 제공하고 그 밖에 홍차, 녹차 등의 기호음료를 제공하기도 한다. 차 종류는 추가 시 무료로 리필(Refill)서비스를 제공한다.

식사가 끝나면 알코올 도수가 강한 술을 마시게 되는데 코냑(Cognac)이나 리큐어 (Liqueur)가 적합하다. 이러한 술이 위벽을 자극하여 위액을 활발히 나오게 하여 음식의 소화를 촉진시키는 작용을 하기 때문이다. 리큐어는 지나치게 많이 마시면 구역질, 중압감 등의 위하수 증상이 올 수 있다.

## 1. 커피와 홍차(Coffee or Tea) 마시는 법

디저트 후에 홍차나 커피가 나오면 담소를 나누며 가볍게 조금씩 마신다.

### 1) 커피

식탁에서 받침접시를 들어 올리지 않는다. (테이블에서 떨어져 있을 경우는 예외)

스푼을 찻잔 속에 넣은 채 마시거나 너무 고개를 뒤로 젖히면서 마시지 않도록 한다.

마지막 코스로 커피가 나오는데, 커피 잔은 손잡이를 오른손의 엄지와 검지로 가볍게 잡는다. 손잡이를 마치 권총의 방아쇠 당기듯 잡는 것은 좋지 않다. 그리고 특히 여성 중에는 받침접시를 들거나 잔 밑에 왼손을 받치듯 하고 커피를 마시는 사람이 있는데 이것은 매너에 어긋난다. 소파에 앉았을 때는 할 수 없지만 식탁에서는 받침접시를 들어 올리지 않는 것이 원칙이다.

커피나 홍차를 스푼으로 떠서 마시거나 스푼을 잔 속에 넣은 채 마시는 것도 매너에 어긋난다. 커피를 마실 때 티스푼은 반드시 찻잔 뒤편 접시 위에 놓아야 한다. 각설탕은 티스푼으로 찻잔 속에 넣으며 설탕을 녹이기 위해 스푼으로 여러 번 젓는 것도 어색해 보인다.

그리고 커피나 홍차는 아무리 뜨거워도 마실 때 불거나 소리를 내서는 안 된다. 또한 숭늉 마시듯이 입안을 가시면 절대 안 된다.

에스프레소　　　　　　카페 마키아토　　　　　　카페 콘파냐

카페 아메리카노　　　　　카푸치노　　　　　　카페라테

카페 비엔나　　　　　　카페 모카　　　　　　아포가토

카페 프라페　　　　　　카페 마로키노　　　　　　카페 사이공

카페 플로트　　　　　　카페 프레도　　　　　　아이스 아메리카노

출처 : 네이버 지식백과, 두산백과 http://terms.naver.com/entry.nhn?docId=1149629&cid=40942&categoryId=32127

에스프레소(Espresso)의 장점 중 하나는 다양한 커피메뉴로 활용할 수 있다는 것이다. 메뉴명에 라테(Latte)가 붙는 경우, 라테(Latte)는 우유를 뜻하는 이탈리아어로 뜨거운(증기를 쐰) 우유를 탄 에스프레소(Espresso) 커피를 말한다. 마키아토(Macchiato)는 이탈리아어로 '얼룩진'의 뜻으로 우유를 아주 조금만 넣거나, 우유 거품만을 얹는 것을 말하며, 프라페(Frappe)는 영어로 셰이크(Shake)와 같은 뜻으로 얼음을 갈아 섞는 것을 말한다(네이버 지식백과, 두산백과).

카푸치노(Cappuccino)는 가톨릭 수도단체(Capuchin)에서 쓰던 희고 긴 모자의 형태에서 유래한 것으로 에스프레소에 풍부한 우유 거품을 얹은 것을 뜻한다. 특히 카푸치노는 우유의 흰 빛깔과 에스프레소의 갈색이 색 대비를 통해 하트와 나뭇잎 등을 표현하는 라테 아트가 가능한 메뉴이다.

## 2) 홍차

### (1) 홍차의 유래

1662년 영국의 찰스 2세에게 시집온 포르투갈의 캐서린 공주가 혼수품으로 홍차, 설탕, 홍차기구(Tea Utensil)를 챙겨왔는데 이때부터 귀족들 사이에서 설탕을 넣은 홍차가 널리 알려지게 되었다.

레몬을 곁들인 홍차를 '러시안티'라고도 하는데, 빅토리아 여왕이 러시아에서 이러한 레몬을 곁들인 홍차를 대접받은 것에서 유래한다.

### (2) 홍차 마시는 법

설탕을 넣은 뒤 레몬 조각이나 따뜻한 밀크를 넣어서 마신다(레몬티, 밀크티). 이때 레몬 조각은 마시기 전에 건져낸다.

티백은 물이 흐르지 않게 스푼으로 짜낸 후 뒤쪽에 가로로 놓는다.

러시아에서는 레몬 외에도 설탕 대신 잼을 넣기도 한다.

고급 홍차는 그냥 마시기도 한다. 진한 홍차에 우유와 설탕을 넣은 밀크 티를 즐겨 마시는데, 17세기부터 전파되었다고 한다. 밀크 티에 넣는 우유는 저온살균우유가 원유의 풍미가 있어 최적이며, 이때 우유를 너무 뜨겁게 끓이면 얇은 막이 생기면서 비린내가 나므로 중탕한 후에 곁들인다.

## 제25절 흡연 에티켓

정식 만찬에서는 물론 가정이나 레스토랑에 초대받은 만찬에서도 식사 중에 담배를 피우는 것은 여주인에 대한 일종의 모욕이 되며 예의에 어긋난다.

피우던 담배를 그대로 들거나 문 채로 좌석에 앉는다든가 또는 주문이 끝나고 요리가 나올 때까지의 무료함을 달래기 위하여 담배를 피우는 것도 안 된다.

정식 만찬에서 담배는 디저트를 먹고 난 후 식탁을 떠나 별실로 가서 커피나 식후주를 마시면서 피우는 것이 에티켓이다.

일반 가정에 있어서도 담배는 모두가 디저트를 끝내고 커피나 홍차를 마시기 시작할 때 피우는 것이 좋다. 이때에도 피우기 전에 옆 손님에게 "Do you smoke?"(담배 피우시나요) 하고 담배를 권하고 피운다면 여성의 경우엔 담뱃불까지 붙여주어야 한다. 만약 피우지 않는다고 할 때는 "Do you mind If I smoke?"(담배를 피워도 괜찮을까요) 하고 물어보아 "No, I don't(mind)"(네 괜찮습니다)라는 대답을 듣고 나서 피우는 것이 예의이다.

외국의 경우 처음부터 식탁에 재떨이가 준비되어 있는 경우도 종종 보는데 이때에도 역시 교양 있는 사람들은 디저트 코스가 끝날 때까지는 흡연을 참는다.

엽궐련(Cigar)과 파이프 담배는 만찬의 경우 아직도 여자 손님 앞에서는 절대 피우지 않는 것이 원칙이다.

제**7**장

글로벌 에티켓과
매너의 실제

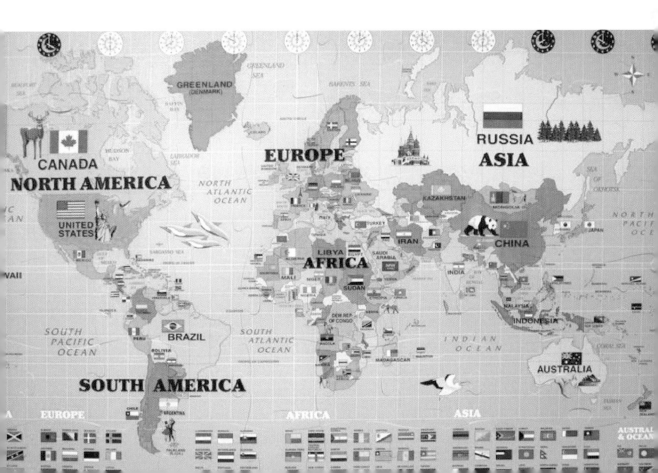

# 제7장 글로벌 에티켓과 매너의 실제

## 제1절 팁(Tip) "To insure promptness"

### 1. 팁은 얼마나 주나?

팁(Tip : To insure promptness, 투 인슈어 프롬트니스) : 신속하고 친절한 서비스에 대한 일종의 사례이다. 오늘날 서양에서는 '팁'이 사례라기보다 자기가 제공한 서비스에 대한 당연한 보상이라는 느낌이 들 정도로 보편화되어 있어, 관습상 주어야 할 때에는 꼭 '팁'을 준다. 보통 요금의 10~20% 정도라 하나 미국은 세금을 포함한 가격의 20%를 봉사료로 지불해야 한다. 관광지에는 메뉴판 가격란에 15, 18, 20 포함 시 가격을 아예 표기해 두어 계산 시 같이 받는 곳도 있으니 주문 시 이를 확인한다. 4~5십만 원 정도 계산이 많이 나온 경우는 정확히 20%를 안 주고 18% 정도로 덜 주어도 된다고 한다. 그러나 15% 정도 주면 직원들이 나중에 이를 불평한다고 한다. 현재 미국은 최소한 18% 이상은 주어야 된다. 소형 한식당 등에서는 18% 정도면 무난하다.

일본, 한국, 호주의 호텔이나 고급 레스토랑처럼 봉사료가 Bill 속에 포함되어 있는 경우도 있으므로 지불 전에 확인하는 것이 좋다. 고급 레스토랑에서는 팁을 줄 때 표시가 나지 않도록 식사 후 테이블 위에 올려놓고 냅킨으로 덮어놓거나 돈을 손가락 사이에 끼워 담당 웨이터에게 악수를 청하며 전달하기도 한다. 현금을 지참하지 않은 투숙객의 경우 밑에 '전체금액의 몇 %를 담당 웨이터에게 드립니다.'라는 문구를 적어놓으면 Check-Out 때 계산되기도 한다. 맥도날드 등 패스트푸드 식당, 뷔페식당 등 셀프서비스 식당은 노 팁이다.

팁(Tip)은 To Insure Promptness에서 나온 말로 18세기 예의를 중요시하던 영국사회에서 시작된 것이다. 신속한 서비스에 대한 사례로 더 주는 돈을 말하는데 서양에서는 사례라

기보다는 베푼 서비스에 대한 당연한 보수란 느낌이 더 강하므로 팁을 주지 않으면 상대가 이상한 얼굴을 할 뿐만 아니라 절대로 신사나 숙녀 대접을 하지 않는다. 서양에서는 식당, 이발소 또는 미장원에서나 호텔의 종사원, 정거장의 포터 등에게 반드시 팁을 주며 택시 운전사에게도 "How much is the fare?"(요금이 얼마지요) 하고 물어 17불이나 18불 정도라고 하면 20불짜리를 주면서 "Keep the change."(거스름돈은 가지세요) 식으로 꼭 팁을 주어야 한다.

팁은 대개 지불할 금액의 10~20% 정도가 보통이며 너무 적어도 또 너무 많아도 안 좋다. 서양에서는 팁에 쓰기 위해서 언제나 잔돈을 갖고 다녀야 한다.

여성과 남성이 같이 있는 경우 팁은 언제나 남성이 준다.

■ 팁[Tip]

Tip은 "To Insure Promptness(투 인슈어 프롬트니스 : 신속성 보장)"라는 말의 약어로 이는 18세기 영국 접객업소에서 "신속한 서비스를 받고자 하는 고객들이 자발적으로 베풀던 선심"에서 유래되었으며 호텔, 레스토랑, Bar의 계산서(Check(미국), Bill(영국))에는 Service charge(봉사료, 서비스료)나 Gratuity(그러추어티)라고 쓰여 있다. 팁의 배분문제를 제거하기 위하여 계산서에 10%의 서비스료를 포함하여 팁을 받는 경우가 있다. 호텔의 계산서에서는 서비스료나 Gratuity로 쓰여 있다. 사전적 의미로 "사례금"의 뜻이며, 호텔의 객실이나 부대 영업장 또는 일반 식당, 주점(Bar) 등에서 고객이 서비스 직원에게 감사의 뜻으로 주는 금품으로 "받은 서비스가 좋았을 때(정확·신속)나 특별한 용건을 의뢰했을 때 주는 행위이다. 그러나 요즈음은 의무적으로 지불하게 하는 경우도 있다. 팁의 액수는 일정하지 않으나, 청구서에 서비스료(봉사료: 보통 10% 정도)가 가산되어 있는지를 직원 또는 가이드에게 물어보고 지불한다(허용덕, 허경택, 와인&커피 용어해설, 백산출판사, 2009).

## 제2절 더치페이(Dutch Pay, Dutch Treat)

비용(費用)을 각자 서로 부담한다는 것을 이르는 말. '더치 트리트(Dutch Treat)'에서 유래한 말이다. 더치(Dutch)란 '네덜란드의' 또는 '네덜란드 사람'을, 트리트(Treat)는 '한턱내기' 또는 '대접'을 뜻한다. 더치 트리트는 다른 사람에게 한턱을 내거나 대접하는 네덜란드인의 관습이었다.

1602년 네덜란드는 아시아 지역에 대한 식민지 경영과 무역 등을 위해 네덜란드 동인도

회사를 세우고 영국과의 식민지 경쟁에 나섰다. 그러나 17세기 후반 3차례에 걸친 영국-네덜란드전쟁에서 영국이 승리하자 네덜란드의 제해권(制海權)은 영국으로 넘어갔고, 이러한 가운데 영국인들의 일에 네덜란드인들이 간섭하게 되어 네덜란드와 영국 두 나라는 서로 갈등이 이어졌다. 이에 영국인들이 네덜란드인(Dutchman)을 탓하기 시작하면서 '더치(Dutch)'라는 말을 부정적인 의미로 사용하게 되었다.

이후 영국인들은 '대접하다'라는 의미의 '트리트(Treat)' 대신 '지불하다'라는 뜻의 '페이(Pay)'로 바꾸어 사용하였고, 따라서 '더치페이'라는 말은 함께 식사를 한 뒤 자기가 먹은 음식에 대한 비용을 각자 부담한다는 뜻으로 쓰이게 되었다.

국립국어원에서는 이를 '각자내기'로 순화하여 사용한다.

서양에서는 햄버거(Hamburger)나 프라이드치킨(Fried Chicken) 등을 파는 Fast Food Chain이나 Drug Store의 Soda Fountain, 셀프 서비스(Self-Service)의 Cafeteria, 백화점의 Coffee Shop 또는 수수한 Family Restaurant에서 친구들끼리 어울려 간단한 식사를 하면 "Let's go dutch, shall we?"(우리 같이 내지) 하고 서로 나누어 내거나 웨이터에게 다음과 같이 부탁한다. "Could we have seperate checks?"(계산서를 각자 따로 만들어주세요)

이때 꼭 자기가 전부 내고 싶으면 "You are my guest today."(오늘은 손님 대접 받으세요)라고 말해도 좋고 혹은 계산서를 손에 잡으면서 "Let me take care of it."(제가 내지요)나 "It's on me."(제가 한턱내겠습니다)라고 하면 된다. 서로 내겠다고 밀고 다투는 것은 좋지 않다.

## 제3절  유학생과 이민자를 위한 중요 에티켓

## 1. 데이트(Date)는 남성이 청한다!

남녀 교제에 있어서 맞선 보는 제도가 없는 서양에는 대신 데이트(Date)라는, 이성과 만날 약속을 하는 제도가 있는데 제도인 이상 지켜야 할 법칙이 있고 따라야 할 매너가 있다.

우선 데이트는 남성 쪽에서 청해야 한다. 시대가 아무리 남녀평등이니 여성상위니 하고 바뀌고 있어도 이 원칙만은 변함이 없다.

데이트는 주중(週中)에 특별한 모임이 있을 경우는 몰라도 보통은 금요일이나 토요일 밤에 한다. 남성은 충분한 시간 여유를 두고 데이트 신청을 한다. '내일 밤 어쩌고 저저꾸' 하는 식으로 바로 전날 데이트 신청을 하는 것은 여성에 대해 실례가 된다.

데이트 신청을 할 때 남성은 어디로 드라이브를 가자느니 한국음식을 먹으러 가자느니 또는 007영화를 보러 가자느니 하는 식으로 맨 처음 계획만은 다음과 같이 구체적으로 제안하는 것이 좋다. 왜냐하면 이런 식의 데이트 신청을 받아야만 여성은 어떤 옷을 입어야 하는지를 알아 그 데이트 계획에 맞는 복장을 하고 나올 수 있기 때문이다. "Hi, Diana, I'm thinking of driving to the Ausable valley next sunday, if the weather is tine, Would you like to come along?"(다이아나씨, 일요일에 날씨가 좋다면 오서블 계곡으로 드라이브 가려 하는데 같이 가지 않겠어요?)

## 2. 세 번 거절되면

여성은 마음에 드는 남성으로부터의 데이트 신청은, "Oh, I'd love to, That'll be great, I'm sure."(아, 좋아요, 근사할 거예요) 하고 신청을 기꺼이 받아들이면 되고, 별로 신통치 않은 남성으로부터의 신청은 서슴지 말고, "I'm sorry, but I'm busy this weekend."(미안합니다, 주말은 바쁜데요)나 "I'm sorry, I have another engagement."(미안해요, 다른 약속이 있어서요) 하고 가볍게 거절하면 된다. 남성은 이런 거절 대답을 세 번 계속해서 받으면 이것을 '당신과는 교제할 생각이 없다'는 메시지로 받아들여야 한다. 열 번 찍어서 안 넘어가는 나무 없다는 식은 서양에서는 그리 잘 통하지 않을뿐더러 무례한 남성으로 인정되기도 한다.

## 3. 데이트 비용

대도시에서는 밖에서 장소를 정해서 만나는 경우도 있으나 대개 남성이 여성의 집으로 데리러 간다. 그리고 양친과 동거하는 여성의 집에 데리러 갔을 때는 여성 부모에게 간단한 인사를 하는 것이 에티켓이다. 밖에서 만날 때 남성은 언제나 약속시간보다 2~3분 전에 그 장소에 도착하는 것이 상식이다. 10분 이상 늦으면 에티켓 위반으로 낙제다.

다음은 데이트 비용인데 이것은 언제나 일체 남성이 부담하는 것이 원칙이다. 그러나 교제가 꽤 오래 계속되는 Couple이라면 여성이 자기 집에서 손수 요리를 만들어 대접한다거나 '극장표가 생겼는데요.'(실은 몰래 사놓고도) 하는 식으로 여성이 때로는 남성의 경제적 부담을 덜어주는 것도 애교가 있다. 그리고 귀가할 때 반드시 여성을 집까지 데려다주어야 한다.

## 제4절 싫어하는 질문

사교상 대화의 상대자에게 해도 좋은 질문이 있고 또 절대로 해선 안 되는 질문이 있다. 다음에 대화 상대자의 감정을 상하지 않게 하는 대화 에티켓을 정리한다.

### 1. 나이

성인 여성에게는 정당한 이유가 없는 한 절대로 나이를 물어서는 안 된다. 정당한 이유란 예를 들어 의사가 병진단을 위해서 묻는다거나 신문기자가 인터뷰를 할 때 등을 말한다. 남자의 경우는 보통 나이를 물어봐도 별 상관이 없다.

### 2. 신체

여성에게 체중이라든가 키, 버스트(Bust), 웨이스트(Waist) 또는 힙(Hip)의 크기 등 몸매에 대한 질문을 하면 에티켓에 어긋난다.

남자의 경우도 평균 신장보다 유별나게 크거나 작거나 또는 몹시 뚱뚱하거나 여윈 사람에게는 신체에 대한 질문을 피하는 것이 좋다.

여성에게는 키에 관한 이야기는 하지 않는 것이 좋다.

손과 발이 작을수록 가문이 좋다고 생각했던 옛 빅토리아(Victoria)왕조 시대의 풍습 탓인지도 모르나 여성에게 신발 사이즈를 역시 묻지 않는 게 좋다.

### 3. 사적인 사항(Personal, Private)

사람들 중에는 남의 개인 사정을 모두 물어보아야 직성이 풀리는 사람이 있는데 이것은 나쁜 취미이다. 아이들의 학비, 주택문제, 생명보험의 월부금, 은행저금, 유산, 상속 및 부부생활 등 사적 사항에 속하는 문제는 물어보지 않는 것이 에티켓이다.

반대로 이러한 질문을 받았을 때는 아예 모른 채 하거나 적당히 웃으면서 받아넘기면 저쪽이 말이 막혀 더 계속하지 못한다.


## 제5절  부부는 We를 쓴다

한국에서 부부가 자리를 같이하고 있을 때도 "I have one daughters."(전 딸이 하나입니다), "My daughter goes to Harvard University."(제 딸은 하버드대학교에 다닙니다) 하고 자녀들의 말을 하면서 I나 My를 쓰는 이가 많다. 이것은 서양식으로 볼 때 틀린 표현이다. 부부가 사회생활의 기본 단위이므로 서양에서는 이때 I나 My 대신에 반드시 We나 Our를 쓴다.

다른 예를 들면 해산을 기다릴 때도 "We are expecting our baby in March."(3월에 아기를 낳을 것입니다)라고 We를 쓰며, 또 친구 부부를 초청할 때도 "We'd like to invite you and Tom to our party."(당신과 톰을 우리 파티에 초청하고 싶은데요)라고 We를 쓴다.

We 외에 My Husband and I나 My Wife and I란 말을 써도 좋으나 First name을 써서 Sam and I라든가 Doris and I라는 말을 더 많이 쓴다.


## 제6절  국기

국기는 한 나라의 표장으로서 문화국민은 국기가 찢어지거나 더러워지거나 빛이 바래거나 한 경우 이를 지체 없이 새 것으로 교체해 주어야 한다.

조의를 표하기 위하여 게양하는 반기 이외는 언제나 깃대의 꼭대기까지 올려야 한다. 반기를 올릴 때도 일단 끝까지 올렸다가 반으로 내려준다.

리셉션 등 각종 행사에서 우리나라 국기와 외국기를 벽에 나란히 붙여 달 때는 벽을 향하여 왼쪽에 우리나라 국기가, 오른쪽에 외국기가 오게 한다.

그러나 미국 국기를 위와 같이 옆으로 달지 않고 길이로 늘어뜨려 달 때에는 국기를 뒤집어서 별이 있는 부분이 좌측 상부에 오도록 해야 한다.

우리나라 국기를 외국기와 함께 병립하여 세울 때에도 우리나라 국기가 앞에서 보아 외국기의 왼쪽에 오게 세운다.

## 제7절 좌석 이름표(좌석 명패 Place Card)와 좌석 배치판(Seating Chart)

### 1. 참석자 확인

R.S.V.P.가 기재(記載)된 초청장을 받은 사람은 그 참석 여부를 통지해 주는 것이 예의이나 회답이 없을 경우에는 주최자가 그 여부를 물어 참석자를 정확히 파악해야 한다. 특히 좌석 배열이 필요한 정식 만찬 때에는 만찬 전날이나 당일 참석자를 재확인하는 것이 절대로 필요하다.

### 2. 좌석 이름표(좌석 명패)

참석자가 확정되면 각자의 식탁 위에 놓을 좌석 명패와 좌석 배치판을 준비한다. 좌석 명패는 각 초대손님의 식탁 위에 놓는 명찰로서 용지(1.5inch(H)×2inch(L))는 보통 메뉴와 잘 어울리는 것을 쓰며 손님의 직위나 이름에 Mr. 또는 Mrs.의 존칭을 붙인다. 그리고 좌석 명패는 접시 위에 놓거나 Show Plate 위에 놓는다.(냅킨이나 유리컵 위에 놓으면 안된다).

### 3. Seating Arrangement(좌석 배치도)

손님이 적은 연회에서는 여주인이 각 손님의 좌석을 안내해 줄 수 있으나 대규모 연회에서는 반드시 좌석 배치도를 미리 만들어 손님이 보기 쉬운 식당 입구에 놓는다. 좌석 배치도는 손님의 좌석을 표시한 식당 테이블의 약도이다.

## 제8절  좌석 서열 결정(Determine the Ranking of Seat Plan)

좌석 배열은 연회준비 사항 중 가장 세심한 주의를 기울여야 하는 문제로서 다음의 원칙을 고려해서 결정한다.

공직자는 서열에 따르고 민간인이라도 명성이 있는 분은 예의상 상석을 준다. 다음 기타 손님은 외국인, 손님의 친구로 주부가 잘 모르는 사람, 전 공직자, 자기 집에 처음 오는 손님, 자기 집에 늘 오는 사람, 친척의 순으로 서열을 정하고 부인들은 기혼부인, 미망인, 이혼부인, 미혼모의 순으로 한다.

## 1. 가정에서 상석자의 위치

양옥에서는 벽난로(Fireplace)가 있는 곳이 상석이고 입구가 하석이 된다. Fireplace가 없는 방에서는 입구 쪽이 하석이고 정반대쪽이 상석이다. 입구를 표준으로 정하기가 어려울 때에는 전망을 볼 수 있는 정원을 바라보는 벽 쪽이 상석이고 정원을 등진 쪽이 하석이 된다.

식탁 중심부에 벽난로(Fireplace)를 등지고 있는 곳을 Hostess(여주인)의 자리로 하며 그 정면이 Host(남주인)의 자리가 된다. 만일 남자만의 연회라면 주부 자리에 주빈이 앉고, 주빈이 없을 때는 보통 다음과 같다.

### ■ 짝수쌍 기본형

짝수쌍이면 참석자 수가 4의 배수이므로 총인원 수가 8명, 12명, 16명이 보통이다. 테이블 중앙에는 홀수쌍과 같은 방법으로 배치를 시작한다. 그러나 참석자가 짝수쌍이면 테이블 여자 ⑦, ⑧을 상석의 남자 ⑤, ⑥과 자리를 바꾸어 배치하는 것이 좋다.

짝수쌍 기본형
출처 : http://christianprotocol.com/iprotocol/14orprecedence/ortext-99.htm

## 2. 식당에서 상석

1번이 가장 상석이고 4, 2, 3순이다. 식당에서는 창문과 상관없이 출입구와 관련이 있다. 따라서 창문 밖이 보이지 않더라도 종업원과의 부딪힘이 가장 적은 1번이 상석이다. 자연히 3번이 최하석이고 2번 역시 출입구와 가까운 이유로 상석이 되지 못한다.

공식 또는 대규모 연회에 있어서는 프랑스식이 관례이며 둥근 식탁의 경우도 좌석 배치는 똑같다.

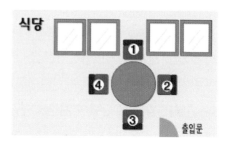

식당에서 상석
출처 : 국제신문, 디지털뉴스부  inews@kookje.co.kr
2005-03-24  15:32:45/본지 32면

## 3. 응접실에서 상석

1번이 가장 상석이고 2, 3, 4번순이다. 이렇게 순서가 정해지지만 회의나 행사 주관자라면 상석의 개념과 관계없이 4번에 앉아야 한다. 프린트물이나 행사관련 자료를 가져오기 위해 자주 자리를 떠야 하기 때문에 안쪽에 앉으면 오히려 분위기를 산만하게 만든다.

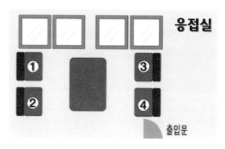

응접실에서 상석
출처 : 국제신문, 디지털뉴스부  inews@kookje.co.kr
2005-03-24  15:32:45/ 본지 32면

## 4. 비행기에서 상석

1번이 가장 상석이고 3, 2번 순이다. 창문으로 외부 경치를 볼 수 있다는 장점 때문에 1번이 최상석으로 꼽히고 화장실을 오가야 하는 이유로 통로자리가 그 다음 순이다. 하지만 이런 상석은 상대방이 고소공포증이 있거나 여행시간을 고려해서 바뀔 수 있다.

비행기에서 상석
출처 : 국제신문, 디지털뉴스부  inews@kookje.co.kr
2005-03-24  15:32:45/본지 32면

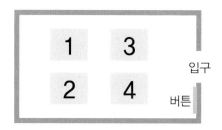

## 5. 엘리베이터 상석의 위치

엘리베이터 상석의 위치는 의외로 무척 간단하다. 바로 조작 버튼의 대각선 안쪽 자리가 상석의 위치이다. 따라서 당연히 신입사원의 위치는 조작버튼 바로 앞이 된다. 만약 조작 버튼이 양쪽으로 있는 엘리베이터라면 상사가 서 있는 쪽 반대의 조작 버튼 앞에 가서 서면 된다. 신입사원이 조작 버튼 앞쪽에 서게 되는 이유는 상사가 편하게 타고 내릴 수 있도록 엘리베이터를 조작해야 하기 때문이다.

제**8**장

테이블 매너 총정리

# 제 8 장 테이블 매너 총정리

출처 : http://decor.gailzavala.com/victorian-era-dining-room-etiquette/

## 제1절 테이블 매너의 기본

### 1. 풀코스 테이블 매너의 의의

매너, 에티켓의 목적은 상대방을 배려하고 이해하는 마음에서 출발하는 것으로 상대방이 불편을 느끼지 않게 하는 데 있다. "상대방을 배려하고 이해하는 마음에서 출발하는 것으로 상대방이 불편을 느끼지 않게 하는 생활양식이다"라고 정의할 수 있다. 남을 편안하게 하고 나아가 상대방을 배려하고 존중하는 마음가짐이 바탕이 된 매너를 터득하는 것은 우리 모두 다 같이

International Table Manners
출처 : www.worldwinesafaris.com

244

편안하게 글로벌 사회로 나갈 수 있게 한다. 테이블 매너의 커다란 목적 중 하나는 상대방에게 불쾌감을 주지 않고 서로 맛있게 식사를 하려는 데 있다.

## 2. 예약하기

구미선진국에서는 모든 생활이 예약으로 시작해서 예약으로 끝난다고 해도 과언이 아니다. 호텔·이발소·미장원·식당은 말할 것도 없고, 병원에 입원하거나 자동차의 수선·정비를 하는 데에도 먼저 전화로 예약을 해야 한다.

사람을 만날 때도 마찬가지이다. "지나가다가 들렀다"는 우리식 방문은 상대를 매우 화나게 하여 관계를 오히려 그르칠 수 있다. 대개의 경우 서로 불편하고 경우에 따라서는 계속 상대에게 환영받지 못하게 되기도 한다.

식당의 경우 반드시 전화로 미리 예약을 하고 가는 것이 좋다. 손님을 모시고 갔다가 자리가 없으면 난감해지고, 대기시간이 길어지면 손님에게 결례가 되며, 예약 시 받을 혜택을 받지 못하는 등의 소홀한 대접을 받을 수도 있기 때문이다. 레스토랑에 예약할 때는 식사인원 수, 일시, 예약자의 이름과 연락처를 밝혀야 하며 식사모임의 목적과 특별한 요청을 반드시 하여 생일, 기념일 등을 알려 케이크 등의 혜택을 받도록 함이 좋다.

그리고 서양에서 식당을 예약할 때 금액과 봉사료(TIP) 등을 미리 알아보아 예산 걱정 없이 편안하게 식사를 즐길 수 있도록 한다. 약간 규모가 큰 행사라면 직접 찾아가서 메뉴와 테이블 모양, 테이블 배치, 꽃 장식 등을 고려하여 사전에 식당 또는 호텔 측의 협조가 이루어지면 행사를 무난히 치를 수 있다.

## 3. 지정석

고급 레스토랑은 지정석으로 운영되므로 무턱대고 앉고 싶은 자리에 앉을 수 없는 시스템으로 운영된다. 식당(레스토랑(Restaurant), 브라세리(Brasserie : 보통수준의 프랑스 식당), 비스트로(Bistro : 편안한 분위기의 작은 식당))의 입구에는 리셉셔니스트(Receptionist, guide(기대(프), 안내 접수담당자)나 지배인(Manager, Gérant(제호)(프))이 손님을 안내하기 위하여 서서 대기하고 있다. 이때 웨이터에게 "조용한 별실은 없나요.", "창가의 자리를 원해요." 등의 희망사항을 점잖게 전하면 좋은 결과를 얻을 수 있다.

여름 휴양지 또는 패스트푸드점을 제외하고는 슬리퍼나 반바지 차림으로는 입장이 안

될 수도 있다. 고로 장소에 맞는 센스 있는 옷차림은 매우 중요하다.

## 4. 클로크 룸

식당이나 호텔 연회장 등에는 식사에 방해되는 물건은 가지고 들어가지 않도록 한다. 커다란 여행가방(traveling suitcase)이나 외투(over coat), 우비(raincoat) 등은 휴대품 보관소 (携帶品 保管所, 프런트/하우스키핑의 클로크 룸 cloak room)에 맡긴다. 일반적으로 식당이나 호텔 프런트/하우스키핑의 클로크 룸은 무료이며 물건을 맡기고 번호표를 받는다. 식당에 들어갈 때 여성은 소형 핸드백만 휴대하도록 한다.

## 5. 식사 전 화장실 사용

식당이나 호텔 연회장 등에 입장하기 전에 먼저 화장실((Am) Bathroom, (Brit) (Public) Toilet, (Brit, inf) Loo(공공장소의) (Am) Rest-room, (Am) Washroom, (formal) Lavatory, (Am, inf) The john, (Am, inf) The can, A. men's room(남자 화장실), (Am) Public restroom, (Brit) Public toilet(공중화장실), Portable Toilet(간이 화장실))을 찾아 손을 씻고 청결하고 차가운 상태로 악수를 할 때 상대방에게 불쾌감을 주지 않도록 하는 것이 매너이다.

또한 화장실을 사용한 후에는 다음 사람을 위하여 변기의 물을 반드시 내린 후 뚜껑을 닫고 나오는 습관을 들이도록 한다. 손 닦은 휴지를 이용하여 세면대 주변의 물을 닦아 청결한 상태를 유지해 주는 것이 서양인의 매너이다.

마지막으로 남성은 어깨의 비듬, 넥타이, 머리 빗질 등 용모, 복장을 체크하고, 여성은 화장상태를 확인하며, 립스틱이 유리 글라스에 묻지 않게 종이 냅킨으로 처리해 주고 어깨의 비듬 등 용모, 복장을 가다듬어 식사 테이블에 입장할 수 있는 준비를 해야 한다.

## 6. 여성이 앉도록 착석보조(Seating assistance)

식당에 들어가기 전 입구에 위치한 클로크 룸에 코트를 벗어 맡길 경우 부부, 연인 등 가까운 사이에는 여성이 코트를 벗는 것과 맡기는 것을 남성이 도와주어야 하며 보관 후 번호표를 받아두었다가 레스토랑을 나갈 때 남성이 코트를 받은 후 역시 여성이 코트를 편안하게 입도록 도와주어야 한다. 테이블에 입장 시, 안내담당 '리셉셔니스트'나 '웨이터'가 있는 경우 그들 뒤에 여성 그리고 남성의 순으로 입장하여야 한다. 그들('리셉셔니스트'

나 '웨이터')이 의자를 빼서 권하는 자리가 상석이며, 뒤따라온 여성이 앉게 된다. 직원이 안내하지 않는 경우에는 남성이 앞서서 걸어가 의자를 빼서 여성이 앉도록 남성이 착석을 보조한다.

## 7. 식당에서 테이블 착석 시 자세

서양식 파티(Normal Party)이든 동양식당이든 바른 자세로 단정하게 앉아야 한다.

편안한 식사를 하기 위해서는 앉는 자세가 중요하다. 먼저 의자의 왼쪽으로 들어가도록 한다. 웨이터가 있는 경우 웨이터가 의자를 빼주므로, 의자의 왼쪽으로 들어가서 잠시 기다렸다가 의자를 넣어줌과 동시에 앉는다. 웨이터가 없는 경우에는 동석한 남성이 여성을 도와주고, 여성이 자리에 앉은 후 남성은 자기 자리를 확인하여 앉는다.

우리나라 사람들은 잘 지키지 못해 뒷좌석에 앉은 고객에게 불편을 주는 경우가 많다. 외국여행 시 한국인 고객들과 같은 식당에서 식사하게 되었는데 뒷좌석에서 사정없이 당겨달라고 밀면서 자신은 넓게 차지하고 식탁과 멀리 떨어져 앉아 서로 불쾌해서 얼굴 붉히는 광경을 본 적이 있다. 의자를 지나치게 뒤로 빼서 앉으면 뒷좌석의 고객에게 큰 결례이므로 충분히 깊숙이 앉는 습관을 들인다.

외국인들은 상당히 주의하여 스스로 의자를 깊숙이 당겨 앉아 피해를 안 주려고 조심한다. 또한 의자를 지나치게 뒤로 빼서 앉게 되면 자신이 식사할 때 허리를 구부리게 되므로 본인이 불편해지고 보는 사람에게도 좋지 않은 인상을 주게 된다.

의자를 바짝 잡아당겨 엉덩이를 의자 깊숙이 위치하고 허리를 반듯하게 세운다. 여성의 경우 무릎을 붙이고 앉으면 허리를 반듯하게 펴기 쉬우며 이때 다리를 벌리거나 꼬거나 흔들지 않도록 주의한다.

## 8. 의자에 앉을 때 주의할 점

의자에 앉을 때는 의자의 왼쪽에서 들어가 앉는다. 여성이 의자에 앉을 때는 남성이 도와준다. 의자에 앉을 때 너무 의자 앞쪽에 걸터앉으면 수프를 떠먹기도 어렵고 또 나이프나 포크를 쓰기도 어렵다. 따라서 항상 의자 뒤쪽으로 깊숙이 앉도록 하고, 식탁과 대개 주먹 크기 정도(9~12cm) 사이를 두고 앉는 것이 좋다.

## 9. 레스토랑에서 샌드위치와 피자를 먹는 방법

호텔 커피숍 등 어느 정도 격식을 갖춘 레스토랑에서 샌드위치나 햄버거 또는 피자가 너무 큰 경우에는 나이프와 포크를 사용하여 적당한 크기로 자른 다음에 먹어야 한다.

### 1) 샌드위치 먹는 방법

먹기 좋은 적당한 크기로 자른 다음에 먹어야 한다.

잘못된 샌드위치 먹는 법

올바른 샌드위치 먹는 법

잘못된 피자 먹는 법

올바른 피자 먹는 법

### 2) 감자튀김 먹는 방법

포크와 나이프가 세팅된 레스토랑에서 감자튀김, 새우 또는 올리브 같은 것이 포함된 것들은 나이프와 포크로 식사를 해야 한다.

출처: http://cafebiz.vn/song/cach-xu-ly-nhung-mon
-an-kho-nhan-tren-ban-tiec-20150330143418834.chn

248

## 제2절 나이프와 포크의 사용법

### 1. 기본 세팅의 룰(A Rule of Basic Setting, Set-Up)

나이프와 포크는 가운데 접시를 중심으로 오른쪽에 나이프, 왼쪽에 포크를 각각 놓는데 그 수는 각기 3개를 넘지 않는 것이 기본 세팅의 룰이다. 손님의 주문에 따라 더 필요할 때는 그 메뉴에 따라 코스에 맞게 보충된다.

### 2. 나이프는 오른손, 포크는 왼손

오른손으로 나이프를 쥐는 것이 원칙이다. 왼손잡이라도 나이프만은 꼭 오른손으로 잡아야 한다. 그 이유는 주최 측(Host)에서 볼 때 누가 왼손잡이인지 분간할 수가 없고 또 이로 인해서 혼란이 생길 수도 있기 때문이다.

따라서 서양의 부모들은 왼손잡이일 경우에도 어릴 때부터 나이프만은 오른손으로 쥐도록 다른 테이블 매너와 함께 가정교육을 철저히

올바른 포크, 나이프 잡는 법
출처 : http://www.professionalimagedress.com

시킨다. 다른 이유는 나이프는 재빠르게 사용해야 하기 때문이다.

cutting meat–American & Continental
(유럽, 미국) 올바른 스테이크 자르기 방법

Clenched fists
잘못된 스테이크 자르기 방법

잘못된 스테이크 자르는 방법(1)       잘못된 스테이크 자르는 방법(2)

출처 : http://www.haivuong.com/news/european-and-american-dining-etiquette.html

## 3. 사용법은 밖에서 안쪽으로

바깥쪽에 있는 커틀러리부터 사용한다. 왼손에는 포크, 오른손에는 나이프를 쥐고 Appetizer (애피타이저), 수프(Soup), 생선(Fish), 고기(Meat, Entrée), 샐러드(Salad), 디저트(Dessert) 등 메뉴의 순서에 따라 밖에서 안쪽으로 하나씩 사용해 들어간다.

## 4. 식사 중의 나이프와 포크

식사 도중에 잠시 나이프와 포크를 놓을 때는 접시 중앙 또는 둘레 쪽으로 두 개가 여덟八자형 이 되도록 놓는다. 이때 나이프는 칼날이 안쪽 을 향하도록 하고 식사가 끝났을 때 나이프는 뒤쪽에, 포크는 자기 앞쪽에 오도록 가지런히 모 아서 접시의 중앙에서 오른쪽으로 비스듬히 놓 는다. 이 경우에 나이프는 날이 자기를 향하도 록 하고 포크는 등이 밑으로 가게 한다.

이와 같이 나이프와 포크를 접시에 놓는 방법 이 그대로 웨이터에 대한 신호가 된다. 즉 웨이

American style - *I'm resting* position

(미국식) 식사 중인 포크, 나이프의 위치
출처 : http://www.professionalimagedress.com

터는 손님이 아직 요리를 먹는 도중인지 아니면 이미 끝난 것인지를 나이프와 포크가 놓인 상태를 보고 분간하므로 알아서 잘 놓아야 한다.

왼쪽 끝에서부터 한입 크기로 잘라가며 먹는 것이 원칙이며 포크와 나이프는 검지를 이용하여 안정감 있게 잡는 것이 좋다.

음식을 나이프로 찍어 먹는 것은 삼가도록 하며 식사 중에는 포크와 나이프를 팔八자 모양으로 놓고 식사가 끝나면 11자 모양으로 놓으므로 식사 중에도 포크와 나이프를 가지런히 놓으면 웨이터는 식사가 끝난 줄 알고 접시를 치우는 경우도 있다.

## 1) 식사 중 위치

식사 중에는 포크와 나이프가 접시 위에 놓이게 되는데, 손에서 잡고 있던 위치에서 그대로 내려놓으면 된다. 나이프의 칼날은 반드시 접시 안쪽을 향하고 포크의 끝부분은 접시를 향하게 놓는다.

가로로 놓아 잘못된 상태                포크가 테이블에 닿게 놓아 잘못된 상태

출처: http://www.haivuong.com/news/european-and-american-dining-etiquette.html

## 2) 식사 후 위치

식사를 다 마치면 포크와 나이프를 사용할 일이 없어지므로 포크와 나이프를 4시와 5시의 시계방향으로 가지런히 올려놓는다. 이때 나이프의 칼날은 접시 안쪽을 향하고 포크의 끝부분은 위를 향하도록 한다.

## 5. 나이프와 포크를 떨어뜨렸을 때

식탁에서 나이프와 포크를 떨어뜨렸을 때 직접 주우면 안 되며 웨이터를 불러 떨어진 것을 줍게 하고 새것을 가져다 달라고 요청한다.

그러나 일반 가정에 초대되어 식사 중에 떨어뜨린 것은 본인이 직접 주운 다음 주인에 게 새것으로 바꿔달라고 요청한다.

그리고 식사 도중 음식을 식탁 위에 떨어뜨렸을 때는 포크로 이것을 주워서 접시 한쪽 구석에 놓는다. 그러나 이것을 절대 먹어서는 안 된다.

## 6. 콩이나 잘게 썬 채소 먹는 법

포크를 옮겨 오른손으로 쥐고 먹어도 무방하다.

콩이나 잘게 썬 채소 등은 포크를 오른손으로 쥐고 콩은 포크로 눌러 으깬 후 떠먹어도 괜찮다. 썬 채소는 포크로 떠서 먹는다. 메인요리인 스테이크나 생선요리의 경우 곁들여 나오는 채소로 감자, 완두콩 등이 있는데, 한입에 먹기 어려우면 포크와 나이프를 이용하여 한입 크기로 잘라 먹어야 하고 완두콩 등 콩류의 경우엔 포크를 오른손으로 바꾸어 쥐고 떠서 먹는다. 이때 구르지 않도록 하기 위하여 포크로 눌러 가볍게 으깬 다음 포크로 먹도록 한다.

콩이나 잘게 썬 채소 먹는 법
출처 : http://cafebiz.vn/song/cach-xu-ly-nhung-mon-an-kho-nhan-tren-ban-tiec-20150330143418834.chn

## 7. 옥수수 먹는 법

메인요리 등에 곁들여 나오는 옥수수가 있는데, 포크로 집고 나이프를 이용하여 옥수수 알을 벗겨내 포크로 떠먹는다. 토막낸 옥수수는 포크로 고정하면 자칫 옥수수토막이 통째로 튕겨 나가니 왼손으로 잡고 오른손은 나이프로 알을 훑어낸 후 포크로 떠먹는 것이 무난하다.

옥수수 먹는 법

## 8. Steaks는 Zigzag Eating도 허용

미국에서는 스테이크를 먹을 때 왼손의 포크로 고기를 누르고 오른손의 나이프로 한 입 크기로 자른 후 나이프는 접시 위에 놓거나 걸치고 나서 오른손에 포크를 집어 들고 고기를 찍어 입으로 가져가는 소위 Zigzag Eating도 허용된다.

그리고 포크로 일단 찌른 것은 한입에 넣고 한꺼번에 먹어야지 두 번에 먹으면 보기도 흉하고 매너에도 어긋난다.

## 제3절 미국식 식사 스타일(아메리칸 스타일)

미국은 '지그재그'라고 한다. 포크는 왼손에 잡고 오른손 엄지와 검지를 사용하여 나이프를 잡고 한입 크기 조각으로 절단한 뒤 바로 나이프는 접시 우측 모서리(Edge) 부분에 날이 접시 안쪽을 향하게 걸치면서 잘라놓은 음식을 오른손을 사용 포크로 먹는다.

아메리칸 스타일(미국식 식사 스타일)

미국식 음식 자르는 법

미국식 먹는 방법

출처: http://www.professionalimagedress.com

253

나이프는 절단하지 않는 경우, 포크를 사용하여 먹는 동안 중심을 향하고 칼날이 접시를 향하게 오른쪽 상단 모서리에 걸쳐 쉬고 있다.

미국식 식사 중인 표시                                   미국식 식사 끝난 표시

## 제4절  유럽식 식사 스타일(콘티넨털 스타일)

콘티넨털 스타일은 많은 외국인들과 같이 일하는 직업에 종사하는 사람들이 선호하는 사용법으로 오른손 엄지와 검지로 나이프를 잡고 왼손에 포크를 들고 오른손으로 교차하지 않고 계속 왼손으로만 포크를 사용하는 방법이다. 한입에 먹을 수 있는 사이즈(Bite)로 고기를 잘라 씹어 먹을 때 왼손에 여분의 고기가 찍혀 있다.

콘티넨털 스타일(유럽식)                             유럽식 음식 먹는 법
출처 : http://www.professionalimagedress.com/dining-etiquette-seminars-eating-styles.htm

유럽식 식사 중 표시

유럽식 식사 끝난 표시

미국식(포크가 위를 향하게) 식사 끝난 표시

유럽식(포크 갈래가 아래를 향하게) 식사 끝난 표시

출처 : http://www.professionalimagedress.com/dining-etiquette-seminars-eating-styles.htm

- **포크의 유래**

  양식에서 고기 · 생선 · 과일 따위를 찍어 먹거나 얹어 먹는 식탁 용구이다.
  포크(Fork)라는 말의 어원을 살펴보면 갈퀴란 뜻의 라틴어 Furca에서 나왔다. 식기로써 포크의
  역사는 채 400년이 되지 않는다. 그 이전의 포크는 식기가 아니라 조리기구로써 사냥에서 잡은
  짐승을 불 위에서 굽던 끝이 두 갈래인 쇠꼬챙이일 뿐이었다.
  포크는 10세기가 될 때까지 유럽에서는 거의 사용되지 않았다.

기원전 4세기경 중국에서는 젓가락이 일반화되었고 이 신개념 식기의 유용성을 확인한 이웃 나라들은 앞 다투어 젓가락을 수입하기 시작했다. 같은 시기 유럽에서는 손가락으로 밥을 먹었다. 고대 로마에서는 손가락으로 음식을 집어 먹었다(고급 레스토랑에 가보면 손을 씻은 핑거볼(Finger Bowl)이 나오는 것도 이런 수식(手食)문화의 흔적 때문이다). 귀족계층이나 신분이 높은 사람들은 약지와 새끼손가락을 제외한 손가락으로만 밥을 먹는 식사법을 고수했다. 하지만 기본적으로 손으로 밥을 먹은 것은 사실이었다.

전 세계 식문화를 100으로 보면 동아시아의 젓가락 문화(30%), 유럽의 나이프 · 포크 · 스푼 문화(30%) 그리고 나머지 수식문화(40%)로 나눠져 있기 때문이다.

태초에 인간은 사냥감을 잡은 뒤 불로 굽고, 그 구운 고기를 돌도끼나 돌칼로 잘라 먹었다. 이때는 전부 나이프를 가지고 식사를 했던 것이다. 국이나 수프가 식탁에 올라오면서부터는 조개껍데기 같은 것으로 만든 스푼이 등장하게 된다.

그러나 11세기에 이탈리아의 토스카나 지방에서 끝이 두 갈래로 나뉜 소형 포크가 등장하였다. 이탈리아에서 포크가 등장하게 된 것은 동방의 문물을 받아들이는 창구라는 입장 때문이다. 당시 베네치아 총독의 후계자인 도메니코 셀보가 비잔틴(동(東)로마제국)의 공주였던 테오도라와 결혼을 했는데, 이때 테오도라 공주가 포크를 전했다고 한다.

그러나 이 포크는 곧 악마의 무기라는 비판을 받게 된다.

기독교 교리에 충실한 사람들을 중심으로 극렬한 반대운동이 시작된 것이다. 당시 포크는 마녀가 만들어낸 도구이며, 이교도 신(바다의 신 포세이돈이 들고 있는 삼지창)의 무기이자 로마시대 검투사들의 무기(삼지창, 양갈래창)가 축소된 형태로 여겨졌다. 이런 반신앙적인 도구가 신성한 식탁에 올라온다는 사실을 용납할 수 없었던 것이다.

포세이돈은 그리스 신화에 나오는 바다 · 지진 · 돌풍의 신으로 주로 삼지창(트리아나)을 들고 물고기나 돌고래 떼와 함께 긴 머리카락과 수염을 휘날리며 파도를 타는 모습으로 묘사된다. 포크는 포세이돈이 든 삼지창과 모습이 흡사하다는 이유로 식탁 위로 올라오기까지 시련을 겪었다. 기독교 사제들과 독실한 신자들의 반발이 있었지만 포크는 서서히 이탈리아반도로 퍼져나가기 시작했다.

당시 이탈리아 귀족들은 손에 음식을 묻히지 않고 식사할 수 있다는 장점 때문에 포크를 사용하기 시작했다. 그리고 이는 위생 차원으로 발전하게 된다. 14세기가 되어 카데나(Cadena)라는 수저통이 상층 계급 사이에서 유행한다. 이들은 다른 집을 방문할 때 카데나를 들고 갔는데 이 안에는 개인용 스푼과 포크가 들어 있었다. 르네상스를 거치면서 이탈리아에서는 포크가 하나의 유행을 넘어 문화로 자리 잡게 된다. 외국의 여행자들도 처음에는 낯선 거부감에 몸을 움츠렸지만(포크는 기독교 국가에서 사용할 수 없는 악마의 도구란 관념이 이때도 강하게 남아 있었다) 곧 포크를 사용한 식습관에 호감을 표하게 된다(많은 여행자들이 이탈리아 여행 도중 개인 포크를 구입해 본국으로 돌아갔다).

그러나 이때까지도 포크는 가까이 하기에 너무 먼 식기였다. 아직까지도 많은 유럽인들은 태초 이래로 계속 써왔던 식기인 나이프와 손가락에 만족하고 있었기 때문이다. 포크가 사치품에서 일상용품으로써의 식사 도구로 인류 역사의 전면에 당당하게 등장한 것은 프랑스 대혁명 때부터다. 이미 그 이전부터 프랑스의 귀부인들은 이탈리아에서 건너온 이 앙증맞은 삼지창에 대해 호감을 보였고, 이탈리아에서 그랬듯이 과일을 먹는 데 포크를 사용하기 시작했다. 뒤이어 케이크에 포크까지 사용하면서 귀족사회에서 어느 정도 안착하게 된다. 그러나 이건 어디까지나 사치의 일종이었다. 당시 포크는 신분의 상징이었다.(사물의 민낯, 김지룡, 갈릴레오 SNC, 2012.4.16, 애플북스-잡동사니로 보는 유쾌한 사물들의 인류학(1498~2012))

## 제5절　중요 금기사항

### 1. 서양인은 음식 씹는 소리는 금기(taboo)

서양인과 생활한다면 식사 중에 음식 씹는 소리가 나면 절대 안 된다. 음식을 씹을 때 소리를 내면 짐승처럼 먹는다고 심하게 무시당할 수도 있다.

우리나라는 서양음식을 가까이 하면서 적응하기 힘든 것은 예부터 국과 탕 그리고 면 위주로 된 식사를 후루룩 후루룩 냠냠 소리를 내고 먹어야 식성이 좋다며 어른들이 좋아 해서 소리를 안 내고 먹기가 쉽지 않다. 그러나 노력하여 반복해서 고치지 않으면 따돌림 당할 수도 있으니 각별한 노력이 요구된다. 음식을 먹을 때나 음료를 마실 때 소리를 내지 않는 것이 반드시 지켜야 할 원칙이다. 입안에 든 음식이 튀어나오거나 보이지 않고, 쩝쩝 소리 나지 않게 먹는다.

### 2. 트림은 금기(taboo)

중국에서는 대접을 받으면 일부러 트림을 하여 잘 먹어 만족스럽다는 표시를 한다고 한다. 우리 한국에서도 트림을 대수롭지 않게 한다. 그러나 서양에서는 식탁에서의 트림 은 식탁에서의 방구 이상으로 안 좋게 생각하고 철저한 금기사항이다. 고로 가능한 트림 이 나지 않도록 조심해야 하고 부득이 나왔을 때는 작은 소리로 사과하도록 한다.

실제 있었던 일인데 미국 육사에 국비로 유학을 간 한국군 장성 부부가 미국인 장성의 자택에 식사초대를 받아 식사하던 중 트림을 하고 당연하다는 듯이 사과를 안 하고 끝까 지 식사를 하여 한국에 돌아올 때까지 다시는 미국인들에게 식사초대를 받지 못했다고 한다. 반면 서양 사람들은 코 푸는 것은 아주 나쁘게 생각하지 않고 있다.

### 3. 이쑤시개와 화장은 식탁에서 금기(taboo)

한국은 식사가 끝나자마자 이쑤시개부터 찾고 식탁에서 이를 사용하는 사람들이 있는 데 금물이다. 서양에서 그들은 화장실에 가서 거울을 보고 이쑤시개를 사용 후 처리한다. 서양 사람은 정식 만찬 때 이쑤시개를 식탁에 놓지 않는다. 따라서 식탁에서는 이것을 찾 거나 요구하면 안 된다.

이쑤시개가 식탁에 준비되어 있는 경우도 테이블에 앉아서는 쓰지 않는 것이 에티켓이다. 한 손으로 입을 가리고 써도 마찬가지다. 서양인들은 식사 후 반드시 화장실에 가서 마음 놓고 천천히 사용하며 우리도 이를 지키는 것이 좋다.

그리고 식후에 식탁에서 립스틱을 꺼내 입술연지를 바르고 콤팩트(Compact, 휴대용 화장도구. 보통 거울이 붙어 있고 분, 연지 따위가 들어 있다)를 꺼내 분화장을 하는 여성들이 많은데 이것도 교양 없어 보이니 삼가는 것이 좋다. 화장을 고칠 때는 잠시 화장실을 이용하도록 한다.

## 4. 입안의 음식물이 보이는 것 금기(taboo)

음식을 입에 넣은 채로 이야기하는 것은 흉하다. 만약 먹은 것이 입 밖으로 튀어나오면 그야말로 크나큰 결례(缺禮)이다. 그리고 와인이나 물은 음식물을 입 속에 넣은 채 마시면 안 된다.

입 속에 음식이 있는데 주변에서 질문을 했을 때는 시간이 다소 지체되더라도 입 속의 음식을 서둘러 먹고 나서 "Excuse Me"(미안합니다)라고 한 후에 대답하는 것이 옳다.

## 제6절 · 일반적인 테이블 매너

### 1. Stand by하는 웨이터를 부를 때는 손을 든다

항상 테이블을 향해서 손님의 요구에 대비하여 대기(Stand by)하고 있다. 살짝 손짓만 해도 웨이터가 알아차리므로 큰 소리로 불러 주변의 대화를 방해하는 일이 없도록 한다.

### 2. 식사 중의 대화

모두가 공통적으로 가벼운 흥미를 가질 수 있는 내용을 화제로 삼는다. 멀리 앉은 사람과의 대화는 피하는 것이 에티켓이다.

초대받은 집에 가서 다른 음식의 경험을 통한 맛 자랑을 하면 지금의 음식은 맛이 없다는 간접적인 불평으로 들릴 수 있으므로 주의한다. 이와 같이 요령 없는 대화로 인해 손해 보는 내용의 화제는 피하는 것이 좋다. 피해야 할 대화는 이런 것들이다. 언쟁이 커질 수 있는 정치나 종교 이야기, 눈살을 찌푸리는 외설, 병 또는 죽은 사람에 관한 어두운 분위기의 이야기, 인격을 의심할 정도의 남의 험담, 식욕을 달아나게 하는 "너무 짜다, 맛이 없다" 등의 음식 불평 등이다.

## 3. 나이프나 포크를 든 채 말하지 않는다

나이프, 포크를 든 채로 대화하면 자신도 모르게 휘둘러 위험할 수 있다.

대화 시 입안의 음식을 다 먹은 후, 나이프와 포크는 접시 위에 올려놓고 주위에 방해 안 될 정도로 크지 않은 목소리로 대화한다.

## 4. 파티에서 식사량, 주량은?

파티에 초청받았을 경우 보통 때 먹지 못하는 좋은 음식들이 나왔다고 해서 마구 먹은 뒤에 소화가 안 되어 힘들어 할 지경이 되어서는 안 된다. 또한 안 좋은 음주문화를 바로 잡기 위해 그리고 건강을 위해 폭탄주는 적당한 핑계를 대서 피하도록 한다. 좋은 술이 나왔다고 해서 자신의 주량을 넘게 마셔 실수를 범하는 것은 매우 곤란하며 큰 결례이므로 주의를 요한다.

술은 사교의 윤활유이다. 그러므로 알코올 음료는 많아야 3~4잔 정도로 자기 한계를 절대로 넘어서는 안 된다. 먹고 마시는 것을 절도 있게 자제 못 하는 사람은 파티에 참석할 자격이 없는 사람으로 간주하여 서양에서는 다음부터는 그 사람을 상종(相從 : 서로 따르며 친하게 지냄)하지 않는다. 특히 우리나라 사람의 경우 술에 만취되어 실수하게 되는 경우가 있는데 이것이 우리나라에서 한번 정도는 용납될 수 있겠으나 서양의 경우는 돌이킬 수 없는 큰 죄가 되어 무리에서 반드시 버림받게 된다.

## 5. 조미료는 어떻게?

우리나라 사람들은 요리가 제공되면 요리 맛도 보지 않고 덮어놓고 식탁에 놓여 있는 소금, 후추를 치고 겨자를 달라 하여 무조건 찍어먹고 주방장의 요리에 곁들여주는 기본 소스가 제공되는데도 불구하고 스테이크 A1소스를 달라하여 무작정 쳐서 먹는 사람이 있는데 이것은 난센스(Nonsense)이다. 테이블 매너를 모르는 것처럼 보일 뿐 아니라 요리의 제맛을 즐기지 못하는 결과가 된다.

## 6. 맥주는 시작부터 배부르게 마시지 않는다

일본인들은 식탁에서 맥주는 물 대신 마시는 음료 성격으로 즐긴다. 맥주를 마신다면 배부르지 않게 조금만 마시도록 한다. 미리 너무 많이 마시면 배가 불러 요리를 즐길 수 없을 뿐 아니라 포만감으로 요리의 맛을 느낄 수 없게 되기 때문이다.

## 7. 소금과 후추를 좀 집어주시겠어요?

소금, 후추, 간장, 설탕 등이 필요한데 그런 조미료 세트 등이 자기 자리에서 떨어진 곳에 있을 때에는 자기가 직접 손을 뻗어서 필요한 것을 접는 것은 매너에 어긋난다. 반드시 옆 사람에게 다음과 같이 말하여 부탁하도록 한다. "죄송하지만 소금과 후추를 좀 집어주시겠어요?"(Would you pass me the salt and pepper, please sir or madam, ma'am?)

또한 미식가들이 이용하는 고급식당에서는 아예 후추나 소금을 테이블에 준비해 놓지 않는 경우도 많다. 요리가 나오자마자 조미료를 치면 에티켓에 어긋나며, 자기네 셰프(chef)를 모욕하는 행위라고 하여 매우 불쾌해 한다. 이처럼 요리는 조리단계에서 맛을 냈으므로 일단 먹어보고 소금, 후추를 치는 것이 좋다.

## 8. 나이프를 입으로 가져가면 안 된다

나이프는 음식을 자를 때만 사용해야 한다. 나이프를 입으로 가져가면 안 된다. 다치기도 쉽지만 정해진 용도를 지켜야 하기 때문이다.

## 9. 물이나 와인을 엎질렀을 때

엎지른 사람은 당황하지 말고 엎지른 기물을 테이블 위에 세우고 손을 들어 웨이터를 부르면 신속하게 뒷수습을 해준다. 일행 중 한 명이 물이나 와인을 엎질렀을 경우 다른 사람들은 이를 보고도 못 본 척하는 것이 에티켓이다.

## 10. 디너 시간에 늦게 참석하게 되었을 때

순서에 따라 식사하는 중에 늦게 도착하면 종업원에게 식사의 진행사항을 물어 다른 사람 코스에 맞추어서 요리가 나오게 하는 것이 에티켓이다.

그렇지 않으면 처음 코스부터 요리가 나오게 되어 식사의 흐름을 깨게 된다.

## 11. 조그만 실수나 신체의 부분 등은 모른 체한다

남의 실수나 신체의 이상 부분을 보고 옆에서 크게 반응을 보이면 실수한 장본인이 무안해진다.

## 12. 테이블 위에 놓인 식기는 옮기지 않는다

테이블 세팅은 레스토랑에 따라 다소 차이는 있겠으나 일반적으로 식기는 각각 '제자리'와 '용도'가 있으므로 식기는 그대로 두고 나이프, 포크만을 사용하여 먹는 것을 원칙으로 한다.

## 13. 식사시간

식사 중에는 다른 손님들과 보조를 맞추도록 한다. 너무 빨리 먹어도 안 되고 또 너무 늦게 먹어도 안 된다. 특히 주인(Host)이나 여주인(Hostess)은 주빈이나 오른쪽 상위의 손님과 보조를 맞추도록 배려해야 하며 다른 손님보다 먼저 식사를 끝내지 않는 것이 예의이다.

여주인은 항상 접시에 소량의 요리를 남겨놓고 제일 늦게 먹는 사람에게 보조를 맞추어주도록 신경을 써주는 것이 좋다. 주인 또는 안주인이 너무 빨리 먹어버리면 식사가 미처 끝나지 않은 주변 사람들을 무시한다든가 재촉하는 것 같아 좋지 않은 식사 자리가 될 수 있다. 그러므로 당신이 주빈이 되면 주위의 상황을 보면서 적절히 질문 등을 하면서 식사속도를 리더해서 이끌어가야 한다.

먹는 동안 주위 사람들과 대화를 나누다 보면 속도는 무난하게 조정할 수 있지만 대화 없이 요리만 먹으면 속도가 빨라질 수밖에 없기 때문에 이를 주도해 나가는 것이 주최 측의 임무다.

반대로 혼자서 너무 늦게까지 먹고 있으면 여러 사람을 기다리게 할 수 있으므로 식사하는 속도는 항상 주위 사람들과 보조를 맞추도록 한다.

## 14. 공공장소에서 바지를 추어올리지 않는다

식당에서 일어나면서 바지를 추어올리는 등 옷매무새를 바로잡는 것은 화장실에서 하는 것이 점잖은 매너이다. 식당이나 지하철 등에서 어깨를 털거나 바지를 추어올려 허리끈을 조이는 행위를 해선 안 된다.

## 15. 풀코스 전 과정의 식사 중 손으로 먹는 것을 허용하는 경우는 다음뿐이다

① 빵 : Finger bowl이 필요 없음
② 새우, 게 : Finger bowl이 필요
③ 과일 : Finger bowl이 필요
  ㉠ 서양에서는 식탁에서 반드시 나이프와 포크를 써서 음식을 먹는 것이 원칙이며, 손으로 먹는 것은 엄하게 금지되어 있음
  ㉡ 새우나 게의 껍질을 벗길 때 손은 쓰나 이 경우 Finger bowl이 나오므로 손가락을 반드시 씻어야 함
  ㉢ 생선의 작은 뼈를 입 속에서 꺼낼 때는 이것을 포크로 받아서 접시 위에 놓는 것이 좋음. 손으로 꺼내면 안 됨
  ㉣ 빵은 손으로 조금씩 뜯어 먹는 것이 허용됨

## 16. 핑거볼(Finger Bowl) 사용법

핑거볼(finger bowl)은 식사의 마지막 코스인 디저트를 마친 후 손가락을 씻도록 내오는 물로 손가락만 한 손씩 씻는 것이지 손 전체를 집어넣거나 두 손을 넣는 것은 금기이다.

출처 : https://monkeysee.com/basic-dining-etiquette-using-a-finger-bowl/

## 17. 먹고 마시는 양과 속도

먹고 마시는 것은 절도 있게 적당한 양으로 제한. 뷔페의 경우 너무 많이 먹는 것도 보기 안 좋다.

## 18. 소지품

레스토랑이나 연회에서 모자, 코트, 가방 등의 짐은 클로크 룸(Cloak Room)에 맡기는 것이 원칙이다. 여성의 핸드백(손가방 Handbag)은 등 뒤나 발 옆의 바닥, 빈 옆 좌석에 놓는다(장갑, 손수건은 핸드백에 넣거나 뒤쪽에 함께 놓는다).

립스틱 등 항시 쓰는 화장품이나 손수건 등 여성의 생활필수품(daily essential goods, daily necessity[necessaries]) 등이 든 핸드백은 서양 여성의 필수품이다. 이를 등 뒤에 놓으면 가장 좋으며 식탁 위에는 세팅(setting)된 테이블웨어 말고는 어떤 것도 놓아서는 안 된다. 의자 뒤에 놓기 힘든 큰 핸드백은 자신의 의자 바로 우측 가까이에 놓는 것이 좋다. 옆 좌석의 의자에 가방을 올려놓게 되면 다른 사람이 앉을 수 없게 되므로 이를 피한다. 행거(hanger)가 있으면 행거를 테이블 위에 걸쳐놓은 다음 고리에 핸드백을 걸어둔다. 장갑을 끼었을 때는 의자에 앉은 후 장갑을 벗어 핸드백 안에 넣는다.

## 19. 손의 위치

식사가 끝날 때까지 양손은 되도록 큰 접시를 사이에 두고 가볍게 얹는다.

남성이든 여성이든 머리털을 만지작거리거나 손톱을 깨물거나 기지개를 켜는 것들은 서양에서는 금기사항이니 절대 해서는 안 된다.

양손을 군기가 잡혀 있는 군인처럼 경직된 자세로 무릎 위에 매번 놓고 기다리는 것도 신사숙녀답지 못한 거북스런 자세이다. 식사 시작부터 끝날 때까지 양손은 언제나 큰 접시를 사이에 두고 식탁 위에 가볍게 벌려서 얹어놓는 것이 보기에 좋고 본인도 편하여 자연스럽다. 나이프나 포크를 들었다 놓았다 하거나 접시를 뒤집어서 메이커를 확인하는 것도 경박해 보이니 피한다. 자신의 가족뿐만이 아닌 조찬, 오찬, 만찬 등에서 음식이나 칵테일, 와인의 사진을 찍는 행위도 피한다.

## 20. 팔꿈치

식탁에서 팔꿈치를 지나치게 옆으로 뻗지 않도록 한다. 식탁 위에 팔꿈치를 올려놓지 않도록 해야 한다. 보통 정식 만찬 시 식탁에서 한 손님이 차지하는 폭은 큰 접시 석 장 (약 65~70cm) 정도이다. 옆자리 여자 손님의 팔꿈치와 부딪히면 큰 실례이므로 가볍게 양 팔꿈치를 자신의 몸에 붙이도록 한다. 그리고 식탁에 앉아 있을 때 팔짱을 끼는 것은 에티켓에 어긋나니 삼간다.

## 21. 다리의 위치

쩍벌남, 쩍벌녀는 지하철에서 공공의 적으로 다리를 있는 대로 활짝 벌려 앉음으로써 7~8명이 앉을 수 있는 공간을 6명밖에 앉지 못할 정도로 만들며 바로 옆자리에 앉는 사람들의 공간까지 빼앗는 사람을 말한다. 이들이 많은 우리 현실로 보아 아직 우리의 에티켓 수준이 낮은 나라임을 실감케 해준다.

전철 등 대중교통과 마찬가지로 식탁에서도 양다리를 가급적 붙이고 뒤로 가능한 깊숙이 앉는 것이 옳은 자세이며 여성도 무릎 위에 손가방이나 장갑을 놓기가 쉬워진다. 식탁 밑에서 다리를 겹치거나 앞으로 뻗거나 한다면 보기에 아주 흉하고 실수로 옆의 여성 다리에 닿으면 큰 결례이다. 그리고 다리를 상하 좌우로 떤다거나 흔드는 행위는 경박해 보이고 뭔가 불안정한 사람으로 비춰지기 쉬우니 반드시 이런 나쁜 습관을 고치도록 한다.

## 22. 손으로 음식을 먹는 관습

### 1) 손의 관습

인간의 손은 단지 실용적으로 사용될 뿐만 아니라, 상징적인 대상이기도 하다. 특히 고대문명의 불교나 유대교 및 그리스도교의 종교의식에서는 손의 상징적 역할이 컸다. 불교에서 말하는 일탄지(一彈指)는 영원을 상징한다. 또, 고대부터 현대까지 신봉되고 있는 수상술에 있어서, 손은 인간의 운명 · 길흉 · 화복을 상징한다고 보고 있다.

과학적으로 볼 때 좌우의 손은 그 구조 면이나 기능 면이 동등하지만, 민속적인 관념상으로는 고대문명에서 현대문명에 걸쳐 많은 사회집단이 오른손은 선을 상징하고, 왼손은 악을 상징한다고 보고 있다. 따라서 거룩한 의식 등을 거행할 때는 왼손으로 공물(供物)을 해서는 안 된다는 금기가 있다. 인도네시아 · 멜라네시아 · 폴리네시아의 여러 민족 사이에도 오른손을 신성시하는 관습이 있다(두산백과).

## 2) 손으로 먹는 경우

식탁에서는 나이프나 포크를 써서 음식을 먹는 것이 원칙이며 손으로 먹는 것은 엄격히 금지되어 있다.

손으로 먹어도 되는 것은 샌드위치, 올리브 열매, 버찌, 캔디 등 작은 크기의 음식물에 한한다. 새우나 게의 껍질을 벗길 때도 손을 쓰나 이 경우 Finger Bowl이 나오므로 손가락을 반드시 씻고 자신의 냅킨에 물기를 닦도록 한다.

손을 써도 되는 또 다른 경우는 생선의 작은 뼈를 입 속에서 꺼낼 때인데 손가락으로 잡아서 꺼내도 되나 이것을 포크로 받아서 접시 위에 놓는 것이 에티켓이다. 닭다리를 손에 잡고 먹는 사람이 꽤 있는데 이것은 가족들끼리 식사할 때는 몰라도 손님을 초대한 연회에서는 역시 안 하는 것이 좋다. 반드시 포크로 누르고 나이프로 적당히 살을 잘라가면서 먹도록 한다.

## 제7절　고급 레스토랑에서의 에티켓

## 1. 고급 레스토랑(High-Class Restaurant) 출입 시

고급 레스토랑 출입 시 신사는 넥타이를 매고 양복 웃옷을 꼭 입어야 한다. 레스토랑에 따라서는 입구에 'A coat and tie are required.'(코트와 타이를 해주세요)라고 아예 써 붙인 곳도 있다. 그러나 여성은 그저 식사하는 분위기를 해치지 않는 의복이면 어떤 옷을 입어도 무방하나 운동화와 청바지는 곤란하다.

아이들은 고급 레스토랑에는 안 데리고 가는 것이 서양의 상식이며 또한 레스토랑에 갈 때는 미리 예약을 하고 가는 것이 원칙이다.

그리고 고급 레스토랑에 가서는 들어가서 아무데나 자기 마음대로 앉아서는 안 되며 꼭 Headwaiter의 안내를 받아 자리에 앉아야 한다. 이때 자리가 마음에 안 들면, "Could we instead sit over there by the window?"(저쪽 창가에 앉아도 될까요) 하고 자신의 희망을 말하는 것이 좋다.

## 2. 고급 레스토랑에서 주문할 때

음식을 주문할 때는 "May I have…?"나 "I'd like …,"니 하는 말 대신 간단히 요리 이름만 말해도 되는데 이때는 "Sirloin steak, Please." 식으로 꼭 Please란 말을 마지막에 붙이는 것이 교양 있어 보인다.

웨이터를 불러야 할 때는 손을 가볍게 들고 손가락 하나를 위로 세운다. 아무리 손가락을 들어도 오지 않을 때는 "Waiter."나 "Waitress."라고 부르면 된다. 그러나 큰 소리로 "Hey, Boy."라고 불러서는 안 되며 더욱이 손바닥을 '딱딱' 치는 것은 삼가야 한다.

레스토랑에서 우연히 아는 사람을 만나도 상대편 테이블까지 일부러 가서 이야기하는 것은 아니며 가볍게 목례를 하고 또 아는 사람이 옆을 지나간다면 한두 마디 인사를 가볍게 교환하는 정도가 좋다.

## 3. 만약 좌석을 뜨고 싶을 때

만약 갑작스런 일로 좌석을 뜨고 싶을 때는 초대받은 쪽이 먼저 의사를 표현하고, 남성과 여성인 경우 여성의 의사를 반드시 존중한다.

## 4. 아는 사람과 마주쳤을 때

식사 중이면 "Hello." 하고 간단히 인사한다. 아는 사람이 동행한 여자를 소개할 때는 반드시 일어선다. 남자끼리 마주쳐 잠깐 인사할 때는 일어나지 않아도 되지만 악수는 일어나서 한다.

## 5. 서브된 요리가 먹기 싫어 남겨야 할 때

무리하게 먹으려고 하지 말고 천천히 먹는 속도를 늦추고 옆 사람이 식사를 마칠 때쯤 남은 요리를 보기 좋게 모아두고, 포크와 나이프를 접시 우측 4시와 5시의 시계방향으로 가지런히 올려놓는다. '식사를 다 마쳤다'는 표시이다. (뷔페식 식사를 하면서 자신이 떠온 음식을 남기는 일은 삼간다.)

## 6. 돌, 벌레, 머리카락 등 이물질

- 이물질을 발견했을 때는, 손으로 가리고 조용히 제거한 후 계속 식사한다.
- 이물질을 씹었을 때는 눈에 안 띄게 종이 냅킨에 조용히 뱉는다.

음식을 먹다 보면 고기조각, 생선가시 등이 접시 위에 남게 되는데, 지저분한 것은 상대의 눈에 덜 띄게 포크와 나이프를 이용하여 단정히 모아둔다. 딴 손님의 눈에 안 띄게 해 주는 것이 포인트이다.

## 7. 실수했을 때

- 직접 처리하지 말고 웨이터나 지배인의 도움을 청한다.
- 변상이 필요한 경우는 당연히 변상하고 다음날 꽃을 들고 직접 여주인을 방문해 사과한다.
- 남의 실수를 볼 때 큰 반응을 보여 무안하게 하는 것보다 모른 체하는 것이 좋다.

## 8. 음식을 거절할 때

- "No."보다는 "No, Thanks."라고 거절한다.
- 거절 이유를 설명할 필요는 없지만 알레르기 등 신체적인 이유는 조용히 안주인에게 이해시킨다.

## 9. 음식이 이 사이에 끼었을 때

- 급한 경우 조용히 실례한다고 말하고, 화장실을 이용해 처리해 준다. 구미에서는 이쑤시개를 놓지 않는다. 따라서 식사 후에 찾지 않는다.
- 이쑤시개가 준비되어 있는 경우라도 테이블에서 쓰는 것은 삼가라!
- 식사를 마친 후 화장실에서 사용한다.

## 10. 기타 주의사항

① 식탁에서 머리를 긁지 않는다.
② 손수 식기를 치우거나 움직이지 않는다.
③ 레스토랑에서는 의젓하게 종업원의 서비스를 받을 줄 알아야 점잖은 손님이다.
④ 입에 음식이 있을 때 음료를 마시거나 음식물을 먹지 않는다.
⑤ 오른손으로 식사하는 동안 왼손으로 접시를 에워싸지 않는다.
⑥ 손가락을 빨지 않는다.

⑦ 식사 속도는 다른 사람과 보조를 맞춘다.

⑧ 대화 도중 웨이터의 서비스를 받을 때는 대화를 일단 중지하는 것이 예절이다.

⑨ 웨이터가 음식을 가져오면 "Thank You."나 가벼운 목례를 한다.

⑩ 서비스하는 도중에 질문하지 말고 끝난 후에 한다.

⑪ 양복 재킷은 상사나 주빈이 벗기 전에는 벗지 않는다.

⑫ 자리를 떠날 때는 보통 벗어놓은 재킷을 입고 가는 것이 예의이다.

## 11. 식사 중의 대화 에티켓

① 식사 중에 대화를 하면서 천천히 먹는 것이 서양인들의 식습관이다.

② 대화를 위해서는 음식을 조금씩 입에 넣어 먹는 것이 요령이다.

③ 식탁에서 주위 사람들과 자연스럽게 교양 있는 대화를 나누되, 멀리 떨어져 앉은 사람과는 큰 소리로 이야기하지 않는다.

④ 식사 도중에 먼저 화제를 꺼내거나 상대방한테서 질문을 받을 때는, 손에 쥐고 있는 스푼 등을 잠시 내려놓은 뒤에 이야기하는 것이 좋다.

⑤ 상대방이 음식을 먹고 있을 때는 말을 걸어 질문하는 행위를 피하며, 자신에게 말을 시켰을 때 입안에 음식이 있다면 씹는 도중 대답하지 말고, 한 템포 늦추어 음식을 삼킨 후 "Excuse Me(실례합니다)."라고 여유를 가지고 양해를 구하는 인사말을 한 후에 말해야 한다.

⑥ 주최자이든 참석자이든 자기 말에 스스로 고무되어 혼자서 대화를 주도하지 않도록 유의하면서 여러 사람이 함께 대화할 수 있는 분위기를 조성하도록 배려하며, 다른 사람의 이야기를 잘 경청하도록 한다.

| 피해야 할 화제 | 좋은 화제 |
|---|---|
| • 개인적인 문제<br>• 자식자랑<br>• 건강에 대한 문제, 지인의 죽음<br>• 배우자(특히, 상대가 이성일 때 속 보이는 대화는 엄금)<br>• 종교, 인종, 정치<br>• 금전문제<br>• 다른 사람 험담<br>• 업무관계(특히 의사결정이 필요한)<br>• 성적인 지적, 음담패설(淫談悖說)<br>• 회사의 상사 | • 날씨<br>• 여행<br>• 스포츠<br>• 문화, 예술, 음악<br>• 취미 등 부드럽고 재미있는 화제<br>• World News(시사뉴스) |

## 12. 계산서

식사가 끝나 웨이터에게 "Check, please."(계산서 주세요) 하면 계산서를 갖고 오는데 계산서에 "Pay it to the casher."(캐셔에게 지불하세요)라고 쓰여 있지 않는 한 계산은 식탁에서 웨이터에게 하는 것이 원칙인데 돈을 지불하기 전에 계산서가 맞는지 한번 쭉 살펴보는 것이 좋다.

계산서에 팁이 포함되어 있지 않을 때는 금액의 10~20%(미국은 20%가 표준이며, 최소한 18% 이상 주어야 함. 한국식당 등 소형 식당은 15~18% 정도도 가능함) 정도의 팁을 따로 주어야 한다. 이때 팁을 웨이터에게 직접 주는 것보다는 돈을 식탁 위의 접시나 냅킨 밑에 반쯤 보이게 깔아놓는 것이 스마트하다.

호주와 일본은 서비스와 음식에 아주 만족하면 고맙다고 팁을 주어도 되나 일반적으로 우리나라처럼 봉사료가 계산서에 포함되므로 따로 팁을 안 주어도 된다.

## 13. 도기 백(Doggie bag)

도기 백(Doggie bag)이란 식당에서 고객이 먹고 남은 것을 담아주는 봉지를 뜻한다. '갖고 가서 개에게 주었으면 좋겠다.'라고 부탁한 데서 유래한 말이겠지만 식당에서 먹고 남은 요리를 싸달라고 하여 갖고 오는 것을 말하는데 특히 매사에 합리주의를 찾는 미국에서는 이 Doggie bag은 조금도 에티켓에 어긋나지 않는다.

미국이나 캐나다에서는 식당에서 정말 짚신짝만한 큰 스테이크가 나오는데 다 먹자니 너무 많고 남기자니 너무 아까운 경우가 많다. 이런 때 체면을 차려야 할 자리가 아니라면 웨이터에게 조용하게 다음과 같이 부탁하면 웨이터가 잘 싸다 준다(물론 일류 레스토랑에서 Doggie bag을 부탁하는 것은 좀 문제가 있다). "Could I have a doggie bag, please?", "Can I take Leftovers?(식사 후 남은 음식)"(남은 것을 가져갈 수 있을까요?)

---

### 제8절  식탁에서의 태도

## 1. 뛰어다니는 어린이 통제와 크게 웃는 것

서양에서는 식당이나 주점 또는 식탁에서 크게 웃는 것(박장대소(拍掌大笑) : 손뼉을 치며 크게 웃음), 큰 소리를 내는 것 등은 모두 금물이다. 한국인들은 자기 아이가 식당에서 큰 소리로 떠들며 뛰어다녀도 이를 나무라는 척하며 기죽는다고 엄격히 제지를 안 한다. 서양에서는 아주 어릴 때부터 에티켓을 엄격히 교육하므로 이렇게 '뛰어다니는 어린이' 모습을 볼 수 없다.

## 2. 몸가짐

식탁에서는 가볍게 떠드는 것도 좋지 않은 태도지만 이에 반해 경직된 몸가짐을 가지는 것도 결코 좋지 않다.

식사는 유쾌하게 그리고 느긋한 마음으로 대화하며 음식을 즐기는 것이 중요하다. 사람을 가리키면서 손가락질해서는 안 된다. 서양 사람들은 특히 이것을 아주 싫어한다. 우리나라 사람들은 호텔 식당 등에서 외국인을 가리키며 "저 사람이 먹는 것과 같은 것을 주문해 주세요."라고 손가락질하는 경우를 흔하게 볼 수 있는데 이는 서양에서는 큰 실례이다. 특히 나이프나 포크를 들고 손짓을 하는 것은 절대 금물이다.

## 3. 교양 있는 대화

지인들과 차분히 교양 있는 대화를 나누도록 해야 한다. 화제는 나이나 주변 인물의 병환 또는 죽음, 건강문제 등 불길한 이야기, 특히 의견이 대립될 수 있는 종교나 정치 그리고 금전문제 등은 피한다. 날씨, 여행, 스포츠, 시사, 뉴스, 문화, 음악, 예술 등 가벼운 이야기가 적당한데 이야기는 간결하게 하면서 상대의 이야기를 경청한다. 그리고 하나의 화제만을 고집하는 것은 피한다.

여자들은 Hostess의 요리솜씨를 "You are an excellent cook"(요리솜씨가 대단해요)라고 칭찬하고, 남자들은 주인의 와인을 고른 솜씨를 "It was an excellent choice for your wine"(당신의 와인은 탁월한 선택이었어요)라고 칭찬하는 것이 좋다.

식탁에서는 너무 혼자서만 대화를 독점하는 것도 안 좋지만 또 반대로 너무 침묵만을 지키는 것도 좋지 않다.

적당히 같은 맥락의 대화에 참여하여 다른 사람들에게 좋은 인상을 주는 것이 중요하다. 지루하다고 몸을 틀거나 자주 시계를 들여다보는 것도 좋지 않다.

음식물을 씹으면서 대화를 나누어서는 안 된다. 이웃 고객 머리 위로 멀리 앉은 사람과 큰 소리로 이야기하는 것은 해당 고객들에게 큰 결례이다.

## 4. 재채기와 하품

재채기나 하품 등의 실수를 했을 때는 반드시 이웃 손님에게 "Excuse Me"(미안합니다)하고 반드시 사과해야 한다.

식사 중에 재채기나 기침이 나올 때는 고개를 돌리고 냅킨으로 입을 가리고 한다. 구미에서는 옆에서 재채기를 하면 "God Bless You"라고 해주기도 한다.

## 5. 냅킨의 사용

냅킨의 사용 용도는 식사 중 옷에 소스 등을 흘리는 것을 방지하고, 물이나 와인을 마시기 전에 반드시 입술을 냅킨으로 가볍게 닦은 후 마시도록 하여 글라스에 입술 자국이나 기름기 등이 묻지 않도록 하는 것이다. 다음의 냅킨의 사용과 관련하여 우리가 흔히 하기 쉬운 실수를 자세히 살펴보자.

### 1) 냅킨 펴는 시기

의자에 앉자마자 냅킨부터 펴는 사람이 있는데 이것은 상식에 어긋난다. 냅킨은 전원이 자리를 잡고 첫 요리가 나오기 직전에 펴도록 하며 냅킨은 손님들이 모두 착석하고 주빈이나 여성이 펴면 뒤따라 펴는 것이 적절하다. 만약 식사 전에 기도를 하거나 건배를 할 경우에는 의식이 끝난 후에 펴도록 한다.

우리나라 또는 아시아 일부 국가처럼 식사 전에 인사나 건배를 하는 연회에서는 그런 행사가 끝날 때까지 냅킨을 펴지 않고 기다려 주빈이 펴면 그를 신호로 뒤따라 펴주는 것이 좋다. 호텔에서는 이때 무심코 그냥 있는 고객에게 다가가서 웨이터가 냅킨을 펴주는 것을 도와준다.

### 2) 냅킨을 펼치는 위치

냅킨을 펼 때에는 테이블 위에서 펼치는 것보다 냅킨을 무릎 위로 가져와 조용히 펼쳐놓도록 하며,

올바르게 냅킨 펼치는 법
출처 : http://www.professionalimagedress.com

냅킨은 두 겹으로 접힌 상태에서 접힌 쪽이 자기 앞으로 오게 무릎 위에 놓는다. 냅킨을 셔츠 단춧구멍이나 목에 끼는 것은 어린이, 항공기 기내식 식사 등의 경우만 허용된다.

냅킨은 여유가 있으면 한쪽 끝을 허벅지 밑으로 끼워 넣어 고정시키거나, 크기가 작으면 삼각형으로 접어 길이를 길게 한 후 한쪽 끝을 허벅지 밑에 넣을 수 있다.

### 3) 냅킨은 정해진 용도가 있다

냅킨으로 가볍게 입을 누르는 법
출처 : http://www.professionalimagedress.com

냅킨으로 얼굴이나 목 등의 땀을 닦아도 안 된다. 냅킨을 가슴에 거는 것은 어른이 해서는 안 되며 비행기 안에서 기내식을 할 때는 편의상 가능하며, 목에 감아 내려뜨려 사용하는 것은 어린아이들의 방식이므로 삼가는 것이 좋고 냅킨이 떨어지지 않도록 하기 위하여 허리에 집어넣고 사용하는 것도 피해야 한다.

냅킨은 입술을 가볍게 닦거나 과일이 나올 경우 손 씻는 핑거볼(Finger Bowl : 손가락 끝을 씻기 위해 물을 담는 작은 사발)이 나올 수 있는데, 이때는 손가락을 가볍게 적시는 정도로 씻고 냅킨으로 닦도록 한다.

### 4) 여성은 냅킨으로 립스틱을 닦아선 절대 안 된다

여성의 경우 너무 세게 닦으면 립스틱이 냅킨에 묻을 수 있으므로 화장을 끝낸 후 진한 립스틱을 지우기 위해서는 종이 냅킨을 달라고 해서 화장실에 가서 입술 립스틱을 대충 글라스에 묻어나지 않게 닦아 처리한다. 이렇게 미리 립스틱을 종이로 눌러주면 냅킨을 버려 못 쓰게 되는 것을 예방할 수 있다.

냅킨은 옷에 음식물이 떨어지지 않게 하기 위해 사용하기도 하지만 입가를 닦을 때나 손끝을 닦을 때도 사용하며, 두 겹으로 접은 냅킨은 가볍게 펼쳐 안쪽 부분을 사용하여 입가를 누르듯이 음식물이 묻은 느낌이 들 때마다 가볍게 닦는다. 꼬치구이 음식이 나왔을 때 쇠꼬챙이가 뜨거우면 왼손으로 냅킨을 둘러 꼬치 끝을 쥔 채 오른손의 포크로 음식을 빼낸다.

### 5) 남성은 냅킨으로 코를 푸는 것, 안경을 닦는 것은 No!

남성은 코를 풀거나 안경을 닦는 것 등은 자신의 손수건을 꺼내 사용하는 것이 매너이다.

식사 전에 냅킨으로 나이프나 포크, 접시 등을 닦거나 얼굴이나 목, 손의 땀을 닦는 것은 매너에 크게 어긋난다. 그리고 식탁에서 물 같은 것을 엎질렀을 경우 웨이터에게 손을 들어 이를 처리토록 맡겨야 한다. 당황하여 냅킨을 써서 급히 닦거나 해선 안 된다.

## 6. 식사 중 자리를 뜰 때

서양에서 잠시라도 식사 중 자리를 뜨는 것은 좌석의 분위기를 깨는 행위라 하여 절대로 이를 금한다. 연회석 또는 식탁에 들어가기 전에 볼 일을 다 보고 식사 중 담배를 피우거나 전화통화 등으로 이석하지 않도록 하는 것이 원칙이다. 하지만 부득이 자리를 잠시 비워야 할 때는 옆 사람에게 잠깐 실례한다고 정중히 말하고 자리를 뜬다. 이때 냅킨을 테이블 위에 놓아두면 식사가 끝났다는 신호로 해석되어

잠깐 자리를 비울 때 냅킨 위치
출처 : http://www.professionalimagedress.com

웨이터가 요리 접시를 가져갈 염려가 있으므로 '잠시 자리를 뜨게 되면' 냅킨을 가볍게 접어 '아직 안 끝났다는 표시'로 반드시 의자 위에 놓고 나가는 것이 좋다.

## 7. 식사가 다 끝났다는 표시로 냅킨 놓는 위치

반대로 '식사가 끝났다'라는 신호는 다음과 같다. 식사가 다 끝나 자리에서 일어날 때는 냅킨을 자연스럽게 "6등분 정도 직사각모양으로 접어 식탁 위 왼쪽이나 앞 중앙에 놓는다." 곱게 처음의 원상태로 접어서 놓을 필요도 또한 일부러 구겨 놓을 필요도 없다.

Napkin placement after meal

출처 : http://www.professionalimagedress.com

273

제9장

레이디 퍼스트, 복장

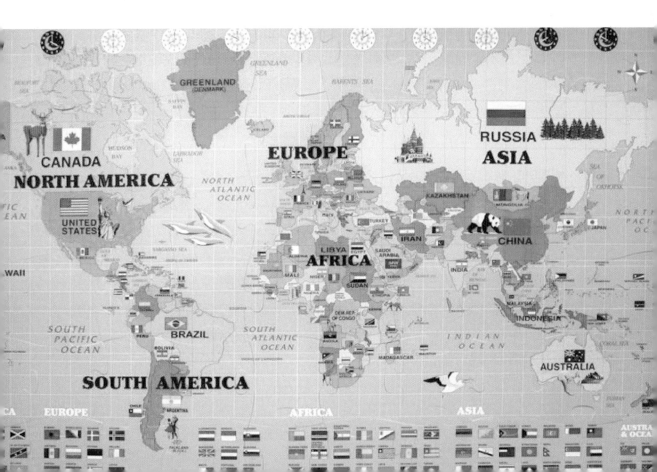

# 제9장 레이디 퍼스트, 복장

## 제1절 ● 레이디 퍼스트

### 1. 레이디 퍼스트

영국 등의 나라는 18세기 중엽 영국에서 시작된 기술혁신과 이에 수반하여 일어난 사회·경제 구조의 변혁인 '산업혁명'의 진행과 더불어 일찍이 남녀평등으로 개조되었으나 우리나라의 경우 예로부터 남존여비(男尊女卑)사상에 이어 일본강점기에 "가장(家長)이 가족성원에 대하여 강력한 권한을 가지고 가족을 지배·통솔하는 가족형태"인 '가부장적'인 일본의 영향을 많이 받아 중요하게 취급하지 않은지라 글로벌 신사숙녀가 되는 데 매우 미흡하므로 이에 대해 좀 더 구체적으로 자세히 다루기로 한다.

서양의 에티켓은 멀리 기독교 정신이나 중세의 기사도에 기원을 두고 'Lady First(숙녀존중)'의 개념을 바탕으로 형성되어 있다고 해도 과언이 아니다. 신사는 무엇보다도 먼저 이 'Lady First'의 몸가짐을 몸에 익히는 것이 중요하다.

#### ■ 레이디 퍼스트와 한국여성

레이디 퍼스트(Lady first)는 '부인 존중'의 사상이다. 서양 에티켓의 꽃에 해당하며, 동양권의 예의범절과 비교해서 가장 다른 점이다.

'부인 존중'의 관념은 서양 에티켓의 기본이므로 오랜 유교 전통사상으로 '남존여비' 등이 만연해 있는 우리나라 사람들이 특히 신경 써야 할 부분이다.

서양의 레이디 퍼스트 사상은 우아하고 연약한 여성을 아끼고 보호하려는 '부인 존중'의 관념으로 그 기원을 기독교 정신이나 중세의 기사도에 두고 있다. 서양의 에티켓은 '부인 존중'의 관념을 바탕으로 형성되어 있다.

레이디 퍼스트는 요즈음 일부 신세대 젊은 여성들을 제외하고 교양 있는 사람들 사이에서는 지속적으로 정중하게 지켜지고 있다.

## 1) 방 출입

서양에서는 방이나 사무실을 출입할 때 언제나 여성을 앞세우고, 길을 걸을 때나 자리에 앉을 때는 언제나 여성을 오른쪽에, 또 상석에 앉히는 것이 원칙이다.

방에 들어갈 때 문을 열고 닫을 때는 언제나 여성이 먼저 들어가게 여성을 앞세우고 남성이 뒤따른다. 이때 갑자기 닫히지 않도록 안전하게 배려함이 예의이다.

이때 남성은 먼저 문을 열고 여성이 먼저 들어가도록 여성의 방 출입을 도와주는데, 아주 무거운 문은 남성이 문을 열고 먼저 나가거나 들어가서 여성의 편안한 출입을 위하여 문을 잡아주는 것이 좋다.

## 2) 방 안에서

여성과 주빈(主賓, Guest of Honor, Principal Guest)은 언제나 우측 상석에 앉도록 배려함이 철칙이다. 그리고 남성은 결코 두 여성 사이 중간에 앉지 않는다. 이것은 한 여성과 대화 시 다른 한 여성에게 뒤를 보이게 되기 때문이다.

여성은 미니스커트를 입고 안락의자에 앉을 때 정면에 앉은 사람을 생각해서 반드시 무릎을 대고 앉거나 다리를 포개 앉아야 한다. 파티 때 소파는 여성에게 양보하는 것이 예의이다.

## 3) 둘이서 걸을 때

여성과 나란히 걸을 때 기본적으로는 남성이 여성의 오른쪽에서 걷도록 한다. 단, 차도 등에서는 여성이 안전한 쪽이 되도록 반대가 되는 경우도 있다.

- 길을 걸을 때나 앉을 때 남성은 언제나 여성을 우측에 모시는 것이 에티켓이다.
- 서양에는 "왼쪽 편에 있는 숙녀는 숙녀가 아니다(A lady on the left is no lady)."라는 말까지 있다.
- 그러나 차도가 있는 보도에서는 남성이 언제나 차도 쪽으로 서서 걷는다. 이 원칙은 윗사람에게도 적용된다(즉 윗사람을 항상 오른쪽에, 앞뒤로 걸을 때는 앞에 모신다).
- 남성이 두 여성과 함께 길을 갈 때나 의자에 앉을 때 두 여성 사이에 끼지 않는 것이

예의이나, 길을 건널 때만은 재빨리 두 여성 사이에 끼어 걸으면서, 양쪽 여성을 다 같이 보호. 한 여성에게 뒤통수를 보이면 실례이다.

## 4) 계단에서

• 계단을 오를 때는 남자가 앞서고 내려올 때는 반대이다.

좁은 계단을 올라갈 때는 남성이 앞서준다.

내려갈 때는 반대로 여성이 앞서는 것이 에티켓이다. 그러나 계단이 급경사이거나 미끄러울 때는 남성이 여성보다 앞서면서 "내가 앞서갈게요. 계단이 좋지 않습니다.(I will go ahead. Stairs is not good.)"라고 말한다.

## 5) 에스컬레이터에서

올라갈 때는 여성이 먼저 타도록 배려하며, 내려갈 때는 남성이 먼저 타고 한 걸음 먼저 내려서 그녀가 발을 헛디디지 않게 손을 내밀어 도와준다.

## 6) 엘리베이터에서

엘리베이터를 타고 내릴 때 여성이 먼저 들어가게 한다. 이때 갑자기 닫히지 않도록 문이나 엘리베이터의 버튼을 손으로 눌러 안전하게 배려한다. 엘리베이터 안에서는 여성을 상석인 왼쪽 뒤편으로 안내하고, 남성은 말석인 버튼 앞에 선다.

엘리베이터에서는 내리는 사람이 전부 나온 후에 타는 것이 상식이며 언제나 남성은 아주 복잡하지 않는 한 여성과 어린이 그리고 노인을 앞세운 후에 타고 내리는 것이 예의이다.

남자들끼리도 "After you, please sir."(선생님 먼저 타시지요)라고 양보한다.

아파트나 호텔의 엘리베이터에 숙녀가 타면 신사는 모자를 벗어 손에 들어야 하나 백화점이나 사무실의 엘리베이터에서는 그럴 필요가 없다. 그리고 부인이 타고 있는 엘리베이터 속에서는 담배를 피우면 안 된다.

## 7) 일반적으로 자동차 승차 시 상석에 대해서는 잘 알려져 있다

운전기사가 있는 경우에는 타고 내리기 가장 편한 조수석 뒷자리가 최상석, 그 왼편에 운전석 뒷자리가 2석, 운전기사 옆자리(조수석)가 3석, 가장 불편하고 옹색한 뒷좌석 가운데 자리가 4석이다. 차주가 직접 운전할 경우에는 차주와 대등한 위치에서 대화를 나눌 수 있는 보조석이 최상석이라는 정도는 인터넷 검색만 해도 금방 알 수 있다. 하지만 서열에 따른 자리배치와 Lady First 원칙에 따른 자리배치가 충돌하는 상황 등 실생활에서는 원칙이 곧이곧대로 적용되지 않아 아래와 같이 난감한 경우가 많다.

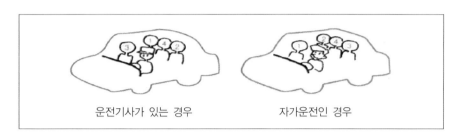

운전기사가 있는 경우          자가운전인 경우

### ① 자가운전하는 차량에 혼자 탑승하는 경우

차주가 직접 운전하는 차량에 탑승하는 경우에는 보조석에 함께 타는 것이 예의이다. 간혹 이성 간에 어색하여 혼자 뒤에 타는 경우가 있는데, 이는 운전하는 차주를 기사취급 하는 듯한 인상을 주게 되므로 주의해야 한다. 이러한 상황에서는 어디에 앉는 것이 차주에게 더 편안할지 물어, 따르도록 하는 것이 적절하다.

### ② 운전기사가 존재하고, 여성 부하와 남성 상사가 동승하는 경우

이때에는 남성의 서열이 월등하게 높을 경우 혹은 공식 스케줄인 경우에는 상사가 상석을 차지하되, 직급이 크게 차이나지 않거나 비공식적인 스케줄인 경우에는 여성에 대한 배려로 상석을 양보하는 것이 보통이다.

### ③ 운전기사가 존재하고, 부부 중 1인만 공식직함이 있는 상황에서 동승하는 경우

대통령이 국가원수의 지위로 외국 순방행사에 나설 경우, 대사가 나라를 대표하여 공식 행사에 참가하는 경우 등에는 공식직함을 가진 사람이 상석에 탑승한다. 따라서 Lady First 정신이 강한 서구에서도 대통령인 남편이 영부인에 비해 더 상석인 자리에 탑승하게 되는 것이다.

실생활에서 부딪히게 되는 난감한 상황에서는 '상식(common sense)'과 '배려(consideration)'라는 의전의 핵심(core)으로 돌아가야 한다. 의전은 주어진 규칙을 1:1의 관계로 적용시키는 것이 아니라, 상대방이 편안함을 느낄 수 있게 상식적인 선에서 배려하는 것이기 때문이다.

대통령과 영부인이 공식 행사장에 도착하여 하차할 때, 공식직함이 있는 대통령을 예우하는 차원에서 보조석 뒷좌석에 앉아 있는 대통령을 먼저 하차하게 할 것인가? 원활한 행사 진행을 위해서는 하차 선에 바로 접해 있는 대통령에 비해 하차 선까지 걸어 돌아와야 하는 영부인을 먼저 하차시켜, 하차 선에서 자연스럽게 만날 수 있도록 배려하는 것이 훨씬 더 적절하다.

실생활에서도 마찬가지이다. 남녀가 택시에 동승하는 경우 lady first라 하여, 여성이 먼저 승차해서 운전석 뒷자리까지 몸을 숙여 이동하게 하는 것은 여성에 대한 적절한 배려라 할 수 없다. 오히려 여성의 입장에서는 남성이 차 문을 열고 먼저 탑승한 후 여성이 보조석 뒷자리에 탑승할 수 있도록 배려해 주는 것이 더 고마울 수 있다.

국제행사나 모임에서 서열을 정하는 것은 상대방을 예우해 주는 방법일 뿐만 아니라 서로가 질서 있는 생활을 하기 위해서도 중요한 일이다. 서열에 의해 존경하는 상대를 늘 상석에 있도록 해야 하는데 상석의 일반적인 기준은 오른쪽이며 앞쪽이다.

쉬운 예로 여성과 동행할 때는 항상 오른쪽에 있도록 하는 것이 에티켓인 것이다. 상석에 앉는 사람이 윗사람이나 여성이라는 것은 알지만 어떤 곳이 상석인지는 잘 알지 못하는 것 같다. 여성이 타고 내릴 때는 남성이 조수석 쪽으로 가서 문을 열고 닫는다. 여성이 하이힐을 신고 있는 경우라면 내릴 때 손을 건네는 것이 젠틀맨이 취해야 할 태도이다.

　　㉠ 자동차·기차·버스 등을 탈 때는 일반적으로 여성이 먼저 타고 내릴 때는 남성이 먼저 내려, 필요하면 여성의 손을 잡아주는 것이 옛날 마차시대부터 내려오는 서양의 에티켓이다. 그러나 여성이 타이트스커트(tight skirt)나 짧은 미니스커트(miniskirt) 또는 이브닝드레스(evening dress) 등을 입고 있을 때는 여성이 남성에게 "먼저 타세요." 하고 권하도록 한다.

　　㉡ 여성은 자동차를 탈 때 안으로 먼저 몸을 굽혀 들어가는 것보다는 차 밖에서 차 좌석에 먼저 앉고, 다리를 모아서 차 속에 들여놓는 것이 보기 좋으며, 차에서 내릴 때는 반대로 차 좌석에 앉은 채 먼저 다리를 차 밖으로 내놓고 나오도록 한다.

비행기는 항상 여성이 먼저 타고 먼저 내린다. 여성은 자동차를 타고 내릴 때 운전기사나 동반한 남성이 문을 열어준 다음에 타고 내린다(특히 부인이 정장하고 있을 때나 데이트 때).

자동차 좌석의 상석은 운전기사가 있을 때와 없을 때에 따라서 다른데 운전기사가 있을 때는 운전석의 대각선 우측 뒷좌석이 최상석이고 맨 좌측이 제2상석, 중앙이 제3석 그리고 운전기사 옆자리 즉 소위 조수석이 말석이 된다.

주인이 직접 차를 몰 때는 이와는 달리 주인 옆자리가 최상석이 되고 뒷좌석의 맨 우측이 제2상석, 맨 좌측이 제3석, 중앙이 말석이 된다.

그리고 차 주인이 직접 운전할 경우, 지프인 경우에는 운전자 옆자리가 언제나 상석이다.

승차 시는 상위자가 먼저, 하차 시는 반대로 하위자가 먼저 하는 것이 관습이다.

비즈니스에서 가장 많이 발생하는 상황은 운전기사가 있는 택시를 탔을 때! 이때 신입사원은 운전자 대각선으로 가장 직급이 높은 사람이 앉을 수 있도록 도운 뒤, 자신은 운전석 바로 옆자리인 조수석에 탑승하는 것이 좋다. 상사와 신입사원 둘만 탑승하면 자신의 오른쪽이 무조건 상석이라는 것을 기억한다.

택시의 경우 뒷좌석 맨 우측이 최상석, 뒷좌석 좌측 창가 좌석이 제2상석, 앞의 조수석이 제3석, 뒷좌석 중앙이 말석이 된다.

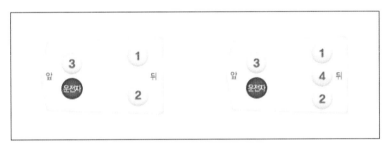

운전자가 있는 경우: 좌(3인), 우(4인)

## 8) 극장에서

극장이나 오페라에서 안내인이 선도해 줄 때는 여성을 앞세우고 안내인이 없을 때는 남성이 여성을 안내하고 또 여성을 먼저 좌석에 앉힌다. 음악회나 오페라에서는 일반관객뿐만 아니라 연주자나 연기자에 대해서도 방해가 되어서는 안 되므로 늦게 도착했을 때는 반드시 한 곡이나 한 막이 끝날 때까지 기다렸다가 입장한다. 그리고 특등석(Box)에서는 여성들은 앞줄에, 남성들은 뒷줄에 앉는 것이 예의이다.

## 9) 길거리에서

보도를 걸을 때 남성은 언제나 여성을 우측에 두는 것이 에티켓이다. 서양에서는 'Left Hand Lady is Not a Lady.'(왼쪽 편에 있는 숙녀는 숙녀가 아니다)란 속담이 있을 정도다.

그러나 차도 옆의 보도에서는 여성이 좌측에 오는 한이 있어도 남성이 반드시 차도 쪽에서 걸어야 한다.

그리고 남성이 두 여성과 함께 갈 때는 의자에 앉을 때와 같이 두 여성 사이에 끼어서 걷지 않는 것이 예의이며 길거리에서 남성이 아는 여성을 만나 이야기할 때는 반드시 모자나 장갑을 벗어야 한다.

## 10) 호텔에서

여자가 혼자 호텔에 투숙 중인데 남자손님의 방문을 받았을 때는 로비(Lobby)에서 만나는 것이 원칙이다. 자기 방에서 만나는 것은 상식에 어긋나며, 부득이 방에서 방문을 받을 때는 출입구를 조금 열어놓는 것이 에티켓이다. 이것은 호텔에서 남자가 여자 손님의 방문을 받았을 때도 동일하다.

### ① 파티에서

많은 사람이 모이는 파티에서는 파트너인 여성뿐만 아니라 모르는 여성에게도 먼저 인사하는 등의 배려를 명심할 것.

### ② 클로크 룸(Cloak Room)에 짐을 맡긴다

먼저 클로크 룸에 손에 든 짐을 맡긴다. 여자가 상의를 벗어서 맡길 경우 남성은 자연스럽게 손을 내밀어 받아두자.

### ③ 술은 남성이 가지고 오는 것

스탠딩 파티에서는 미니바(Mini Bar)가 설치되어 있는 경우도 있다. 이러한 경우에 레스토랑에서와 같이 술은 남성이 가져온다. 상대의 취향을 묻는 것을 잊지 않도록 한다.

## 11) 여성과 담배

외국의 경우 남성이 담배를 피우려 할 때는 우선 옆에 앉은 여성에게 "Do you smoke?"(담배 피우십니까)라고 담배를 권한다. 이때 그 여성이 "Thank you."(감사합니다) 하고 담배를 받으면 불까지 붙여주어야 한다. 그러나 그 여성이 담배를 피우지 않는 사람일 때는 "Do you mind if I smoke?"(담배 피워도 괜찮을까요) 하고 물어 "No, I don't"(괜찮습니다)나 "No, go right ahead."(네 피우세요) 등과 같이 반드시 No란 말을 듣고 피워야 한다.

간접흡연도 건강을 해치게 하므로 동석한 숙녀가 담배를 피우지 않을 경우 신사는 담배를 삼가는 것이 좋다.

12) 일반적인 레스토랑에서 식사할 때에도 남성은 여성이 요리에 손을 대기까지 기다렸다가 여성이 시작하면 남성도 식사를 시작하고, 남성은 여성의 식사 속도에 맞추도록 하며 여성이 식사를 끝내고 난 후 남성이 뒤따라 끝내는 것이 에티켓이다.

### 13) 계산할 때

계산대에서의 계산은 누가 부담할지에 신경 쓰지 말고 우선 남성이 지불하도록 하자. 테이블에서 지불할 경우에는 남성이 웨이터를 부른다.

## 2. 레이디 퍼스트 정신

### 1) 여성을 아끼는 습관

서양에서 남성은 자신의 와이프든 여자친구든 외투를 입고 벗을 때 꼭 도와준다. 식당이나 연회장 등에서 외투를 벗어 맡길 때나 찾을 때도 역시 남성이 맡기고 또 찾는다.

숙녀가 무거운 가방을 들고 가면 신사는 모르는 사이라도 "Please let me help you with your suitcase."(제가 가방을 들어드리지요)라고 하면서 들어주고 장갑이나 목도리 등 어떤 물건을 떨어뜨리면 신사는 서슴지 않고 이것을 주워서 그 숙녀에게 주는 것이 에티켓이다.

특히 미국에서는 사무실에서 사장이 여비서와 같이 문을 나서게 될 경우라도 꼭 그녀에게 문을 열어주고 앞서 나가게 할 정도로 레이디 퍼스트 정신이 뚜렷하고 철저하다.

미국이나 영국, 프랑스 등의 서양 각국은 어려서부터 레이디 퍼스트에 대한 교육을 받고 또 그런 환경에서 성장해서 행하는 동작 하나하나가 몸에 배어 있어 보기에 조금도 어색하지 않고 자연스럽다.

여성을 위하고 아끼는 것은 모두 레이디 퍼스트 정신과 통한다.

### 2) 숙녀가 되기 위한 노력

레이디 퍼스트 대접을 받는 숙녀들도 여성으로서 지켜야 할 매너가 있다. 서양 에티켓에서는 '숙녀는 결코 오만불손해서는 안 되며 언제나 상냥, 친절, 선의, 품위, 총명, 자존, 절도, 예의 등을 갖고 우아하고 아름답게 행동할 것'을 강조하고 있다. 여성들은 평소에 늘 교양 있는 숙녀가 되기 위하여 꾸준한 노력이 필요하다.

한국 여성들 중에는 서양 사람이나 교양 있는 한국 남성으로부터 레이디 퍼스트 대접을 받았을 때 어색하여 그 친절을 받지 못하고 우물쭈물하는 경향이 있는데 그럴 필요는 없고 당당히 호의에 응한다. 이때는 "Thank you very much." 혹은 "감사합니다." 하거나 미소를 지으면서 가볍게 목례를 하고 부담 없이 호의를 받는 것이 좋다.

**제2절  복장(Clothes)**

복장은 두 가지 뜻을 가지고 있다. 추위를 막는 것과 활동 시 편한 것이 기능이고, 장식이란 모양내는 것 즉 면치레(putting on a good appearance)를 하는 것이다.

좋은 복장이란 이 기능과 장식이 때와 장소 그리고 경우에 맞는 것을 칭한다.

복장을 보고 그 사람의 전부를 판단할 수는 없으나 사람됨을 판단하기 위하여 복장을 보는 것이 아주 의미가 없는 일은 아니다.

공식 만찬에나 어울릴 옷을 가정의 생일파티나 일반식당에 입고 나간다면 문제가 있는 사람으로 생각할 것이다.

상황에 안 어울리는 복장을 착용한다면 다른 사람들이 교양 있는 신사 숙녀 대우를 안 해주며 교양 면에서나 에티켓에 어긋나는 행위이다.

서양에서의 복장 에티켓 기준은 아주 값비싼 명품을 입는 것이 아니고 검소하지만 때와 장소 그리고 목적에 맞게 단정하게 입는 것을 의미한다. 불어로 쉬크(chic)란 말이 있는데 이 말은 기교, 솜씨 또는 멋진, 근사한, 세련된, 좋다, 멋지다, 재주, 요령, 멋의 뜻으로, chic parisien 파리의 멋, 박수갈채(속어) 등의 의미로 쓰는데 복장과 관련하여 '유행(=élégance)'이란 말보다도 더 멋지다는 말로 사용한다. chic한 복장은 유행에 비중을 두는 것보다는 자신의 용모 조건에 딱 맞고 피부색 등에 어울리는 복장을 말한다.

여성의 경우는 피부나 머리색에 잘 맞는 '자신의 color' 발견이 중요하다.

파리지엔느(parisienne)들의 미용은 세계적으로 유명한데 이것은 그녀들이 자신에게 가장 잘 맞는 색깔을 알고 있어 그 색채를 기조로 하여 '자신의 color'와 '유행color'를 찾기 때문이다. 눈에 너무 띄는 것, 지나치게 화려한 색채의 것, 또는 패션잡지 표지에 나와 있는 것같이 낯설고 새로운 것 등은 chic하다고 할 수 없다.

교양 있는 신사 숙녀들 특히 외교관들은 전통적으로 복장에 관한 한 극히 보수적이어서 색조가 지나치게 화려하거나 모양이 너무 유행을 타는 것은 피하고 침착한 색깔, 수수한 형태의 것을 즐겨 입는다.

남성의 복장, 즉 신사의 복장에는 야외복(white tie)과 약식 야외복(black tie), 예복(morning coat) 및 사교복(lounge suit) 등이 있다.

'야회복' 즉 테일 코트(tail coat)라고도 불리는 야회복은 뒤의 옷자락이 제비꼬리 모양을 하고 있어 연미복이라고도 불리는데 가장 정식의 남자 복장이다.

테일 코트는 무도회나 정식 디너 또는 저녁 파티 때 입는데 테일 코트를 입어야 할 때에는 초청장에 복장의 지정이 'white tie'라고 표현되어 있다. 외교관도 테일 코트를 입는 기회가 그다지 많지 않다. 따라서 일반 서민들은 그저 그런 것이 있다는 정도만 알고 있으면 된다. 또 어떻게 해서 꼭 입어야 할 계제가 생기면, 선진국 수도에서는 우리나라에서 웨딩 드레스를 빌려 입듯이 몸에 맞는 테일 코트를 손쉽게 빌릴 수 있다.

## 1. 초청장에 복장이 'white tie'라고 지정되어 있다면

초청장에 '화이트 타이(white tie)'나 '블랙 타이(black tie)'라는 복장을 지정해 명기되기도 하는데 초청장에 '화이트 타이(white tie)'라고 명기되어 있으면 남성은 연미복, 여성은 이브닝드레스를 입고 참석하라는 의미이다. 정식 예복으로 격조 높은 디너파티나 리셉션에서 요구된다.

남성의 연미복에는 흰색 나비넥타이, 조끼는 백색, 와이셔츠는 백색의 윙 칼라(wing collar), 장갑은 흰색키드(염소가죽 장갑), 잘 손질된 머리, 검은색 양말, 구두는 에나멜 단화를 착용한다.

여성 이브닝드레스는 어깨가 드러나는 롱드레스, 이브닝슈즈 혹은 펌프스 하이힐(옷과 같은 천이나 금은사로 만든), 파우치(pouch)를 착용한다.

## 2. 초청장에 복장이 'black tie'라고 지정되어 있다면

'약식 야회복'은 일종의 만찬복으로 턱시도(tuxedo)나 디너 재킷(dinner jacket)이라고도 불리는데 이 복장을 할 때는 초청장에 보통 'black tie'라고 복장이 지정된다.

초청장에 '블랙 타이(black tie)'라고 적혀 있으면 남성은 턱시도, 여성은 칵테일 드레스를 입게 되며 남성은 모닝코트, 여성은 세미 이브닝드레스 혹은 디너 드레스를 입는다.

남성 턱시도에 와이셔츠는 백색의 윙 칼라(wing collar), 나비넥타이, 조끼는 백색, 검은 색 양말, 구두는 에나멜 단화를 착용하며 머리와 수염은 잘 다듬어 손질한다.

여성 칵테일 드레스는 롱드레스 혹은 세미드레스, 이브닝슈즈 혹은 펌프스 하이힐, 파우치(pouch)를 착용한다.

턱시도(Tuxedo)는 19세기 초에 영국의 dinner coat를 뉴욕의 tuxedo club에서 연미복 대신에 사용한 데서 tuxedo라는 이름으로 불리게 된 것인데 영국이나 프랑스에서는 smoking 이라고도 한다. 이 턱시도는 예식적인 정식 디너 이외의 모든 저녁 파티, 극장의 첫 공연, 음악회, 호텔이나 클럽(club) 또는 고급 레스토랑이나 여객선에서의 만찬 등에 입는 아주 편리한 복장이다.

외국에서는 사교상 필수품으로 대중화되어 있으므로 품위를 유지해야 할 일이 있는 분의 외국 나들이 때나 외국인과 교제가 많은 이들은 적당한 것으로 자신의 것을 하나 장만해 두는 것이 좋다. 이 복장은 특별한 이유가 없는 한 낮에는 입지 않고 오후 6시 이후에 입는 것이 원칙으로 되어 있다.

턱시도는 상하의가 검은색이고 조끼가 달렸으며 저고리의 접은 옷깃은 검은 명주로 하고 바깥쪽에 줄을 넣은 바지에는 아랫단(커프 : cuff)을 안 넣고 반드시 멜빵을 쓰며 언제나 새틴(satin) 또는 명주의 검은 보타이(bow tie)를 맨다.

와이셔츠는 턱시도 전용의 흰 것으로 double cuffs라야 하고 가슴 단추와 cuffs button (link)은 흑색 onyx(오닉스 : 줄무늬 마노)로 된 것이 정식이다.

조끼는 저고리와 같은 검은 옷감으로 만든 것이 본식이나 더블의 턱시도를 입을 때에는 싱글 턱시도와 달리 조끼는 입지 않아도 되며 싱글 턱시도도 조끼 대신 검은 커머번드 (cummerbund)를 맬 수 있다.

동남아시아나 아프리카 등 열대의 나라에서는 여름에 검은 코트 대신 흰 것을 입는다. 그러나 구두는 흰색이 아니고 검은색을 신어야 한다. 구두는 흑색 총 에나멜 단화가 정식으로 보통 흑색 단화도 무방하다.

손수건은 흰 마제를 쓰나 흰 코트를 입었을 때에는 흑색 견직 손수건(handkerchief)을 써도 좋다.

양말은 흑색 견직 또는 나일론, 백선이 들어 있어도 좋고 없는 무지도 좋다.

외투는 단추가 안 보이는 흑색 싱글로 소위 체스터필드형이 정식이나 무지의 검정 또는 진한 감색이라면 보통 외투를 입어도 무관하다.

모자는 실크 햇이나 오페라 햇이 정식이지만 검은 함버그를 써도 좋고 여름에는 파나마 모자를 써도 좋으나 요즈음은 쓰지 않는 경우가 더 많다.

## 3. 예복

낮에 입는 신사의 정식 예복은 검은 상의 앞섶을 비스듬히 마른 모닝코트(morning coat)에다 상의와 동절의 조끼 및 흑색과 회색의 줄이 있는 바지로 되어 있다. 이 모닝코트는 정식 오찬회, 준공식, 제막식 경마 등 모든 예식적인 낮행사 때 입는 일반적인 복장이다.

그러나 요즈음은 일반용으로는 낮에 있는 결혼식이나 장례식 등에 입을 정도고 그것도 간소화되어 모닝코트의 상의 대신 검은색 계통의 보통 신사복 상의를 입는 것이 유행이며 또 점점 바지까지도 보통 신사복 바지를 입는 사람들이 많아지고 있다.

모닝코트에는 실크 햇을 쓰며 색 코트에는 중산 모자를 쓴다. 넥타이는 보통 흑색과 백색의 줄무늬가 있는 것을 매거나 회색 보타이를 맨다. 구두는 흑색 단화이고 양말은 검은색 계통을 신는다.

## 4. 사교복

일상 업무용으로 신사들은 business suit, sack suit 또는 lounge suit(프랑스말로는 터니드 빌(tenue de ville))라고 불리는 상의와 바지에 조끼까지 해서 한 벌이 된 소위 신사복을 입는데 조끼는 맨 아래 단추 하나를 끼지 않는 것이 영미의 풍습이다.

그러나 최근에는 조끼를 빼고 싱글이든 더블이든 상의와 바지만을 입는 것이 대유행인데 조끼를 입지 않을 때는 상의의 단추 중 하나만을 꼭 끼우고 입어야 하는 것이 에티켓이다. 그리고 멜빵보다는 혁대를 매는 것이 정식이다.

사교복이란 업무용 복장이지만 현재와 같이 바쁜 세상에서는 일상 업무나 여행은 물론 방문, 오찬, 다과회, 만찬, 결혼식 등 그전 같으면 예복을 입어야 할 경우에도 차차 보통 평상복을 입어도 괜찮게 변해가고 있다.

이러한 평상복의 정장차림인 경우에 남성은 블랙슈트(black suit) 혹은 어두운 색상의 정장을 입고, 이때 와이셔츠는 보통 흰색을 입고 검은색 양말과 검은색 단화를 착용한다.

여성은 흑색이나 차분한 색상의 원피스나 슈트를 착용하며 코사지(corsage)나 액세서리로 장식하면 더욱 효과적이며, 에나멜이나 헝겊 등의 펌프스((pumps : court shoes 끈 · 걸쇠가 없는 가벼운 여성용 구두)/court shoes(코트 슈즈 : 발등이 많이 덮이지 않는, 단순한 디자인의 여성용 정장 구두)) 또는 샌들형 구두를 착용한다.

예술인이나 연예인 등 인기와 관련되는 업종에 종사하는 사람이라면 몰라도 일반 사회인들은 너무 요란하거나 유행의 첨단을 걷는 복장은 피하는 것이 좋다. 여성은 미니스커트나 부츠는 피하는 것이 좋으며 바지보다는 스커트를 준비하도록 한다. 그리고 짙은 립스틱이나 향수, 헤어제품 등으로 심하게 냄새가 나지 않도록 주의한다. 액세서리의 경우, 저녁 모임은 낮보다 조금 화려하게 보이는 것이 어울린다.

여성의 모자는 의상으로 보기 때문에 벗지 않는 것이 원칙이나 파티 성격에 안 어울리는 경우에는 삼가도록 한다. 결국 파티의 성격에 어울리는 옷차림이 되도록 하는 것이 첫째 관건이다.

양복의 색깔은 평복을 밤의 파티에 사용하는 경우가 많아지고 있다는 점을 고려하여, 흑색 계통이나 진한 감색 또는 진한 회색을 기조로 하여 택하는 것이 무난한데 특히 동양사람들에게는 이런 계통 색의 양복이 대개 잘 어울린다.

양복 줄무늬는 줄 사이가 좁은 것은 조촐해 보이고 줄 사이가 넓은 것은 화사해 보이는데 너무 눈에 띄게 줄이 뚜렷한 것보다는 조금 떨어진 곳에서 보면 무지로 보일 정도의 연한 줄무늬 쪽이 점잖다. 그리고 양복을 오래 잘 입는 비결은 같은 옷을 매일 입지 않는 것이다. 즉 두 벌이 있으면 매일 번갈아 입는 것이다. 이렇게 하면 옷이 덜 해어지기도 하지만 입을 때 기분도 좋다.

구미에서는 바닷가나 피서지에서 멋쟁이들이 가끔 흰 상의를 입고 있는 것을 보지만 시내에서는 보기 힘들다. 그러나 동남아나 아프리카 등 고온 다습한 열대지방에서는 흰 양복들을 많이 입는다. 흰 양복을 입을 때 주의해야 할 점은 구두만은 흑색 단화를 신어야 정식이라는 것이다.

서양에서는 구두를 신사 복장의 일부로 볼 정도로 중요시하는데 에나멜 이외의 가죽이면 갈색이든 흑색이든 모두 좋다. 이른바 콤비네이션이라고 해서 두 색이 섞인 구두나 스웨이드화는 시내용이 아니라 교외용으로 되어 있다. 흑색 구두는 감색이나 다색 또는 회색 양복과 잘 어울린다. 그러나 감색 계통의 양복에 다색 구두는 피하는 것이 좋다. 그리고 구두를 오래 잘 신는 비결은 양복과 같이 매일 같은 구두를 신지 않고 두서너 켤레를 번갈아가며 신는 것이며 또 신은 후에 꼭 손질하여 구두 골을 끼워놓는 것이 좋겠다.

양말은 명주나 무명의 무늬가 없는 것이 좋고 무늬가 요란하거나 색깔이 여러 가지 섞인 것은 피하는 것이 바람직하고 흑색 단화에 흰 양말은 시내에서는 절대로 신지 않는다. 역시 흑색 구두에는 진한 감색이나 흑색 계통의 양말, 다색 구두에는 갈색, 자주색, 진한 회색 양말이 잘 맞는다.

넥타이는 무늬가 있어도 좋고 없어도 좋으나 대개 무지의 양복에는 무늬가 있는 타이를 매고 줄무늬가 있는 양복에는 무지의 타이를 매는 것이 잘 어울린다.

신사의 일반용 외투는 너무 몸에 꽉 끼거나 무릎 아래까지 내려가게 너무 긴 것 또는 허리띠가 있는 것은 보기에 좋지 않다(레인코트나 트렌치코트는 벨트가 있어도 무방). 그리고 외투는 암청색이나 트위드로 된 회색의 것이 주간이나 야간 모두 입을 수 있고 또 모닝코트나 턱시도 등 예복 위에도 입을 수 있어 아주 긴요하다.

## 5. 주말의 교외용

상의와 바지가 다른 주말복을 입는다. 상의는 활동성 있는 스포츠 스타일로 색깔은 화려하고 산뜻한 것을 택하며 바지는 플란넬제가 좋다. 토요일은 이런 복장으로 사무를 보아도 에티켓에 반하지 않는다. 외투는 회색이나 다갈색이 무난하다.

12시간 이상 기차나 비행기 등을 타고 여행하게 될 경우는 여행복을 입는 것이 좋은데 색깔은 발랄하고 쉬 더러워지지 않고 잘 구겨지지 않는 것을 택하는 것이 이상적이다. 운동복은 골프면 골프, 테니스면 테니스, 각기 그 스포츠에 따라 상응하는 옷을 입어야 하는데 운동복은 일반적으로 밝은 색깔의 것이 좋다. 짧은 바지는 대체로 젊은 사람이나 마른 사람에게는 맞지만 뚱뚱한 사람이나 나이든 사람에게는 맞지 않으니 입지 않는 것이 바람직하다.

## 6. 남자의 장식품

남자는 첫째, 가능한 한 보석이나 귀금속을 쓰지 않으며 둘째, 다이아몬드와 같이 번쩍이는 것은 야회복의 커프스 버튼 정도 외에는 쓰지 않는다. 서양에서 교양 있는 신사는 다이아를 박은 넥타이 핀이나 반지를 끼지 않는다. 옛날부터 남자용의 보석으로는 사파이어뿐으로 진주도 큰 것 말고 보통 크기의 것을 넥타이핀에 쓸 정도다. 커프스 버튼을 보통 주간용으로는 금제(장식적인 것은 좋지 않다)를 쓰고 야간용은 플래티나(platina 백금)를 쓴다. 손목시계는 금속제 줄보다는 가죽 줄을 더 고상한 것으로 친다.

제10장

음주 에티켓,
식전주, 칵테일

# 제10장 음주 에티켓, 식전주, 칵테일

## 제1절 음주 에티켓

에티켓이란 단어는 불어로 '예의'를 뜻하지만, '꼬리표' 즉 병에 붙은 라벨을 뜻하는데 옛날에는 꼬리표에 예의범절을 적어놓았던 것이 그 유래이다. 식당이나 바(Bar)에서 손님을 초대하거나 초대를 받아 가서 술이나 음식을 대하면 그 맛과 향을 감상하고, 서로 대화하면서 그 술이나 음식에 얽힌 이야기를 풀어가면서 대화를 할 수 있는 교양 있는 신사숙녀가 되기 위하여 술에 관한 지식이 필요하다. 국제화 사회에 서양 술에 대한 지식이 필요한 이유가 여기에 있다.

우리나라의 경우 식탁에 앉으면 처음부터 끝까지 같은 술을 마신다. 음료와 여러 가지 술을 섞어서 순하게 즐길 수 있는 칵테일이나 식전주 등을 마시는 문화가 아니다. 반면에 서양 사회에서는 식사 전에 마시는 식전주와 식사 중에 마시는 술인 식중주, 그리고 식후에 마시는 술인 식후주가 있고 모두 또 마시는 술의 종류에 따라서 술잔(Glassware)의 모양도 매우 다양하고 정해져 내려온 잔의 형태가 모두 다르다. 오랜 세월이 지나는 동안에 '잔(Glass)의 모양도 약간씩 변하여 왔으나 기본적인 잔의 모양은 유지되고 있다. 앞장의 테이블웨어에서 자세히 다루었듯이 맥주는 텀블러(Tumbler)라는 음료수를 마시는 데 쓰는 밑부분이 편평한 잔으로 마신다. 그러나 때때로 Stein(도자기로 된 맥주용 Jug)이나 Pilsner Glass라는 독특한 형태의 글라스도 사용된다.

제2절 **술 마시는 방법**

술은 밝고 즐겁게 마시는 것이 기본이다.

술을 마시면 즐거운 기분이 되고 대화 시 목소리가 커지게 된다. 특히 서양에서는 불평을 말하거나, 화를 내는 것은 절대 금하므로 즐겁고 밝게 마시는 데 동참한다. 너무 취해서 주변 사람이 눈살을 찌푸릴 정도로 마시는 것은 서양인들도 금물이다. 술 마시기를 강요하는 것은 안 되며 못 마실 경우에는 밝게 거절하고 부드러운 음료를 주문하여 마시도록 한다.

## 1. 따르는 술을 받는 법

우리의 주도(酒道)는 서양의 편리한 주법과 공존한다. 우리의 주도는 윗사람을 공경하는 데 큰 의미가 있다. 우리는 술상에서 윗사람께 술잔을 먼저 권해야 한다. 그러나 서양에서는 레이디 퍼스트로 여성에게 먼저 따르되 나이 많은 여성에게 가장 먼저 따르고, 젊은 여성, 주빈(guest of honor, principal guest) 그리고 시계 도는 방향으로 따른다.

한국인, 중국인, 일본인들끼리는 받는 쪽은 잔을 양손으로 받는다. 오른손을 옆에 두고, 왼손은 바닥에 덧댄 후 잔을 기울이거나 가볍게 들어 올려서 따르기 쉽도록 잡는다. 그러나 서양에서는 술이나 물을 따를 때 두 손으로 받치거나 글라스를 들어 올리지 않는다. 또 서양에서는 한국처럼 와인이나 물을 글라스에 넘치도록 가득 따르거나 술을 따를 때 기울이지 않는다. 서브하는 사람이 알아서 대개 글라스의 7부 정도를 따른다. 서양인은 술잔을 돌리지 않는다.

한국인들은 상대가 술을 따를 때 술잔을 돌리는 습관이 있는데, 이는 병을 옮길 수 있어 비위생적이다.

## 2. 건배하기

건배는 요리가 다 나오고 연회가 무르익으면 건배를 하는 경우도 있고, 식사가 시작되기 전에 건배할 수도 있다. 건배할 때에는 자리에서 일어나 샴페인이나 와인글라스의 다리부분(stem)을 잡고 건배가 제의되면 글라스를 눈높이 정도에 맞추어 들어 올렸다가 옆사람과 가볍게 부딪히거나 글라스를 보호하기 위하여 부딪히는 흉내만 내기도 한다. 한 모금 마시고 글라스를 제자리에 올려놓은 후 자리에 착석한다. 술을 못 마시는 경우에는 마시는 흉내만 내거나 물잔을 들어 올려 분위기에 동참한다. 건배하는 방법은 나라마다 조금씩 다르다.

## 3. 술을 사양할 때

서양에서는 술을 마시지 않는다고 하여 글라스를 식탁 위에 엎어놓는 것은 아주 금기시한다. 그러므로 술을 마시지 않을 경우는 웨이터가 글라스에 따르려 할 때 "No, Thank You."(필요 없습니다) 또는 "No." 하면서 손을 잔 위로 가져가면 거절의 표시이다. 그러나 건배를 위한 샴페인만은 마시지 못해도 웨이터로 하여금 따르도록 허락하는 것이 예의이다.

## 4. 과음하여 취했을 때

자신이 취한 것 같으면 조용한 곳에 가서 잠깐 쉬도록 한다.

지나치다 싶으면 웨이터나 다른 사람에게 "제가 몸상태가 좋지 않아 먼저 실례를 하겠습니다."라는 말을 전하고 그 자리를 떠나는 것이 예의이다.

### 제3절 식전주

식전주(Aperitif or Cocktails)는 다음과 같다.
① High Ball(Whiskey, Gin, Vodka를 주재료로 만듦)
　　Scotch and soda, Scotch and water
　　Bourbon and soda, Bourbon and water, Bourbon and coke, Bourbon and gingerale 등.
　　Scotch & coke, Scotch & tonic 등은 주문을 피하는 것이 좋다.
② Gin and Tonic, Vodka and Tonic, Gin Fizz, Tom Collins 등
③ Sherry : 스페인 특산의 포도주에서 유래
④ Vermouth : 다른 것은 섞지 않고 마시거나 맨해튼(위스키)이나 마티니(진)를 만들어 마신다.

⑤ Cocktails(칵테일) Manhattan, Martini, Old Fashioned 등

칵테일을 더 청할 때는 되도록 처음 마신 것과 같은 것을 마시는 것이 좋다. 식욕을 돋우기 위한 식전주이므로 절대로 취할 정도로 많이 마셔서는 안 된다(빈속이므로 빨리 취함).

식탁에 앉기 전에 칵테일 파티장이나 가정의 경우에는 거실 등에서 식욕을 돋우기 위하여 마시는 술을 Aperitif 또는 Cocktails라고 부르는데 이 Cocktails란 개념에는 몇 가지 양주를 적당히 조합하고 이에 감미료, 방향료, 고미제(bitters, 苦味劑 : 혀의 미각기에 작용해서 반사적으로 타액, 위액, 위의 분비 촉진제) 등과 얼음을 넣고 혼합한 술인 소위 칵테일 등이 포함된다.

# 1. 셰리(Sherry)

셰리주는 스페인 특산의 포도주로서 원래 스페인 남부지방에서 생산되던 백포도주로 흔히 식사 전에 마시며 Sweet(단맛이 나는/도수가 낮은)/Dry Sherry(단맛이 없는/도수가 높은) 셰리주가 있다. 스페인 프런테라(Frontera) 지방의 헤레스(Xeres)에서 처음 만들어졌는데 산지의 이름인 헤레스(Xeres)가 변하여 영국식으로 발음되다가 셰리(Sherry)로 변한 것이라 한다. 황색 내지 갈색으로, 알코올분은 18% 전후이다.

Dry Sherry와 Cream Sherry로 구분되는 셰리는 롱드링크스가 아니므로 Sherry Glass에 담겨져 차갑게(10°~12°) 서브되며 달지 않은 Dry Sherry가 식전에 마시는 술로써 많이 애용된다. 셰리는 약간의 곰팡이 냄새가 그 특색이다. 일부러 곰팡이를 피게 하여 독특

출처 : http://www.spainiacs.com

한 풍미를 만들어낸 것이니 이 냄새가 난다고 상한 것으로 오해하면 안 된다.

# 2. 베르무트(Vermouth)

베르무트는 와인에 여러 가지 약초와 향료를 넣은 것인데 달콤한(Sweet) Italian Vermouth와 달콤하지 않은 (Dry)French Vermouth가 있다.

베르무트(Vermouth)는 식전주(Apéritif)로서 세계에서 가장 많이 애용하는 이탈리아의 강화와인이다. 베르무트의 어원은 허브 중 하나인 웜우드(Wormwood)의 독일어 Wermut

(베르무트)에서 유래되었다.

처음에는 주로 웜우드 허브를 와인에 넣었으나 오늘날에는 향료성분이 들어 있는 식물을 알코올에 넣어 미리 향료성분을 추출한 다음 와인과 섞는다. 알코올 농도는 6% 정도가 된다. 스위트 타입은 옅은 갈색에 당분은 12~15%이며, 드라이 타입은 색깔이 옅고 당분이 2~4%이다.

## 3. 칵테일(Cocktail)

아직도 우리 주변에는 독한 술을 많이 마시는 것을 대단한 자랑으로 여기는 무지한 사람이 많다. 이것은 정말 미련한 행동이다. 이런 사람들 중에는 가끔 "3차까지 마셨다", "엊저녁에 폭탄주를 마셨다", "40도짜리 양주를 몇 병 마셨다." 하면서 자랑을 늘어놓는다. 그러나 서양 사람들은 독한 술을 많이 마시는 것을 대단한 자랑으로 여기는 이런 우리를 이해하지 못한다. 그들은 술을 건강을 위해서 천천히 섞어서 마시는 것이 합리적이며 매너라는 것을 음주 에티켓으로 배워왔기 때문이다.

어떻든 알코올 도수가 높은 술일수록 빨리 취하게 되면서 구강 점막, 식도, 위, 간장, 그리고 뇌에까지 우리 몸은 급작스런 변화에 상처를 받게 된다. 그래서 스위스의 유명한 리큐어인 압생트(Absinthe)는 그 술을 제조한 나라인 스위스를 비롯하여 여러 나라에서 판매가 금지되고 있다. 그 이유는 이 술의 알코올이 68도나 되기 때문에 국민 건강을 위해서이다.

아직도 우리 주변에는 독한 술을 많이 마시는 것을 대단한 자랑으로 여기는 사람이 많은데 알코올 농도와 술의 품질과는 아무런 연관이 없다. 오히려 알코올 농도가 높은 술은 건강을 해친다. 알코올 농도가 아주 높은 술이나 많은 양의 술을 한꺼번에 마시면 육체적

건강은 치명적 상태에 이르게 된다. 술은 천천히 즐거운 마음으로 마시고, 독한 술은 물이나 다른 음료와 섞어서 마시는 것이 좋다. 술에서 알코올 농도는 맛, 촉감 등 술 자체의 성질을 결정짓기도 하지만 의학적으로도 대단히 중요한 의미를 가지고 있다. 술이 이롭게 작용하려면 먼저 알코올 농도가 낮아야 한다.

## 1) 칵테일의 유래

칵테일이란 한마디로 여러 가지 술을 섞은 혼합주를 말한다. 이 칵테일은 프랑스말로 Boissons Americaines(브와송 아메리카, 미국 음료)라고 하듯이 미국에서 생긴 것인데, 그 유래는 다음과 같다.

1775년경 안또완이라는 사람이 미국의 뉴올리언스(New Orleans)로 이주해 와서 술집을 열었다. 그는 여러 가지 혼성주를 만들어서 애주가들을 기쁘게 했다. 어느 날 달걀을 넣은 음료를 조합하여 판매하자 대단한 인기를 얻어 매일같이 그것을 마시러 오는 사람들로 술집이 번성했다.

당시 뉴올리언스 사람들은 거의가 프랑스말을 하고 있었는데 이들은 이 혼성음료를 프랑스식으로 '꿰드 꼭(Queue De Coq)'이라고 불렀다. 그 후 이것이 변해서 미국식으로 '칵테일(Cocktail)'이라 부르게 되었다는 것이다.

두 번째는 미국의 개척시대 이야기이다. 미국 한 시골에 투계(닭싸움)를 좋아하는 부자가 있었는데 어느 날 싸움 잘하는 수탉이 없어져 실망하고 있었다. 이 부자에게는 동네 젊은이들의 인기를 독차지하고 있는 아름다운 딸이 있었는데 이 딸은 비 오듯한 혼담을 다 거절하고 있었다. 이 딸이 실망에 차 있는 아버지의 모습을 보고 '수탉을 찾아온 사람과 결혼하겠다'고 선언했고 이에 그 시골은 발칵 뒤집혔다. 물론 시골 총각들은 모두 다 닭을 찾아 나섰다. 그러나 끝내 그 닭을 찾지 못하게 되자 아버지와 딸은 수탉 찾는 것을 포기하지 않을 수 없었다. 그러던 어느 날 갑자기 늠름하고 잘생긴 한 청년 장교가 가슴에 그 수탉을 안고 나타났다. 이 미남 장교를 집에 맞아들인 아버지와 딸은 너무나 기뻐서 제각기 다른 술을 동시에 청년 장교의 술잔에 부었다. 그랬더니 일찍이 맛보지 못했던 풍미 좋은 술이 그 장교가 가진 술잔에서 생겼다. 그래서 이 술을 Cocktail이라고 부르기 시작했다는 이야기이다.

셋째는 미국 독립전쟁 때 버지니아(Virginia) 기병대의 주보(PX : Post Exchange)에서 일하던 어떤 군인의 미망인이 재미로 여러 가지 술을 섞어 독특한 색깔과 맛으로 군인들을 즐겁게 하였는데 그때 그 미망인이 머리에 닭털(Cocktail)을 꽂고 있었다는 데에서 이 술에 Cocktail이란 이름을 붙이게 되었다는 것이다.

이와 같은 유래를 가진 칵테일은 식전에 마시는 술로서 식욕을 증진시키고 마음을 자극하는 것이어야 하므로 너무 달아도 안 되고 또 너무 쓴맛이 강해도 안 된다. 칵테일은 적당히 달고 또 향기가 뛰어나 긴장을 풀어주고 미각을 촉진하는 기능을 주어야 한다. 이를 위하여 칵테일은 좋은 얼음으로 차갑게 해야 한다.

## 2) 알코올 농도를 표시하는 방법

서양에서 알코올 농도는 증류주의 알코올 농도를 나타내는 단위로 '프루프(proof)'를 쓰며 기호는 pf.이고, 반면 우리나라는 술 100㎖에 들어 있는 순수 알코올의 ㎖를 '도(度)'로 표시하고, 이를 '주정도(酒精度)'라고 한다. 양주 80프루프는 40도를 뜻한다. 그러니까 25도짜리 소주라면 소주 100㎖에 알코올이 25㎖ 들어 있는 셈이다. 또 이 주정도를 %로 나타내기도 하는데, 이때는 부피를 기준으로 측정했다는 표시로 vol% 혹은 v/v%라는 단위가 들어간다. 왜냐면 무게를 기준으로 하면 그 수치가 상당히 달라지기 때문이다. 즉 알코올 100㎖는 80g밖에 안 된다.

## 3) 미국의 프루프(Proof)

미국에서 사용되는 알코올 도수의 표시방법으로, 온도 60℉(15.6 ℃)의 물 0에 에틸알코올 200을 Proof로 계산한다. 100 Proof는 국내 도수의 50°와 동일하다.

우리나라에서 이행하고 있는 Percent의 2배가 American Proof에 해당된다.

예) 1Proof는 0.5도, 88Proof는 44도이다. 50도 정도면 불이 붙는 화주(火酒)가 된다.

# 4. 교양 있는 신사 숙녀가 많이 찾는 칵테일

칵테일은 그 종류가 수백 가지인데 서양의 교양 있는 신사 숙녀 사이에서 가장 인기 있는 것들을 소개하면 대개 다음과 같다.

## 1) 맨해튼(Manhattan) 칵테일(32°)

- 버번 위스키(Bourbon Whiskey) 1oz
- 스위트 베르무트(Sweet Vermouth) 3/4oz

- 앙고스투라 비터스(Angostura Bitters) 1dash

  - **조주과정**

    (방법) 칵테일 글라스에 Cubed Ice를 넣고 돌려주어 차갑게
    만든다. 재료를 얼음 3~4개를 넣은 믹싱 글라스에 따
    라 붓고, 바스푼 등으로 믹싱 글라스 안벽을 3~5회쯤
    회전하여 잘 스터한다. 칵테일 글라스에 얼음을 걸러
    서 따라 붓고 체리로 장식한다.

    (조주기법) 휘젓기(Stirring, 스터 기법 Stir Method)

    (응용) 기본주로 버번 대신 스카치 위스키를 사용할 경우에
    는 로브 로이(Rob Roy)칵테일이 된다. 아메리칸 위스
    키 대신에 스카치 위스키로 만들면 '로브 로이 칵테일'
    이 됨. 위스키와 스위트 베르무트, 앙고스투라 비터스
    를 혼합 글라스에 넣어서 젓는다. 칵테일 잔에 부어서
    마라스키노 체리로 장식한다. 드라이하게 만들고 싶은 때는 이탈리안 베르무트를 적게
    넣는다. 더 독한 것을 주문하면 드라이한 프렌치 베르무트를 사용한다.

  - **맨해튼(Manhattan) Cocktail 이야기**

    현재의 뉴욕주 맨해튼은 과거 원주민의 소유지역인데, 매매계약에 반대하던 그들의 추장이 술
    에 취해서 토지매매계약을 해버렸기 때문에 '맨해튼(술주정뱅이라는 의미)'이라는 이름이 붙었
    다고 전한다.

    맨해튼은 '칵테일의 여왕'으로 칭할 정도로 유명하며 주로 여성들이 좋아한다. Dry French
    Vermouth를 넣으면 Dry Manhattan이 되는데 이것은 미국인들이 선호한다.

    바텐더가 "How do you like it?" 하고 물을 경우 그 뜻은 '어떻게 해드릴까요?'이다. 당연히
    대답은 "Make it Straight 또는 Under Rock" 등으로 선택해 주어야 교양 있는 신사 숙녀이다.
    이것은 본원지인 미국에서 온더록스 스타일로 마시기도 하기 때문에 유래된 것이다.

    베르무트가 너무 달거나 가벼워서 만족할 수 없는 사람들이 위스키나 진을 섞어서 마시게 된
    것이 오늘날의 Manhattan이나 Martini란 칵테일의 원조이다.

## 2) 마티니(Martini)(34°)

- 드라이 진 $1\frac{1}{2}$온스
- 드라이 베르무트 $\frac{1}{2}$온스
- 올리브 장식

- **조주과정**

  (방법) 믹싱글라스에 큐브얼음, 진, 베르무트를 넣는다. Stir(Stirling)해서 저은 후 잔에 따르고
  올리브로 장식한다. 맛을 좋게 하기 위하여 단단하고 물기가 없는 얼음을 사용한다. 너
  무 저어 얼음이 많이 녹아버리지 않게 주의한다.

마티니는 진에 French Vermouth를 섞은 것으로 올리브 열매로 장식한다. 맨해튼이 여성용으로 '칵테일의 여왕'이라면 마티니는 남성용으로 '칵테일의 왕'이라고 하겠다. 마티니는 맛이 맨해튼보다 강해 남성들이 즐겨 마신다.

Dry Martini가 선호되는데 미국 남성들은 진을 1/2온스 추가하고 베르무트를 줄인 Extra Dry Martini를 선호한다.

냄새는 향긋하나 쓴맛이 난다. 마티니라는 이름은 1860년에서 1862년에 미국 바텐더 제리 토머스가 만들어낸 칵테일이라고 전해진다. 그 당시 제리 토머스는 샌프란시스코에서 마티네로 여행하는 어떤 신사에게 이 칵테일을 대접하였는데, 그 사람의 목적지 이름을 따서 마티니라고 이름 붙였다고 전해진다. 그러나 마티니란 이름을 가진 이탈리아인 바텐더가 이 칵테일을 만들었다는 설도 있으며, 베르무트를 생산하는 회사인 이탈리아의 '마티니 앤 로시(Martini & Rossi)'의 이름에서 유래되었다는 설도 있다.

진과 베르무트의 배합비율에 따라 달라진다. 드라이 진과 드라이 베르무트를 3 : 1로 배합하는 것을 기본으로 한다. 얼음을 넣어 온더록스로 할 수도 있다. 스위트 마티니는 드라이 진과 스위트 베르무트의 비율을 2 : 1, 미디엄 마티니는 드라이 진과 드라이 베르무트의 비율을 2 : 1/2, 드라이 마티니는 드라이 진과 베르무트의 비율을 5 : 1, 엑스트라 마티니는 7 : 1로 한다. 마티니가 처음 나왔을 때는 1대1의 비율이었으나, 점차 그 맛을 알게 되면서 스위트한 베르무트를 적게 섞기 시작하여 15대1의 비율까지 나오게 되었다. 이렇게 베르무트의 비율이 적은 마티니를 '드라이 마티니'라고 한다. 마티니의 경우 진의 알몸뚱이에다 베르무트의 얄팍한 옷을 입히는 것으로 생각하여, 베르무트를 넣어 섞지 않은 진을 "네이키드 마티니(Naked Martini)"라고 부르기도 한다.

바텐더가 "How do you like it?" 하고 물을 경우 그 뜻은 '어떻게 해드릴까요?'이다. 당연히 대답은 "Make it dry 또는 sweet."라고 하면서 "Make it Straight 또는 Under Rock" 등으로 선택해 주어야 교양 있는 신사이다.

■ 특별 음료 주문 및 조주기법
  1. 까다로운 주문방법
    (1) Straight up
      ① 만들어진 칵테일을 얼음을 걸러서 따라주는 것이란 뜻과 ② Straight 잔에 아무것도 섞지 않고 순수하게 술만 따라주는 것이란 뜻이 있음

(2) On the Rocks

얼음을 띄워놓은 것. '바위 위에'라는 뜻인데, Glass에 얼음을 3~4개 넣어 그 위에 술을 따르면 마치 바위에 따르는 것처럼 보인다는 의미가 있다. On the rocks glass(Old fashioned glass)에 술을 제공한다. On the rocks glass(Old fashioned glass)는 주로 '직접 넣기(Build) 기법'에 쓰이는 글라스이다.

(3) Two Martini(Manhattan), One Straight up, the other on the rocks, please. 마티니(맨해튼) 2잔 주세요, 하나는 스트레이트 업, 다른 하나는 온더록스로 주세요.

2. Manhattan Straight up, Martini Straight up의 국제 조주기법

(1) 까다로운 2가지 기법(on the rocks와 Straight up)은 그 호텔의 전문성을 나타내므로 반드시 숙지하여 정확히 주문하고 조주하도록 한다.

(2) Martini Straight up은 얼음을 넣은 '믹싱글라스'에 드라이 베르무트 $\frac{3}{4}$oz, 앙고스투라 비터스 1Dash, 아메리칸 위스키 $1\frac{1}{2}$oz를 부은 다음 '믹싱글라스 안벽을 3~5회쯤 회전하여 휘젓기(Stir)'한 후에 스트레이너를 사용하여 얼음을 걸러서 칵테일 글라스에 담아 체리로 장식한다.

(3) Manhattan Straight up은 얼음 넣은 '믹싱글라스'에 Sweet Vermouth $\frac{1}{2}$oz, 앙고스투라 비터스 1Dash, 아메리칸 위스키 $1\frac{1}{2}$oz를 부은 다음 '믹싱글라스 안벽을 3~5회쯤 회전하여 휘젓기(Stir)'한 후에 스트레이너를 사용하여 얼음을 걸러서 칵테일 글라스에 담아 체리로 장식한다. 이와 반대로, "on the rocks", "직접넣기(Build) 기법"으로 만드는 것에 유의한다.

(4) Martini on the rocks는 On the rocks glass(Old fashioned glass)에 드라이 베르무트 $\frac{3}{4}$oz, 앙고스투라 비터스 1Dash를 넣고 저은 다음 얼음을 넣고 드라이 진 2oz를 부은 다음 스터하여 올리브로 장식한다.

(5) Manhattan on the rocks는 On the rocks glass(Old fashioned glass)에 스위트 베르무트 $\frac{3}{4}$oz, 앙고스투라 비터스 1Dash를 넣고 저은 다음 얼음을 넣고 버번 위스키 $1\frac{1}{2}$oz를 부은 다음 스터하여 체리를 장식한다.

## 3) 캄파리 오렌지(Campari Orange)(12°)

- 캄파리 $1\frac{1}{2}$온스(45㎖)

- 오렌지 주스 잔량부분

- 오렌지 슬라이스 1장

**- 조주과정**

(방법) 텀블러에 캄파리를 넣는다.

얼음을 넣고 오렌지 주스로 채운 후, 오렌지 슬라이스로 장식한다.

오렌지 주스 적당량을 섞어 만든 캄파리와 오렌지 주스의 단맛이 잘 어우러진 칵테일이다.

## 4) 캄파리 소다(Campari Soda)(약 10°)

- 캄파리 1½oz
- 소다수(Soda Water) 적당량
- 레몬 장식

- **조주과정**

(방법) 캄파리에 소다수를 가미한 인기 있는 칵테일이다. 롱 드링크 스타일로는 드물게 식전 칵테일이다. 캄파리 특유의 강한 쓴맛과 소다수의 탄산이 식욕을 돋우어주기 때문에 유럽의 레스토랑에서는 식전주로 인기가 높다. 최근에는 파티석상의 드링크나 스포츠 후에도 즐겨 마시고 있다. 얼음을 넣은 하이 볼 글라스에 캄파리를 따르고 소다수를 채운 다음 조각으로 자른 오렌지나 슬라이스한 것을 사용해 장식한다.

본고장 이탈리아에서는 붉은 글라스를 지중해의 태양으로 간주하고 한숨에 다 마시는 것이 원칙이라고 한다.

■ **캄파리(Campari)**

Campari(캄파리)는 창시자의 이름을 딴 이탈리아산의 붉은색으로 매우 쓴맛의 리큐어(Liqueur)이며, 주로 아페리티프(Apéritif : 식전주)로 애음되고 소다수(Soda Water)나 오렌지주스(Orange Juice)와 잘 배합되는 단맛과 쌉쌀한 풍미가 어우러져 여성들이 선호하는 대표적 식전음료로 알려져 있다. 캄파리는 이탈리아의 비터, 향신료, 식물의 뿌리, 과일 껍질과 나무껍질 등 60여 가지의 재료를 혼합해 만들었다.

## 5) 싱가포르 슬링(Singapore Sling)(약 21°)

- 드라이 진(Dry Gin) 1½oz
- 체리브랜디(Cherry Brandy) 1/2oz
- 레몬주스(Lemon Juice) 1/2oz
- 설탕시럽(Sugar Syrup) 1tsp
- 소다수(Soda Water) 적당량

출처 : http://www.liquor.com/recipes/singapore-sling/

> **– 조주과정**
> (방법) Shaker에 소다수를 제외한 위의 재료를 넣고 Shake한 다음, Footed Pilsner Glass에
> Cubed Ice를 넣은 후, 글라스에 셰이커의 내용물을 따르고 소다수로 채운다. 오렌지와
> 체리로 장식하여 제공한다.
> (조주기법) 흔들기(Shaking, 셰이크 기법 Shake Method) 후에 직접넣기(Building, 빌드 기법)
> (응용) 싱가포르 러플즈 호텔의 바(bar)에서 Special Drinks로 만들어 세계적인 칵테일이 된
> City 칵테일이다.

## 5. 칵테일파티에서의 에티켓

칵테일파티에서 모두 화기애애하게 식전주(Aperitif)를 마시고 있는데 술을 못 마신다고 그냥 있는 것은 본인도 멋쩍고 분위기가 어색해져 그리 좋지 않다. 이럴 때에는 약한 칵테일을 주문하면 좋은데 아예 금주를 하는 사람은 Seven-Up 아니면 Cola나 Gingerale이라도 주문해서 마셔주는 것이 에티켓이다. 또는 칵테일을 주문할 때 '아무거나 주세요.'라고 해선 안 되며 앞에서 다룬 칵테일을 1~2개 미리 정해서 항시 즐길 수 있도록 해야 매너이다.

칵테일을 더 청할 때는 처음에 마신 것과 같은 것을 주문해서 마셔야 한다. 그렇지 않고 다른 것을 섞어서 마시면 이것이 숙취나 배탈의 원인이 되기 쉽다.

칵테일은 어디까지나 식욕을 돋우기 위한 술이므로 취할 정도로 마시는 것은 술을 마시러 참석한 주당으로 비춰질 수 있기도 하며 음주에티켓에 어긋난다. 사람에 따라 다르지만 보통 한두 잔이면 되며 3잔을 넘지 않아야 매너이다.

칵테일은 식욕 증진을 위한 술이므로 모두 차갑게 서브된다. 따라서 이 글라스를 잡을 때 손잡이 부분을 손가락 끝으로 집어 잡는 것이 좋다.

칵테일은 3~4모금으로 될 수 있는 한 빨리 마셔야 한다. 만든 지 10분가량 경과되면 섞인 재료가 분리되어 칵테일의 본질이 없어지기 때문이다. 반면 쇼트 드링크스(Short Drinks)는 알코올 도수가 강해 잔째 마실 때는 약간 시간을 두고 마시는 것이 좋다. 일반적으로 '혼합한 음료'를 모두 '칵테일'이라 부르지만, 엄밀히 말하자면 칵테일은 '혼합주의 한 부류'에 속한다. 칵테일을 포함하여 혼합주는 다음과 같이 분류할 수 있다.

① '쇼트 드링크(Short Drinks)'란, '본래 의미의 칵테일로서 냉각된 상태에서 짧은 시간에 마시는 칵테일'이며, 한번에 제공되는 양도 비교적 소량(60~100㎖)이다. 마티니, 맨해튼 등이 여기에 해당된다.

② '롱 드링크(Long Drinks)'란, '긴 시간 동안 마시게 만든 혼합주'로서 큰 글라스에 얼음

과 함께 제공된다. 얼음이 녹을 때까지 천천히 마시기 때문에 오랜 시간이 지나도 맛이 변하지 않도록 배려해야 한다. 하이볼, 펀치 등 여러 가지가 있다. 롱 드링크도 여러 그룹이 있다. 하이볼(Highball), 피즈(Fizz) 등 대표적인 것 외에 파티에 빠질 수 없는 펀치(Punches)가 있는데 큰 유리 볼(Glass Bowl)에 20~30인분을 만들어놓고 손님이 각자 기호에 맞춰 글라스에 따라 마신다.

혼합주는 각각의 주류에 과일주스·시럽·탄산수 등이 각자 '레시피(recipe)'에 의해 배합되는데, 기본적인 술, 즉 기주(基酒, Base)를 중심으로 여기에 부수적인 술과 기타 향신료를 비롯하여 부재료가 들어간다. 칵테일은 위스키·브랜디·진·보드카·럼 등의 기주에 따라 분류된다.

이 밖에 푸스 카페(Pousse Café)류는 각각 색깔과 비중이 다른 리큐어와 증류주, 시럽 등을 차례로 조심스럽게 부어 '비중에 의해' 재료가 글라스에 선명하게 색깔 층이 형성되게 하여 이것을 손님이 섞어 마시는 것이다.

식전주에 오렌지, 레몬, 올리브, 체리, 파인애플, 셀러리 등이 곁들여 나오는 경우가 많다. 이것은 타액의 분비를 촉진시키는 것이므로 남기지 말고 먹는 것이 좋다. 칵테일 픽에 꽂아 나오면 이것을 집고 먹으며 레몬 같은 것은 손으로 집어 먹는다. 좋아하지 않는 사람은 글라스 속에 남겨놓으면 된다. 글라스의 술을 다 마시기 전에는 먹은 올리브의 씨 등은 종이 냅킨 같은 것에 싸서 주머니나 핸드백 속에 넣었다가 후에 버리는 것이 에티켓이다.

# 6. 롱 드링크(Long Drinks)

보통 8oz(oz= 온스, 1oz = 30cc) 이상의 Tumbler란 유리잔에 넣어서 서브하는 Highball, Fizz 등을 말한다. 롱 드링크에는 얼음 조각을 4~5개 넣는 것이 상식이다. 그 얼음이 녹기 전에 마셔야 한다. 소다류를 사용한 것은 탄산가스가 빠지면 청량감이 없어지므로 빨리 마셔야 하며 1시간에 2~3잔에 한한다. 롱 드링크(Long Drinks)란, 말 그대로 긴 시간 동안 마시게 만든 혼합주로서 대형 글라스에 얼음과 함께 제공된다. 얼음이 녹을 때까지 천천히 마시기 때문에 오랜 시간이 지나도 맛이 변하지 않도록 배려해야 한다. 하이볼, 펀치 등 여러 가지가 있다.

롱 드링크(Long Drinks)는 칵테일에서 알코올성과 비알코올성을 혼합한 것을 말한다. 롱드링크는 오랫동안에 걸쳐 마시는 것으로, 텀블러 같은 글라스나 사워·고블릿·콜린스 등의 큰 잔을 사용하며 탄산수·물·얼음 등을 섞어서 만든다.

## 1) 진 피즈(Gin Fizz)(약 14°)

- 드라이 진 1온스
- 레몬주스 ½온스
- 설탕시럽 1티스푼
- 소다수 적당량
- 레몬, 체리로 장식
- 하이 볼 글라스, 셰이크 기법

드라이 진을 베이스로 셰이크 기법으로 배합한 피즈 스타일의 롱 드링크이다. 레몬의 신맛과 설탕의 단맛이 먹기 좋은 심플한 맛을 낸다. 여러 가지 변화가 즐거운 칵테일 중 하나이다. 레몬과 라임 슬라이스와 체리로 장식을 한다. 셰이커에 얼음과 함께 드라이 진 1온스, 레몬주스 ½온스, 설탕시럽 1티스푼을 넣고 잘 흔든 후 하이 볼 글라스에 따른 다음 남는 부분을 소다수로 가득 채운다.

## 2) 위스키사워(Whisky sour) (약 28°)

- 버번위스키 1½온스
- 레몬주스 ½온스
- 설탕시럽 1티스푼 이상
- 소다수 적당량

얼음 조각 4~5개를 셰이커에 넣고 잘 섞는다.

사워 글라스에 따라 소량의 탄산수를 넣고 레몬 1조각과 체리 장식

청량감을 주고 포만감을 늦추어주는 데 좋은 음료이다. 사워(Sour)는 신맛이 난다는 의미도 있지만, 베이스 되는 술(기주)에 레몬주스와 Sugar syrup을 첨가한 스타일을 말한다. 새콤한 맛의 이 칵테일은 여성들이 많이 즐기나 남성도 과음 시 알맞은 술이다.

## 3) 톰 콜린스(Tom Collins)(약 16°)

- 드라이 진 1½~2온스
- 레몬주스 ½온스
- 설탕시럽 1티스푼
- 소다수 적당량

출처 : http://www.liquor.com/
recipes/tom-collins-2/

305

셰이커에 드라이 진 $1\frac{1}{2}$~2온스, 레몬주스 $\frac{1}{2}$온스, 설탕시럽 1티스푼을 넣고 흔든 다음 글라스에 따른다. 콜린스 글라스에 얼음을 넣은 후 차가운 소다수로 가득 채운 후, 두세 번 저어준 다음 레몬과 체리로 장식해서 제공한다.

19세기 런던 리마즈 클럽의 수석 웨이터였던 존 콜린스의 작품으로, 네덜란드산 제네바 진(Genéve Gin)을 사용하여 만든 칵테일이다. 창시자의 이름을 붙여 '존 콜린스'라고 불렸지만, 후에 영국산 올드 톰 진(Old Tom Gin)으로 기주를 바꾸어 사용해 온 것이 오늘날 톰 콜린스(Tom Collins)로 불리고 있다.

제2차 세계대전이 끝난 후 주재료가 현재 바에서 쓰는 런던 드라이 진(London Dry Gin)으로 바뀌어 표준이 되었다. 소다수 양의 조절로 산뜻한 맛을 즐길 수 있는 칵테일로 아름다운 여성들이 특히 좋아한다.

진 토닉은 여름철 더운 때에 마시면 아주 좋다.

앞서 살펴보았듯이 '롱 드링크(Long Drinks)'란, 말 그대로 긴 시간 동안 마시게 만든 혼합주로서 큰 글라스에 얼음과 함께 제공된다. 얼음이 녹을 때까지 천천히 마시기 때문에 오랜 시간이 지나도 맛이 변하지 않도록 배려해야 한다. 하이볼, 진피즈, 톰 콜린스(Tom Collins), 펀치 등이다.

롱 드링크에 대해서 쇼트 드링크(Short Drinks)는 120밀리리터 미만인 용기의 글라스로 마시는 것을 말하며 숏 드링크(Short Drinks)란, 본래 의미의 칵테일로서 냉각된 상태에서 짧은 시간에 마시며, 한번에 제공되는 양도 비교적 소량(60~100㎖)이다. 마티니, 맨해튼 등이 여기에 해당된다.

# 7. 하이볼(Highball)

위스키에 소다수를 타서 8온스짜리 텀블러에 담아내는 음료를 총칭한다. 어원은 '골프장의 클럽하우스에서 술을 마시고 있는 손님 술잔에 공이 날아들어 이 이름이 붙었다는 설'과 '미국의 속어(俗語)로 기차를 발차시키기 위해서 내는 신호를 가리켰으나, 술집에서 하는 게임(다이스 Dice)의 호칭이 되었고, 다시 바뀌어 음료의 호칭이 되었다는 설' 등이 있다.

주류를 크게 양조주(청주 · 포도주 · 맥주 등)와 증류주(위스키 · 브랜디 · 럼 · 진 · 보드카 등)로 나누는데, 이스트균의 발효작용에 의한 양조주는 알코올 농도 20도 이상은 제조

할 수 없으며, 독한 술인 증류주를 총칭하여 '스피리츠(Spirits)'라고 한다.

이러한 '스피리츠(spirits)' 속에 소다수, 진저에일 등을 섞어서 희석한 음료의 통칭이 '하이볼'이다.

하이볼은 보통 '위스키를 기주'로 하지만 '진이나 보드카를 기주'로 하기도 한다. 얼음덩이 4~5개에 기주인 위스키를 1지거(Jigger) 분량(2oz, 60cc) 넣고 거기에 물이나 탄산수 또는 Cola나 Tonic Water 아니면 Gingerale 등의 조합제(Mixer)를 넣어서 8oz(240cc) 빌드기법(재료들을 직접 글라스에 넣어 칵테일을 만드는 방법)으로 글라스에 서브한다.

때로는 오렌지, 토마토, 자몽주스로 배합하는데

- Scotch 기주 : Scotch & Soda, Scotch & Water
- Bourbon 기주 : Bourbon & Coke, Bourbon & Gingerale
- Gin 기주 : Gin & Tonic
- Vodka 기주 : Vodka & Tonic, Bloody Mary, Screw Driver 등이 보편적인데 Gin & Tonic 또는 Bourbon & Coke 등을 주문하는 것보다 앞에서 다룬 맨해튼, 마티니 등이 바람직하다.

하이볼을 주문할 때 "Highball, Please"라고 주문해선 안 되며 'Bourbon and Gingerale' 'Bourbon and Coke' 식으로 꼭 기주와 조합제의 종류를 지정해서 주문해야 한다.

유럽에서는 'Whisky and Soda'라면 보통 'Scotch and Soda'를 칭하나 미국에서는 'Bourbon and Soda'를 칭한다. 그리고 주의할 것은 Scotch는 절대로 Coca Cola나 Gingerale 또는 Tonic Water 등 단맛이 들어 있는 음료와 마시지 않는다는 것이다.

'Scotch and Soda'는 설탕을 넣지 않고 향기 때문에 특히 중년층의 남성이 즐긴다.

Tonic Water는 적은 양의 키니네를 주제(主劑)로 만든 탄산수를 말하며 약간 쌉쌀한 맛이 있는데 여름에는 상쾌한 느낌을 주고 또 피로를 회복시켜 주는 좋은 청량음료이다. 진앤 토닉은 런던에서는 마티니보다 더 인기가 있다.

## 8. 샴페인 마시는 법

샴페인은 탄산가스가 포함되어 병 주둥이 부분에 와이어 네트의 잠금장치 처리가 있어 일반 와인과는 달리 코르크를 안전하게 조여주고 있다. 샴페인의 마개가 탄산가스의 밀어내는 힘이 없이 쉽게 간단히 빠지면 이것은 샴페인의 마개가 말라서 변질되었거나 아니면 탄산가스(炭酸gas, carbonic acid, 이산화탄소)가 누설(漏泄/漏洩)되어 새어나간 샴페인이다.

많은 다른 고객들과 같은 공간에서 식사하는 레스토랑에서는 샴페인을 냅킨을 이용해 샴페인 코르크 따는 법을 숙지하여 주위 고객에게 피해가 가지 않도록 소리가 나지 않게 샴페인 마개를 뽑아야 한다. 단 자기들끼리의 별실을 사용할 경우에는 무관하다.

샴페인은 발포성 와인으로 맛이 좋고 순하므로 자칫하면 과음하기 쉽다. 그러나 약간만 과음을 해도 골치가 아프고 휘청거리므로 절대로 과음해서는 안 된다. 한두 잔 정도로 그만두는 것이 현명하고 실수를 줄일 수 있다.

## 9. 리큐어(Liqueur)

영미에서는 보통 코르디알(Cordials)이라고도 부르는 이 리큐어는 라틴어의 리큐파세르 (Liquefacere : 녹는다)에서 그 어원이 유래되었다고 한다. 리큐어는 과일이나 곡류를 발효 증류하여 만든 주정을 기주(Base Liquor)로 하고 대개 정제한 설탕이나 꿀을 사용하여 단 맛을 내고 약초(Herbs), 과일, 식물 껍질(Peels), 씨, 뿌리(Roots) 등을 첨가(添加)하여 향미와 색깔을 갖게 한 것으로 건강을 강조한 혼성주(混成酒)이다. 그러므로 대개 스트레이트하여 식후주(食後酒, After Drink)로 널리 애음되고 있으며, 또한 색깔이나 높은 향미 때문에 칵 테일이나 펀치류 조주 시에 향(香)을 내거나 맛을 가미하기 위하여 널리 사용된다(호텔용어 사전, 백산출판사, 2008). 리큐어는 그 종류가 40종 이상인데 그중에서 대표적인 것을 소개하 면 다음과 같다.

### ① Galliano(갈리아노)

알프스와 지중해의 열대지방에서 생산되는 40여 종의 향료를 배합하여 만 든 노란색의 이탈리아산 리큐어로 밀라노(Milano) 지방에서 생산되는 오렌지 와 바닐라 향이 강하여 독특하고 길쭉한 병에 담긴 술이다. 갈리아노는 에티 오피아와의 전쟁에서 영웅적인 업적을 세운 이탈리아 육군소령 갈리아노 (Galliano)를 기리기 위해 만들어졌으며 주정도는 35도이다.

### ② 드람부이(Drambuie)

스카치 위스키를 기주로 하여 Honey, Herbs로 달게 한 오렌지향의 호박색 리 큐어(Liqueur)이다. 영국의 대표적인 리큐어로서 그 어원은 스코틀랜드의 고대 게릭어(Dram Buidheach)이며 "사람을 만족시키는 음료"란 뜻이고 주정도는 40 도이다.

### ③ 크림 드 민트(Cream de Menthe)

박하향이 강한 리큐어로서 초록, 빨강, 무색의 세 종류가 있는데 초록과 빨강은 착색한 것으로 주정도는 27도다.

### ④ 베네딕틴(Bénédictine)

프랑스에서 가장 오래된 리큐어의 하나다. 1510년 노르망디의 베네딕트 수도원의 수도승 '동 베르나르도 뱅셀리(Dom Bernardo Vincelli)'에 의해 만들어졌다. 근처의 가난한 어부와 농부에게 약으로 처방한 것이 기적 같은 효능을 보이자 영약주로 그 이름이 널리 알려지게 되었으며, 1534년 에는 프랑수아 1세의 궁전에서 애용될 정도로 그 명성이 높아졌다. 베네 딕틴은 그 비밀 처방을 오랜 세월 동안 유지하고 있다는 점으로도 유명 하다. 브랜디를 베이스로 안젤리카의 뿌리, 산쑥 등 27가지의 약초를 배 합하여 증류하는데, 그 향미의 특성에 따라 신비스런 솜씨로 따로따로

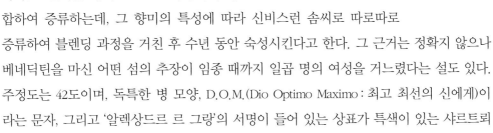

증류하여 블렌딩 과정을 거친 후 수년 동안 숙성시킨다고 한다. 그 근거는 정확지 않으나 베네딕틴을 마신 어떤 섬의 추장이 임종 때까지 일곱 명의 여성을 거느렸다는 설도 있다. 주정도는 42도이며, 독특한 병 모양, D.O.M.(Dio Optimo Maximo : 최고 최선의 신에게)이 라는 문자, 그리고 '알렉상드르 르 그랑'의 서명이 들어 있는 상표가 특색이 있는 샤르트뢰 즈에 버금가는 유명주이다.

### ⑤ 칼루아(Kahlua)

멕시코산 커피 리큐어이다. 테킬라, 커피, 설탕을 넣고 Cocoa, Vanilla향 을 첨가해 만든다. 커피향과 순한 맛으로 부담 없이 마실 수 있는 매우 부 드러운 술이다. 칵테일로 블랙러시안, 롱아일랜드 아이스 티, 칼루아 밀크 (Kahlua & Milk), 칼루아 콜라 등이 있다. 주정도 26.5%Vol

# 제11장

# 식후주, 와인

# 제11장 식후주, 와인

## 제1절  식후주는 언제 어떻게 마시나?

### 1. 식후주의 개념

식후에 마시는 술을 디제스티프(Digestif)라고 한다.

아페리티프와는 반대로 식후의 소화촉진용으로 내는 것이 식후주(디제스티프 : Digestif)인데, 이것은 Digere(디제레 : 소화한다)에서 나온 말이다. 코냑·브랜디·위스키·진·칼바도스 등이다.

### 2. 식후주는 언제 마시나?

디너에서는 디저트 코스에 들어가서 커피 뒤에 식후주로 체리브랜디·페퍼민트 등 리큐어가 나오는데, 이 경우에는 잔이 처음부터 식탁 위에 놓여 있는 것이 아니라 식사가 끝난 후에 나온다.

정식 디너의 리큐어는 커피를 마시고 나서 객실로 돌아온 후 느긋한 기분으로 마신다. 약식 디너에서는 대개 식후주를 생략한다.

After Drinks는 대개 별실로 옮겨 커피나 홍차를 마시는 동안에 제공되고 이때 시가(Cigar)도 권해진다. 일반 가정이 아니고 밖에서 식사를 했을 때에는 식사가 끝난 뒤 바(Bar)나 라운지에서 식후주(食後酒)를 마시는 것이 상례이다.

### 3. 코냑(Cognac) 마시는 법

코냑은 먼저 브랜디 글라스에 따끈한 물을 부어 글라스를 데운 다음 물을 버리고 냅킨

위에 엎어놓아 물기를 뺀 후 그 잔에 따른다. 그리고 잔 속의 코냑이 식지 않게 글라스를 양손으로 잡고 천천히 그 향기를 즐기면서 마시는 것이 전통적인 음주법이다.

코냑 글라스는 향을 오래 보존하고 극대화하기 위해 입구가 좁은 항아리 모양을 하고 있다. 크기는 9온스, 32온스, 자이언트 글라스 등 다양한 편이다.

코냑은 일반적으로 따뜻하게 해서 마신다. 글라스째로 살짝 알코올램프에 데우기도 한다. 향을 더욱 진하게 느끼기 위해서이다. 마실 때는 글라스를 흔들어 코냑이 안에서 파도치게 한 후, 둘째와 셋째 손가락 사이에 글라스 다리를 끼우듯 들어 천천히 아주 조금씩 마신다. 손바닥으로 글라스 끝 부분을 감싸는 것은 코냑을 데우기 위해서이다.

Cognac 마시는 법
출처 : Cognac Occam's Taserthetased.wordpress.com

---

### 제2절  식후주 이해

다이제스티브로 식후에 서브되는 양주로는 브랜디(Brandy)와 혼성주(Liqueur)가 있다.

## 1. 리큐어(Liqueurs)

사과, 오렌지 등 과일로 만든 술, Drambuie 등이 있으며 앞장에서 다루었다.

## 2. 코냑(Cognac)과 브랜디(Brandy)의 차이는?

프랑스의 코냑(Cognac) 지방에서 생산된 브랜디를 코냑이라 한다. 코냑은 '브랜디의 왕'이다.

코냑(Cognac) 지방은 프랑스 보르도 지방 북쪽에 위치한다. 포도 품종은 생테밀리옹으로 다른 곳에서는 위니블랑(Ugni Blanc)이라고 하는 품종을 주로 사용하며, 콜롬바드(Colombard), 횔블랑슈(Folle Blanche)로 만들어진 백포도주만을 사용하며 샤랑트(Charente) 방법으로 증류기에서 연속으로 2번 증류를 거쳐 만든 것이 코냑이다.

## 3. 브랜디(Brandy)

브랜디는 품질을 기준으로 다음과 같이 구분한다.

첫째, 코냑(Cognac)

둘째, 아르마냑(Armagnac)

셋째, 기타 브랜디(프렌치 브랜디(French Brandy), 오드비, 그라파, 칼바도스 등)

특히 프랑스 코냑 지방에서 생산되는 브랜디를 코냑이라고 한다. 브랜디는 증류한 와인을 말하며 나무통에서 숙성시키는데 식후주 중에서 가장 혈통이 좋은 귀족이라고 하겠다. 브랜디는 입에 대기가 순한 데 비해서 주정도가 40도에서 42도나 되는 강한 술이다.

와인 이외의 과일주를 증류하였을 때에도 역시 브랜디란 말을 쓰나 그때는 보통 그 원료의 이름을 붙여서 Apple Brandy니 Cherry Brandy라고 부른다.

### 1) 주요 생산지역

그랑 샹파뉴(Grande Champagne), 프티트 샹파뉴(Petite Champagne), 보르더리(Borderies) 팡부와(Fins Bois), 봉부와(Bons Bois), 부와 오르디네르(Bois Ordinaires)

### 2) 유명 제품

Conrvoisier나 Remy Martin의 Napoleon표가 최고 우량품이다. 같은 프랑스 코냑이라도 Armagnac 지방에서 생산되는 브랜디는 Armagnac이라고 불린다.

까뮤(Camus), 꾸브와제(Courvoisier), 헤네시(Hennessy), 레미마틴(Remy Martin), 마르텔(Martell), 오타르(Otard), 오지에(Oigoer)

### 3) 코냑의 등급은 오래된 것일수록 고급인가?

브랜디는 위스키처럼 오크통에 저장한 기간이 오래된 것일수록 고급품으로 취급된다. 회사별로 같은 X.O급이라도 같은 등급이라고 할 수 없으며, 또한 지역에 따라서도 약간의 차이가 있으므로 상표에 표시된 등급을 맹신하지 않는 것이 좋다. 또 다른 예를 들면, 6년 이상 숙성시킨 코냑상품은 무조건 X.O급을 써야 하므로 6년을 숙성시켰든 30년을 숙성시켰든 모두 X.O급을 사용해야 한다. 그리고 코냑과 아르마냑 지역의 브랜드 외에는 브랜디의 등급규정이 없으므로 아무리 나폴레옹, X.O, 엑스트라급을 사용했더라도 뛰어난 품질의 브랜디라고는 할 수 없다.

■ **코냑의 숙성기간 표시**

1983년 코냑 사무국에서 숙성시간 조작을 방지하기 위하여 부호를 재정하여 숙성기간을 꽁트 (Compte)로 표시하게 되었다. 숙성기간이 이듬해 4월 1일을 기준으로 다음해 4월 1일이면 1꽁 트라 하고, 매년 1꽁트씩 추가된다.
- V.O(Very Old) 꽁트 2 이상 4 이하
- ☆☆☆(Three Star) 꽁트 2 이상 4 이하
- 리저브(Reserve) 꽁트 4 이상 6 이하
- X.O(Extra Old) 꽁트 6 이상
- Napoleon 꽁트 6 이상

## 4) 코냑의 등급

- ★ 3~4년
- ★★ 5~6년
- ★★★ 7~10년
- V.S.O.(Very Superior Old) 15년
- V.S.O.P.(Very Superior Old Pale) 25년
- Napoleon 30년
- X.O.(Extra Old) 45년
- X(Extra) 70년 이상

## 5) 아르마냑(Armagnac)

프랑스 보르도(Bordeaux) 지방의 남쪽 피레네산맥에 가까운 아르마냑 지역에서 생산되는 고급 브랜디의 일종으로 프랑스의 유명한 브랜디 코냑과 아르마냑을 들 수 있음. 아르마냑은 프랑스 남서쪽에 위치. 코냑에 버금가는 브랜디로 주로 쓰이는 품종으로 휠블랑슈 (Folle Balnche), 위니블랑(Ughi Blanc), 콜롬바드(Colombard)이다. 증류는 한번만 하는데 아르마냑 특유의 반연속식 타입으로 5~8개의 단식 증류장치를 한꺼번에 연결시켜 놓은 형태이다.

① 주요 생산지역은 바-아르마냑(Bas Armagnac), 테나레즈(Tenareze), 오-아르마냑(Haut Armagnac)
② 유명제품은 샤보(Chabot), 끌레드 듀크(Cles de Ducs), 샤또 드로바드(Chateau de Laubade) 등이 있다.

---

**와인(Wine)**

## 1. 와인의 제조과정

와인의 제조과정은 화이트와 레드가 다르고 제조회사에 따라서도 다르지만, 보편적인 와인 제조공정은 다음과 같다

제경파쇄(포도 줄기를 제거하고, 화이트와인의 경우에는 포도껍질과 알맹이를 분리한다) → 압착(화이트와인은 과육만을 압착하여 과즙을 만들고, 레드와인은 과육 과피 과즙 씨를 모두 탱크에 넣어 전 발효시킨 후 포도껍질과 알맹이를 압착하여 과즙을 만든다) → 전발효(효모를 첨가하여 포도즙을 발효시킨다) → 후발효(와인의 맛과 향을 숙성시킨다) → 여과(미세한 잔여물까지도 제거하여 수정처럼 맑은 광택을 지니게 한다) → 와인병입(발효 탱크 속의 와인을 병에 넣는다) → 포장(코르크나 P.P.캡으로 마개를 하고 상표를 붙인다)

## 2. 다양한 와인의 세계

### 1) 드라이 와인, 스위트 와인

포도즙을 발효시킬 때 포도 속의 천연 포도당이 모두 발효하여 단맛이 거의 없는 와인을 드라이 와인이라 하고 천연 포도당이 남아 단맛을 내는 와인을 스위트 와인이라 한다. 그리고 드라이와 스위트 중간 맛의 와인은 미디엄 드라이 와인이라고 한다. 보통 스위트 와인은 식후에 디저트와 함께 마시고 드라이 와인은 식사 중에 음식과 함께 마신다. 알코올 13% 전후의 드라이한 레드와인의 경우 열량은 750㎖ 한 병당 650kcal 정도이고 일반적으로 육류, 양념이 강한 요리와 잘 어울리나 각 와인의 특징에 따라 꼭 정해진 것은 아니며, 화이트와인보다 묵직한 느낌을 주므로 나중에 마시는 것이 좋다.

### 2) 레드와인, 화이트와인 그리고 로제와인

와인은 그 빛깔에 의해 레드와인, 화이트와인, 로제와인으로 나뉜다. 보통 적포도를 사용하면 레드와인이 되고, 백포도를 사용하면 화이트와인이 된다. 레드와인은 적포도를 으깨어 껍질째 발효시키므로 껍질의 색소와 타닌성분이 녹아들어 독특한 색조 및 떫은맛, 신맛을 낸다. 화이트와인은 껍질을 제거하고 과즙만으로 발효시키므로 풍미가 상쾌하고

부드럽고 순하며, 황금색의 맑고 투명한 색을 띤다. 그리고 로제와인은 레드와인과 같이 적포도를 쓰는데 발효 전이나 발효 초기에 껍질을 제거하고 발효시켜 레드와인과 화이트와인의 중간인 핑크빛을 띠게 되며 맛은 화이트와인에 가깝다.

### 3) 알코올 도수나 당도가 높은 '강화와인'

강화와인은 알코올 도수나 당도를 높이기 위해 발효 중 또는 발효가 끝난 후 브랜디나 과즙을 첨가한 와인으로서 셰리, 포트, 마데이라 등이 대표적이다. 포트와인을 프랑스인들은 식전주로서 좋아하고, 미국인, 이태리인과 포르투갈인들은 치즈와 케이크를 곁들여 디저트와인으로 마시는데 마시는 규칙이 따로 있는 것은 아니다.

### 4) 천연향을 첨가한 '가향와인'

와인발효 전후에 과실즙이나 쑥 등 천연의 향기를 첨가하여 향을 좋게 한 가향와인으로 베르무트(Vermouth)가 대표적인데, 마티니 등의 칵테일용으로 많이 쓰이고 있다.

## 3. 와인의 분류

### 1) 단맛의 정도에 의한 분류

와인은 단맛의 정도에 따라서 '드라이'(Dry Wine)와 '스위트'(Sweet Wine)로 구분된다. 여기에서 Dry하다는 것은 상대적으로 Sweet하지 않다는 것으로 전주 또는 생선요리와 함께 많이 마신다.

### 2) 농도(Body) 가볍고 무거운 정도에 의한 분류

와인은 그 농도(Body)에 따라서 '라이트'(Light, 가벼운)와 '헤비(Heavy, 무거운)로 구분된다. 물론 이것은 감각적인 판정이지만 '라이트'한 것은 동시에 담백하고 알코올분도 낮은(Weak) 예가 많으며, 반대로 '헤비'한 것은 짙고 알코올분도 높다(Strong).

### 3) 발포성(Sparkling) 유무에 따른 분류

와인은 또한 거품의 유무에 따라 거품이 이는 발포성 와인과 거품이 일지 않는 비발포성 와인(Still Wine)으로 구분된다.
프랑스 북부의 Champagne(샹파뉴) 지방에서 나오는 발포성 와인에 한하여 샴페인(Vin

de Champagne)이라고 칭하며, 이외의 것들은 모두 스파클링 와인(Sparkling Wine)이다. 프랑스의 Dom Perignon, Moet Et Chandon, G. H. Mumm 등이 유명하다.

## 4. 적정 시음온도

적정 시음온도는 입안에서의 무게와 촉감에 따라 풀바디(Full-Bodied) 16~19℃, 미디엄바디(Medium-Bodied) 14~15℃, 라이트 바디(Light-Bodied)는 12~13℃로 마시며, 일반적인 알코올 농도는 12~14%이다. 구체적으로 살펴보면 다음과 같다.

① 무겁고 중후한 맛의 적포도주 : 17~19℃(보르도 지역 와인, 부르고뉴 지역 와인, 바롤로 지역 와인)

② 중간 정도의 무겁고 중후한 맛의 적포도주 : 13~15℃(론강 계곡 지방와인, 보졸레, 알자스, 키안티 클라시코 와인)

③ 가벼운 맛의 적포도주와 로제와인 : 10~13℃(샤블리, 뮈스까데, 알자스 리슬링, 앙주 지방 로제와인)

④ 백포도주 : 7~10℃(코트 뒤 프로방스, 타벨, 부르고뉴 와인)

⑤ 샴페인과 발포성 와인 : 1~4℃(랑송, 소테른, 폴레미, 블랙타워)

## 5. Wine의 성분

와인 한 병을 만드는 데 사용되는 포도는 1,000~1,200g 정도이며, 발효과정을 거치면서 포도와는 전혀 다른 맛을 지니게 되지만 유기산, 무기질, 비타민 등 포도가 가지고 있는 영양성분은 대부분 그대로 살아 있다. 이러한 이유로 와인을 '노인의 우유'라고 부르기도 하며, 건강음료로서 또는 식사를 맛있게 하도록 돕는 술로서 와인은 인류의 오랜 사랑을 받아온 것이 사실이다. 와인에 함유되어 있는 성분들을 보면 다음과 같다.

① 물이 약 80~85% 정도이며, 3% 내외의 당분, 비타민, 유기산, 각종 미네랄 등이 포함되어 있다.

② 산 : 주석산, 능금산, 구연산 등이 있다.

③ 당분 : 1리터당 남은 포도당이 10g 미만이면 드라이 와인(Dry Wine), 10~18g 미만이면 미디엄 드라이 와인(Medium Dry Wine), 18g 이상이면 스위트 와인(Sweet Wine)으로 나뉜다.

④ 질소성분 : 화이트와인에는 0.5~1.5g/ℓ가 있으며, 레드와인에는 0.8~4g/ℓ가 함유되어 있다.

⑤ 폴리페놀(Polyphenol)성분 : 와인의 색과 타닌의 성분. 화이트와인-플라본(Flavone), 레드와인-안토시아닌(Anthocyanin)

⑥ 알코올 : 12% 내외의 알코올로 60~150g/ℓ가 함유되어 있다.

⑦ 미네랄 : 칼륨, 나트륨, 칼륨, 마그네슘 등이 많다.

⑧ 프로안토시아니돌(Proanthocyanidol) : 혈관을 보호하는 기능을 하며, 항산화작용, 항바이러스 작용, 항히스타민(Antihistamine)작용을 한다.

⑨ 타닌(Tannin) : 물에 녹기 쉽고 단백질과 알칼로이드를 침전시킴. 수렴제로 쓰며 포도의 껍질에 많음. 해독작용, 살균작용, 장과 위의 점막을 보호한다.

⑩ 안토시아닌(Anthocyanin) : 방부제 역할을 한다.

⑪ 레스베라트롤(Resveratrol) : 항암, 강력한 항산화작용

## 6. Wine의 보관요령

와인은 어떻게 보관하느냐에 따라 와인이 가지고 있는 고유한 향과 맛이 개선될 수도 있고, 나빠질 수도 있다. 따라서 와인의 이러한 특징들을 고려해서 와인을 보관할 때는 다음과 같은 사항들을 고려해야 한다.

### 1) 온도

와인은 가능한 서늘한 곳에 보관하는 것이 좋다(지하 또는 동굴 속이 최적). 이상적인 온도는 7~1℃이며, 최저 영하 1~2℃에서 최대 20℃까지가 비교적 무난하나 영하의 온도에서 와인의 보관이 계속되면 병이 터지거나 향을 잃어버리는 경우가 있다. 또 더운 온도가 계속되면 지나치게 숙성이 빨리되어 산성화되므로 가급적 온도의 변화가 적은 곳에 보관하는 것이 좋다.

### 2) 햇빛

Wine은 빛에 의해 변질되기 쉽기 때문에 가급적이면 어두운 곳에 보관해야 하며, 형광등, 일광등도 피하면 좋다. 특히, 스파클링 와인이나 드라이 또는 Fruity한 화이트와인은 햇빛에 치명적인 영향을 받을 수도 있다.

### 3) 습도

습도가 부족하면 포도주에 함유된 수분이 건조한 Cork를 통해 점진적으로 증발하고, 대신 공기가 병 안으로 들어가 시간의 흐름에 따라 Wine의 산화를 촉진시킨다. 반면 습도가 너무 많으면 코르크에 곰팡이가 핀다. 적정습도는 약 55~75% 정도이다.

### 4) 진동

와인은 미세한 진동에 의해서도 노화가 촉진되므로 절대로 흔들리면 안 된다. 따라서 냉장고에 장기간 보관하는 것도 곤란하며, FIFO(First In First Out-선입선출)의 원칙을 준수하는 것이 좋다.

### 5) 수평

Wine병은 수평으로 눕혀 보관하거나, 15도 정도의 각도로 눕혀서 보관하는 것이 좋다. Cork 마개가 푸석푸석한 것은 와인 보관을 잘못했기 때문이므로 일단 변질된 와인으로 의심해 볼 필요가 있다.

## 7. 와인글라스(Wine Glass)

### 1) 화이트와인 글라스

화이트와인 글라스가 레드와인 글라스보다 작은 이유는 와인을 마시는 동안 온도가 올라가지 않도록 하기 위해서이다.

출처 : http://blog.qualitybath.com/expert-tips/glassware-guide/

시음 시 혀에서 느끼는 맛에 더 중점을 두기 때문인데 이는 화이트와인의 상큼한 맛을 잘 볼 수 있게 레드와인 글라스보다 덜 오목하여 와인이 혀의 앞부분에 떨어지도록 하기 위해서이다.

**직립형 U자형 화이트와인 잔**
화이트와인의 경우 와인을 시원하게 유지하고 가볍고 섬세한 향을 유지하는 데 도움이 되는 직립형 U자형 볼(bowl)의 잔이 필요하다.

## 2) 표준 레드와인 잔

표준 적포도주 잔은 더 크고 둥글다. 3분의 1 정도만 채워서 와인을 마시기 전에 호쾌하게 스월링(Swirling : 소용돌이 쳐서)하여 산소가 공급되게(aerate) 할 수 있다.

그러나 추정한 대로 다른 종류의 레드와인을 위한 다른 유형의 적포도주 잔이 있다. 화이트와인도 마찬가지이다.

보르도 글라스(Cabernet 또는 Merlot용)는 작고 볼(bowl)이 작다. 부르고뉴 글라스(피노 누아와 같은 밝은 빨간색)에는 더 큰 볼(bowl)들이 있다. 그보다 기술적인 면을 원한다면 다음 사진의 모양을 확인할 수 있겠다.

레드와인 글라스는 일반적으로 화이트와인 글라스보다 볼의 Body가 조금 더 크다. 이는 레드와인의 향기를 보다 풍성하게 느끼기 위해서이고, 레드와인 속의 거친 타닌을 공기에 많이 노출시켜 부드러워지게 하기 위함이다. 그리고 떫은맛을 잘 느낄 수 있도록 와인이 혀 안의 깊은 부분에 전달되도록 하기 위함이다. 입구가 좁은 것은 와인의 향을 모으기 위함이다. 스템 부위 다리가 긴 것은 와인 온도가 높아지는 것을 방지하기 위함이다.

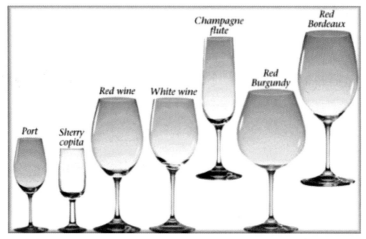

출처 : http://034dc62.netsolhost.com/WordPress/2012/01/19/10-rules-for-fine-dining/

### (1) 보르도(Bordeaux) 타입의 글라스와 병모양

입구 부위가 조금 안쪽으로 굽어 있는 튤립형으로 향기가 조금씩 일어나면서 빠져나가기 어렵게 되어 있다. 오래 숙성된 와인(Aged, Great Wine)에 적합하며 이러한 유형의 화이트와인용 글라스는 레드와인용보다 약간 작은 경향이 있다.

레드와인의 잔은 크고 오목해 와인이 혀의 안쪽 부분에 떨어져 떫고 텁텁한 맛을 잘 볼 수 있도록 하며 레드와인병은 숙성으로 인하여 생성되는 침전물이 아래쪽에 쌓이도록 병 하단부에 오목한 부분이 있다.

보르도 타입 잔과 와인병 모양

### (2) 부르고뉴(Bourgogne) 타입의 글라스와 병모양

입이 넓은 형태로 넓은 입구가 와인의 최대 산화를 보장해준다. 부르고뉴, 즉 버건디 와인을 마시는 데 사용한다.

## 3) 샴페인 글라스

샴페인의 글라스는 길고 가는 플루트(flute)형과 입구가 넓고 바닥이 낮은 소서(saucer)형이 있다. 플루트형은 샴페인의 올라오는 거품을 천천히 감상할 수 있는 것이 특징이고, 소서(saucer)형은 파티 등에서 건배를 할 때 단숨에 들이킬 수 있는 소서형을 사용하는 경우가 있다.

부르고뉴 타입 잔과 와인병 모양

샴페인 소서형

출처 : https://www.barmans.co.uk/products/product.asp?ID=2350

샴페인 플루트형

## 8. 여러 종류의 와인을 동시에 마실 경우엔 다음의 원칙을 준수한다

① White Wine을 먼저 마시고 Red Wine을 나중에 마신다.

② Dry Wine을 먼저 마시고 Sweet Wine을 나중에 마신다.

③ Light한 Wine을 먼저 마시고 High한 Wine을 나중에 마신다.

④ Young Wine을 먼저 마시고 Old Wine, Great Wine을 나중에 마신다.

⑤ Light Body(알코올을 중심으로 수분과 알코올을 제외한 나머지 성분으로 오크통에서 얻어지는 성분을 포함한 개념)한 Wine을 먼저 마시고 Full Body한 Wine을 나중에 마신다.

⑥ 향이 약한 와인을 먼저 마시고 향이 진한 와인을 나중에 마신다.

⑦ 알코올 도수가 낮은 와인부터 먼저 마시고 높은 와인을 나중에 마신다.

⑧ Bordeaux before Burgundy 등으로 즐긴다.

## 9. 와인을 마실 때의 적당한 온도는 다음과 같다

와인을 마시기에 이상적인 온도는 사람마다 조금씩 차이가 있으며, 사람마다 와인을 선호하는 온도는 조금씩 다를 수 있으므로 와인을 마시는 데 절대온도는 없다고 봐야 할 것이다. 그러나 검증된 자료에 의하면 마시기에 적당한 온도는 다음과 같다.

1) White Wine : 10~15℃

- 신맛이 많이 나는 화이트와인 : 8~13℃
- 약간 신맛이 있는 화이트와인 : 5~10℃

- 단맛이 있는 화이트와인 : 5~8℃

## 2) Red Wine : 15~20℃(or 18~20℃)

풀바디하고 장기 숙성형 레드와인은 15~18℃ 또는 18~20℃가 적당하다. 보르도나 부르고뉴 와인 스타일처럼 짜임새 있는 와인은 차게 마시면 타닌성분이 강하게 느껴지며 여러가지 향이 우러나오지 않는다. 미디엄바디한 레드와인은 13~15℃가 적당하다.

라이트바디하면서 빨리 마시는 타입의 레드와인은 9~12℃가 적당하다.(ex : 보졸레)

## 3) Champagne : 10℃(or 5~10℃)

와인은 온도에 따라 맛이 달라진다. 그 이유는 와인의 떫은맛을 내는 타닌성분 때문인데, 타닌성분은 온도가 내려가면(차가우면) 더 많이 감지되어 떫은맛이 강해진다. 껍질과 씨가 함께 발효되는 적포도주는 타닌이 더 많이 함유되어 있어 화이트와인보다 떫은맛이 훨씬 강하다. 이런 이유로 인해 레드와인을 차게 해서 마시면 떨떠름한 맛이 강하게 난다.

- ■ **맛, 숙성도, 가격, 병모양의 상관관계**
  - 맛이 풀바디(full body)하고 장기 숙성된 와인은 값이 비교적 고가이다. 일반적으로 코르크(cork)의 길이가 길다. 병이 일반적으로 무겁고 바닥에 오목한 부분(punt)이 있다.
  - 맛이 라이트 바디(light body)하고 비교적 단기 숙성된 일찍 마시는 타입의 와인은 값이 비교적 저가이다. 코르크가 짧은 것이 특징이다. 병이 일반적으로 조금 가볍고 바닥이 평평하다.
- ■ **화이트와인을 차게 그리고 레드와인을 실온에서 마시는 이유**
  - White Wine
    ① 와인이 차가울 때 더욱 fruity한 맛과 느낌을 준다.
    ② 와인이 함유되어 있는 사과산은 온도가 차가울 때 더욱 fresh한 맛과 느낌을 준다.
  - Red Wine
    ① 방향성 : 온도가 높을 때 복합적인 방향이 나오기 쉽다.
    ② 떫은맛(tannin or tannin성분) : 온도가 낮으면 떫은맛이 강해진다.
    ③ 쓴맛(tannin or tannin성분) : 와인이 차가울 때 더 쓴맛을 느낀다.
    ④ 유산함유 : 온도가 높을 때(약 20℃) 맛이 좋은 느낌을 준다. 단맛을 느낄 수 있는 성질을 갖는다.

## 10. Wine과 어울릴 수 없는 음식

식초(vinegar)가 많이 들어간 음식이다. 또 Grapefruit, Orange, Lemon 등의 산이 많은 과일,

달걀, 튀김요리 등과 함께 마시면 와인의 맛을 제대로 느낄 수 없다. 특히 달걀이 다량 들어간 요리와 White Wine은 피하도록 한다. 일반적으로 튀김요리와도 잘 어울리지 않는다.

## 제4절 식탁에서 마시는 와인

테이블에서 식사를 할 때 19세기 초까지는 어떤 와인을 어떤 요리에 맞추어 마시느냐 하는 것은 이렇다 하게 정해진 것이 없었다고 한다. 그러나 지금은 red wine with red meat, white wine with white meat(붉은 고기에는 적포도주, 흰 고기에는 백포도주)가 상식이 되었다.

과거 유럽 등의 고전적인 정식 만찬에서는 식탁에 앉은 후 Sherry, White Wine, Red Wine, Champagne, Dessert Wine의 순으로 제공되었다. 그러나 요즈음 만찬에서는 이것이 편의상 생략되어 Black Tie Dinner의 경우에도 White Wine, Red Wine, Champagne의 3가지가 서브되는 것이 보통이다.

식사 중에 마시는 술은 다음과 같이 그 용도가 정례화되었다.

- 화이트와인(White wine) : 생선류 음식(white meat)의 반주로 7~10℃ 정도로 차게 마심
- 레드와인(Red wine) : 육류 음식(red meat)의 반주로 실온, 즉 17~19℃로 마심
- 로제와인(Rose wine) : 육류와 생선요리 공통으로 반주가 되며, 차게 해서 마심
- 샴페인(Champagne) : 건배용 포도주의 일종으로 축하의 술이며, 차게 해서 마심

## 1. 포도주 저장법

① 어두운 곳에 보관하며 9~13℃의 일정온도 유지
② 연중 내내 뉘어서 코르크 마개가 젖어 있도록 저장하되 진동이 없어야 함
③ 다른 냄새를 빨리 흡수하므로 마늘과 같이 냄새가 강한 물건은 멀리해야 함

## 2. 적포도주는 Bordeaux, 백포도주는 Burgundy를

프랑스의 Bordeaux는 세계 최고의 와인 명산지이다. 와인을 즐기는 사람마다 제각기 그 기호에 따라서 다르기는 하지만 대개 적포도주는 Bordeaux, 백포도주는 Burgundy를 선호한다.

## 3. 프랑스의 와인

### 1) 보르도(Bordeaux)의 와인

프랑스 남서부 지롱드(Gironde)강 주변의 메도크(Medoc), 그라브(Graves), 생테밀리옹(Saint-Emilion), 포므롤(Pomerol), 소테른-바르삭(Sauternes-Barsac) 지구를 포함한 세계 최대의 고급 와인산지로 보르도 지방의 와인은 부르고뉴 와인에 비해 무겁고 남성적이며, 지역 특유의 병 모양이 있어 구별할 수 있다. 전체적으로 볼 때 1982, 1988, 1989, 1990, 1996, 1998, 2000, 2005, 2006년도의 빈티지가 비교적 좋은 품질이라는 평가를 받았다. 대체로 밝은 홍색으로 맛은 섬세하고 풍미와 방향이 풍부하고 떫은맛과 신맛이 알맞게 균형 잡힌 좋은 와인이다. 중년층 이상이 선호한다.

**■ 샤토(Chateau)**

프랑스어로 성(城 : castle), 대저택을 의미하는 말로 보르도(Bordeaux) 지방에서 일정면적 이상의 포도밭이 있는 곳으로 와인을 제조, 저장할 수 있는 시설을 갖춘 와이너리 이름에 붙는 명칭이다. 원어명은 Château이다.

세계 최대의 고급 산지 프랑스 보르도(Bordeaux) 지방에서 와인을 제조하는 와이너리 이름에 붙는 명칭이다. 프랑스어로 성(城 : castle), 성곽, 영주의 대저택을 의미한다. 와인의 샤토는 자체 포도밭을 가진 와인양조회사라고 이해할 수 있으며, 역사와 전통을 자랑하고 아름다운 포도밭과 고풍스러운 저택이 어우러진 곳으로 법률적으로 샤토는 일정면적 이상의 포도밭이 있는 곳으로 와인을 제조, 저장할 수 있는 시설을 갖춘 곳이어야 한다. 샤토 안에서 와인을 제조하는 곳을 '퀴비에(Cuvier)'라고 하며, 와인을 숙성하고 저장하는 곳을 '셰(Chai)'라고 한다. 보르도 외에 다른 지방에서도 간혹 이 명칭을 사용하기도 하며, 미국 등에서도 이를 사용하는 와이너리들이 있다.

보르도 와인 라벨에 샤토라는 말이 없으면 와인 중개상인 네고시앙이 포도를 사들여 자체적으로 만든 와인이라고 볼 수 있다. 이들 중에는 대중적인 일반 와인들이 많다.

2008년 기준으로 현재 보르도(Bordeaux) 지방의 전체 샤토 수는 약 8,000여 개이며 메도크(Medoc) 지역에만 1,000개가량의 샤토가 있다. 1855년에는 이 지역 상공회의소에서 메도크와 그라브 지역의 샤토 중 61곳을 선발하여 등급을 정하였으며 이 등급이 추후 공식적으로 인정된다. 1960년 등급 조정을 시도하였으나 무산되었고 1973년 1등급 와인으로 무통 로칠드(Mouton Rothschild)가 포함된 것 외에는 그대로 유지되고 있다. 보르도 와인의 유통구조는 생산자, 네고시앙, 이 둘을 연결하는 중개인의 삼각형 구조를 이루고 있으며 샤토 와인은 포도재배나 와인제조까지 일괄적으로 샤토에서 이루어지는 경우가 대부분이고 네고시앙은 이를 유통하는 역할을 한다. 중개인(Courtier)은 보르도에서만 볼 수 있으며 네고시앙이 원하는 품질을 각 와이너리에서 찾아 연결하고 수요와 공급을 조절해 주는 역할을 한다. 보르도에는 1만여 명의 생산자와 56개의 협동조합, 400개의 네고시앙 회사, 130여 명의 중개인들이 있다.

## 2) 부르고뉴(Bourgogne)의 와인

버건디는 프랑스의 남동부 부르고뉴 지방에서 생산되는 적포도주의 뜻이다. 보르도와 함께 세계 최고 포도주의 생산을 자랑한다. 부르고뉴 와인(Bourgogne Wine) 생산지는 파리에서 동남쪽으로 150km 내려가면서 오쎄르(Auxerrois), 샤블리(Chablis)에서 시작해 남쪽으로 내려가면서 본느(Beaune), 마꽁(Mâcon)까지 이어진다. 부르고뉴 와인(Bourgogne Wine)은 생산량으로 보면 프랑스 와인의 5%밖에 되지 않지만 보르도(Bordeaux)와 더불어 세계적인 명성을 지니고 있다.

'부르고뉴산 포도주'로 프랑스 동부의 Rhone강 상류와 Seine강 지류인 Bour-Gogne 지방의 와인이다. 버건디 레드는 프랑스 남동부 부르고뉴 지방 특산의 빨간 와인에서 볼 수 있는 암흑색으로 보르도 레드가 여성적인 데 비해서 남성적이며 젊은 층에게 맞는 와인이다. 버건디 화이트는 연한 황록색이고 향긋하며 Dry하다.

하지만 부르고뉴 와인은 재배업자 겸 양조업자인 도멘과 협동조합, 네고시앙 등 세 가지 생산형태를 이룬다. 부르고뉴 지방 와인의 경우 네고시앙은 중간 유통 역할뿐 아니라 잘게 쪼개진 포도밭에서 포도를 사들여 와인을 양조하여 판매하는 보르도의 샤토 기능도 수행하고 있다. 약 113개 유명 네고시앙 업체가 부르고뉴 와인 생산량의 80%를 차지한다. 자체 포도밭까지 소유한 네고시앙은 자체 생산한 포도를 양조, 블렌딩, 병입까지 하는데, 이러한 대규모 네고시앙을 메종이라고 하며 점차 증가하는 추세이다. 전체적으로는 프리미에 크뤼와 그랑크뤼의 37%, 빌라주의 49%를 네고시앙이 소유하고 있다.

네고시앙은 예전에는 발효가 끝난 와인을 구입한 뒤 창고에서 숙성시켜 자신의 이름으로 판매하였지만, 최근 포도를 구입하여 직접 와인을 제조하거나 발효만 끝낸 중간상태의 와인을 구입·숙성시켜 제품을 만들어 자신의 상호로 판매한다. 또 샤토 와인을 유통하기도 하는데, 이 경우에는 샤토의 명칭과 네고시앙의 명칭이 모두 표기된다(네이버 지식백과, 두산백과).

- **도멘(domaine)**
  프랑스 부르고뉴 지방에 있는 포도원을 뜻하는데 프랑스 보르도 지방에서는 포도밭과 양조장을 샤토(Château)라고 하는데 반해 부르고뉴 지방에서는 도멘이라고 한다. 샤토는 대부분 한 사람 또는 한 가족이 소유하고 있지만 부르고뉴의 도멘은 소유주 여럿이 소유한 경우가 많다. 그래서 부르고뉴 지방 와인의 경우 네고시앙이 잘게 쪼개진 도멘에서 포도를 사들여 와인을 양조하여 판매하는 보르도의 샤토 기능도 수행한다(네이버 지식백과, 두산백과).

## 3) 알자스(Alsace) 와인

프랑스의 동부, 독일 국경 쪽에 위치한 알자스는 보주(Vosges) 숲이 있어 강우량이 적고 바람도 막아주어 와인생산에 적합하다. 90% 이상이 백포도주(White Wine)이다. 프랑스 와인명은 주로 생산지역의 이름을 딴 것인데, 알자스 와인은 포도품종이 와인명칭을 이루고 있다는 것이 특징이다. 리슬링(Riesling), 게뷔르츠트라미너(Gewurztraminer), 토카이 피노 그리(Tokay Pinot Gris), 실바너(Sylvaner) 등이 그 예이다. 알자스 와인에 보면 Vendanges Tardives (방당쥬 따르디브), Selection Grains Nobles가 기재되어 있는데, 이는 '늦은 포도수확, 완벽한 포도알 선택'이라는 뜻으로 포도가 익기를 기다려 수확한 것으로 만든 와인인데 당분 함량이 많아 스위트 와인이 되며, 기후조건이 좋은 해에만 생산이 가능하다. 알자스 그랑크뤼(Grand Cru)는 포도재배 지역에 수여되는데 리슬링(Riesling), 뮈스까데, 피노 그리(Pinot Gris), 게뷔르츠트라미너(Gewurztraminer)만이 해당될 수 있다. 알자스 와인은 보통 오래 보관하지 않고 마시면 되는데, 그중 뮈스까를 제외한 모두를 적어도 금방 마시는 것보다는 2년에서 10년 이상까지 보관해 놓으면 좋은 맛을 즐길 수 있다고 한다. 또한 당분이 풍부한 앙주(Anjou) 지역의 로제와인(Rose Wine)은 약간 투명한 핑크색깔로 전 세계적으로 인기가 매우 높다. 드라이한 맛과 향으로 부르고뉴 지역의 화이트와인 못지않게 많이 소비되고 있다.

## 제5절 와인과 요리

생선요리에는 화이트와인, 붉은 육류요리에는 레드와인이 어울린다는 공식은 웬만한 사람이면 다 알고 있는 상식이다. 생선요리에 화이트와인이 어울리는 이유는 화이트와인의 산미가 생선의 맛과 조화되기 때문이고, 레드와인과 붉은 육류요리가 잘 어울리는 이유는 레드와인의 타닌이 육류의 기름기와 느끼한 맛을 잘 조절해 주기 때문이다.

단조로운 생선요리일수록 드라이 와인과 잘 맞고, 특히 굴요리는 샤르도네나 소비뇽 블랑이 적격이라 할 수 있다. 약간 감미로운 독일이나 알자스 와인은 생선튀김에 잘 어울린다. 붉은 육류요리에는 레드와인이 잘 맞는다고 했지만, 붉은 고기가 아니라도 닭고기나 오리고기 등의 요리도 가벼운 레드와인과 어울린다. 비프스테이크와 같은 붉은 육류

요리나 우리나라의 불고기나 갈비 같은 요리도 묵직한 레드와인, 즉 카베르네 소비뇽 등이 좋다.

그렇지만 이와 같은 등식은 어디까지나 오랜 세월 동안 다수의 사람들의 입맛에 의해 결정된 것이므로, 모든 사람들에게 해당되는 것은 아니다. 생선이든 육류든 누가 뭐래도 화이트와인이 좋다면서 마시는 사람도 많다. 와인의 맛을 잘 아는 사람은 와인과 요리를 자기의 입맛에 의해 선택하는 것이 정상적인 것이다.

포도주 한 병이면 3, 4명이 마실 수 있다. 두 사람이 마실 때는 한 병이 조금 많을지도 모른다. (와인은 마개를 열면 그 자리에서 다 마셔야지 병 속에 남겨두면 산화하여 맛이 변한다. 그렇기 때문에 한 사람이나 두 사람이 마실 때는 Half Size(반 병사이즈)를 주문하는 것이 좋다). 경우에 따라 Glass Wine을 주문해도 좋다.

원래 서양요리는 고기 종류가 주가 되기 때문에 식사가 진행되면 입 속에 기름이 엉겨서 다음에 먹는 요리에 대한 미각이 차츰 둔해진다. 그런데 와인은 그 독특한 신맛과 떫은 맛으로 지방분을 제거해 주고 신선한 미각을 되찾게 하는 작용을 해준다. 그리고 와인의 알코올성분은 위를 알맞게 자극하여 식욕을 돋운다. 그 때문에 와인은 서양요리를 먹는데 있어서 빠질 수 없는 동반자로 사랑을 받는다.

한국에서는 요리와 함께 와인을 마시는 습관이 없기 때문에 서양요리의 주요 코스가 다 끝나고 디저트 코스에 들어가서도 와인을 마시는 사람들이 가끔 있는데 와인은 요리 코스와 함께 마시기 시작하여 요리 코스와 함께 끝내야 하는 것이다.

그리고 와인은 입 속에 요리가 들어 있을 때에는 마시지 않으며 마실 때마다 마시기 전에 냅킨으로 입을 가볍게 닦는 것이 원칙이다. 이것은 냅킨을 사용하지 않고 마시면 와인글라스가 소스나 요리의 기름기로 더럽혀져 다른 사람들 보기에도 안 좋고 또 자기 자신도 기분이 좋지 않기 때문이다.

## 1. 요리에 따른 와인의 종류

① 조개, 갑각류(Shell Fish)나 전채(hors d'oeuvre(프)), 카나페(canapé)

- Graves(10℃)
- Chablis(10℃)
- Rhine 또는 Moselle(10℃)

② 수프
- Sherry(10℃)
- Madeira(10℃)
- Sauternes(7℃)

③ 생선
- White Bordeaux(10℃)
- Red Burgundies(10℃)
- Rhine(10℃)
- Moselle(10℃)

④ 새나 짐승의 고기(Game)
- Red Bordeaux(실내온도)
- Red Burgundies(실내온도)

⑤ 로스트(Roast)

오븐에서 육류, 가금류, 감자 등을 구워내는 건식열 조리방법인 로스팅(Roasting)을 이용한 요리는 향기가 좋고 무거운 적(赤)이나 백(白) 포도주 : Clarets(실내온도)

⑥ 붉은 고기에는
- Red Burgundies(실내온도)
- White Bordeaux. 무거운 맛(7.2℃)

⑦ 흰 고기에는
- White Burgundies. 향기 좋은(7.2℃)

⑧ 모든 요리(식사 전, 중, 후)

Champagne은 어떤 요리에도 잘 조화되므로 식사 중 언제 나와도 좋고 또 처음부터 끝까지 제공해도 무방하다. 샴페인은 향이 좋은 것으로 4~5℃로 차게 해서 서브된다.

⑨ 샐러드는 와인과 같은 알칼리성 식품이므로 와인종류의 제공을 피해야 한다.

## 제6절 · 와인의 시음

와인은 언제나 남성인 호스트가 먼저 맛을 보는 것이 에티켓인데 주인역이 여성인 경우에는 동반한 고객 중에서 한 남성에게 와인을 시음하게 한다. 이것은 중세에 상대를 독살하기 위하여 와인에 독을 넣는 방법을 종종 썼기 때문으로 와인을 서브하기 전에 반드시 주인이 먼저 이를 마신 데서 유래한 것이다. 그러나 오늘날은 초대한 주인이 와인의 맛이 변하지 않았는지, 온도가 맞는지 그리고 또 이물질 유무를 체크하기 위하여 와인을 먼저 마신다. 이때 호스트는 Wine Glass를 이리저리 기울여서 와인의 향기가 잔 안에 가득 차면 향기를 맡으면서 맛을 본다. 그 다음 좋다고 생각되면 웨이터에게 와인을 따르도록 지시한다. 이때 서브하는 순서는 최상석의 여자 손님에게 먼저, 그 다음부터는 시계 바늘 도는 방향으로 여성들에게 서브한다. 다른 남자 손님에게도 이 순서로 와인이 따라지는데 맨 마지막으로 호스트의 잔에 와인이 서브되면 손님들은 호스트의 술 마시기를 권하는 신호와 함께 와인을 마신다.

## 1. 와인 테이스팅(Tasting)

### 1) 테이스팅 순서

① 잔의 스템(stem) 부분을 들고 와인의 투명도를 본다.
② 잔을 테이블 위에 놓고 잔의 발목 부분을 잡은 채 원을 그리듯 소용돌이 치게 돌린다(스월링, swirling).
③ 조용히 잔을 들어 향기를 맡는다.
④ 입에 조금 담고 맛을 음미한 후 소믈리에 또는 웨이터에게 사인을 준다.

### 2) 테이스팅 포인트

① 와인을 잔에 따른 후, 가볍게 흔든다. 와인과 산소가 결합하면 맛이 더욱 좋아지기 때문이다.
② 코를 잔 가까이 대고 향기를 맡는다.
③ 한 모금 마신 후 입안에서 와인을 혀로 굴려 맛을 음미한다.

### 3) 와인 시음요령

와인 시음에 관해서, 당신은 당신의 입맛에 즐거움을 주는 와인을 발견하기 위해 전문 와인 시음가가 될 필요가 없다. 몇 가지 간단한 와인 시음요령이 프로처럼 진행될 것이다.

중요한 것은 이 다섯 가지 기본 단계를 따르는 이유를 이해하는 것이다. 일단 와인이 와인 잔에 부어지면, 와인글라스의 stem(스템 : 포도주 잔의 가늘고 기다란 손잡이 부분)을 잡고 이 간단한 단계를 따른다.

### (1) 와인 시음의 다섯 가지 "S"

① 시각(Sight) : 흰색 배경 위에 포도주를 들여다본다. 종이 한 장이 이상적이다. 와인의 나이를 색으로 많이 말할 수 있다. 화이트와인은 노화됨에 따라 더 많은 색을 발달시키지만, 레드와인은 일반적으로 색을 잃을 것이다. 그리고 충분히 길게 노화하면 둘 다 똑같은 색으로 변한다. 화이트와인은 노랗고 녹색, 짚, 창백한 금, 깊은 금, 연한 호박색, 황갈색, 갈색으로 변화한다. 적포도주는 나이들 때마다 보라색, 분홍색, 루비, 중반 빨간색, 진한 빨간색, 벽돌색 빨간색, 황갈색 갈색으로 바뀐다.

② 소용돌이(Swirl 스월) : 유리에 와인이 소용돌이친다. 와인에 산소를 공급하는 것이 목표이다. 이것은 '휘발성 물질'을 와인 위 공기 속으로 방출한다. 글라스의 측면에서 최대한 접촉을 많이 할 수 있는 만큼의 와인 양을 따른다. 이것은 공기 표면에 와인을 더 많이 접촉하게 하기 위함이다. 와인을 서브하면서 디캔팅(Decanting)을 하는 것도 같은 목적에서이다.

③ 와인 냄새(smelling the wine) : 와인을 소용돌이치게 한 직후에 유리에 코를 붙이고 짧고 예리하게(sharp) 냄새를 맡는다. 긴 냄새(long sniff)는 당신의 후각을 둔하게 한다. 여기서 찾고 있는 것은 포도향, 포도 자체가 가지고 있는 아로마(Aroma), fermentation과정에서 숙성하면서 만들어지는 부케(Bouquet) 및 성숙 단계의 나쁜 냄새[maturation odour(매추레이션 오더) : 과일·술 등이 익음. 성숙 시 악취]의 세 가지 영역으로 요약할 수 있다.

㉠ 품종(Varietal) : 과일의 특성(characteristics of fruit)에 따라 향은 달라진다. 즉 매운 후추향의 쉬라즈(peppery spicy Shiraz), 레몬향의 리슬링(Lemony Riesling), 카베르네 소비뇽에 있는 블랙베리, 라즈베리, 체리, 매실, 블랙 건포도, 초콜릿, 커피, 담배 또는 삼나무(blackberry, raspberry, cherry, plum, black currant, chocolate, coffee, tobacco or cedar in Cabernet Sauvignon), 무스카트의 건포도 및 포도(raisins and grapes in Muscat), 사과, 복숭아, 살구, 레몬 및 다른 열대과일 샤르도네(apple, peach, apricot, lemon and other tropical fruit in Chardonnays), 라즈베리, 딸기, 크랜베리 향의 피노 누아(raspberry, strawberry, cranberry in Pinot Noir).

ⓒ 디스팅트(Distinct 뚜렷함) : 독특한 와인 향을 선택할 수는 있지만 혼합 된 품종에서는 일반적으로 단일 품종을 식별 할 수 없다. 즉, 블랙 베리와 스파이스(spice 양념, 향신료) 향이 풍부한(rich in) 카베르네 멜로(Cabernet Merlot)는 단일 품종의 향을 식별 할 수 없다.

ⓒ 숙성하면서 만들어지는 부케(Fermentation bouque) : 신선하고 맛이 좋은 향기가 최근에 병입된 화이트와인에서 채취할 수 있으며, 일부 품종에서는 매우 구별되며, 일부 다른 품종에서는 알기가 어렵다.

- 성숙의 특징(Maturation characteristics) : 참나무 오크통과 천연 병에서의 노화(ageing)로 인한 노화의 결과의 예; 오크 성숙에서 나온 바닐라 계피향. 후각(nose)을 포함한 성숙의(Maturation)의 공통의 문제(common problems) 중 일부는 다음과 같다.

  • 유황 : 너무 많은 방부제(sulfur - too much preservative)
  • 식초 : 과도한 아세트산, 아마 산화 된, 셰리 와인 산화된 코르크(vinegar - excessive acetic acid, probably oxidized, sherry - wine has oxidized, probably a leaky cork)
  • 곰팡내 나기 : 악 코르크(musty - bad cork)

④ 홀짝이며 조금씩 마심(Sip)

맛의 대부분은 실제로 냄새이다. 와인의 맛을 보면서 코를 막아본다(Try holding your nose while tasting wine). 와인의 '맛'이 훨씬 줄어듦을 느낄 수 있다. 와인에는 네 가지 기본 맛(tastes 테이스트)이 있다.

㉠ 달콤한(Sweet) : 일반적으로 설탕이지만 알코올과 글리세롤('다리'라고도 하는 유리의 면을 따라 내려가는 것들)은 단맛에 기여할 수 있다. 와인에 단맛이 없으면 '드라이한' 와인이라고 한다. 혀의 끝 부분에 달콤한 맛을 느낄 것이다.

㉡ 신맛/산성(Sour/acid) : 일반적으로 산의 맛은 치아에 '부드러움'이라고 느낄 것이다. 산은 와인에 생기와 신선함을 준다. 산이 없으면 와인은 평평하고 둔감하다. 혀의 뒤쪽 안쪽에서 신맛이 난다.

㉢ 쓴맛(Bitter) : 일반적으로 산화된 와인에서 발견된다. 타닌과 쉽게 혼동된다. 타닌은 '삐걱거리는' 치아로 식별할 수 있다. 타닌은 포도 껍질과 씨앗에서 비롯된다. 쓴맛은 혀의 뒤쪽에서 맛볼 수 있다. 타닌은 좋은 오크 덕분에 특히 나이가 들면서 부드러워진다.

ⓔ 소금(Salt) : 와인에서 중요한 테이스팅 향이 아니다. 보통 와인에 들어 있는 산의 소금맛으로 존재한다. 혀의 앞쪽 바깥쪽에서 짠맛이 난다.

⑤ 맛, 풍미(Savor)

입안에 남아 있는 와인의 맛은 어떻게 느끼나? 와인은 짧거나 중간 정도의 긴 뒷맛(aftertaste) 또는 여운(finish)을 가질 수 있다. 대략적으로 말하면 짧다는 것은 10초 이내에 맛이 사라졌음을 의미하며, 중간 정도는 60초 정도이며, 60초 후에 와인을 맛본다면 긴 여운(finish)이다. 불쾌한 산성 뒷맛이 있다면 아마 와인을 좋아하지 않을 것이다. 긴 뒷맛이 즐거운 맛으로 당신을 떠나는 경우 당신은 아마도 당신의 테이블에 이 와인을 가지고 있을 것이다.

⑥ 미각(taste)

- Etymology: ME, tasten

혀와 접촉하고 뇌의 피질과 시상의 특별한 맛 센터에 신경 충동을 유발하는 용해성 물질에서 다른 맛을 인지하는 감각인 네 가지 기본적인 전통적 취향은 단맛, 짠맛, 신맛, 쓴맛이다. 혀의 앞부분은 짠맛과 단맛이 강한 물질에 가장 민감하다. 혀의 측면은 신맛이 나는 물질에 가장 민감하다. 그리고 혀의 뒷부분은 쓴 물질에 가장 민감하다. 혀의 중간에는 입맛이 거의 없다. 혀의 맛봉오리에 있는 화학 수용체(Chemoreceptor)세포는 다른 물질을 감지한다. 성인은 약 9000개의 입맛을 가지고 있으며, 대부분은 혀의 윗면에 있다. 맛의 감각은 냄새의 감각과 복잡하게 연결되어 있으며, 맛의 차별은 매우 복잡하다. 많은 전문가들이 서로 다른 취향을 인지할 수 있는 능력은 절제 신경 자극의 합성과 아직 완전하게 이해되지 않은 두뇌 과정의 조정을 포함한다고 믿는다. 가장 큰 특징은 맛의 종류에 따라 느낄 수 있는 혀의 부위가 정해져 있다는 사실이다. 맛을 내는 물질이 물이나 침에 녹아 혀의 미세포를 자극시키면 이 자극이 미신경을 통해 대뇌로 전달되어 우리가 느끼는 단맛, 짠맛 등의 맛으로 인식하게 된다.

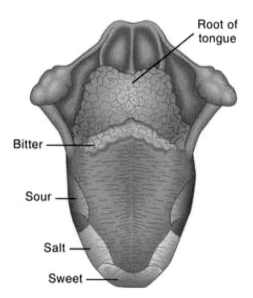

혀의 맛 부위(Taste regions of the tongue)

출처: http//medical-dictionary.thefreedictionary.com/taste(Elsevier,Mosby's Medical Dictionary, 9th edition, ⓒ 2009, Elsevier).

다음으로 냄새를 맡는 코(후각)에 대해 알아보도록 한다. 다른 포유류들과 비교하여 보았을 때, 인간을 포함한 영장류의 후각은 대단히 빈약하다고 한다. 땅에 사는 척추동물 중 포유류 특히 육식동물과 설치류(쥐)의 후각이 극도로 발달되어 있는데 이들에게 발달된 후각은 생존에 필수적이라고 할 수 있다.

대부분의 포유류(인간을 포함한 영장류는 빼고)를 포함하여 거의 모든 척추동물들은 입천장에 야콥슨기관이라 부르는 후각 수용기를 가지고 있다. 개구리와 같은 양서류에서는 이 기관이 단지 먹이를 찾는 것을 돕는 보조적인 역할을 할 뿐이지만, 뱀이나 도마뱀의 경우에는 이것으로 냄새를 맡는다. 이들은 갈라진 혀를 날름거리며 혀끝으로 바깥에 있는 화학물질 분자들을 잡아서 입안에 있는 야콥슨기관으로 보내는 것이다.

인간의 코를 살펴보면, 아래 그림과 같이 인간의 콧속에는 후세포가 있어서 음식물 등에서 나는 냄새를 맡는다. 냄새가 나는 기체물질이 콧속 후각상피의 점액에 녹아 후세포를 흥분시키면 이 흥분이 대뇌로 전달되어 "아! 사과향이구나!" 하고 인식하는 것이다. 우리의 후각은 다른 감각에 비해 예민한 편이지만 쉽게 피로해지는 특징이 있다. 냄새 나는 재래식 화장실에 오래 앉아 있으면 그 냄새에 둔감해지는 이유이기도 하다.

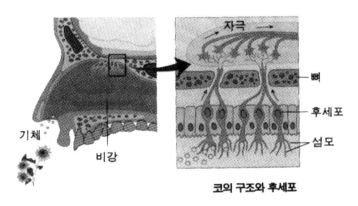

코의 구조와 후세포

출처: http://document.inet-school.co.kr/week_study/mid_study/mid2/sci/sm203_2/study3.html

### (2) 와인 아로마 휠 사용방법(How to use the Wine Aroma Wheel)

와인의 아로마를 인식하는 가장 빠른 방법은 풍미가 매우 다른 두 개 이상의 와인을 선택하고 과일 또는 매운 향과 같은 풍미를 가장 잘 나타내는 단어에 대해 휠의 내부층을 보고 베리(Berry)와 가능하면 딸기(Strawberry)와 같은 보다 구체적인 메모를 위한 외부 계층의 두 가지로 이동하는 것이다. 우리의 코와 두뇌를 훈련시켜 와인의 아로마를 연결하고 신속하게 확인하는 것은 매우 쉽다.

"지식과 감각 교육이 증가한 사람은 와인에서 무한한 즐거움을 얻을 수 있다"(Ernest Hemingway, http://bothakelder.co.za/wine-tasting/).

와인 아로마 휠(Wine Aroma Wheel)
출처 : http://bothakelder.co.za/

## 4) 와인 묘사(Describing Wine)

많은 사람들에게 이것은 와인 시음과정에서 가장 자신감이 없어지도록 겁을 주는 부분이다. 그러나 두려워하지 마라. 와이너리에 있는 누구도 전문가가 되기를 기대하지 않는다. 실제로, 포도주 양조장을 방문해 술을 가볍게 마시는 사람(casual drinker)들이 대부분이다. 단순히 당신이 그것을 좋아하거나 좋아하지 않는다고 말하면 받아들일 수 있다. 와인조건에 대한 지식을 넓히려는 경우 "와인 용어집"에 나열된 용어 중 하나를 사용하는 것이 좋다.

와인 이름을 발음하는 것은 까다로울 수 있다. 도움을 받으려면 "와인 발음 안내서"를 확인한다. 와인 목록에는 발음의 철자가 들어 있어 와인 이름을 올바르게 발음하는 데 도움이 된다.

## 2. 주의사항

① 잔은 스템(Stem : 줄기) 부분을 잡도록 한다. 와인이나 샴페인은 차가워야 제맛이 나는데 몸체를 잡으면 체온이 옮겨지기 때문이다.
② 와인을 따라줄 때 잔은 테이블 위에 둔 채로 받는다.
③ 가급적이면 잔에 술을 남기고 자리를 뜨지 않도록 한다.

### 제7절   와인 마시기

술을 마시지 못하여 옆에서 와인을 권하더라도 사양하는 것은 실례가 되지 않는다.

와인을 따를 때는 잔을 잡지 않는다. 와인을 포함한 모든 음료는 오른쪽에서 제공되며, 이때는 글라스를 잡지 말고 웨이터가 따라주는 것을 기다리면 된다. 따라준 다음에는 "Thank you"라고 감사의 표현을 한다.

만약 술을 마시지 못할 경우에는 글라스 위에 손을 가볍게 얹어 거절의 표현을 하면 되며 잔을 엎어놓으면 안 된다.

와인글라스를 잡을 때는 글라스의 다리 부분을 잡게 되는데 이는 와인이나 샴페인이 차가워야 제맛이 나며 몸체를 잡으면 체온이 옮겨져 술의 온도가 올라가기 때문이다.

술이나 음료를 마실 때 고개를 뒤로 젖히면서까지 단번에 들이켜는 모습은 보기가 좋지 않으므로 잔을 기울여서 조금씩 마시는 것이 좋다. 와인을 취하도록 마시면 요리의 맛을 모르게 되므로 와인은 요리를 즐기기 위하여 마신다는 생각으로 적당히 받도록 한다.

입안에 음식을 씹고 있는 상태에서 와인을 마시면 안 된다.

와인을 마시기 전에 냅킨으로 입 언저리를 가볍게 누른 후에 와인을 마셔야 와인글라스에 소스나 음식 등이 묻지 않는다.

글라스에 립스틱 자국이나 얼룩이 묻으면 엄지와 검지를 이용하여 가볍게 닦아낸 후 냅킨에 손을 닦는다. 다른 음료의 경우도 이와 동일하다.

와인은 대부분 병째로 주문하지만 경우에 따라 1~3잔 등으로 주문하기도 한다.

제8절 ▸ **각국의 와인라벨 읽는 법**

와인의 라벨에는 상표명뿐 아니라 그것이 어떤 와인인지가 나타나 있다. 와인에 따라 차이는 있으나 일반적으로 라벨을 보면, 어느 해에 어느 곳에서 재배한 어떤 품종의 포도를 가지고 누가 만든 어느 정도 품질의 와인인지를 알 수 있다.

Wine Label에 포함되어 있는 정보로는 ① 와인의 원료가 된 포도의 이름, ② 와인의 등급, ③ 포도가 수확된 해, ④ 와인을 만드는 회사명 또는 사람이름, ⑤ 국가명, ⑥ 지역명, ⑦ 포도농장이름 등의 정보가 포함되어 있다. Wine Label에서 reserve 또는 reserva는 이탈리아·스페인에서는 '양조장에서 특별히 오래 숙성된 와인'을 의미하고, 미국은 '특별하다'는 의미를 함유하고 있으나 법적인 구속력은 없다.

## 1) 프랑스 와인은 품질검사 규정에 따라 다음과 같이 4가지로 분류되어 있었다

### (1) AOC(원산지표시)

엄격한 규제를 받아 인정된 고급 와인이라는 표시로 라벨에 Appellation Control이라 쓰여 있다.

### (2) VDQS(상질(上質) 지정 와인)

AOC가 1등급이라면 이에 버금가는 품질의 와인이라는 의미로 VDQS 마크가 라벨에 적혀 있다.

### (3) Vin de Pays(보급주)

발음은 '뱅 드 페이'로 엄격한 규제는 받지 않지만 원산지 기입이 의무화된 일반보급을 위한 와인이다.

## (4) Vin de Table(테이블 와인)

발음은 '뱅 드 타블'이며 브랜드가 허용되고 있는 와인으로 라벨에 표시되어 있다.

AOC 와인은 반드시 원산지가 Appellation과 Control의 중간에 표기되어 있다. 그 원산지의 규제에 합격한 와인이라는 의미가 된다.

기재된 원산지 이름은 지방명, 지구명, 촌 이름 등으로 되어 있으나, 넓은 지역 이름보다는 좁은 지역의 지명일수록 엄격한 규제를 통과한 합격품임을 나타낸다.

- 마을이름 : Margaux(마고)
- Pauillac(포이약)
- 지구명 : Médoc(메도크)
- St. Emilion(생테밀리옹)
- 지방명 : Bordeaux(보르도)

원산지명이 Bordeaux라고 되어 있는 것보다 Margaux라고 쓰여 있는 것이 격이 높은 와인이다.

하지만 프랑스 원산지품질통제명칭의 와인등급체계는 2009년 8월부터 4등급 체계인 AOC(Vins d'Appellation d'Origine Contrôlée), VDQS(Vins Deliminites de Qualite Superieure), Vins de Table, Vins de Pays가 3등급 체계인 AOP(Appellation d'Origine Protégée), IGP(Indication Geographique), Without IG(Sans Indication Geographique)로 변경되었다.

① AOP : AOC와 AOC급의 품질통제를 받으면서 AOC 진입단계였던 VDQS와 통합. 프랑스 생산량의 47% 차지

② IGP : Vins de Pays의 변경. 15%의 다른 빈티지 와인 혹은 다른 품종과 블렌딩 허용, 프랑스 생산량의 25% 차지

③ Without IG : Vins de Table의 변경. 품종과 빈티지 표시 허용, 15%의 다른 빈티지 혹은 다른 품종과 블렌딩 허용, 프랑스의 여러 지방 혹은 유럽연합국가에서 생산된 빈티지 와인. 블렌딩 가능, 프랑스 생산량의 28% 차지

■ 프랑스 와인

① 빈티지(Vintage : 포도수확연도)가 1984년임

② 생산명이자 제품명인 생테밀리옹(Saint-Emilion)

③ 보르도 지방의 Saint-Emilion지역에서 생산되는 A.O.C급 와인임을 증명하는 표시

④ Bichot사에서 병입되었음을 뜻하는 말

⑤ 네고시앙-엘뵈르(Negociants-Eleveurs) : 포도원에서 와인을 사들여 자신의 저장고에
서 직접 숙성시켜 병입, 판매하는 상인

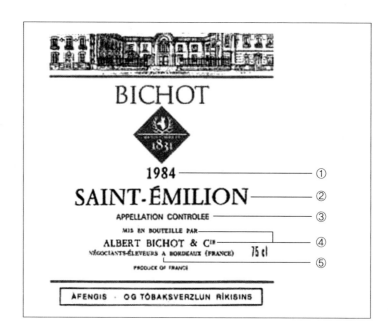

## 2) 독일 와인

화이트와인에 관하여 프랑스에 뒤지지 않게 세계적으로 유명한 나라는 독일이다. 대표적인 와인생산 지방으로 라인(Rhein)과 모젤(Mosel)을 들 수 있다.

독인 와인의 특징은 드라이한 맛보다는 스위트한 맛을 가지고 있어 일반인들이 즐겨 마시기에 좋다.

독일의 와인 상표는 세계에서도 가장 특별하다고 할 수 있으며, 와인 이름은 마을 이름에 -er을 붙인다.

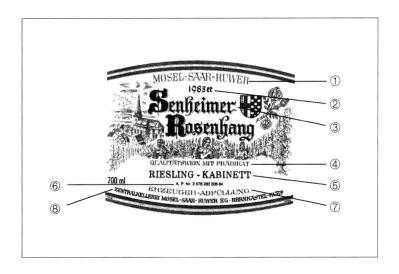

① 와인생산지역이 모젤-자르-루버라는 것을 뜻함

② 빈티지가 1983년임

③ 젠하임이라는 마을 이름에 -er을 붙이고 로젠항이라는 포도밭 이름을 합친 와인이름

④ Q.M.P.급의 와인이라는 표시

⑤ 포도품종은 리슬링(Riesling)이며 Q.M.P급 중 카비네트임을 표시

⑥ 정부의 품질검사번호

⑦ 와인생산자가 병입함

⑧ 생산회사가 젠트랄켈러라이 모젤-자르-루버임

독일산 와인은 품질검사 규정에 따라 다음과 같이 3가지로 분류한다.

① Q.m.P(고급와인) : 상급(上級) 와인 재배지역의 규정에 준하여 성숙된 포도로 양조된 고급와인을 말하며 라벨에는 크발리테츠바인 미트 프래디카트(Qualitatswein mit Pradikat)라고 표기된다.

② Q.b.A(지정 재배지역 상급와인) : 상급와인 재배지역의 포도로 양조된 상급와인 라벨에는 크발리테츠바인 베슈팀터 인바우게비테(Qualitatswein bestimmter Anbaugebiete)라고 표기된다.

③ Tafelwein(타펠바인, 보급주) : 일반 보급을 위한 대량 생산주로 비교적 값이 저렴하다.

Q.m.P는 포도의 당도에 따라 다음과 같은 종류로 다시 분류되어 라벨에 표시되고 있다. 최상급을 프레디카츠바인이라 하고 가당을 하지 않으며 포도의 성숙도에 따라 다음의 6단계로 나눈다. 밑으로 갈수록 당도가 높고 고급와인이다.

① Kabinett(카비네트) : 라이트한 와인으로 식중주로서 가장 적합한 술이다. 양질. 67~85 당도(웩슬레도)

② Spätlese(슈페트레제) : 충분히 익은 포도를 원료로 한 것으로 약간 단맛이 나는 와인이다. 늦수확. 76~92

③ Auslese(아우스레제) : 충분히 익은 포도 중 알이 굵은 포도송이만을 골라서 만든 것으로 감칠맛이 난다. 포도송이 선별 수확. 83~105

④ Beerenauslese(베렌아우스레제) : 포도송이에서 좋은 것만을 골라 만든 것으로 감미가 짙은 것이 특징이다. 포도알 선별 수확(귀부를 포함한 과숙상태). 110~128

⑤ Eiswein(아이스바인) : 12월 언 상태의 포도로 만든 와인으로 향보다는 매우 단맛을 지닌다. 언 과실. 110~128

⑥ Trockenberenauslese(트로켄베렌 아우스레제) : 균을 이용하여 숙성시킨 와인으로 감미가 짙으며, 값비싼 와인이다. 귀부현상 포도알만 선별하여 수확. 100% 귀부병 포도로 만든다. 일반 150~, 바덴 남부 154~

## 3) 이탈리아 와인

이탈리아는 와인에 있어서는 최대 생산국이자 수출국이며 토스카나(Toscana) 지방에서 생산된 키안티(Chianti)가 유명하다.

이탈리아 정부는 프랑스와인법을 모델로 와인법을 제정, 다음과 같이 와인의 품질을 규제하고 있다.

- D.O.S(Deminazione Di Origine Simplice : 원산지 단순표시 와인)
- D.O.C(Deminazione Di Origine Controllata : 원산지통제표시 와인)
- D.O.C.G(Deminazione Di Origine Controllata E Garantita : 최상급와인)

① 포도원명

② 와인의 타입 : 키안티 클라시코(Chianti Classico)는 Chianti에서도 최고 산지에서 생산된 와인임

③ 품질등급 중 D.O.C. Deminazione Di Origine-Controllata급임을 나타냄

④ 포도원에서 생산 및 병입하였음을 나타냄

⑤ 생산자의 이름과 주소

⑥ 용량 750ml임

⑦ 알코올 도수 13%

⑧ 포도의 수확연도(Vintage)

## 4) 미국 와인

최근 새로운 포도재배와 양조학의 연구를 통하여 와인산업의 비약적인 발전을 보이고 있으며 96% 이상이 캘리포니아에서 생산된다.

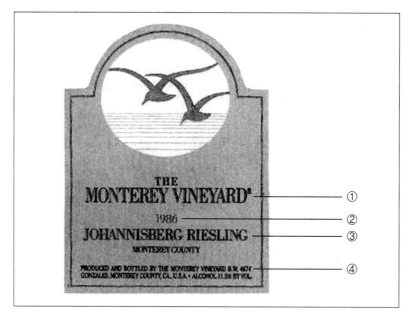

출처 : http://Kr.Ks.Yahoo.Com/Service/Ques_Reply/Ques_View.Html?Dnum=Gad&Qnum=5969219 2009.04.17 11:22 ;
http://Kr.Blog.Yahoo.Com/Dongbee2003/1933241 2009.04.17 11:22 ; http://Kr.Blog.Yahoo.Com/Dongbee2003/1933241

① 상표명

② 빈티지가 1986년임

③ 주원료로 사용된 포도품종이름인 요하니스버그 리슬링을 제품명으로 그대로 사용. 버라이어털(Varietal) 와인임을 알 수 있다. Varietal Wine은 고급와인으로 분류되며, 이외에 여러 가지 품종의 포도주를 혼합하여 유럽의 유명 와인 산지명을 제품명으로 사용하는 Generic Wine이 있다. 이것은 중급와인으로 분류된다.

④ Produced and Bottled by the Monterey Vineyard : Monterey Vineyard에서 생산 및 병입되었음을 뜻함

12

## 제9절  와인 취급법 및 open 요령

맛에 대한 온도의 영향은 매우 커서 적포도주의 떫은맛과 신맛은 따뜻하게 하면 완화되고, 차게 하면 지나친 단맛이 억제되고 알코올의 자극이 약해져 알코올 이외 성분인 미점(美點)이 강조된다. 와인글라스에 와인을 가득 부어서는 안 되며 잔의 70~80% 정도를 채우도록 따르는 것이 상식이다.

와인에는 절대로 얼음을 넣어서는 안 되며 적포도주의 경우 저장창고가 실내온도보다 낮으면 식탁에서 서브하기 전에 2~3시간 동안 방에 갖다 놓아 실내온도와 같이 해서 서브해야 한다.

와인은 병에 넣은 뒤에도 병을 막은 코르크가 연중 내내 젖어 있도록 병을 뉘어서 보존한다. 이것은 만일 와인을 하룻밤이라도 바로 세워두면 코르크가 말라 알코올분이나 향기가 빠지고 공기를 받아들여 산화작용을 일으켜 와인이 변질하기 때문이다. 와인에는 이런 작용이 있기 때문에 와인을 테이블에 내놓을 때도 적포도주는 Cradle(요람 모양의 받침대)에 뉘어서 내놓는다.

와인은 좋은 품질의 것도 앙금이 가라앉는다. 특히 적포도주는 앙금이 많이 나온다. 그래서 적포도주 병은 이 앙금을 가라앉히기 위하여 병 밑바닥을 불룩 올라가게 하는 등 이 부분을 일부러 주름이 잡히게 만들고 있다. 따라서 와인을 글라스에 따를 때는 앙금 때문에 와인의 좋은 맛이 떨어지지 않도록 조용히 부어야 하고 어린아이처럼 조심해서 다루어야 한다.

와인은 여성과도 같다. 맛과 향기 그리고 색깔이 여성처럼 섬세하기 때문이다. 그러므로 와인은 여성을 만날 때처럼 세련된 매너와 세심한 주의를 기울여 마셔야 하는 것이다.

## 1) 와인 서빙

### (1) 와인 잔의 선택

와인 잔은 무색으로 무늬가 없고 목이 길고 가는 것이 적당하다. 레드와인은 아로마나 부케를 즐기기 위해 크고 오목한 잔이, 화이트나 로제와인 경우 상큼한 맛을 잘 느낄 수 있도록 작고 덜 오목한 잔이, 샴페인(스파클링 와인)은 작은 기포를 오래 보존하기 위해 좁고 긴 잔이 좋다.

### (2) 와인에 따른 적정한 서빙(Serving) 온도

레드와인은 약간 서늘한 온도인 18~24℃에서 서빙하는 것이 일반적인데, 그중 보졸레, 시농, 부르고뉴 등의 가벼운 와인은 10~20℃, 부르고뉴의 레드와인은 10~20℃, 보르도의 레드와인은 14~16℃, 오래된 보르도는 19℃가 알맞다. 화이트와인은 보통 14℃ 상태로 서빙되는 것이 좋은데, 차가울수록 신맛이 증가하고 단맛은 감소한다는 것을 감안해 Serving 하는 것이 좋다. 쌉쌀한 맛의 화이트나 로제와인은 8℃ 전후로, 부르고뉴의 화이트와인과 같은 고급품은 13℃ 전후가 적당하다. 또한 샴페인은 4~7℃, 포트, 셰리 같은 디저트용 와인은 레드와인과 같은 서빙 온도라야 최고의 맛을 음미할 수 있다.

### (3) 소믈리에(Sommelier), 와인웨이터(Wine Waiter, Wine Steward)란?

일반적으로 불란서 레스토랑에서 근무하는 와인 전문가이다. 고객에게 와인의 주문을 받고 추천(요리와 어울리는 와인 추천)하며 와인의 테이스팅(tasting) 및 고객에게 서브하는 일을 주로 하며 와인창고 관리와 진열 등의 일을 한다.

## 2) 와인 오픈 요령

### (1) Red Wine Opening

① 와인을 주문한 손님에게 와인의 상표를 확인시키기 위하여 라벨(상표; Label)이 손님을 향하게 하여 고객의 좌측에서 보여드린다.

② 코르크 스크루에 있는 칼을 이용하여 병목의 캡슐 윗부분을 제거한 후, 서비스 냅킨으로 병마개 주위를 잘 닦는다.

③ 코르크 스크루 끝을 코르크의 중앙에 대고 천천히 돌려놓은 후 두 단계(스텝)로 코르크가 병목의 1/4 정도 걸려 있을 때까지 빼낸다.

④ 코르크를 손으로 잡고 살며시 돌리면서 천천히 소리 나지 않게 빼낸다(와인이 튀길 수 있음).

⑤ 코르크의 냄새를 맡아 이상 유무를 확인 후 손님에게 확인하도록 접시 위에 얹어서 보여드린다.

⑥ 서브하기 전에 서비스 냅킨으로 병목 안팎을 깨끗이 닦는다.

⑦ 주문한 손님에게 지금 서빙해 드릴지의 여부를 확인시켜 드린다.

⑧ 와인을 따른 후 병목을 위로 약간 틀면서(손바닥 방향이 위로 가는 듯한 느낌이 들도록)
병목을 돌려주고 서비스 냅킨으로 닦아 술방울이 테이블에 떨어지지 않도록 한다.

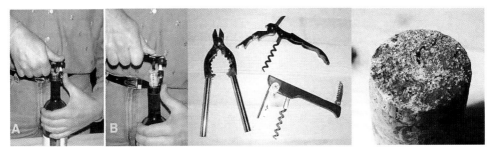

Opening of a Bottle with Submerged Cork

## (2) 샴페인 코르크(Champagne Cork) 따는 법

① 병목부분의 띠를 잡아당김으로써 캡슐의 윗
부분을 벗겨낸다.

② 노출된 와이어 네트의 잠금쇠를 푼다.

③ 왼손 엄지손가락으로 코르크의 윗부분을 누
르고 와이어 네트를 완전히 벗겨낸다.

④ 왼손으로 병목 부분을 안전하게 잡고 오른손
으로 약간씩 좌우로 비튼다.

⑤ 코르크가 순간적으로 튕겨 나가는 것을 방지
하기 위해 오른손으로 코르크를 견고하게 잡
고 서서히 열어준다.

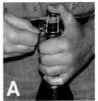
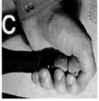

Opening of a Bottle of Sparkling Wine

## (3) 오래 숙성된 와인을 드실 때 필요한 디캔팅

Decanting이란 오래 숙성된 레드와인의 침전물을
제거하기 위한 절차이다. 또한 공기와의 접촉을 많
게 함으로써 기다리는 시간을 줄일 수 있다. 숙성된
레드와인은 마시기 전에 미리 병을 오픈하여 공기
접촉을 시켜야 제 향기와 맛을 낼 수 있다. 타닌이
많은 것은 그 정도에 따라 1시간 내지 2시간 전에,

출처 : http://societygrapevine.com/tag/decanting/

보통인 것은 30분 전에 병을 오픈해서 비스듬히 뉘어놓는다.

① 코르크 스크루에 달린 칼로 캡슐을 완전히
   제거한다.

② 코르크를 뽑는다.

③ 병목 안팎을 깨끗이 닦는다.

④ 촛불을 켠 다음 와인 바스켓에서 조심스럽
   게 와인 병을 꺼낸 후 왼손으로 병을 잡고,
   오른손으로 와인 병을 잡은 후 와인 병의 어
   깨쯤에 촛불의 불꽃이 비치도록 하여 와인
   을 따른다. 이때 찌꺼기가 나타나면 서빙을
   중지한다.

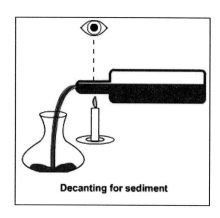

Decanting for sediment

■ 디캔터(Decanter)

프랑스어로 '까라프(Carafe)'라고 하는 이 병은 와인 병 속에 담긴 와인을 옮겨 붓는 투명한 유리병을 말한다. 디캔터(Decanter)는 기본적인 병 모양과는 조금 다르게 밑 부분이 넓다.

■ 와인을 디캔터로 옮기는 이유

① 와인을 옮겨 담는 과정에서 공기, 즉 산소와의 접촉을 원활하게 해준다. 이 과정에서 와인에 숨어 있는 미묘한 향을 더욱더 끌어낼 수 있다.

② 레드와인의 경우에는 시간이 오래 지나면, 와인 병 바닥에 침전물이 가라앉을 수 있다. 그러므로 디캔터에 조심스럽게 옮겨 담으면서 이 침전물을 제거할 수 있다.

(4) 와인 서비스

① 레드와인 서비스(와인 바스켓 또는 와인 홀더를 이용해서 서브)

• 와인 바스켓(와인 홀더)에 냅킨을 깔고 레드와인을 눕힌다. 손님에게 주문한 상표를 확인시킨다.

• 왼손으로 바스켓을 잘 잡고 오른손으로 코르크 나이프를 이용하여 캡슐을 제거한다.

• 냅킨으로 병목 주위를 닦은 다음 코르크 스크루를 코르크에 돌려 넣는다. 이때 병이 움직이지 않게 조심스럽게 다루어야 한다.

• 받침대를 이용, 왼손으로 받침대를 고정시키고 천천히 오른손으로 빼낸다.

- 다시 병목 안팎을 깨끗이 닦은 다음 서브한다.
- 서브요령은 바스켓을 오른손의 엄지손가락과 가운뎃손가락 사이에 끼워 잡고 집게손가락으로 병을 살짝 누르면서 잡는다.
- 주문한 손님께 먼저 맛을 보게 한 다음 좋다는 승낙이 있으면 사회적인 지위나 성별, 연령을 참작하여 서브하는 것이 원칙이다.
- 글라스와 술병의 높이는 약간 떨어지게 하여 스탠더드급 글라스의 1/2~2/3 정도 서브하고 병을 약간 돌리면서 세운다.
- 이때 서비스 냅킨을 쥐고 있는 왼손은 가볍게 뒤쪽 허리 등에 붙이고 서브한다.
- 서브가 끝날 때마다 술병을 조심스럽게 서비스 타월로 닦아 술방울이 테이블이나 손님에게 떨어지지 않도록 유의한다(반복 연습).

② 화이트와인 서비스
- 적절한 온도를 유지하기 위하여 화이트와인은 얼음과 물이 채워진 와인 쿨러(와인 버킷)나 냉장고에 넣어두어야 한다.
- 병마개는 손님 앞에 준비된 와인 쿨러(와인 버킷) 속에서 따야 한다.
- 고객에게 프레젠테이션하는 것과 오프닝하는 것은 위에서 설명한 '와인 병을 오픈하는 요령'에 따라 실시하며, 와인 서비스 시 글라스와 와인 병의 높이는 보통 와인의 종류에 따라 2~3cm가 적당하다.

③ 샴페인(Champagne) 서비스
- 와인 쿨러에 물과 얼음을 넣고 샴페인 병을 넣어 차갑게 한 다음 서브한다.
- 샴페인 병을 들어 손님의 좌측에서 상표를 확인시킨다. 이때 물기가 떨어지지 않게 서비스 타월을 술병 밑바닥에 댄다.
- 왼손 엄지손가락은 병마개를 누르면서 오른손으로 은박이나 금박의 포장지 윗부분을 벗긴다.
- 왼손 엄지손가락은 계속 병마개를 누르면서 감겨진 철사를 푼다.
- 왼손으로 와인 쿨러 속에 있는 병을 꽉 잡고 오른손으로 코르크를 조심스럽게 소리 나지 않게 빼낸다.
- 병의 물기를 제거한 다음 오른손 엄지손가락은 병 밑쪽 파인 곳에 넣어 나머지 손가락으로 병을 잡고 왼손 집게손가락으로 병목부분을 받치고 따른다.
- 글라스와 병의 높이는 약 3~5cm 정도가 적당하다.

• 샴페인 서브 시 6번과 같은 방법을 취하지 않을 때에는 서비스 냅킨을 든 왼손을 등 뒤로 붙인다.

• 매 서브 후 서비스 냅킨으로 병목의 물기를 조심스럽게 닦아 술이 테이블이나 손님에게 떨어지는 것을 방지한다.

④ 와인 취급방법

• 포도주는 주인이 먼저 맛을 본다.

• 포도주를 마실 때는 글라스의 스템을 잡고 마신다.

• 포도주를 마실 때는 독한 담배를 피우지 않는다.

• 포도주는 한 잔을 3~4회에 나누어 마신다.

• 포도주는 손님의 오른쪽에서 오른손을 이용하여 서브한다(Clock System).

• 포도주를 따를 때는 글라스에 손을 대면 안 된다.

• 포도주는 급격한 가열이나 냉각은 하지 말아야 한다.

• 포도주병은 흔들지 말아야 한다.

• 포도주는 글라스에 반 정도에서 2/3 정도가 적당하다.

• 백포도주병은 냉습한 곳에 보관하여야 한다.

• 와인 보관은 12℃의 서늘한 곳(습도는 60~80%)에서 통풍이 잘되고 햇볕이 들지 않는 곳에 보관한다(Cave; 지하창고).

• 와인은 보관 시 코르크 마개가 항상 마르지 않도록 수평으로 뉘어서 보관하여야 한다. → 코르크 마개가 건조해지면 틈이 생겨 공기가 들어오게 되고 와인이 식초처럼 산화되기 때문

# 제12장

## 중국, 일본의 식사예절

# 제12장 중국, 일본의 식사예절

## 제1절 ▶ 중국의 식사예절

### 1. 중국 요리의 분류

중국의 음식 맛은 황하 하류의 산둥요리, 장강 상류의 사천요리, 장강 중하류 및 동남연해의 강소(江蘇) 절강(浙江)요리, 주강(珠江) 및 남방 연해의 광둥(廣東)요리의 '4대 계통'으로 나눌 수 있다. 중국의 요리는 각 지방마다 계통이 다르고 풍미도 다르다.

일반적으로 남쪽은 단맛, 북쪽은 짠맛, 동쪽은 매운맛, 서쪽은 신맛(南甛남첨, 北鹹북함, 東辣동랄, 西酸서산)을 특징으로 한다. 그래서 남방인은 단 것을 좋아하고, 북방인은 짠 것을, 산둥인은 대파, 마늘 등 매운 것을, 산서 일대는 신 것을 좋아한다.

### 1) 사천요리(四川料理)

사천요리(쓰촨요리)는 톡 쏘는 맛이 농후하다. 예부터 중국의 곡창지대로 유명한 사천분지는 해산물을 제외한 사계절 산물이 모두 풍성해 야생 동식물이나 채소류, 민물고기요리가 많다. 더위와 추위가 심해 향신료를 많이 쓴 요리가 발달한 것이 특징이다. '천채'의 특징은 고추의 매운맛이 풍부하다는 데 있다. 사천이 기후는 습기가 많기 때문에 전통적으로 고추와 생강을 많이 사용한다. 요리법도 다양해서 50여 종이 있다는데, 그중 '볶기(炒)'가 특징이다. 4천여 가지의 요리 중 '땅콩을 넣은 닭 볶음(궁보계정, 宮保鷄丁)'과 '고추을 넣은 두부(마파두부, 麻婆豆腐)', '생선과 고기채(어향육선, 魚香肉絲)' 등이 유명하다.

### 2) 산둥요리(山東料理 또는 魯菜)

산둥요리는 청조(淸朝) 전성기의 궁중요리를 기반으로 발달한 요리의 일부가 형태를 남기고 있으며, 청나라 초기부터 많은 왕들이 궁중요리사로 산둥성 요리사를 고용했다. 이때부터 일반적인 음식점도 대부분 산둥사람들이 주도했기 때문에 북경요리는 궁중요리와 소수민족, 산둥요리의 색채를 골고루 지니고 있으며 북경요리에 많은 영향을 미쳤다. '노채'는 북방을 대표하는 요리로, 수산물이 주재료로 이용된다. 맛은 비교적 짜고 맵되 동시에 담담하고 부드러움을 추구한다. '홍린어(紅鱗魚)'는 태산의 계곡에서 나는 생선으로 '바짝 튀긴 홍린어(干炸紅鱗魚)'는 산둥을 대표하는 요리이다. 이 밖에 '황하산 탕수잉어(糖醋黃河鯉魚)', 덕주(德州)의 '뼈를 발라낸 닭요리(脫骨扒鷄)', 청도(靑島) 등 바닷가의 '기름에 볶은 바다소라(油爆海螺)', '굴살 볶음(炸蠣黃)' 등도 유명하다. 산둥의 탕도 특징이 있는데 맑은 국에 끓여낸 '청탕연와채(淸湯燕窩菜)'는 끓인 우유와 제남(濟南)의 특산 포채(蒲菜)·교백(白茭) 등을 넣어 만든 것으로 유명하다.

### 3) 광둥요리(廣東料理)

광둥요리(광저우요리)는 외국과의 교류가 빈번함에 따라 이미 16세기에 에스파냐, 포르투갈의 선교사 상인들이 많이 왕래하였기 때문에 전통요리와 국제적인 요리관이 정착되어 비교적 간을 싱겁게 하고 기름도 적게 쓴다. '월채'는 광둥지방의 요리를 말하는데, '먹을거리는 광주에 있다[식재광저우(食在廣州) : 먹는 것은 광저우에서]'는 말처럼 중국요리를 대표한다. 다양한 재료가 특징이며, 심지어 뱀·쥐·고양이·벌레·거북이·원숭이 등도 먹는데, 뱀요리는 2천 년의 역사를 지니고 있으며, 상어지느러미 요리도 세계적인 명성을 얻고 있다. '지짐(煎)', '튀김(炸)', '회(燴 : 볶은 후에 약간의 전분을 넣어 살짝 끓이는 방법)'가 중요한 조리법이다. 특별한 요리는 용호봉(龍虎鳳 : 뱀, 닭, 사향고양이를 사용한 요리)이다.

대표적인 요리로는 광둥식 오리구이, 상어지느러미찜, 광둥식 탕수육, 딤섬이 있으며 서양채소, 토마토케첩, 우스터소스, 굴소스 등 서양요리 재료와 조미료를 사용해 간을 조금만 해서 맛이 싱거우며 기름도 적게 쓰는 요리이다.

### 4) 상하이요리(上海料理, 상해요리), 양주(양저우)요리

중국 상하이(上海), 난징(南京), 쑤저우(蘇州), 양저우(揚州) 등지에서 만드는 요리를 말한다. 19세기 이래 유럽의 대륙잠식정책의 희생으로 상하이가 조계지(租界地)가 되면서부터 농산물과 해산물의 집산지가 되었다. 요리도 자동적으로 다양하고 독특한 것이 만들어져 중부 중국의 요리를 대표하게 되었다. 상하이요리는 쌀을 재료로 한 요리와 게, 새우 등의 요리로 정평이 나 있으며, 그 지방의 특산인 장유(醬油)와 설탕을 써서 달콤하고 기름지게 만드는 것이 특징이다. 돼지고기를 진간장으로 양념하여 만드는 홍사오러우(紅燒肉)와 바닷게로 만드는 푸룽칭셰(芙蓉靑蟹), 꽃 모양의 빵인 화쥐안(花卷) 그리고 9월 말부터 1월 중순에 맛볼 수 있는 상해의 게요리는 유명하다.

## 5) 북경요리(北京料理)

북경요리(베이징요리)는 중국의 수도로서 명성과 전통을 지니고 있다. 그중 '북경식 오리구이(페킹덕, Peking Duk, 北京烤鴨)'는 600여 년의 역사를 지니는 요리이다. 밀전병에 오리껍질과 고기를 부추(혹은 파)를 넣고 장을 얹어서 싸먹고, 나중에 오리 뼈를 우린 탕을 먹는 방식은 매우 독특하다. 또한 곰발바닥(熊掌)·제비집(燕窩)·사슴고기·오리 물갈퀴(鴨蹼)·해삼 등을 사용한 궁중요리도 유명한데, 또한 민간음식으로 소흥주(紹興酒)와 함께 먹는 '쇄양육(涮羊肉, 혹은 火鍋 : 징기스칸 요리)'이 있다.

## 6) 절강요리(浙江料理)

절강(浙江)요리는 강절(江浙), 강소(江蘇), 회양요리고도 한다.

음식 원래(본래)의 맛에 신경을 쓴다. 음식의 맛은 담백한 것이 특징이다. 절강요리는 끓이고 푹 삶고 뜸을 들이며 약한 불에 천천히 고는 조리법이 특징이다. 양념을 적게 넣고 음식 원재료의 본디의 맛을 강조하며 농도가 알맞은데 단맛이 약간 강하다. 유명 요리로는 '닭 증기구이' 짜오화지(叫化鷄), '소금물에 절인 오리고기', 옌수이야(염수압, 鹽水鴨), '맑은 국물이 있는 게살과 고기의 완자요리' 칭뚠세펀스즈토우(청순해분사자두, 淸純蟹粉獅子斗) 등이 있다.

이렇듯 다양한 요리의 왕국을 이룬 중국음식에 보편적으로 적용되는 중요한 기준은 첫째, 영양 가치로서, 건강에 이로움이 있는가가 중요하며, 둘째는 色, 香, 味, 形이다. 이에 따라 셀 수 없이 많은 요리 이름이 만들어진바, 이는 하나의 학문으로 정의될 정도이다.

## 2. 중국의 식습관

중국 식사서비스는 "은쟁반 대신에 차이나웨어(도자기 식기류)를 사용한다는 점"만을 빼고는 러시안 서비스와 매우 흡사하다. 러시안 서비스는 큰 은쟁반(Silver Platter)에 멋있게 장식된 음식을 고객에게 보여주면 고객이 먹고 싶은 만큼 직접 덜어먹거나 웨이터가 시계 도는 방향으로 테이블을 돌아가며 고객이 왼쪽에서 적당량을 덜어주는 방법으로 매우 고급스럽고 우아한 서비스이다.

중국인들은 식사할 때 회전이 가능한 원탁에 한 가지 요리를 한 접시에 모두 담아 판을 돌려가며 나누어 먹는다.

식당에서 음식을 주문할 경우 대개 채소(쑤차이 : 素菜)와 육류, 해산물 요리를 조합하고 냉채(량차이 : 凉菜)와 더운 음식을 적절히 조정하고 간단히 밥이나 면을 곁들여 주문하는 것이 무난하다. 기호에 따라 백주나 황주를 주문하여 마신다. 그러나 술을 못 하면 사이다, 콜라 등을 시켜 주류에 대신하거나 그냥 차를 요구할 수도 있다.

중국요리의 명성과는 달리 실제 중국인들의 식생활은 그리 화려하지 않다.

아침에는 대개 만두(속에 아무것도 없는 찐빵)나 죽을 먹고, 점심때는 딴웨이(직장) 주변 혹은 구내의 식당에서 한 끼를 해결하게 되는데, 양철 밥그릇과 숟가락 하나 달랑 들고 길게 줄지어 늘어섰다가 밥 한 그릇씩 받아들고 삼삼오오 길을 걸어가면서 밥을 떠먹는 모습이 우리 음식문화와 달라 흥미롭다.

저녁은 대개 각자의 가정에서 요리하여 먹게 되는데 맞벌이가 대부분인 중국 가정에서는 먼저 귀가한 쪽이 식사 준비를 한다(선래선작 先來先作).

여럿이 식사할 때는 8~12가지나 16가지 요리가 상에 오르는데, 찬요리가 먼저 나오며, 저렴한 요리부터 시작해 고급요리가 나오므로 먼저 몇 가지 코스인지 알아두고, 코스 중반부터 본격적으로 먹어야 좋다.

이렇게 많은 요리를 내오다 보니, 남기는 것이 많고, 또 남는 음식은 가져가는 습관이 있다. 미국인들처럼 전혀 흉이 아니다.

## 3. 중국의 식사예절

중국음식은 둥그런 식탁에 둘러앉아 큰 접시에 나온 음식을 여러 사람이 나누어 먹는 방식이 일반적이다. 그러나 좌석은 지정되어 있다는 점에 주의한다.

오랜 역사와 예절문화를 가진 중국은 '예의 나라'라고 할 정도로 식사에 대해서도 격식이 있어 좌석배석을 정할 때의 명단은 직위순서에 의하며, 또한 개인별로 초대하였을 때에는 초청자 측에서 미리 각 개인의 명단을 식탁에 배치하는 것이 상례이다. 원형탁자가 놓인 자리에서는 안쪽의 중앙이 상석이고 입구 쪽이 말석이다. 즉 주빈이 되는 손님이 가장 안쪽인 상좌(上座)에 앉고, 주인은 드나드는 문 쪽의 하좌(下座)에 앉게 된다. 중국식의 원탁에 주빈이나 주빈 내외가 주인이나 주인내외와 서로 건너편 중앙에 마주 앉는다. 주빈의 왼쪽자리가 차석, 오른쪽이 3석이다.

음식 값을 지불하는 호스트는 좌석으로 결정되기 때문인데, 호스트 자리는 대개 손수건, 유리잔 등으로 표시되어 있다.

"츠판러마"는 "식사하셨어요?"라는 말로 중국인들 사이에 이 말은 "안녕하세요?" 하는 말 대신에 애용된다.

중국은 프랑스, 터키와 더불어 세계3대 요리천국이다.

중국인은 '하오 커(好客 Hao Ke)', 즉 손님 초대하기, 접대하기를 좋아한다.

중국인들에게 같이 식사한다는 것은 매우 중요한 의미로 친구를 사귈 때 먼저 식사를 청하는 것은 우의를 더욱 발전시키고 싶다는 뜻을 가지고 있다.

중국의 음식은 우리와 같이 음식이 다 차려져 있는 나열형이 아니라 서양식같이 시간의 순서에 따라 하나씩 나오는 시간배열형(코스)이다. 중국인들은 홀수를 불길하게 여기기 때문에 음식의 가짓수는 대개 짝수로 나오며, 대체로 진한 맛 → 담백한 맛, 진한 색 → 연한 색, 해산물 → 육지 산물 순서로 이어진다.

요리는 먼저 주빈부터 덜도록 배려하고, 주빈 옆에 앉은 순서대로 식탁을 돌리며 각자 먹을 양만큼 개인접시에 덜어서 먹으면 된다. 또한 옆 사람을 위해 회전식탁을 시계방향으로 움직여주는 것이 예의이니 기억해 두면 좋다.

손님을 초대했을 때 동서양을 막론하고 술이 빠질 수 없다고 본다. 중국의 깐베이(乾杯 건배) 문화는 한국과 다소 다른 차이점이 있다. 절대 자기 잔을 남에게 권하지 않고, 술잔이 비우면 채워주며, 새로운 요리엔 술을 다시 한 잔 마신다.

우리처럼 과음과 주사가 없는 것이 특징이다. 또 큰 원형식탁에서의 식사가 일반적인 중국은 서서 잔을 부딪치지 않고 식탁유리에 살짝 잔을 치면서 깐베이를 외치기도 한다.

술을 잘 못하는 여행자들은 "쑤이이(隨sui意yi)" 하면 "저는 제 뜻대로 알아서 마시겠습니다."는 의미니 꼭 기억해 두면 유용하다.

일반적으로 중국인은 "깐베이"를 외치고 자기 술잔을 다 비운 후에 잔을 상대 쪽으로 기울여 잔을 비웠음을 보여준다.

숟가락은 탕을 먹을 때만 사용되고 이외에 밥은 물론 모두 젓가락을 사용한다.

중국의 젓가락은 멀리 있는 것을 집어야 하기에 우리 것보다 길며, 국이나 탕은 손에 들고 그릇을 입 가까이에 대고 먹는 모습은 아마 중국이나 홍콩영화에서 본 경험이 있을 것이다. 중국에서 밥그릇을 들고 밥을 먹는 것은 전혀 흉이 아니다. 이것은 쌀 자체의 문제와도 밀접한 관련이 있다고 본다. 한국과는 달리 찰기가 없을수록 상등품으로 인정해 주는 그들의 입맛에 따라 대개는 바람이 불면 날아갈 듯한 중국의 쌀밥이고 보면 떠먹는 것은 어려울 것이다.

더구나 탕을 마실 때 이외는 젓가락만 사용하므로 더욱 어렵다.

그래서 심지어 그들은 '머리를 숙이고 떠먹는 한국의 식습관을 이해 못 하고 짐승이 그릇에 고개를 숙이고 먹는 것 같다고 실제 우리 식습관을 흉보기도 한다.

사용한 수저를 타인에게 보이는 것은 실례이므로 사용한 뒤 뒤집어놓는다.

생선요리가 나오면 어두(漁頭)는 손님 쪽으로 향하게 하고, 제일 상석인 사람이 먹는다.

특히 주의할 사항은 생선을 먹을 때 절대로 뒤집지 않는 것이다. 이는 배반, 절교의 의미가 있다고 하니 절대 잊어서는 안 된다. 그리고 계산은 앉은 자리에서 하니까 우리나라처럼 계산서 가지고 카운터로 가지 않아도 된다.

### (1) 식사 전

① 초대에 늦지 않도록 약속시간 5~10분 전에 회합장소에 도착하여 주최자에게 인사한 후 응접실에서 기다린다.

② 연회장(宴會場)에 들어가기 전에 반드시 화장실에 가서 손을 씻고 모든 용무를 마친다. 식사 도중에 자리를 뜨면 실례가 된다.

③ 연회장(宴會場)에는 불필요한 물건을 가지고 들어가지 않는다.

④ 연회장(宴會場)에는 서비스원의 안내에 따라 들어가 정해진 자리에 앉는다. 테이블 매너로는 레이디 퍼스트가 기본규칙이므로 여성이 먼저 자리에 착석한다.

⑤ 착석한 자세도 테이블 매너의 기본이 되므로 주의를 요한다. 테이블과 가슴의 거리는 주먹 2개가 들어갈 정도로 떨어져야 하므로 의자를 잡아당겨 바싹 앉고 가슴을 편다. 다리를 꼬지 않으며 테이블에 팔꿈치를 괴지 않는다.

⑥ 냅킨은 전원이 착석한 후 펴서 무릎 위에 놓는데, 식사 중에 마루에 떨어지지 않도록 여분이 있을 시 두 번 접어서, 여분이 없으면 삼각으로 접어 한쪽 끝을 무릎 밑으로 살짝 끼워 놓는다.

⑦ 식전주(食前酒)는 자기의 기호에 따라 주문한다.

⑧ 식사를 시작하기 전에 양옆에 앉은 사람과 가볍게 인사하고 간단한 자기소개를 한다.

### (2) 식사 중

① 중식당에서는 냅킨과 물수건이 함께 제공되는데, 이때 물수건으로 얼굴이나 목 등을 닦아서는 안 된다. 중국요리는 요리접시를 중심으로 둘러앉아 덜어먹는 가족적인 분위기의 음식이다. 러시안 서비스처럼 큰 은쟁반(Silver Platter)에 멋있게 장식된 음식을 고객에게 보여주면 고객이 직접 먹고 싶은 만큼 덜어먹거나 웨이터가 시계도는 방향으로 테이블을 돌아가며 고객의 왼쪽에서 적당량을 덜어주는 방법으로 매우 고급스럽고 우아한 서비스이다.

② 음식을 직접 먹고 싶은 만큼 덜어먹는 서비스를 하는 식사를 할 경우에는 적당량의 음식을 자기 앞에 덜어서 먹고 새로운 요리가 나올 때마다 새 접시를 쓰도록 한다.

③ 음식은 서빙스푼이나 서빙포크가 쟁반이나 접시 위에 비스듬히 놓여 있으니 그것을 사용해 음식을 조금씩 덜어 타인에게 모자라는 피해가 가지 않게 배려하며 적당히 덜어 먹는다.

④ 젓가락으로 요리를 찔러 먹거나 젓가락을 입으로 빨아서도 안 되며, 식사 중에 젓가락을 사용하지 않을 때는 접시 끝에 걸쳐 놓고 식사가 끝나면 상위가 아닌 받침대에 처음처럼 올려놓는다.

⑤ 식사를 시작하는 것은 다른 사람과 함께하여 보조를 맞춘다.

⑥ 식사하는 속도는 대부분의 사람들과 보조를 맞추어 혼자 너무 빠르지도 느리지도 않도록 한다.

⑦ 수프는 소리 나지 않게 떠먹는다.

⑧ 식사 중에는 즐거운 분위기를 만들기 위하여 옆 사람들과 가벼운 담소를 나누어야 한다. 묵묵히 식사만 하면 실례가 된다.

⑨ 냅킨을 옷에 끼운 채 움직이면 실례가 되고 보기에도 좋지 않다.

⑩ 중식당에서는 우롱차, 재스민차 등의 향기로운 차가 제공된다. 한 가지 음식을 먹은 후에는 한 모금의 차로 남아 있는 음식의 맛과 향을 제거하고 새로 나온 음식을 즐긴다. 기름진 특성을 가진 중국음식의 식생활 속에서 비만을 예방할 수 있는 것은 이와 같은 차를 많이 마시는 습관 때문이라고 한다. 그러므로 중국음식을 먹을 때에는 중국차를 많이 마시는 것이 매우 좋다.

### (3) 식후

① 냅킨은 자리에서 일어날 때 보기 좋게 적당히 접어 테이블 왼쪽 위에 놓는다.

② 퇴석할 때는 옆 사람들에게 가볍게 인사를 한다.

③ 퇴장할 때는 주최자에게 반드시 인사를 해야 한다.

## 4. 식사와 음료 내용

- 요리순서 : 전채-볶음-튀김-찜-탕-국수/ 밥-과일/ 디저트
- 정찬 : 궁정요리의 경우 보통 15~16개 코스가 있으며, 결혼피로연은 10개 코스, 모임의 경우 8~10개 코스임
- 차 : 제공되는 차는 식사 전뿐 아니라, 계속해서 식사가 끝날 때까지 마시면 되고, 웨이터를 부르거나, 다기 뚜껑을 약간 열어 걸쳐 놓으면 더 가져다줌
- 반주 : 절강성 소흥주(浙江省 紹興酒)가 대표적이며 그 외 도수가 약한 술을 여러 차례 나누어 마심

건배(乾杯 깐뻬이)는 한 번에 술잔을 비우자는 뜻이며, 식사 시에는 경일구(敬一口 찡커우-당신을 위해 한 잔), 아경(我敬 워찡니-경의를 표하며), 수편(隨便 수이비엔-천천히 드십시오)이라 말하는 것이 더 보편적이다.

## 5. 식당에서의 에티켓

■ 에티켓

- 문 앞에서 종업원의 안내를 받을 것
- 손님 접대 시 좌석 및 음식까지 사전 예약함이 편리
- 계산은 식탁에서 종업원에게 시킴. 마친 후 자리를 뜸(별실 사용 시 먼저 손님을 전송한 후, 계산해도 무방함)
- 公用 스푼이나 젓가락을 사용, 손님에게 음식을 집어주는 것도 좋음(종업원의 서비스가 있는 경우라도)
- 격식을 갖출 경우, 식사 소요시간이 2시간 정도 필요하니 일정 계획수립 시 참고해 두면 좋다(술을 마실 경우 3시간까지 확보해 둔다).

■ 주의사항
- 식사 중 너무 큰 소리로 떠들지 말 것
- 일반적으로 팁을 주지 않음
- 잊어버리지 않는 이상 음식은 차례대로 나오니 독촉하지 말 것

■ 어두주·어미주(魚頭酒·魚尾酒) 게임이란?
식사를 오랜 시간에 걸쳐서 하다 보니 여러 가지 놀이가 생겨났는데, 종업원이 주빈에게 어두(魚頭)가 돌아가게 놓으면, 주빈은 어두(魚頭, 주로 어안 魚眼)를 안주로 술을 한 잔 할 수 있고, 어미(魚尾)가 향한 손님은 꼬리를 맛보며 반잔을 마실 수 있다. 주빈이 어안(魚眼)을 다른 사람에게 집어주면, 그 사람이 어두주(魚頭酒)를 마실 수 있고, 어미주(魚尾酒)를 마실 사람이 생선꼬리를 집어서 권하고 싶은 사람을 향하게 하면, 그쪽에 앉은 사람이 어미주(魚尾酒)를 마시게 된다.

## ※ 중국식당 메뉴 주문요령

- 종사원이 권하는 대로 따라서 주문하는 것보다 코스메뉴가 있으면 그것을 주문하는 것이 훨씬 경제적이다.
- 재료와 조리법, 소스 등이 중복되지 않도록 주문한다.
- 4인 이상의 식사인 경우에는 요리 중에 수프를 주문한다.
- 상어지느러미, 제비집, 해산물요리 등은 가격이 고가임을 감안하여 주문한다.
- 일반적으로 종사원에게 자신의 취향을 알려주고 도움을 받는다.

## ※ 중국식당 메뉴를 읽는 방법

중국요리 메뉴의 구성에는 다음과 같이 기본법칙이 정해져 있다.
① 조리법 ② 주재료의 이름 ③ 식재료 자르는 방법 순이다.
중국요리 메뉴는 한문표기이므로 메뉴 속에 모든 요리정보가 포함되어 있다. 메뉴명은 4문자가 대부분이며 3문자도 있고 광둥요리는 5문자이다.
첫째, 재료를 어떻게 조리하는지 알아본다.
요리는 대부분 불로 조리하게 되는데, 요리 이름에 불(火)이 붙는 한자를 발견할 수 있겠다. 메뉴상에서는 조리법을 지칭한다.

| 주재료 | 볶음 | 구이 | 튀김 | 조림 | 지짐 | 찜 | 삶기 |
|---|---|---|---|---|---|---|---|
| 한자 | (炒) | (烤) | (炸) | (燒) | (煎) | (蒸) | (白灼) |
| 읽기 | chǎo | kǎo | zhá | shāo | jiān | zhēng | báizhuó |
| 한국어 | 차오 | 카오 | 자 | 샤오 | 지엔 | 쩡 | 바이주어 |

'빠오(爆)'는 높은 온도의 기름으로 센 불에 재빨리 볶는 것이다. '차오(炒)'는 센 불에 볶는 것인데, 이 중에서 '성차오(生炒)'는 재료 자체를 그대로 볶는 요리이고, '칭차오(淸炒)'는 소금이나 간장으로 간을 맞춘 재료를 녹말가루에 묻혀 볶는 요리를 칭한다.

'쟈(炸)'는 기름을 넉넉하게 부어서 센 불에 튀기는데 따로 밀가루나 녹말가루를 묻히지 않고 그냥 튀기는 요리이고, '칭차오(淸炸)'는 재료에 소금이나 간장으로 간을 맞춰 튀기는 것이다. 북경의 명물요리로 '베이징 카오야'가 있는데 '북경오리' 또는 '베이징 덕'이라고도 칭한다. '北京烤鴨'인데 '카오'는 굽는다. 보통 직화구이를 말한다. '야'는 오리, 그러므로 '北京烤鴨 베이징카오야 = 北京(북경) + 烤(직화구이) + 鴨(오리)'로 설명이 가능하다. 이런 원리로 구운 생선은 '카오위', 구운 닭은 '카오지'라고 표현하면 된다.

'깐소새우'는 중국어로 '乾燒蝦仁(간샤오 시아 런)'이라 한다. '간샤오(乾燒)'의 샤오(燒)는 양념을 넣어 조린 음식을 뜻한다. 간샤오는 매콤달콤한 양념을 끼얹어 조린 요리가 되는 것이다. 즉 乾燒(매콤달콤 양념조림) + 蝦仁(껍질 깐 새우)가 된다.

둘째, 주재료의 이름

| 주재료 | 고기 | 돼지 | 소 | 닭 | 오리 | 생선 | 새우 | 게 | 두부 |
|---|---|---|---|---|---|---|---|---|---|
| 한자 | (肉) | (猪) | (牛肉) | (鷄) | (鴨) | (魚) | (蝦) | (蟹) | (豆腐) |
| 읽기 | ròu | zhu | niúròu | jī | yā | yú | xiā | xiè | dòufu |
| 한국어 | 러우 | 주 | 뉴러우 | 지 | 야 | 위 | 시아 | 시에 | 도우푸 |

고기는 '러우'이다. 돼지고기는 '주러우'

그런데 특정고기를 지칭하지 않을 때는 러우가 일반적으로 돼지를 칭하기도 한다.

셋째, 맛을 내는 양념

| 주재료 | 장 | 굴소스 | 소금 | 후추 | 산초 | 마라 | 설탕 | 식초 | 케첩 |
|---|---|---|---|---|---|---|---|---|---|
| 맛 | 짠맛 | 짠맛 | 짠맛 | 매운맛 | 매운맛 | 매운맛 | 단맛 | 신맛 | 케첩맛 |
| 한자 | (醬) | (蠔油) | (鹽) | (椒) | (蓁椒) | (麻辣) | (糖) | (醋) | (茄汁) |
| 읽기 | jiàng | háoyóu | yán | jiāo | qínjiāo | málà | táng | cù | qiézhī |
| 한국어 | 지앙 | 하오유 | 옌 | 자오 | 친지아오 | 마라 | 탕 | 추 | 치에즈 |

'궁보계정(宮保鷄丁 : 꿍빠오지띵)'이라는 메뉴가 있는데 외국사람이 비교적 좋아하는 중국요리 중의 하나로 사천(四川 : 쓰촨)요리이다. 닭고기와 땅콩, 고추, 오이, 당근, 양파, 생강 등을 조미용 황주, 간장, 설탕, 식초, 화초(花椒 : 화쟈오, 산초나무 열매로 독특한 향을

낸다)로 맛을 내어 볶은 요리이다. 마지막 글자 '丁'은 손톱크기로 썬 모양을 설명하고 있다. 계정(鷄丁 : 지띵) 요리(닭고기를 잘게 썰어 볶은 요리)로서 이 밖에도 라자계정(辣子鷄丁 : 라즈지띵) 등이 있다. 이것은 고추와 닭고기를 궁보계정과 같은 소스로 볶은 요리이다. 이 메뉴를 읽는 방법은 다음과 같다.

예)　　宮保　　　鷄　　　丁

　　　　조리법　　주재료　　자르는 법

　　　　닭고기를 잘게 썰어 볶은 요리

## 6. 다도(茶道)

- 먼저 적정량의 차를 컵에 넣고 뜨거운 물을 가득 부은 다음 뚜껑을 닫고 (향기가 빠지지 않게 하기 위함) 찻잎이 가라앉을 때까지 기다렸다가 마신다. 차는 향기와 맛을 동시에 즐기는 음료이며, 마시면서 맛이 우러나올 때까지 계속 물을 첨가하여 마신다. 중국인은 만(滿)이라는 것을 좋아하여 손님 접대 시 컵이 비기 전에 계속 물을 채워준다.

- 중국의 차문화는 식사 시, 회의 시, 생활 깊숙이 파고들어 우리들이 물 마시는 것과 동일하다. 택시기사들도 보온통 혹은 유리병에 차를 타서 마셔가며 운전할 정도이다. 별도의 특별한 예의를 요하지 않으나 상대방의 잔에 물이 빌 경우 계속 따라주는 것이 예의다.

- 중국인은 하루도 차 없이는 못 사는 민족이다. 벌써 4천 년의 역사를 가지며, 어느 장소에 가더라도 찻잎만 있으면 언제든지 차를 마실 수 있도록 끓는 물이 준비되어 있다. 중국인이 기름기 많은 음식을 많이 먹는데도 살이 찐 사람이 적은 것은 차를 마셔 단백질과 지방을 감소시키기 때문이며, 이로 인해 우리나라를 포함 동남아에서도 마시는 인구가 계속 늘고 있기도 하다. 중국의 차는 세계적으로 명성이 높다. 중국지역을 이동하다 보면 기타의 서비스는 수준 이하지만 더운 찻물을 제공하는 서비스는 수준급이다. 아무리 작고 후미진 곳을 가도 더운 찻물을 구하는 것은 그리 어려운 일이 아니기 때문이다. 기름진 음식을 많이 먹는 중국인들의 식생활과 건조한 대륙의 공기나 날씨와도 밀접한 관계가 있겠지만 어쨌든 현대 중국인들과는 불가분의 관계에 있는 것이 바로 차(茶)다.

## 7. 중국의 음주문화

- 술의 도수가 높고 외부에서 식사할 때 거의 예외 없이 술을 마시는 그들의 습관에도 불구하고 만취한 사람은 거의 보기 힘들다(대개는 식사 때 큰 소리로 떠드는 정도에서 그침).

- '滿'을 좋아하고 잔이 다 비기 전에 계속 첨잔을 하며 잔을 돌리는 습관은 없다.

- 대개의 경우는 쑤이(隨)(자신의 능력에 따라)로 술을 마시지만 친한 친구 사이나 호기를 부릴 때는 깐(幹)을 요구하기도 한다.

- 중국에는 마오타이나 우량이에 등 세계적으로 유명한 술들이 많고 역사 깊은 도시에 가면 거의 틀림없이 그 지방 고유의 술이 있다. 아마도 중국역사만큼이나 긴 것이 중국술의 역사일 것이다. 중국술은 일반적으로 도수가 높은 백주와 비교적 낮은(15~20도) 황주로 대별되는데 순도가 높은 술은 마셔도 숙취에 시달리지 않는다.

- 음식점에서 맥주로 반주하는 사람들을 흔히 볼 수 있는데, 중국에서는 맥주 1병 값이 광천수보다 싸다. 가장 유명한 맥주로는 칭다오(青島)를 치는데, 청도의 물맛이 좋기 때문이다. 또한 포도주와 뱀이나 도롱뇽 혹은 약재로 담근 약술도 흔히 볼 수 있으며, 남쪽지방에서는 황주(黃酒)를 많이 마신다.

- **지켜야 할 사항**
  - 북부지역은 50° 정도의 白酒, 남부지역은 18° 정도의 黃酒 또는 포도주를 잘 마심
  - 상대방의 술잔이 항상 가득하도록 수시로 첨잔
  - 중국은 술만 마시는 곳은 원래 없으며, 식사와 곁들여 마시는 것으로 끝남
  - 여성들도 주량이 셈

- **금기사항**
  - 강제로 권하거나 한국식으로 술잔을 돌리지 말 것
  - 취중에라도, 아무리 기분이 통하는 사람이라도 상대방의 자존심 상하는 이야기는 禁物(주량을 넘기고 실수하는 中國人은 절대 없음/일본인은 상대방의 장점만 이야기함)
  - 한국사람 하면 술 많이 마시는 민족이라는 인식이 박혀 있기 때문에 모두 주량이 대단한 걸로 알고 있음. 따라서 주는 대로 다 마시지 말고 자기제어를 하면서 마시는 슬기가 필요함

## 8. 중식당의 테이블 세팅

### 1) 중식당의 테이블 세팅(Table Setting) 및 좌석배치

#### (1) 기본 테이블 세팅(Basic Table Setting)

사진의 좌측 하단으로부터

① Bone Dish

② ① 위에 Napkin

③ 하단 중앙 Show Plate

④ Soup Spoon Holder

⑤ Soup Spoon

⑥ Chopstick

⑦ ⑥ 바로 위 Tea Cup

⑧ ③ 위에 Condiment Dish

등을 세팅하는 것이 일반적임

#### (2) 좌석배치

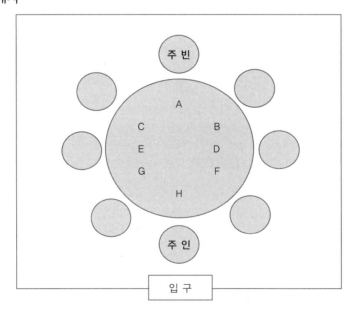

높은 사람에게 A좌석을 주며 마주보며 식사를 하고, 그 외의 손님은 주빈을 중심으로 해서 오른쪽부터 지그재그로 배치한다.

중국요리는 조리법에 따라 다음과 같은 용어를 쓴다.

① 둥(凍) : 응고시켜 만드는 법(서양요리의 젤리와 같다)이다.

② 조우(粥) : 죽처럼 만드는 법이다.

③ 탕차이(湯菜) : 국처럼 끓이는 법이다.

④ 차오차이(炒菜) : 재료를 소량의 기름에 볶는 방법인데, 여기에는 3가지 방법이 있다. 칭차오(淸炒)는 재료에 아무것도 묻히지 않고 볶는 법이고, 간차오(乾炒)는 재료에 옷을

입혀 튀긴 다음 다른 재료와 같이 볶아내는 법이다. 징차오(京炒)는 간차오와 같은 방법인데, 녹말 이외에 달걀흰자를 재료에 바르고 녹말가루를 묻혀 튀긴 다음 다른 재료와 함께 볶는 법이다.

⑤ 자차이(炸菜) : 기름에 튀기는 방법이다. 간자(乾炸)는 재료에 튀김옷을 입혀 튀기는 법이고, 칭자(淸炸)는 재료에 녹말을 씌우지 않고 그대로 튀기는 방법이며, 가오리(高麗)는 흰색으로 가볍게 튀기는 법이다. 달걀흰자에 거품을 낸 후 녹말가루를 약간 섞어 입혀 튀기는 것으로 착색되지 않도록 주의한다.

⑥ 젠(煎) : 약간의 기름에 지져내는 법으로 한국의 전(煎)과 같은 조리법이다.

⑦ 먼(燜) : 약한 불에서 재료를 오래 끓여 달여내는 법이다.

⑧ 카오(烤) : 불에 직접 굽는 법이다.

⑨ 둔(燉) : 주재료에 국물을 부어 쪄내는 법이다.

⑩ 웨이(煨) : 약한 불에다 서서히 연하게 익혀내는 법으로, 홍웨이(紅煨 : 간장을 넣어 색을 내는 것)와 바이웨이(白煨 : 백숙)의 2가지가 있다.

⑪ 쉰(燻) : 훈제법을 말한다.

⑫ 정(蒸) : 쪄내는 법이다.

## 9. 중국주

중국주는 4000년의 역사를 갖고 있으며 술을 좋아하는 사람들은 남녀를 막론하고 많이 있을 뿐만 아니라, 특히 중국 사람들은 술을 많이 마시는 것으로 알려져 있다. 그러나 술 마시는 관습이 잘 절제되어 있어 술주정을 하거나 기타 술로 인해서 사회질서를 어지럽게 하는 일은 많지 않다. 중국에서는 쌀, 보리, 수수 등을 이용한 곡물을 원료로 해서 그 지방의 기후와 풍토에 따라 만드는 법도 각기 다르며, 같은 원료로 만드는 술도 그 나름대로의 독특한 맛을 지니고 있다. 북방지역은 추운 지방이라 독주가 발달하였으며 남방지역은 순한 양조주를 사용했고 산악 등 내륙지역은 초근목피를 이용한 한방차원의 혼성주를 즐겨 마시고 있다. 술의 종류를 살펴보면, 역사가 오래된 만큼 4,500여 종의 술이 있는데, 전국 평주회(評酒會)를 개최하여 금메달을 받은 술, 이른바 명주라 칭하며, 중국정부에서는 8대 명주에다 중국 명주라 하는 붉은색 띠나 붉은색 리본으로 그것을 규정하고 있다.

- 백주(白酒)의 대표적인 술은 마오타이(貴州)로, 1915년 파나마 만국박람회에서 3대 명주로 평가받은 후 세계 도처에서 애주가들의 사랑을 받고 있는 술로 중국인들은 나라의 술이라 말하고 있으며, 중국인의 혼을 승화시켜 빚어낸 술이라 말하길 서슴지 않는다. 원료인 고량을 누룩으로 발효시켜 10개월 동안 9회나 증류시킨 후 독에 넣어 밀봉하고 최저 3년을 숙성시킨 독특한 술이며, 모택동의 중국혁명을 승리로 이끈 정부 공식만찬에 반드시 나오는 술로 닉슨 대통령이 중국에 방문하여 대접받고 한번에 들이켜 감탄한 유명한 술이다.

- 황주(黃酒)의 대표적인 술로는 소흥주(紹興酒), 노주(老酒) 등이 있는데, 노주 중 여알주(女兒酒)라는 혼성주(藥味酒)의 대표적인 술로는 오가피주, 죽엽청주, 장미주, 보주, 녹용주 등이 유명하며, 그중 죽엽청주는 1400년 전부터 유명한 양조산지로 알려진 행화촌의 약미주로 고량을 주원료로 녹두, 대나무잎 등 10여 가지 천연약재를 사용한 연황빛을 띤 향기롭고 풍미가 뛰어난 술로 한입 머금으면 톡 쏘는 맛이, 두 번째로 단맛이 입에 퍼진다. 술의 효능은 혈액을 맑게 순환시켜, 간 비장의 기능을 상승시키는 작용을 하여 자양강장(滋養强壯)에 좋은 술로 평가되고 있다. 황주(黃酒)의 대표적인 술로는 소흥주(紹興酒), 노주(老酒) 등이 있는데 노주 중 여알주(女兒酒)는 예부터 여자가 귀하여 여자를 낳으면 술을 담가 대들보 밑에 묻어 놓았다. 여자가 성장하여 혼례를 치르게 되면 술을 파내어 잔치를 했다고 한다. 그러나 크는 도중에 죽으면

영원히 잊어버려 패가 한 후 집을 고치기 위해 땅을 파는 과정에서 발견되는 술이라 한다. 그래서 몇 십 년 이상 된 술이라 하여 노주(老酒)라 한다.

① 고량주(高粱酒) : 수수를 원료로 하여 제조한 것을 고량주라 하며, 고량주는 중국의 전통적인 양조법으로 빚어지기 때문에 모방이 어려울 정도의 독창성을 갖고 있다. 누룩의 재료는 대맥, 작은 콩이 일반적으로 사용되나 소맥, 메밀, 검은콩 등이 사용되는 경우도 있으며, 숙성과정의 용기는 반드시 흙으로 만든 독을 사용한다. 전통적인 주조법이 이 술의 참맛을 더해주며, 지방성이 높은 중국요리에는 없어서는 안 되는 술이며 술 애주가에게는 더욱 알맞은 술이다. 색은 무색이며 장미향을 함유하는 경우도 있고, 고량주 특유의 강함이 있으며 독특한 맛으로 유명하다. 주정은 59~60% 정도이며 천진산이 가장 유명하다.

② 소흥가반주(紹興加飯酒) : 중국 굴지의 산지인 절강성(浙江省), 소흥현(紹興縣)의 지명에 따라 명명된 것으로 중국 8대 명주의 하나이다. 14~16% 정도이며 색깔은 황색 또는 암홍색의 황주(黃酒)로 4000년 정도의 역사를 갖고 있으며, 오래 숙성하면 향기가 더욱 좋아 상품가치가 높다. 주원료는 찹쌀에 특수한 누룩을 사용하는 방법이 일반적이며, 누룩 이외에 신맛이 나는 재료나 감초가 사용되는 경우도 있다. 제조방법은 찰쌀에 누룩과 술약을 넣어 발효시키는 복합발효법이 사용되나, 독창적인 방법에 따라 독특한 비법이 내포되어 있다. 소흥주는 다른 중국술에 비해 14~16%의 저알코올 술로써 약한 술을 선호하는 애주가에게 인기가 있으므로 추천하면 무난하다.

③ 오가피주(五加皮酒) : 고량주를 기본 원료로 하여 목향과 오가피 등 10여 종류의 한방약초를 넣고 발효시켜 침전법으로 정제된 탕으로 맛을 가미한 술이며, 알코올 도수는 53% 정도이고, 색깔은 자색이나 적색이다. 신경통, 류머티즘, 간장 강화에 약효가 있는 일명 불로장생주이다.

④ 죽엽청주(竹葉靑酒) : 대국주에 대나무잎과 각종 초근목피를 침투시켜 만든 술로 연한 노란색의 빛깔을 띠고 대나무의 특유함을 느낄 수 있다. 주정은 48~50%의 최고급 스태미나주로 널리 알려져 있다. 또한 이 술은 오래된 것일수록 향기가 난다.

⑤ 마오타이주 : 백주 중에서 가장 많이 알려진 술이다. 주은래가
이 술의 품질관리에 지대한 관심을 가졌고, 닉슨 대통령이 반
했으며, 북한의 김일성이 응접실에 비치했다는 명주이다. 무
려 8차례의 반복 증류와 3년의 저장을 거쳐 출고된다. 스카치
위스키, 코냑과 함께 세계 3대 명주로 꼽힌다. 고량을 원료로
하여 순수 보리누룩을 발효시킨 후 8~9번 정도 세정하여 증류
해서 독에 넣고 완벽하게 하여 최저 3년 이상 숙성시켜 제조
한다. 또한 중국의 8대 명주 중에서 일품으로 알려져 있고, 다
른 종류의 술과 비교해 보아도 더 독특한 풍미를 지녔으며, 각종 육류요리와 잘 어
울리는 숙취도 없는 고급주이다. 산지는 귀주성 모래현이고 미국의 닉슨 전 대통령
과 모택동이 미·중 국교 정상화를 위해 만찬 시 건배로 그 유명세를 가지고 있으며,
주정은 약 53~55% 정도로 무색투명한 것이 특징이다.

⑥ 우리앙예(五粮液) : 오량액의 역사는 당대(唐代)까지 거슬러 올
라간다. 사천성 의빈시(宜賓市)에서 생산되는 것을 제일로 친
다. 주액이 순정 투명하고 향기가 오래간다. 65% 알코올 함
량에도 불구하고 맛이 부드러우며 감미롭다. 진품 오량액은
병뚜껑 봉인 종이에 새겨진 국화문양으로 알아본다. 중국의
남서부 쓰촨성(四川省)과 윈난성(雲南省)을 경계로 구이저우성
(貴州省)이 자리 잡고 있다. 이 구이저우성은 양자강의 상류지
역으로, 산수가 빼어나고 기후가 온난하며 물자가 풍부하다.

『삼국지』에서 유비의 본거지였던 파촉이 바로 이 지역이다. 이 구이저우성에서는
중국의 명주가 많이 생산되는데, 그 가운데 우리앙예(五粮液)가 유명하다. 이 술은
중국의 증류주 가운데 판매량이 가장 많다. 우리앙예는 명나라 초부터 생산되기 시
작했다. 이 술을 처음 빚은 사람은 진씨라는 사람으로만 알려지고 있다. 우리앙예의
독특한 맛과 향의 비결은 곡식 혼합비율과 첨가되는 소량의 약재에 숨어 있다. 이것
은 수백 년 동안 진씨 비방으로 알려져 내려왔다. 1949년 현재의 중국 정부가 들어
선 뒤 해마다 열리는 주류 품평회에서도 우리앙예는 마오타이와 함께 중국을 대표
하는 명주로 꼽힌다.

제2절　일본의 식사예절

## 1. 일본음식

일본열도는 북동에서 남서로 길게 뻗어 있고 바다로 둘러싸여 있으며 지형·기후에 변화가 많으므로, 4계절에 생산되는 재료의 종류가 많고 계절에 따라 맛이 달라지며 해산물이 풍부하다.

일본요리는 쌀을 주식으로 하고 농산물·해산물을 부식으로 하여 형성되었는데, 맛이 담백하고 색채와 모양이 아름다우며 풍미가 뛰어나다. 그러나 이러한 면에 치우쳐서 때로는 식품의 영양적 효과를 고려하지 않는 경우도 있었는데, 제2차 세계대전 후로는 서양식생활의 영향을 받아 서양풍·중국풍의 요리가 등장하게 되면서 영양 면도 고려하게 되었다. 또한 일상의 가정요리도 신상품의 개발과 인스턴트식품의 보급으로 다양하게 변화하였다.

## 2. 일본요리의 특징

### 1) 지리적 여건에 따른 특징

① 일본은 습도가 많은 나라이므로 음식의 맛은 아주 담백하고 개운하다.
② 일본은 4면이 바다로서 4계절을 통하여 수많은 종류의 바닷물고기와 민물고기 등 생선류가 많이 잡힌다. 따라서 수조류보다 생선요리, 그중에서도 생선회 요리가 발달되어 있다.
③ 일본은 4계절의 구별이 확실하며 생선류, 버섯류, 채소류, 과실류 등이 많아 맑은국, 구이, 조림, 초무침 등에 날것 그대로 많이 사용한다.

### 2) 기교상의 특징

일본요리는 구수하거나 푸짐한 맛은 없으나, 깨끗하고 담백하며 요리를 담는 솜씨는 앙증맞을 정도로 기교적이다. 일본요리는 1인분씩 담는 것이 원칙이며, 남는 예가 없을 만큼 양을 적게 담는 것이 특징이다.

### 3) 일본요리의 특징

① 모든 요리가 쌀밥과 일본 술에 조화되도록 만들어졌고, 같은 재료라도 4계절의 변화에 따라 맛이 좋은 제철의 것을 구분해 씀으로써 계절감을 살리고 있다.

② 재료의 본맛을 살려서 조리하기 때문에 향신료를 진하게 쓰지 않는다.

③ 양질의 식수(食水)와 신선한 어패류가 풍부하여 생선회(사시미)가 발달했다.

④ 식기는 기본적으로 1인분씩 따로 쓰며, 도자기·철기 등 변화가 많아 요리의 내용이나 계절에 따라 조화시킴으로써 요리상의 공간적 아름다움을 살리고 있다.

⑤ 눈으로 보는 요리라는 말을 할 만큼 외형의 아름다움을 존중하므로 조리인의 개성이나 기술에 대해서 까다롭고, 담는 방법에도 세심한 주의를 기울인다.

⑥ 관서풍과 관동풍의 지리적인 특징을 나타낸다. 관서는 전통적인 일본요리가 발달한 곳으로서, 교토(京都)의 담백한 채소요리와 오사카(大阪)의 실용적이고 합리적인 요리가 주종을 이루는 데 비하여, 관동요리는 에도막부(江戶幕府)가 생긴 뒤의 무가요리(武家料理)로서 일찍부터 설탕을 손에 넣을 수 있었던 관계로 설탕과 간장을 많이 써서 요리의 맛을 진하게 만든다.

## 3. 일본요리의 분류

### 1) 지역적 분류

#### (1) 관동요리

관동요리는 무가(武家) 및 고관들의 의례요리(儀禮料理)가 발달하여, 맛이 진하고 달며 짠 것이 특징이었다. 당시 설탕은 우마이(맛좋은)라고 할 만큼 귀했는데, 이것을 많이 사용한 고급요리이다. 또한 외해에 접해 있어서 깊은 바다에서 나는 단단하고 살이 많은 양질의 생선이 풍부, 토양과 수질이 관서 지방에 비해 거칠었기에 "맛, 빛깔, 성분 따위가 매우 짙은 농후한 맛"을 이루었다.

### (2) 관서요리

이전에는 가미가다(上方 : 교토 부근 지방)요리라고 하였다. 관서요리는 관동요리에 비하여 "맛이 엷고 부드러우며 설탕을 비교적 쓰지 않고 재료 자체의 맛을 살려 조리하는 것"이 특징이다. 재료의 색상이 거의 유지되어 아름답다.

교토(京都)요리는 공가(公家 : 조정관리 집안)의 요리로서 양질의 두부, 채소, 밀기울, 말린 청어, 대구포 등을 사용한 요리가 많고, 오사카(大板)요리는 상가(商街)의 요리로서 조개류와 생선을 이용한 요리가 많다. 최근에는 거의 약식(略式)이며 회석요리(會席料理)가 중심이 되고 있다.

## 2) 형식에 따른 분류

일본요리는 형식에 따라 크게 본선요리, 회석요리, 차회석요리, 정진요리, 보채요리 등으로 분류할 수 있다.

### (1) 본선요리(本膳料理 : 혼젠요리)

식단의 기본은 일즙삼채(一汁三菜), 이즙오채(二汁五菜), 삼즙칠채(三汁七菜) 등이 있으나 일즙오채(一汁五菜), 이즙칠채(二汁七菜), 삼즙구채(三汁九菜) 등으로 수정된 것도 있다.

에도시대(江戸時代 : 1603~1866)에 이르러 형식이 갖추어진 요리로 메이지시대(明治時代 : 1868~1910)에 들어오면서 민간인에게 보급되기 시작하여 '관혼상제' 등의 의식요리(儀式料理)에 이용되며, 또한 '손님 접대요리'로 전해 내려온 정식 일본요리이다.

요리는 첫째 상(이치노젠 : 一の膳)부터 다섯째 상(고노젠 : 五の膳)까지의 형식에 의해 준비된다.

상(젠 : 膳)의 수는 메뉴(獻立 : 곤다데)의 즙(시루 : 汁)과 반찬(사이 : 菜)의 수에 의해서 결정되며 즙이 없는 상은 와키젠(脇膳), 야키모노젠(燒き物膳)이라 부른다. 상은 다리가 붙어 있는 각상(가쿠젠 : 角膳)을 사용하고 식기는 거의가 칠기그릇(누리모노 : 塗理物)을 사용한다.

다음은 삼즙칠채의 구성에 대해 알아본다.

첫 번째 상 : 혼젠(본선)

일즙(一汁)인 된장국(미소시루 : 味噲汁)과 사시미(刺身), 조림요리(니모노 : 煮物), 일본김치(고노모노 : 香物), 밥(飯)으로 구성된다.

두 번째 상 : 니노젠(二の膳)

두 번째 국물인 맑은국(스마시지루 : 淸し汁), 5종류 정도를 조린 조림요리(니모노 : 煮物), 무침요리(아에모노 : 和え物), 초회(스노모노 : 酢の物) 등을 작은 그릇에 담아 곁들여낸다.

세 번째 상 : 산노젠(三の膳)

앞에 제공되지 않은 국물요리 하나와 튀김요리(揚げ物), 조림요리(煮物), 사시미(刺身) 등으로 구성된다.

네 번째 상 : 요노젠(四の膳, 與の膳)

생선 통구이(스가타야키 : 姿燒) 등이 오른다.

다섯 번째 상 : 고노젠(五の膳)

선물로 가지고 갈 수 있는 것으로 구성되며 밥과 고구마를 달게 졸인 것, 어묵 등의 물기가 많지 않은 요리들로 구성된다. 혼젠요리는 상을 내는 방법, 먹는 방법에 형식이 있으며, 그의 예절과 방법을 중요시하였다. 그러나 그 후 예절과 방식을 점점 멀리하게 됨에 따라 새로운 스타일의 회석요리(會席料理)를 생각하게 되었다. 그것이 곧 가이세키요리(會席料理)로 변화되어 현재에 이르고 있다.

### (2) 차회석(茶懷石)요리(차가이세키 ちゃかいせき요리)

차를 마시기 전에 나오는 요리이다. 다도(茶道)에서 나온 요리로서 차를 들기 전에 내는 요리를 말하며 아주 간단하고 양이 적지만 요리하는 과정은 매우 까다롭다.

회석이라는 말은, 불교 선종에서 수행 중인 승려들이 아침과 오후 두 번밖에 식사를 하지 못하게 되어 있었기 때문에 추운 밤이면 빈속으로 잠을 이룰 수가 없어 불돌을 회중, 즉 품에 품고 빈속으로 견디어냈다는데, 여기서 품속의 돌이라는 말이 생기게 되었다고 한다. 그 후로 적은 양의 죽을 끓여 먹게 하였는데, 이것은 신체에 좋은 약의 구실을 한다고 해서 병자에게 약 대용으로 먹게 하고 있다.

회석요리는 한 가지씩 나오는 요리로 손님은 맛이 변하지 않는 동안에 먹을 수 있는 합리성이 있으며, 처음에는 검소한 식물성 요리였으나 시대가 흐름에 따라 생선도 이용되는 호화스러운 요리로 변하였다.

차가이세키요리는 일즙삼채가 보통이며, 밥, 국, 회종류, 조림, 구이 등으로 구성된다. 양보다 질을 중시하며, 재료 자체의 맛을 최대한 살린 것이 특징이다.

다석(차석)에 제공하는 요리로서 차를 마시면 보약이 되고 장수한다 하여 아주 귀하게 여겼으며 약석(藥石)이라고 하였다. 옛날 선종의 승려들은 수업 중에는 점심 이외에는 먹는 것이 금지되었으나 단지 식사를 하는 것은 아니고 공복감을 씻으며 자기의 몸을 유지하고 병에 걸리지 않게 하기 위해 적은 양의 가벼운 죽만을 허락했다. 이것을 약석(藥石)이라 한다. 차를 마시기 전에 차의 맛을 충분히 볼 수 있도록 공복감을 겨우 면할 정도로 배를 다스린다는 의미를 가지고 있으며 차와 같이 대접하는 식사라 할 수 있다.

■ **차를 마시는 시간**
- 正午 : しょうご, 11~13시
- 曉 : あかつき, 6~8시
- 夜出 : よごと, 저녁
- 朝茶 : あさちゃ, 9~10시
- 飯後 : はんご, 식후
- 跡見 : あどみ
- 臨時 : りんじ

이처럼 7가지 식이 있으며 요리의 내용도 다르게 구성된다.

## (3) 회석요리(會席料理 : かいせきりょうり)

연회석에 차리는 가이세키요리(회석요리, 會席料理)이다. 일본인들이 거의 일상적으로 접할 기회가 없다고 하는데, 오늘날의 일본요리 형태라고 말할 수 있다. 그러나 최근엔 회석요리 중에서도 첫째, 본선요리 형식의 흐름을 잇는 것은 대중음식점에서 쓰는 다리 달린 밥상에 요리가 처음부터 배열되어 있는 것이며, 둘째, 회석요리의 흐름을 잇는 것은 고급식당에서 쓰는 '오시키'라고 하는 네모난 쟁반에 차례로 요리를 내는 것이다. 회석요리의 정신을 계승한 점은 여러 요리를 한꺼번에 내놓는 것이 아니라 손님이 먹는 속도를 헤아려서 한 가지씩 내놓는 것이다.

그 이유는 따뜻한 것은 따뜻할 때, 차가운 것은 차가울 때 들게 함으로써 가장 맛있을 때 먹게 한다는 요리의 정성을 소중히 하기 위해서이다. 이것은 먹을 수 있을 만큼씩 나오는 요리, 즉 다 먹어치우게 되는 요리이다. 이것은 간사이시키(간사이는 교토, 오사카 지방) 또는 간사이 후우라고 불리는 요리형식인데, 이 형식이 오늘날 일반적인 형식이라 할 수 있다. 일본요리에는 일본 술이 가장 잘 어울린다. 일본 술이 요리의 맛을 한층 좋게 해주므로 조금은 마시는 편이 좋다. 술을 마시지 못한다고 해서 주스나 콜라를 마시면 요리의 맛이 나지 않아 별로 좋지 않다. 오히려 오차를 드는 것이 좋다. 요리의 구성으로 보면 가장 간단한 것은 삼채부터 시작하고, 오채, 칠채, 구채, 십일채 등의 홀수로 증가된다. 밥은 채의 가짓수에 포함되지 않는다. 회석요리로 발전해 가는 과정에서 육류 및 모든 식재료를 사용하게 되었다.

연회용 요리로서 본선요리(本膳料理)를 개선해서 에도시대(1603~1866)부터 이용하였다고 한다. 술과 식사를 중심으로 하는 연회식(宴會式) 요리로서 현대의 주연요리(酒宴料理)의 주류를 이루고 있다.

간단한 것은 삼채(三菜)부터 시작하여 오채(五菜)가 되면 즙물(汁物)은 이즙(二汁)이 되며 칠채(七菜), 구채(九菜), 십일채(十一菜) 등의 기수(奇數)로 증가한다. 밥은 채의 가짓수에 포함되지 않으며 형식보다는 '식미본위(食味本位)' 즉 보아서 아름답고, 냄새를 맡아서 향기롭고, 먹어서 맛있는 것을 전제로 한다.

혼젠요리(本膳料理 본선요리)는 차가이세키요리(다도음식) 및 가이세키요리와 함께 기본적인 세 가지 일본요리법 중 하나이다.

제철의 신선한 재료를 사용하여 예술적으로 표현하는 것을 강조한 차요리는 혼젠요리의 형식성을 젠(ぜん[禪][불교]선)의 검소한 정신과 결합하였다. 여기서 설명하는 '가이세키요리'는 19세기 초에 현재의 형태로 개발되었으며 현재도 여전히 료테이로 불리는 일급 일식점과 전통 일본 여관에서 이어오고 있다. 신선한 제철 재료의 사용과 초기의 예술적인 양식을 유지해 오면서 '가이세키' 음식은 음식예절의 규칙은 줄어들고 분위기는 더 편해졌다. 사케는 식사하는 동안 마시고 일본인은 일반적으로 사케를 마실 때는 밥을 먹지 않기 때문에 밥은 마지막에 제공된다. 전채요리와 생선회(얇게 썬 조리하지 않은 생선), 스이모노(맑은국), 야키모노(구운 음식), 무시모노(찐 음식), 니모노(조린 음식) 및 아에모노(드레싱을 뿌린 샐러드 같은 음식)가 먼저 제공되며 다음에 미소국, 스케모노(절인 음식), 밥, 일본 디저트 및 과일이 나온다. 차는 식사를 끝낸 뒤에 마신다. 대부분의 일본인이 풀코스의 가이세키 정찬을 경험하는 기회가 거의 없다고 해도 가이세키요리에서 제공되는 음식의 순서와 종류는 현대의 일본 풀코스요리의 기본이 된다.

■ **회석요리(會席料理 : かいせきりょうり)의 구성**
① 오토오시(おとおし[お通し]) =스키다시(つきだし)(요릿집에서) 손님이 주문한 요리가 나오기 전에 내는 간단한 음식('お通し物'의 준말)
② 前菜(ぜんさい 젠사이) : 전채
③ 椀盛り(わんもり 완모리) = 吸物(すいもん 스이몽) : 맑은국
④ お造り(おつくり 오쓰쿠리) = 刺身(さしみ 사시미) : 생선회
⑤ 燒物(やきもの 야키모노) : 구이
⑥ 煮物(にもの 니모노) = 炊合せ(たきあわせ 다키아와세) : 조림
⑦ 强魚(いざかな 이자카나)=進魚 すめざかな 스메자카나)=再進(さいしん 사이싱)이라

고도 하며 일즙삼채(一汁三菜) 후, 술을 권할 때 내는 요리는 止魚(とめざかな 도메자
카나 : 그치는 안주)라는 이름으로도 회석요리(會席料理)에 사용된다.

⑧ 酢の物(すのもの 쓰노모노) : 초회

⑨ 止椀(とめわん 토메완) : 그치는 국물요리를 말하며 된장국이 많이 제공된다.

⑩ 果物(くたもの 구다모노) : 과일

일본의 풀코스 요리인 회석요리(會席料理 : かいせきりょうり 가이세키요리)의 제공 순
서는 다음과 같다.

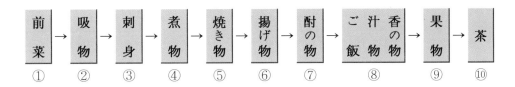

① 전채(젠사이 ぜんさい[前菜])

② 맑은국(스이모노 すいもの[吸(い)物])

③ 생선회(사시미 さしみ[刺(し)身])

④ 삶은 요리(니모노 にもの[煮物, 음식을 끓임[익힘]; 또는 그 음식])

⑤ 구운 요리(야키모노 にもの[煮物, 음식을 끓임[익힘]; 또는 그 음식])

⑥ 튀김(아게모노 あげもの[揚(げ)物, 기름에 튀긴 식품; 튀김; 특히 어육(魚肉)튀김])

⑦ 안주류(오쓰마미루, 주우노모노 おつまみ類(るい), アンジュリュ)

⑧ ㉠ 밥(고항 ごはん[御飯], 'めし(=밥)・食事(=식사)'의 공손한 말씨)

    ㉡ 국물(시루모노 汁物しるもの, 국물이 많은 요리, つゆ; 出(だ)し)

    ㉢ 향물(고우노모노 こうのもの[香の物, 채소를 소금・겨에 절인 것(=つけもの・し
    んこ)), 다쿠앙(단무지) たくあん) [澤庵]; 'たくあんづけ'의 준말; 무짠지; 단무지
    (=たくわん) 등을 '고우노모노'라 한다.

⑨ 과실(果實), 果實(가지쓰) かじつ; 果物くだもの(구다모노)

⑩ 차(차 ちゃ[茶], 찻잎, 다도)

### ■ 일본 상차림 구도

膳(젱ぜん 밥상)組(구미くみ[組(み)]세트, 쌍의 뜻) 젱구미: 一汁五菜이치주고사이, 이즙오채)に汁(いちじゅう)五菜(ごさい)

(상차림)

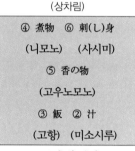

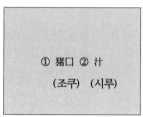

| 燒き物膳(야키모노젠) | 本膳(혼젠/본선) | 引落(잉라쿠) |

① ちょく 조쿠(작은 사기 잔=ちょこ 조코), 회나 초친 음식을 담는 잔 모양의 작은 접시.

② 된장국(미소시루 みそしる[みそ汁·味噌汁]). 맑은 국물(시루しる[汁즙; 물, 국)

③ 밥(고항, 메시めし [飯; 밥 반)

④ 조림요리, 니모노(にもの[煮物 끓이거나 익힌 요리)

⑤ 일본김치, 고우노모노/고노모노(香物); 단무지, 오이절임

⑥ 사시미 さしみ[刺(し)身] 생선회(=つくりみ), 회, 생선회(나마스 なます[膾·鱠 1. 회, 2. 생선회; 또는 무·당근 따위를 썰어 초에 무친 것)

⑦ 구운 고기(이형철, 글로벌 에티켓 글로벌 매너, 에디터, 2000 ; 강인호 외 4인, 글로벌 매너와 문화, 기문사, 2008 재인용을 토대로 저자 재구성)

## (4) 정진요리(精進料理 : 쇼진요리 しょうじんりょうり)

정진요리는 불교식 요리로서 생선과 수조육을 전혀 사용하지 않은 것으로 사원을 중심으로 발달한 요리이다. 쇼진이란 용어는 식물성 재료만으로 만들어진 국 또는 튀김이란 뜻으로 사용된다. 정진요리는 다도가 보급되는 전후에 서민에게 전달되었다. 불교 전래 시 중국의 불교승이 일본에 귀화하는 일이 많아져 대두(大豆)를 활용하는 청국장(納豆), 두부튀김 등 비린 냄새가 나는 생선, 또는 수조육을 전혀 사용하지 않는 불교승의 독특한 요리인 정진요리가 보급되었다.

정진요리의 뜻은 유정(有情 : 動物)을 피하고 무정(無情 : 植物)인 채소류, 곡류, 두류(豆類),

해초류(海草類)만으로 조리한 것으로, 미식(美食)을 피하는 조식(粗食)을 의미한다.

선종(禪宗)에서는 육식(肉食)을 금하는 것을 원칙으로 하며 식단은 본선요리의 형식으로서 一汁三菜(일즙삼채), 一汁五菜(일즙오채), 二汁五菜(이즙오채), 三汁七菜(삼즙칠채) 등의 기본에 따라 구성된다. 주로 사원에서 발달되었으며, 이의 중심지는 교토(京都)이다. 정진국(精進汁：しょうじんじる), 정진튀김(精進揚：しょうじんあけ)이라는 식물성 재료만으로 만들어진 국 또는 튀김 등의 의미로 이용되고 있다.

### (5) 보채요리(普茶料理 : 후차료리, ふちゃりょうり)

오오바쿠요리라고도 불리며, 보차요리(普茶料理)라고 하는 것은 에도(江戶)시대에 도래한 중국식 정진요리(쇼진료리=精進料理)이다. 두부 등이 처음 만들어진 것도 이때쯤이며, 또한 차, 점심(차에 곁들이는 것. 과자, 절임 등), 차노고 등도 볼 수 있게 되었다. 보차요리는 중국 사찰음식(정진요리)의 일종이며, 황벽산 만복사로부터 전래되었다고 한다. 채소와 건어물을 조리하며 자연의 색과 형을 아름답게 꾸미며 선종(禪宗)의 간단한 조리법을 도입한 것이 특징이다. 중국요리처럼 원형탁자로 쇼진요리를 즐긴다. 살아 있는 재료는 사용하지 않는 것이 원칙이며, 영양 면을 고려하여 두부(豆腐), 깨(胡麻), 식물류(植物類)를 많이 사용한다. 채소와 건어물을 조리하고 자연의 색과 형태를 아름답게 꾸미며 선종의 간단한 조리법을 도입해 넣은 것이 특징이다.

### (6) 탁복요리(しっぽくりょうり)

중국요리와 일본요리를 주로 하여 포르투갈, 네덜란드 요리를 혼합하여 일본사람이 좋아하는 요리로 만든 것이다. 무로마치시대(寶町時代)의 1571년 나가사키(長岐)항이 개항되고 당나라를 시작으로 포르투갈, 네덜란드 등 외국과의 교류가 성하게 되어 독특한 문화가 생기게 되었다. 당시의 복잡한 요리 형식을 탈피하여 개방요리로의 변화를 시도하여 현재의 싯포쿠 요리가 탄생했다. 나가사키의 대표요리로서 탁복의 탁은 식탁을, 복은 식탁을 덮는다는 의미를 갖고 있으며, 몇 사람의 손님이 식탁을 중심으로 해서 큰 그릇에 담은 요리를 나누어 먹는 것으로 먹는 방법, 식기요리의 배치방법 등이 중국형식의 호화로운 요리이다.

### (7) 정월요리(御節料理 : おせちりょうり)

가짓수가 많은 오세치요리는 며칠 만에 만들 수 없기 때문에 12월 초순부터 시작하여 한 가지씩 준비하는 자세가 필요하다.

오세치요리(御節料理)는 설날아침에 한 번 내는 요리로 좋은 한 해가 되도록 기원하며 정성을 모아 만든 음식이다.

오세치요리를 4단의 도시락에 담을 경우 1단에는 축하하는 술안주를 중심으로 담고, 2단에는 권해서 집어먹을 수 있는 안주를 중심으로 담고, 3단에는 구이요리와 조림요리의 색채를 아름답게 조화시켜 담고, 4단에는 초무침요리나 그 밖의 냄새나 향기가 나지 않는 음식을 담아낸다.

오세치요리(御節料理)는 함축된 의미를 내포하고 있는데, 청어알은 자손번영을, 고구마조림은 복이 가득하도록, 멸치조림은 옛날 밭에 비료로 사용한 데서 유래되어 풍작을 기원하는 것이고, 검정콩조림은 건강하게 살아가도록 다데마키와 다시마말이는 문화를 높인다는 의미가 있고, 일출어묵이나 모미지(단풍)나마스(무, 당근 따위를 썰어 초에 무친 것)는 나라의 번성과 평안을 나타내고, 쿠와이(쇠기나물)는 인생의 희망을, 초로기(두루미냉이)와 등이 굽은 새우는 장수를 의미하고 있다.

### (8) 기타

항구인 나가사키에서 외국인이나 선원에게 판매하기 위해 시작된 외국풍의 자부요리, 벤토(도시락) 형식의 요리, 돈부리(덮밥) 형식의 요리 등이 있다.

## 4. 일본의 식사예절

### 1) 일본식(日本式) 식사 에티켓

한국의 비빔밥처럼 비벼먹는 것이 없고 대체로 따로따로 먹는 것이 특징이다.

식사 때는 한 접시에 한 가지 요리만 담으며, 각자 개인접시에 덜어 먹는다. 젓가락은 받침대 위에 가지런히 놓는다. 사용할 때는 두 손으로 젓가락의 길이를 맞추고 다시 받침대에 올려둔다. 식사가 끝나면 젓가락은 처음에 젓가락을 넣어두었던 싸개에 다시 넣어둔다.

밥을 먹을 때는 두 손으로 밥공기를 들어 올려 왼손에 밥공기를 든다. 젓가락으로 밥을 한 번 먹은 다음, 밥공기를 상 위에 놓고 국그릇을 들고 국을 한 모금 마신다. 일본은 숟가락은 쓰지 않으며 젓가락을 국그릇 안에 넣어 건더기가 입에 들어가는 것을 막는다. 밥을 먹을 때 다 먹지 않고 조금 남겨두면 밥을 더 먹고 싶다는 뜻이 된다. 젓가락에서 젓가락으로 음식을 옮기는 것은 삼간다.

식사 중 이야기하는 것은 괜찮으나 입 속의 음식물이 보이거나 나오면 안 된다.

생선회를 먹을 때는 작은 접시를 받치고 입으로 가져간다. 튀김을 먹을 때는 양념장을 상 위에 놓고 먹어도 되고 양념장이 바닥에 떨어지지 않게 손에 들고 먹어도 된다. 식사 중에는 먹는 소리나 그릇 소리를 내지 않아야 하지만 메밀국수를 먹을 때만 예외로 한다. 스시를 먹을 때는 물수건으로 손을 깨끗이 닦고 손으로 먹는다.

후식으로 나오는 차를 마실 때는 두 손으로 찻잔을 들고 왼손으로 찻잔을 받친 다음, 오른손으로 찻잔을 든다. 먼저 차의 향을 맡은 뒤, 천천히 소리 내지 않고 차를 마신다. 차를 다 마신 후에는 뚜껑을 덮는다.

## 2) 상석

문과 반대되는 쪽이 상석이다. 주인은 주빈 반대쪽의 문 쪽에 앉는다. 앉을 때는 주빈보다 다른 사람들이 먼저 앉으며, 일어설 때는 주빈이 먼저 일어선다. 웃어른이나 주인이 오기 전에 미리 자리에 앉아 있어야 하며, 일어날 때는 웃어른이나 주인이 일어난 후 뒤따라 일어난다. 식사 중에는 되도록 자리를 뜨지 않는 것이 좋다.

## 3) 젓가락 문화

음식을 집는 도구로 사용되는 젓가락(はし)은 기원전 3세기경 일본의 야요이(彌生)시대에 중국으로부터 벼농사와 함께 전해졌다고 한다. 평소 젓가락을 사용하지 않는 문화권의 사람들에게 젓가락은 사용하기 어려운 작은 두 개의 막대기처럼 보이지만, 이 젓가락은 나이프, 스푼, 포크 등이 갖고 있는 기능을 복합적으로 지니고 있다. 우선 젓가락으로 음식 등을 누르거나 찌를 수 있다.

또 내용물을 건져낼 수도 있고, 물고기와 같은 연한 고기는 적당한 크기로 먹기 좋게 자를 수도 있다. 이 밖에 젓가락이 지닌 가장 큰 장점은 젓가락 사이에 어떤 것이든 끼워서 운반할 수 있다는 것이다. 그러나 일본의 젓가락 사용법 가운데 해서는 안 되는 것이 있다. 우선 무엇을 먹을지 젓가락으로 방황하는 행위(迷い箸), 요리를 젓가락 끝으로 콕콕 찍어 집는 행위(刺し箸), 요리 속에서 자신이 먹고 싶은 것을 찾는 행위(探り箸), 젓가락으로 요리가 들어 있는 그릇을 끌어당기는 행위(寄せ箸) 등이 그것이다.

젓가락은 한국과는 달리 자신의 어깨선과 평행한 쪽으로 놓는데 젓가락 받침이 있으며 보통 나무젓가락을 내놓는다. 젓가락을 들 때에는 오른손으로 젓가락의 가운데를 들면서 왼손으로 아래쪽을 받친다. 오른손을 미끄러지듯하며 젓가락 손잡이 부분을 잡으면 된다. 어느 것을 먹을까 망설이며 젓가락이 왔다 갔다 한다든가, 젓가락에 붙어 있는 음식을 빨아먹거나, 접시에 있는 음식을 뒤섞어 놓거나 젓가락으로 음식을 찔러 먹는 것은 금물이다. 멀리 있는 그릇을 젓가락으로 끌어당기거나 젓가락 對 젓가락으로 음식물을 주고받는 것, 공동의 음식을 자신의 젓가락으로 집어먹는 것은 절대 금물이다. 공동의 음식에는 보통 전용 젓가락이 달려 있는데 그렇지 않은 경우에는 자신의 젓가락을 뒤집어 손잡이 부분을 사용하여 공동음식을 집도록 한다.

## 4) 일본 레스토랑에서

- 일단 문 앞에서 종업원이 안내할 때까지 기다릴 것
- 손님 접대 시 가급적 미리 예약해 놓을 것
- 점심식사의 경우에는 식사 후 곧 일어나도록! (밖에서 기다리는 사람들이 많기 때문)

## 5) 주의사항

- 일본에서는 식사비를 따로따로 지불하는 것이 일반화되어 있으니 염두에 둘 것
- 식당에서 큰 소리로 종업원을 부르지 말 것
- 식사가 빨리 나오도록 독촉하지 말 것
- 음식을 덜어 먹을 때는 꼭 가운데 있는 별도의 젓가락을 사용하고, 우리나라와 같이 자기 젓가락으로 남에게 음식을 집어준다든지 하는 것은 큰 실례임
- 음식을 남기면 실례이므로 가급적 다 먹을 것
- 일본인을 만나기 전 마늘은 가급적 먹지 말 것
- 일본에는 팁이 없음

## 6) 노 팁(No Tip) 문화

일본에는 팁 문화가 없으므로 상대편이 아무리 서비스를 잘 해주었다 할지라도, 고맙다는 말이면 충분하다.

정말 고마울 경우에 대비하여 조그만 선물이 될 만한 것을 가지고 다니다가 고마움을 표시한다.

## 7) 레스토랑 직원을 대할 때 지나친 감사 표시 금물

원래 일본인은 서비스문화가 몸에 배어 있으므로 상당히 친절하다.

특히 서비스업종에 종사하는 사람은 더욱 그렇다.

그들은 그것이 당연하다고 생각하고, 받아들이는 사람들도 그렇게 생각한다. 여기에 한국과 비교하여 지나치게 고맙다는 표시를 하면 이상하게 보일 수도 있으므로 주의하자.

## 8) 식사비 계산은 반드시 '각자 계산'([割(リ)勘] 와리캉)!

식사비는 일반적으로 특별한 경우가 아니면 割勘(와리캉, 각자 지불)으로 하므로 우리나라 식으로 연장자나 직책이 높은 사람, 인원 수가 많은 쪽, 또는 남성들과 같은 지불방식은 거의 하지 않는다. 많은 사람이 모였을 경우 편의상 한 사람이 우선 모두 계산하는 경우도 있으나 이 경우에도 바로 정산하여 1人당 얼마씩 각출하는데 이를 '다테가에(たてかえ[立(て)替え]'라고 한다.

한국은 내놓고 후회하더라도 체면상 서로 먼저 내려고 하는 경향이 관습이다.

일본에서도 한국인들은 간혹 친근감의 표시로 모두 계산하려는 사람들이 종종 있는데, 그렇게 하면 일본인들은 내심으로는 좋아하나 뒤에서는 내실이 없는 사람, 이용하기 쉬운 '봉'이라는 느낌을 가지면서 부담감을 느끼므로 일본식 에티켓을 따르도록 하자.

## 5. 일본의 음주 에티켓

- 상대방이 다 비울 때까지 기다리지 말고 술잔에 술이 줄어들면 첨잔을 한다. 첨잔은 한국에서는 금기이지만 일본에서는 오히려 미덕으로 여기고 있다.
- 손님의 잔이 1/3 이하로 줄었는데도 주인이 권하지 않으면 '자리를 끝내자'라는 의사 표시로 이해하기 때문에 초대받을 경우 수시로 권유할 것이다.
- 받은 후 가만히 입을 댄 것으로도 족하니 무리하게 마시지 않아도 되고, 술을 따를 때도 한 손으로 하고 받을 때도 마찬가지인데 전혀 실례가 되지 않으니 오해하지 않도록 한다.
- 대개 처음에는 맥주를 같이 들고 나서 자기가 좋아하는 술을 각자 선택하는 경우가 많다. 어떤 술로 드시겠냐고 권유받았을 때에는 먼저 간단히 맥주부터라는 식으로 하는 것이 무방할 것 같다.

■ **지켜야 할 사항**
- 상대방이 술잔을 다 비울 때까지 기다리지 말고, 술잔에 술이 줄어들면 첨잔을 해 주는 것이 상례로 되어 있다. (술을 받을 때는 항상 머리 숙여 고마움을 표시한다)
- 일본인들도 1차, 2차, 3차까지 가는 것을 좋아한다. 한곳에서 약 2시간 정도 가볍게 마시고, 자리를 옮겨 또 마신다.
- 가라오케에서는 순서대로 노래해야 함(사전 입력 순서대로)

■ **금기사항**
- 늦게까지 마시는 것과 폭음은 절대 피하도록 한다.(일본인들은 교외에 거주하므로 11시 이후에는 차가 끊김)
- 일본에는 술잔을 돌리는 예가 없으므로 주의할 것(야쿠자들은 두목이 먹고, 술잔을 돌리는 '사카즈키'라는 의식이 있음)
- 양주를 스트레이트로 마시는 일본인은 거의 없으므로 신경을 쓸 것

일식당의 테이블 세팅
출처 : http://www.shilla.net/seoul/dining/viewDining.do?contId=ARI#ad-image-1

## * 일식당의 테이블 세팅(Table Setting)

① 냅킨(ナプキン)          ② 하시오키 : 젓가락 받침(はしおき)
③ 젓가락(はし)           ④ 하이자라 : 재떨이(はいざら)
⑤ 간장병 받침            ⑥ 간장병
⑦ 이쑤시개(ようじ)

## 6. 일본의 다도

### 1) 차 모임

공식적인 전 과정 차 의식('차지')에서 손님은 우선 나중에 차를 만드는 데 사용될 뜨거운 물을 대접받는 대기실에 모인다. 그 다음 그들은 정원의 정자로 가서 주인이 환영할 때 까지 기다린다. 주인은 안쪽 문에서 가볍게 인사하며 그들을 맞이한다. 그러면 손님은 돌로 만든 대야로 가서 물로 손과 입을 씻고 모든 사람은 평등하다는 의미를 일깨우기 위해 고안된 낮은 입구를 통하여 다실로 들어간다.

손님은 보통 선불교 승려의 서예작품인 반침에 걸려 있는 족자를 감상하고 '다다미'(짚 매트)마루에 무릎을 꿇고 앉는다. 규정된 인사를 교환한 후 주인은 석탄을 불에 넣고 배고픔을 잊을 정도의 계절음식으로 만든 간단한 식사를 대접한다. 그 다음에는 촉촉한 단 음식이 나온다.

그런 다음 손님은 반침으로 돌아가서 차 대접을 위해 다시 부를 때까지 기다린다. 손님이 평온한 마음상태로 들어가도록 하는 리드미컬한 동작으로 된 상징적인 정화의식으로 차 용기, 차 숟가락 및 찻잔을 닦는다. 조용히 진한 차(고이차)가 준비된다. 손님들 한 사람 한 사람에게 전해지는 정성스럽게 준비된 차는 조금씩 마신다. 하나의 그릇을 함께 사용하는 것은 차 모임에서 결합의 상징적 의미를 띤다. 그 다음 주인은 불에 석탄을 더 넣고, 일본과자를 대접하며 더 농도가 묽고 알갱이가 적은 농도의 차(우스차)를 준비한다. 이 마지막 단계 동안에 분위기는 가벼워지고 손님들은 일상적인 대화를 나누게 된다. 그러나 대화는 여전히 도구와 분위기에 대한 감상에 초점을 맞추어야 한다.

참석한 모든 사람을 대표하는 사람으로 행동하고, 모임을 위해 주어진 각각의 도구와 장식에 대해 질문하고, 손님들이 감상으로부터 방해받는 일 없이 모임이 완벽하게 진행되도록 주인과 조화롭게 행동하는 것은 손님대표의 의무이다.

### 2) 차 받기와 차 마시기

차 모임에서 차를 마실 때에는 '다테마에' 또는 '데마에'라고 하는 예절이 있는데, 모두 차를 대접하는 주인에 대한 감사를 표시하는 것이다. 진한 차와 묽은 차를 마실 때 각각 서로 다른 절차가 있다. 그러나 두 경우 모두 차는 찻잔의 정면(찻잔문양이 가장 아름답게 보이는 쪽)이 손님에게 보이도록 놓는다. 손님은 찻잔의 아름다움을 칭송하고 차를 마실 때는 찻잔의 이 부분이 더러워지지 않도록 주의한다. 고이차(진한 차)를 대접할 때는 손님들은 모두 같은 차 그릇으로 따른 차를 마신다. 첫째, 찻잔을 받으면 본인과 다음 사람 사이에 찻잔을 놓는다. 그러고 나서 주인에게 감사의 예를 표한다. 오른손으로 찻잔을 잡고 왼손바닥에 놓고 찻잔머리를 살짝 들어 감사를 나타낸다. 찻잔 정면에 입을 대고 마셔 정면이 입술에서 떨어지는 것을 피하기 위해 자신을 향해 찻잔을 두 번 돌린다. 그리고 조금씩 차를 마신다. 차를 다 마시고 나면 자신의 앞쪽 다다미 위에 내려놓고 자신의 기모노 가슴 쪽에 넣어둔 종이를 빼내어 입술이 닿은 찻잔의 부분을 닦고 다시 기모노에 종이를 집어넣는다. 다음 손님에게 찻잔이 전해지기 전에 오른손으로 찻잔을 들어 왼손바닥에 놓고 찻잔의 정면을 원래 위치로 돌려놓는다. 찻잔이 다음 손님에게 전해지면 다시 한 번 예를 표한다.

우스차(묽은 차)는 손님 각 개인에게 개별적으로 제공된다. 묽은 차는 찻잔을 받았을 때 자신과 다음 손님 사이에 놓는다. 그리고 먼저 마시겠다는 양해의 표시로 예를 표한다. 찻잔 정면에 입을 대고 마시지 않도록 찻잔을 두 번 돌린다. 무릎 앞에 찻잔을 놓고 주인에게 감사하다는 말을 전한다. 차를 다 마시고 나서는 손가락으로 마신 부분을 닦는다. 찻잔 정면이 손님을 향하도록 돌려놓는다. 자신 앞쪽 다다미에 찻잔을 내려놓고 무릎 위에 올려놓은 팔꿈치를 올려 찻잔을 들어 존경의 뜻을 전한다. 찻잔을 돌려줄 때는 정면이 주인의 정면 쪽을 향하도록 돌려놓는다.

손님은 일본과자를 먹기 전에 일본과자가 올려진 접은 종이를 가져온다. 촉촉한 단 음식을 자르고 먹기 위해 특별한 케이크꼬치를 사용하지만 말린 단 음식은 손으로 먹는다.

## 7. 일본의 음주문화

일본에서는 일본 술(청주, 알코올 도수 15~16%)과 그 외 세계의 각종 주류가 여러 레스토랑, 호텔 등의 음식업계에서 유통되고 있다. 일본의 대표적인 것이 니혼슈, 즉 청주인데 주로 쌀로 만든다. 일본 전국의 많은 지역에서 제조되지만, 고급 일본 술산지는 수질이 좋고, 좋은 쌀 생산지에 집중되어 있다. 그중에서도 유명한 곳이 효고현의 나다, 교토의 후시미, 히로시마의 사이조 등이다. 일본 술은 차게도 따뜻하게도 마실 수 있다. 일본 술은 일본요리와 잘 맞춰서 먹으면 더욱 좋다.

- 소주 : 소주는 고구마, 보리, 사탕수수, 흑설탕 등의 재료로 제조한다. 워카와 비슷하기도 하지만 소주의 알코올 도수는 25도 전후가 많다. 일본의 소주는 각 지방 특산물

로 만들어지는 경우가 많다. 그래서 매우 비싼 것에서 비교적 싼 것까지 다양한 종류가 있다. 지방특산 한정품은 고가품으로 팔리고 있다. 맛도 물론 지방에 따라 다양하게 즐길 수 있다.

- 맥주 : 술 중에서 일본인이 가장 잘 마시는 것이 맥주이다. 맥주는 몇 년 전부터 고급지향의 맥주가 유행하고 있다. 또한 트라이맥주라고 해서, 맛은 연하지만, 부담없이 싸게 마실 수 있는 발포주도 맥주의 한 종류로 많은 서민들이 이용하고 있다. 여름에는 백화점, 마켓 등의 노천 비야가덴(Beer garden : 옥외 탁자)에서 맥주를 즐긴다.
- 위스키 : 일본인은 위스키에 물을 타서 마시는데 이를 미즈와리라고 한다.
- 와인 : 국제적이고 서양화된 음식이 늘어나면서 와인을 마시는 사람들이 점점 늘어나고 있다. 유명한 음식점에는 와인통인 소믈리에가 있어, 음식에 맞는 와인을 제공하고 있다. 와인을 즐기는 사람은 집에 와인셀러(와인에 맞게 온도를 조정해서 저장하는)를 가지고 있기도 하다. 술뿐만 아니라, 스파게티 등 다양한 요리에도 이용한다.
- 외국 술 : 서양요리 레스토랑에서는 일제 외국 술과 외국에서 수입된 다양한 외국 술을 마실 수 있다. 중식 레스토랑에는 소흥주가 있다. 한국의 진로도 어디서나 손쉽게 구할 수 있으며, 유럽뿐만 아니라 아시아 여러 나라의 음식점들도 생기고 있어 음식과 함께 그 나라의 술을 접할 수 있다.
- 술을 마실 때 : 일반적으로 주점(이자카야)에서 즐거운 분위기 가운데 동료, 친구들과 함께 서로의 잔에 술을 부어주며 간빠이(건배)를 하며 마시는 것은 한국과 비슷하다. 단, 한국은 잔이 다 비면 술을 따라주지만, 일본은 술잔이 조금만 비어도 가까이 있는 사람이 술을 따라준다. 대부분 각자부담(와리캉)이 기본이다.

술자리에서 일본인의 주류 소비량 순위를 보면, 1위는 맥주 61.9%, 2위는 청주 11.1%, 3위는 발포주 등의 기타 주류 10.0%, 4위는 소주 7.3%, 5위는 와인 등의 과실주 3.3%로 되어 있다. 단순한 양의 비교만으로도 맥주가 압도적으로 많음을 알 수 있다. 의외로 위스키, 브랜디는 1.8%로 7위였다. 맥주의 가격은 술집의 형태에 따라 다양하다. 보통 소·대 사이즈가 400엔에서 900엔 정도이다. 호스티스클럽의 맥주 가격은 이와는 달라 엄청나게 비싼 경우도 있다. 쌀로 빚은 일본의 전통술 사케(酒)는 흔히 정종이라 불리는 것으로 주류 판매상에서 병 혹은 종이팩으로 판매하고 있다. 일반주점에서는 병째 내지 않고, 작은 도자기 술병에 넣어 술잔과 함께 술상을 내는 것이 일반적이다.

정종은 차게 하거나, 따끈하게 데워서 마신다. 어떻게 해서 마시든지 일본 술 정종은 그 부드럽고 향기로운 미각이 일본요리와 매우 잘 어울린다. 일본 술은 부드러운 듯 하면서 강하므로 숙취하지 않도록 적당히 마시는 것이 좋다. 보통 국산 위스키 한 잔은 500~700엔 정도이며, 수입 위스키는 600~800엔 정도이다. 대부분의 일본인은 '미즈와리'라 하여 유리컵에 위스키를 조금 따르고 얼음과 미네랄워터에 희석해서 마신다. 와인과 안주를 제공하는 격조 있는 와인 바가 최근 수년간 점차 대중화되고 있다.

쇼추(소주)는 증류된 화주(火酒)로 고구마, 밀, 수수 등의 재료로 만들어지는 술로서 보드카와 비슷하다. 일본인들은 스트레이트로 마시거나, 칵테일로 해서 마신다. 한때 찾는 사람이 적었으나 근래 들어 젊은 층 사이에서 상당한 인기를 끌고 있다. 시중의 호평을 얻고 있는 제품일수록 사람들이 싫어하는 강한 향미를 피하여 부드럽고 순하다. 일본인이 소주나 위스키를 마시는 방식은 우리와 많이 다르다. 우리나라의 경우, 작은 잔에 소주나 위스키를 스트레이트로 마시는 데 반해 일본에서는 희석시켜 마시는 것이 일반적이다.

소주를 마시는 방식은 다양하다. 위스키와 같이 '미즈와리'로 마시거나, 뜨거운 물을 섞어 마시기도 하는데 이것을 '오유와리'라 하며 여기에 매실장아찌인 '우메보시'를 넣어 마시기도 한다. 보리차를 섞어 마시면 '무기차와리', 중국의 우롱차를 섞으면 '우론차와리'가 된다. 이외에도 여러 가지 과일 맛의 탄산수를 섞어 마시기도 하는데, 이럴 경우에는 '~하이'라고 부른다. 예를 들면 레몬 맛이면 '레몬하이', 라임 맛이면 '라임하이', 복숭아 맛이면 '피치하이' 등 여러 가지 호칭이 있다.

몇 년 전부터 우리나라의 진로소주가 일본의 희석식 소주시장에서 최고의 인기를 누리고 있는데 일본사람들은 이 진로소주 역시 부드러운 미즈와리 문화의 영향을 받아 얼음이나 물 그리고 레몬 등을 섞어 마신다.

제13장

우리의 전통예절

# 제13장 우리의 전통예절

옛날 중국인들이 한국을 칭찬하여 이르던 말로 '동방예의지국(東方禮儀之國)'이라 평하였고, "한국 사람들이 서로 양보하고 싸우지 않는 등의 풍속이 아름답고 예절이 바르다" 하여 "군자국(君子國)"이라 일컬었다고 전해진다. 우리말 사전에서는 예절이란 "예의에 관한 모든 절차나 질서"라고 설명하고 있다. 즉 예절(禮節)은 일정(一定)한 여건하의 생활(生活) 속에서 행해지는 생활방식인 것이다. 우리의 전통예절은 진정으로 아름다운 유산이 되는 것들이 많은데 우리는 무의식 중에 이들을 간과(看過)하여 생활 속에서 잊고 살고 있다.

우리나라의 전통예절을 다시 돌아보아 서양의 에티켓 문화 중 좋은 점은 우리가 적극적으로 받아들이고 글로벌 에티켓에 어긋나거나 외국에서 지내면서 방해되는 행동양식은 과감히 버리는 자세가 필요하다.

## 제1절 ▶ 한국의 근친 간 호칭법

| 등급 대상자 | 내가 대상자를 부를 때 | 대상자에게 나를 말할 때 | 내가 남에게 대상자를 말할 때 | 남에게 나를 대상자로서 말할 때 | 남이 나에게 대상자를 말할 때 |
|---|---|---|---|---|---|
| 할아버지 (祖父) | 할아버지, 할아버님, 조부님, 조부주 (祖父主) | 소손, 불효손, 저 또는 나 | 조부, 왕부(王父), 노조부(老祖父), 조부장(祖父丈) 등 여럿 | 조부, 할아비, 나 | 조부장(祖父丈), 왕부장, 왕대인(王大人), 왕존장(王尊丈) 등 여럿 |
| 할머니 (祖母) | 할머니, 할머님, 조모님, 조모주(祖母主) | 소손, 불효손, 저 또는 나 | 조모, 왕모, 노조모 | 조모, 할미, 나 | 왕대부인(王大夫人), 존왕대부인(尊王大夫人) |

| 아버지<br>(父) | 아버지, 아버님, 부주(父主) | 소자, 불효자, 저 또는 나 | 가친(家親), 부친(父親), 엄친(嚴親), 가엄(家嚴) 등 여럿 | 부(父), 아비, 나 또는 여(余: 나머지) | 춘부장(春府丈), 춘장, 춘당(春堂), 대정(大庭) 등 여럿 |
|---|---|---|---|---|---|
| 어머니<br>(母) | 어머니, 어머님, 모주(母主) 또는 자주(慈主) | 소자, 불효자, 저 또는 나 | 가모(家母), 모친(母親), 자친(慈親), 가자(家慈) 등 여럿 | 모(母), 어미, 나 | 자당(慈堂), 훤당(萱堂), 북당(北堂), 대부인(大夫人) 등 여럿 |
| 어버이를 함께<br>(父母 同時) | 어버이, 부모님, 양위분(兩位分), 양당(兩堂) | 소자, 불효자, 저 또는 나, 고애자(孤哀子) | 부모(父母), 양친(兩親), 이친(二親), 쌍친(雙親) 등 여럿 | 부모, 어버이, 양인(兩人), 우리 또는 우리 내외(內外) | 양당, 양위분 |
| 아들<br>(子) | 남아(男兒)아이, 큰아이/작은아이 또는 '이름' | 아비/어미, 부모, 나 또는 여(余: 나머지), 우리/우리 내외 | 자식(子息), 가아(家兒), 가돈(家豚), 미아(迷兒) 등 여럿 | 저 또는 나, 소자, 불효자 | 자제(子弟), 아드님, 영식(令息), 영윤(令胤) 등 여럿 |
| 딸(女) | 여아(女兒)아이, 큰아이/작은아이 또는 '이름' | 아비/어미, 부모, 나 또는 여(余: 나머지), 우리/우리 내외 | 딸, 여아(女兒), 여식(女息), 가교(家嬌) 등 여럿 | 저 또는 나, 여식, 불초녀(不肖女) | 영애(令愛), 따님, 영양(令孃), 영교(令嬌) 등 여럿 |
| 손(孫) | '이름', 손아(孫兒), 손자/손녀 | 할아버지, 조부, 나 또는 여(余: 나머지) | 손아, 손자/손녀, 가손(家孫) | 소손, 불효손, 불초손 | 영손(令孫), 영포(令抱), 현포(賢抱) 등 여럿 |

그 밖에 다른 호칭도 있다.

• 아저씨 : 어버이와 같은 항렬 또는 배분인 남자를 가리킨다.
• 아주머니 : 어버이와 같은 항렬 또는 배분인 여자를 가리킨다. 또한 할아버지와 같은 호칭은 그와 같은 항렬 또는 배분인 사람을 가리킬 때도 쓰인다.

## ■ 부부간 호칭법

| 등급<br>대상자 | 내가 대상자를<br>부를 때 | 대상자에게<br>나를 말할 때 | 내가 남에게 대상자를<br>말할 때 | 남에게 나를<br>대상자로서 말할 때 | 남이 나에게 대상자를<br>말할 때 |
|---|---|---|---|---|---|
| 지아비<br>(男便) | 당신, 여보, 서방님, 부군(夫君) | 처(妻), 졸처(拙妻), 우처(愚妻), 소처(小妻) | 남편, 주인(主人), 바깥양반, 가군(家君) 등 여럿 | 부(夫), 졸부(拙夫), 가부(家夫), 저 또는 나 | 현군(賢君), 영군자(令君子), 부군(夫君), 주인어른 등 여럿 |
| 지어미<br>(妻) | 당신, 여보, 마누라, 부인(夫人) | 부(夫), 졸부(拙夫), 가부(家夫) | 안사람, 내자(內子), 제댁, 형처(荊妻) 등 여럿 | 처(妻), 졸처(拙妻), 우처(愚妻), 저 또는 나 | 부인(夫人), 영부인(令夫人), 합부인(閤夫人), 현합(賢閤) 등 여럿 |

## ■ 동기간 호칭법

| 등급<br>대상자 | 내가 대상자를<br>부를 때 | 대상자에게<br>나를 말할 때 | 내가 남에게<br>대상자를 말할 때 | 남에게 나를<br>대상자로서 말할 때 | 남이 나에게<br>대상자를 말할 때 |
|---|---|---|---|---|---|
| 형(兄) | 형, 형님, 형주(兄主), 백형(伯兄) | 저 또는 나, 동생 또는 아우, 사제(舍弟) | 가형(家兄), 사백(舍伯), 사중(舍仲), 가백(家伯) 등 여럿 | 나, 형, 사형(舍兄), 가형 | 백씨(伯氏), 중씨(仲氏), 백씨장(伯氏丈), 중씨장(仲氏丈) |
| 형수<br>(兄嫂) | 아주머니, 형수, 형수씨(兄嫂氏), 형수주(兄嫂主) | 저 또는 나, 생(生), 수제(嫂弟) | 형수, 형수씨 | 나 또는 저, 아우 또는 동생, 아주미 | 영형수(令兄嫂), 영형수씨 |
| 아우(弟) | 동생, 아우, 아우님, '이름' | 나, 형, 사형(舍兄), 가형(家兄) | 아우 또는 동생, 사제(舍弟), 가제(家弟), 중제(仲弟) | 저 또는 나, 아우 또는 동생, 사제(舍弟) | 제씨(弟氏), 계씨(季氏), 영제(令弟), 영제씨(令弟氏) 등 여럿 |
| 제수<br>(弟嫂) | 아주머니, 제수, 제수씨, 제수주(弟嫂主) | 나, 생(生) | 제수, 제수씨, 계수(季嫂), 계수씨 | 저 또는 나, 제수 | 영제수(令弟嫂), 영제수씨, 영계수(令季嫂), 영계수씨 |
| 손위<br>누이(姉) | 누나, 누님, 언니, 자주(姉主) | 저 또는 나, 동생, 사제(舍弟) | 내, 누이, 자씨(姉氏) | 나, 누나 또는 누이 | 영자(令姉), 영자씨 |
| 손아래<br>누이(妹) | 동생, 누이 또는 누이동생, 매주(妹主) | 나, 오빠/오라비, 오라버니, 사형(舍兄) | 내, 누이, 사매(舍妹), 매씨(妹氏) | 저 또는 나, 동생 | 영매(令妹), 영매씨 |

그 밖에 동기의 배우자나 배우자의 동기에 대한 호칭법도 다양하다. 간단히 보면 '시-'(媤)가 붙은 말은 남편과 관련이 있고, '-처'(妻)가 붙은 말은 아내와 관련이 있다.

- 누이 : 여자 형제, 때로는 손아래 누이만을 가리킨다.
- 올케 : 오빠나 남동생의 아내, 오라범댁이라고도 부른다.
- 새언니 : 올케 가운데, 오빠의 아내를 가리킨다.
- (시)아주버니 : 남편과 항렬[배분]이 같은 사람 가운데, 남편보다 나이가 많은 사람(주로 남편의 형)을 가리킨다.
- 아주머니 : 남자가 같은 항렬[배분]의 형뻘 되는 남자[아주버니]의 아내를 가리킨다.
- 시동생 : 남편의 남동생을 가리킨다.
- 시누이 : 남편의 누이이며, 시누 또는 시뉘라고도 부른다.
- 처형 : 아내의 손위 누이를 가리킨다.
- 처제 : 아내의 손아래 누이를 가리킨다.

- 처남(妻男/妻姉) : 아내의 남자 형제를 가리킨다.
- 형님 : 보통은 자신의 형을 높여 부르나, 처남 가운데 자기보다 나이가 많은 사람을 부를 때도 쓰며, 또한 며느리들끼리 손위 동서를 이른다.
- 동서(同壻) : 시아주버니나 시동생의 아내 또는 처형이나 처제의 남편을 가리킨다.

## ■ 방계 친족 호칭법

### • 유복지친

방계 혈족 가운데 상중에 상복을 입는 가까운 친족인 유복지친(有服之親)이며, 법률상의 친족과 거의 동일하다.

| 등급<br>대상자 | 내가 대상자를<br>부를 때 | 대상자에게 나를<br>말할 때 | 내가 남에게<br>대상자를 말할 때 | 남에게 나를<br>대상자로서 말할 때 | 남이 나에게<br>대상자를 말할 때 |
|---|---|---|---|---|---|
| 큰아버지<br>(伯父) | 큰아버지, 큰아버님,<br>백부님, 백부주 | 저 또는 나, 조카, 사<br>질(舍姪), 종자(從子) | 사백부(舍伯父), 사중<br>부(舍仲父), 사숙부<br>(舍叔父), 계부(季父)<br>등 여럿 | 나, 큰아비 | 백완씨(伯玩丈), 완<br>장(玩丈) |
| 큰어머니<br>(伯母) | 큰어머니, 큰어머님,<br>백모님, 백모주 | 저 또는 나, 조카,<br>사질(舍姪), 종자(從<br>子) | 사백모(舍伯母) | 나, 큰어미, 작은어미 | 백모부인, 중모부<br>인, 숙모부인 |
| 작은아버지<br>(叔父) | 작은아버지, 작은아<br>버님, 중부님 또는<br>숙부님, 중부주 | 저 또는 나, 조카,<br>사질, 유자(猶子) 등<br>여럿 | 사숙(舍叔), 중부<br>(仲父), 계부(季父) | 나, 작은아비, 숙부,<br>계부 | 숙부장, 중부장, 계<br>부장 |
| 작은어머니<br>(叔母) | 작은어머니, 작은어<br>머니, 숙모님, 숙모주 | 저 또는 나, 조카,<br>사질, 유자(猶子) 등<br>여럿 | 사숙모(舍叔母) | 나, 작은어미, 숙모 | 존숙모(尊叔母),<br>존숙모부인 |
| 고모<br>(姑母) | 아주머니, 고모, 고<br>모님, 고모주 | 저 또는 나, 조카,<br>가질(家姪) 등 여럿 | 비고모(鄙姑母) | 나, 고모, 아주미 | 존고모, 존고모부인 |
| 고모부<br>(姑母夫) | 아저씨, 고모부 또는<br>고숙, 고모부님 또<br>는 고숙님, 고숙주 | 저 또는 나, 조카,<br>고질(姑姪) 또는 부<br>질(婦姪), 인질(姻姪)<br>등 여럿 | 비고숙(鄙姑叔) | 나, 아저씨, 고숙, 고<br>모부 | 존고숙, 존고숙장 |
| 당숙<br>(堂叔)<br>당숙모<br>(堂叔母) | 아저씨/아주머니,<br>종숙(從叔)/종숙모<br>(從叔母) | 조카, 종질(從姪),<br>당질(堂姪) 등 여럿 | 비종숙(鄙從叔)/비<br>종숙모(鄙從叔母),<br>비당숙(鄙堂叔)/비<br>당숙모(鄙堂叔母) | 나, 아저씨/아주머<br>니, 종숙/종숙모 | 종숙장/종숙부인,<br>당숙장/당숙부인 |
| 종조부<br>(從祖父) | 할아버님, 종조부님 | 종손자/종손(從孫),<br>유손(猶孫) 또는 질<br>손(姪孫) | 종조부 | 할아비, 종조부 | 귀종조부(貴從祖父),<br>귀종조부님 |

391

| 등급 대상자 | 내가 대상자를 부를 때 | 대상자에게 나를 말할 때 | 내가 남에게 대상자를 말할 때 | 남에게 나를 대상자로서 말할 때 | 남이 나에게 대상자를 말할 때 |
|---|---|---|---|---|---|
| 종조모 (從祖母) | 할머님, 종조모님 | 종손자/종손(從孫), 유손(猶孫) 또는 질손(姪孫) | 종조모 | 할미, 종조모 | 귀종조모(貴從祖母), 귀종조모님 |
| 종형 (從兄) | 형님, 종형님 | 아우, 종제(從弟) | 사촌형, 비종형(鄙從兄), 비종백(鄙從伯) | 형, 종형 | 영종형씨(令從兄氏), 영종백씨(令從伯氏) |
| 종제 (從弟) | 아우, 종제 | 형, 종형 | 사촌, 아우, 비종제(鄙從弟) | 아우, 종제 | 영종씨(令從氏), 현종씨(賢從氏) |
| 재종형 (再從兄) | 형님, 재종형님 | 아우, 재종제 | 비재종형(鄙再從兄) | 형, 재종형 | 영재종형씨(令再從兄氏), 영재종씨(令再從氏) |
| 재종제 (再從弟) | 아우, 재종제 '이름' | 형, 재종형 | 비재종제(鄙再從弟) | 아우, 재종제 | 영재종제씨(令再從弟氏) |
| 내종형 (內從兄) | 고종형, 내형주 | 아우, 외종제 | 비내종형(鄙內從兄) | 형, 내종형 | 귀내종형(貴內從兄) |
| 내종제 (內從弟) | 고종제, 내종제 | 형, 외종형 | 비내종제(鄙內從弟) | 아우, 내종제 | 귀내종제(貴內從弟) |

• **무복지친**

상중에 상복을 입지 않는 가까운 친족인 무복지친(無服之親)이다.

| 등급 대상자 | 내가 대상자를 부를 때 | 대상자에게 나를 말할 때 | 내가 남에게 대상자를 말할 때 | 남에게 나를 대상자로서 말할 때 | 남이 나에게 대상자를 말할 때 |
|---|---|---|---|---|---|
| 족조 (族祖) | 할아버님, 족대부 (族大父) | 족손(族孫) | 비족대부(鄙族大父) | 할아비, 족조 | 귀족대부(貴族大父) |
| 족숙 (族叔) | 아저씨, 족숙주 (族叔主) | 족질(族姪) | 비족숙(鄙族叔) | 아저씨, 족숙 | 귀족숙부(貴族叔父) |
| 족형 (族兄) | 형, 족형주(族兄主) | 족제(族弟) | 비족형(鄙族兄) | 형, 족형 | 귀족형주(貴族兄主) |

• 아저씨 : 어버이와 같은 항렬 또는 배분인 남자를 가리킨다. 따라서 백부와 숙부, 고모부와 이모부, 외숙은 모두 아저씨로 부를 수 있으나, 오늘날 일반적이지는 않다.
• 아주머니 : 어버이와 같은 항렬 또는 배분인 여자를 가리킨다. 따라서 백모와 숙모, 고모와 이모, 외숙모는 모두 아주머니로 부를 수 있으나, 오늘날 일반적이지는 않다.

- 외척 호칭법

| 등급 대상자 | 내가 대상자를 부를 때 | 대상자에게 나를 말할 때 | 내가 남에게 대상자를 말할 때 | 남에게 나를 대상자로서 말할 때 | 남이 나에게 대상자를 말할 때 |
|---|---|---|---|---|---|
| 외할아버지 (外祖父) | 외할아버지, 외할아버님, 외조부주 (外祖父主) | 저, 외손(外孫), 사손(獅孫) 또는 저손(杵孫) | 외조부, 외왕부(外王父) 등 여럿 | 나 또는 여(余: 나머지), 외조부 할아비 | 외왕존장(外王尊丈), 외왕대인(外王大丈) 등 여럿 |
| 외할머니 (外祖母) | 외할머니, 외할머님, 외조모주(外祖母主) | 저, 외손(外孫), 사손(獅孫) 또는 저손(杵孫) | 외조모, 외왕모, 풀솜할머니 등 여럿 | 나, 할미, 외조모 | 외왕대부인 (外王大夫人) |
| 외숙부 (外叔父) | 외숙님 또는 외삼촌, 표숙(表叔), 내구주(內舅主) | 저, 조카, 생질(甥姪) | 비외숙(鄙外叔), 비표숙(鄙表叔) | 나, 아재비 | 귀외숙(貴外叔), 귀표숙(貴表叔) |
| 외숙모 (外叔母) | 외숙모, 표숙모주 (表叔母主) | 저, 조카 또는 생질(甥姪) | 비외숙모(鄙外叔母), 비표숙모(鄙表叔母) | 나, 아주미 | 귀외숙모(貴外叔母), 귀표숙모(貴表叔母) |
| 이모부 (姨母夫) | 이모부, 이숙주 (姨叔主) | 저, 조카 또는 이질(姨姪) | 비이숙(鄙姨叔) | 나, 아재비 | 귀이숙장(貴姨叔丈) |
| 이모(姨母) | 이모님, 이모주 | 저, 조카 또는 이질(姨姪) | 비이모(鄙姨母) | 나, 아주미 | 귀이모(貴姨母) |
| 외종형 (外從兄) | 표종형주(表從兄主) | 아우, 비종제 | 비외종형(鄙外從兄) | 형, 외종형 | 귀외종형(貴外從兄) |
| 외종제 (外從弟) | 표종제(表從弟) | 형, 내종형 | 비외종제(鄙外從弟) | 아우, 외종제 | 귀외종제(貴外從弟) |

■ 처족 및 부족 호칭법

| 등급 대상자 | 내가 대상자를 부를 때 | 대상자에게 나를 말할 때 | 내가 남에게 대상자를 말할 때 | 남에게 나를 대상자로서 말할 때 | 남이 나에게 대상자를 말할 때 |
|---|---|---|---|---|---|
| 장인 (丈人) | 장인어른, 빙장어른, 외구주(外舅主) 외 여럿 | 저, 외생(外甥) | 비빙장(鄙聘丈) | 나 또는 여(余: 나머지), 옹(翁) | 귀악장(貴岳丈), 또는 귀악장(貴嶽丈) |
| 장모 (丈人) | 장모님, 빙모님, 외고주(外姑主) 외 여럿 | 저, 외생(外甥) | 비빙모(鄙聘母) | 나, 빙고(聘姑) | 존빙모(尊聘母), 존빙모부인(尊聘母夫人) |
| 사위 (女壻) | 사위 | 저, 여(余: 나머지) | 사위, 서아(壻兒) | 저, 외생 | 서랑(壻郎), 영서(令壻) |

출처 : https://ko.wikipedia.org

## 제2절  생활예절

## 1. 절의 의미

절은 상대에 공경(恭敬)을 나타내 보이는 기초 행동예절이다. 상대는 사람뿐 아니라 공경해야 할 본보기를 상징하는 표상(表象)에 대해서도 한다.

한 민족(국민)이라면 절하는 방법도 통일되어야 한다. 우리나라의 절에 대해서는 약 4백년전인 1599년(선조 32)에 우리나라 예학의 종장이신 사계(沙溪) 김장생(金長生) 선생께서 지으신 『가례집람』에 제시되어 있다.

## 2. 경례와 악수

### 1) 경례의 종류와 방법

한복을 착용하고 경례할 때는 반드시 공수해야 하며, 양복을 착용했을 때도 군인이나 경찰 등의 조직생활이나 조직제복(制服)이 아닌 경우에는 공수하고 경례해야 공손한 경례가 된다.

① 의식에서의 경례

전통적인 절도 의식행사에서의 경례는 한 번만 홀수로 하는 절이 아니고 두 번 중복(重複)해서 겹으로 하는 절이다. 다만 경례는 의식행사라도 두 번을 거듭할 수 없으므로 한 번만 하되 윗몸을 90°로 굽혀 잠시 머물렀다가 일어난다.

신랑과 신부의 맞절, 상가에서 영좌에 하는 경례, 제사 의례나 추모의식 등에서 신위에 하는 경례 등이 해당된다.

② 큰경례

전통 배례(拜禮 : 절하는 예(禮). 또는 절하여 예를 표함)의 큰절을 해야 하는 경우에 하는 경례로 윗몸을 45°로 굽혀 잠시 머물러 있다가 일어난다.

③ 평경례

전통 배례(拜禮)의 평절을 하는 경우에 하는 경례로 윗몸을 30°로 굽혔다가 일어난다.

④ 반경례

전통 배례(拜禮)의 반절을 하는 경우에 하는 경례로 윗몸을 15°로 굽혔다가 일어난다.

⑤ 거수경례

군인·경찰 등의 제복(uniform)을 입은 사람이 오른손을 들어 이마에 대고 하는 경례이다.

⑥ 맹세하는 경례

국기에 대한 경례·맹세를 할 때의 동작으로 오른손을 들어 손바닥을 왼쪽 가슴에 대고 잠시 머물다가 맹세가 끝난 다음에 손을 내린다.

## 2) 악수

악수는 반가운 인사예절의 표시이기 때문에 절로 간주한다.

① 악수요령 : 오른손을 올려 엄지손가락을 교차해 서로 손바닥을 맞대어 잡았다가 놓는다. 이때 가볍게 아래위로 흔들어 상호 간의 깊은 정을 표시한다. 상대가 아플 정도로 힘주어 손을 쥐어도 안 되고 몸이 흔들릴 정도로 지나치게 흔들어도 안 된다.

② 악수는 윗사람이 먼저 청하고 손아랫사람이 응한다.

③ 같은 또래의 이성 간에는 남자가 먼저 청하면 안 되며, 여자가 먼저 청하면 남자가 응한다.

④ 서양은 지위 나이를 막론하고 절대 허리를 굽히지 않고 곧게 선 자세로 악수를 하나 한국은 손아랫사람이 윗사람과 악수할 때는 윗몸을 약간 굽혀 경의를 표할 수도 있다.

⑤ 윗사람은 왼손으로 손아랫사람의 악수한 오른손을 덮어 쥐거나 도닥거리기도 한다
(http://www.samkim.net/life/3/35.htm#).

## 3. 공수법

공수(拱手)란 어른 앞에서 또는 의식 행사에 참석했을 때 취하는 공손한 자세로 손을 맞잡는 것을 뜻한다. 전통 예절은 모두 공수에서 시작된다.

공수법이란 어른 앞에서나 의식 행사에 참석했을 때 공손하게 손을 맞잡는 방법을 말한다. 구체적인 방법은 다음과 같다.

① 공수의 기본 동작은 두 손의 손가락을 나란히 편 다음, 앞으로 모아 포갠다.

② 엄지손가락은 엇갈려 깍지 끼고 집게손가락부터 네 손가락은 포갠다.

③ 평상시 남자는 왼손이 위로 가도록 하고, 여자는 오른손이 위로 가게 한다.

④ 흉사 시(사람이 죽었을 때)의 손잡는 법은 남녀 모두 평상시와 반대로 한다.

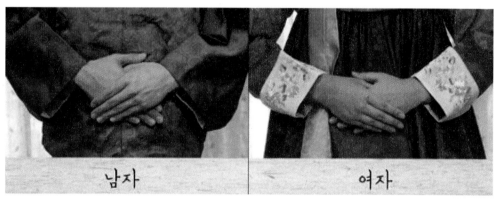

평상시 공수법
출처 : 대경일보, 2015.02.15

'흉사'는 자기가 상주가 되거나 남의 상가에서 인사할 때나 영결식에 참석하는 것을 말한다. 제례(제사)는 흉사가 아니다. 조상의 제사는 자손이 조상을 받들기 때문에 상서(祥瑞/복되고 길한 일이 일어날 조짐)로운 날이므로 평상시와 같이 공수한다.

평상시와 흉사 시 남·녀 공수법

| 구분 | 남자일 경우 | 여자일 경우 | 비고 |
|---|---|---|---|
| 평상시 | 왼손 : 위 | 오른손 : 위 | |
| 설, 추석 | 왼손 : 위 | 오른손 : 위 | |
| 제사 | 왼손 : 위 | 오른손 : 위 | 사시제(중월 : 2, 5, 8, 11월), 시조제(동지 : 12월 22일이나 23일경), 선조제, 이제(음력 9월), 묘제 |
| 흉사 시 | 오른손 : 위 | 왼손 : 위 | |
| 기제사 | 오른손 : 위 | 왼손 : 위 | 조상이 돌아가신 기일. 4대를 지냄 |

## 4. 굴신례(屈身禮)·읍례(揖禮)

사계(沙溪) 김장생의 『가례집람(家禮輯覽)』에 의하면 남자에게는 '읍례'가 있는데 여자에게는 남자의 '읍례'에 상응하는 예의 동작이 없다. 제의례(祭儀禮)에서도 주인과 주부가 일상예절이나 제의 대상에게 함께 예를 표하는데 주인은 '읍례'를 하고 주부는 그대로 있어 불합리하여 이의 해결책으로 여자의 '굴신례(屈身禮)'가 생긴 것이다. '읍례'는 장소나 기타 사정으로 절을 할 수 없을 때 간단하게 공경을 나타내는 동작이다. '읍례'는 간단한 예의 표시일 뿐 절은 아니라고 보는 것이 맞다(비배이선례 非拜而鮮禮). 그렇지만 어른을 밖에서 뵙고 '읍례'를 했더라도 절할 수 있는 장소에 들어와서는 절을 해야 한다. 근래는 경례를 '읍례' 대신 하지만 의식행사에는 '읍례'를 해야 한다.

### 1) 굴신례(屈身禮)·읍례(揖禮)의 종류

① 상읍례(上揖禮) : 자신이 읍례를 했을 때 답례를 안 해도 되는 높은 어른에게 또는 의식행사에서 행한다.
② 중읍례(中揖禮) : 자기가 읍례를 했을 때 답례를 해야 하는 어른에게 또는 같은 또래끼리 행한다.
③ 하읍례(下揖禮) : 어른이 손아랫사람의 읍례에 답례할 때 행한다.
④ 굴신례(屈身禮) : 남자의 읍례 대신에 여자가 행하는 굴신례는 상·중·하의 구분 없이 허리를 약간 앞으로 굽히기만 하면 된다.

### 2) 여자 '굴신례'의 기본동작

① 공수한 자세로 상대를 향해 선다. 이때 고개를 약간 숙여 시선을 상대의 발부분에 둔다.
② 평경례(平敬禮)할 때와 같이 허리를 30° 정도로 굽힌다.
③ 잠시 머무는 듯하면서 허리를 펴고 원래 자세로 돌아간다.

### 3) 남자 '읍례'의 기본동작

① 손을 공수하고 상대를 향해 두 발을 편한 자세로 벌리고 서서 고개를 숙여 자기의 발끝을 본다.
② 공수한 손이 무릎 아래에 이르도록 허리를 굽히며 이때 공수한 손이 무릎 사이로

들어가면 안 된다.

③ 허리를 세우며 공수한 손을 밖으로 원을 그리면서 팔뚝이 수평이 되게끔 올린다. 이때 손바닥이 아래를 향하도록 한다.

④ • 상읍례(上揖禮) : 팔꿈치를 구부려 공수한 손을 눈높이로 든다.

　• 중읍례(中揖禮) : 공수한 손을 입 높이로 든다.

　• 하읍례(下揖禮) : 공수한 손을 가슴 높이로 든다.

⑤ 공수한 손을 원위치로 내린다(http://www.samkim.net).

## 5. 절의 종류와 절하는 대상

남녀의 절은 읍례의 경우와 같이 상대(相對)에 따라 절의 종류가 달라진다.

### 1) 큰절

혼례나 제례 따위의 의식이나 웃어른에게 예의를 갖추어야 할 때 하는 절이 '큰절'이다. 남자는 허리를 굽혀 두 손을 모아 땅에 대고 머리를 숙여 이마가 손등을 덮으면 잠시 멈추고, 여자는 두 손을 이마에 마주 대고 앉아서 허리를 굽힌다.

① 명칭 : 계수는 절하면서 이마를 손에 대고 잠시 동안 머물러 있다가 일어나는 것이다. 남자는 계수배(稽首拜), 여자는 숙배(肅拜)로 칭한다. 제3절과 제4절에서 절하는 요령을 자세히 다루도록 하겠다.

② 상대 : 직계존속, 배우자의 직계존속, 8촌 이내의 연장존속, 의식행사 등에서 자기가 절했을 때 답배(答拜)하지 않아도 되는 높은 어른과 의식행사에서 행한다.

### 2) 평절

문안을 드릴 때나 평상시에 하는 절이 '평절'이다. 웃어른께만 하는 것이 아니라 형제간에도 할 수 있다. 남자는 큰절과 같은 방식으로 하되 이마가 손등에 닿으면 머물지 말고 즉시 일어나고, 여자는 두 손을 몸 옆으로 내려 바닥을 짚으면서 오른쪽 무릎을 세우고 왼쪽 무릎은 꿇으며 허리를 굽힌다.

① 명칭 : 남자는 돈수배(頓首拜), 여자는 평배(平拜)

② 상대 : 선생님, 연장자, 상급자, 배우자, 형님, 누님, 형수, 시숙, 시누이, 올케, 재수, 친구 사이 등을 상대로 자기가 절을 하면 답배 또는 평절로 맞절을 해야 하는 웃어

른이나 같은 또래 사이에서 행한다.

## 3) 반절

① 허리를 굽혀 양손을 바닥에 짚고 앉아 고개를 숙여서 하는 여자의 절을 '반절'이라 하며, 비슷한 말은 '중절'이다. 예를 들자면 양장을 한 며느리가 시부모님께 살포시 무릎을 꿇어 '반절'을 할 수 있겠다.

② 아랫사람의 절을 받을 때 완전히 바닥에 엎드리지 않고 앉은 채로 윗몸을 반쯤 굽혀서 하는 절을 '반절'이라 한다. 예를 들면 선생님은 장성한 제자의 절을 앉아서 받기가 부담스러워 '반절'로 받을 수 있겠다.

   ㉠ 명칭 : 남자는 공수배(拱手拜), 여자는 반배(半拜)

   ㉡ 상대 : 제자, 친구의 자녀나 자녀의 친구, 남녀 동생, 8촌 이내의 10년 이내의 연장 비속, 친족이 아닌 16년 이상의 연하자 등을 상대로 웃어른이 손아랫사람의 절에 대해 답배할 때 하는 절이다.

## 6. 절 받는 예절

절하는 것 못지않게 받는 것도 중요하다. 어른이 절을 받는 자세가 안 되어 있거나 절하는 사람에게 상응한 답배를 하지 않는다면 상호 간에 결례가 되는 것이다.

① 절하는 상대에 따라 맞절을 할 처지이면 평절로 맞절을 한다. 맞절할 상대의 기본 동작에 맞게 정중하게 한다.

② 누워 있었다면 일어나고, 식사 중이면 상을 한쪽으로 비켜 놓고, 가급적 편리한 장소에 좌정하여 상대에게 배려한다.

③ 손아랫사람의 건강, 복식(服飾 : 옷과 장신구), 상황 등이 절하기가 불편한 상태이면 절 하지 말라고 해도 무방하다.

④ 인척이 아닌 손아랫사람의 절에는 상대가 미성년자가 아니라면 꼭 상응한 답배를 해야 한다.

⑤ 손아랫사람을 만나면 편안한 마음으로 절할 수 있도록 절 받을 자세를 취한다.

⑥ 꼭 절해야 할 손아랫사람이 절을 하려는데 하지 말라는 사양이 지나치면 오히려 결례(缺禮)가 된다.

⑦ 반절로 답배할 상대에게는 간략하게 반절로 해도 무방하다.

## 7. 맞절(답배)을 하는 때와 요령

① 8촌 이내의 방계존속과 비속(卑屬 : 아들 이하의 항렬에 속하는 친족을 통틀어 이르는 말)의 관계라도 비속이나 그 아내가 나이가 많으면 반절로 답배한다.

② 형이나 누님은 8촌 이내의 남동생이나 여동생의 절에는 답배하지 않는 것이 관례이다. 그렇지만 나이 차이가 10년 이내이며 서로 늙는 처지에서는 반절로 답배하기도 한다.

③ 8촌이 넘는 친척이나 이 밖에 사회적 교제 시의 절에는 다음과 같이 답배한다.
  ㉠ 민법상 만 19세에 달하지 않은 미성년자의 절에는 답배하지 않고 말로만 인사한다.
  ㉡ 16년 이상 연하자의 절에는 반절로 답배한다.
  ㉢ 15년 이내 연령의 차이가 나는 자의 절에는 평절로 맞절을 한다.

④ 직계존속(直系尊屬 : 조상으로부터 직계로 내려와 자기에 이르는 사이의 혈족. 부모, 조부모 등을 이른다)이나 아내의 직계 남자존속이 직계비속(直系卑屬 : 자기로부터 직계로 이어져 내려가는 혈족. 아들, 딸, 손자, 증손 등을 이른다)이나 사위 손서(孫壻/孫婿 : 손녀사위(손녀의 남편)의 절에 대해서는 답배하지 않는다.

⑤ 나이가 많은 8촌 이내의 방계존속(傍系尊屬 : 방계혈족 가운데 자기보다 항렬이 높은 친족. 백부모, 숙부모, 종조부모 따위가 있다)이 나이가 적은 8촌 이내의 방계속(시조(始祖)가 같은 혈족 가운데 직계에서 갈라져 나온 친계(親系))이나 그 아내의 절은 답배하지 않는다.

⑥ 시누이(남편의 누나나 여동생)와 올케(오빠의 아내), 시숙(媤叔 : 남편과 항렬이 같은 사람 가운데 남편보다 나이가 많은 사람을 이르는 말. 시동생이 화자보다 나이가 많은 경우에 그 시동생)과 형·제수(弟嫂 : 남자 형제 사이에서 동생의 아내), 동서(同壻 : 시아주버니의 아내, 시동생의 아내, 처형이나 처제의 남편) 간에는 평절로 맞절한다.

⑦ 장모와 처조모가 사위와 손서(孫壻/孫婿, 손녀사위(손녀의 남편))의 절에서는 반절로 답배한다.

⑧ 사위가 손아래 처남·처질부(처조카며느리, 처조카의 아내)·처질녀(처조카딸, 처형제자매의 딸)의 절에는 반절로 답배한다.

## 8. 절하는 요령

① 절의 기본횟수 : 절의 횟수가 많을수록 많은 존경의 표시로 판단해도 무방하다. 그렇지만 남자는 양(陽)이기 때문에 최소 양수인 한 번을 하는 것이, 여자는 음(陰)이기 때문에 최소 음수인 두 번을 하는 것이 절의 기본 횟수이다.

② 큰절의 횟수 : 남녀 모두 큰절은 겹배라 해서 기본횟수(남자 1배, 여자 2배)의 배(倍)를 하는 것이 전통 배례법이다. 그렇지만 근자에는 의식행사일 경우에만 기본횟수의 배(남자 2배, 여자 4배)를 한다. 조상으로부터 직계로 내려와 자기에 이르는 사이의 혈족, 부모, 조부모 등을 이르는 '직계존속'에게는 겹배(겹절)를 하는 경우가 근래에 와서 늘었다.

③ 절하는 시기 : 절을 할 수 있는 곳에서 절할 상대(相對)를 만나면 지체(遲滯)없이 절을 해야 한다. "앉으세요.", "절 받으세요."라고 말하는 것은 어른의 기분을 상하게 하는 등의 불필요한 수고를 시키거나 명령하는 것이므로 결례이다.

④ 절의 재량 : 절의 종류와 절의 횟수는 절 받을 어른이 상황에 따라 변경하거나 줄일 수 있다.

⑤ 맞절 요령 : 손아랫사람이 하석(下席)에서 정중하게 먼저 시작해서 늦게 일어나고, 웃어른이 상석(上席)에서 늦게 시작해서 먼저 일어난다.

⑥ 답배 요령 : 존집(尊執 : 웃어른)이 손아랫사람의 절에 답배할 때는 손아랫사람이 절을 시작해 무릎 꿇는 것을 본 다음에 시작해서 손아랫사람이 일어나기 전에 끝낸다. 아무리 제자나 친구의 자녀 또는 자녀의 친구 및 16년 이하의 연하자일지라도 손아랫사람이 성년(成年)이면 반드시 답배를 하도록 한다.

⑦ 절하는 위치 : 옛날에는 신분제도가 있어 그 신분에 따라 절하는 위치가 달랐다. 혼인례에서의 "신부가 폐백을 가지고 처음으로 시부모를 뵙는 예(禮)"를 칭하는 '현구고례(見舅姑禮)' 때를 제외하고는 절할 수 있는 공간이 허용되면 절 받을 사람과 같은 방에서 상하석(上下席)에 위치해 절한다.

⑧ 절의 생략 : 절을 행할 수 없는 장소에서 절할 상대를 만났을 때는 절을 하지 않고 경례(옛날에는 읍례·굴신례)로 대신한다. 그렇지만 경례를 했더라도 절할 수 있는 장소로 옮겼을 경우에는 절을 한다.

⑨ 생사의 구별 : 옛날에는 산 사람에게도 기본횟수의 배를 하는 경우가 많았으나, 산

사람에게는 기본횟수의 절만 하고, 의식행사와 죽은 사람에게는 기본횟수의 배를 한다.

## 9. 절의 횟수(回數)

옛날에는 절을 많이 할수록 더욱 공경하는 것으로 이해되었지만 지금은 그렇지 않다.

① 산 사람에게 평상시에 하는 절은 한 번이다.

② 죽은 사람에게 제례 시 절을 행할 때 죽은 유해(遺骸)나 죽은 이를 상징하는 위패(位牌 : 죽은 사람의 이름과 죽은 날짜를 적은 나무패)에는 남자는 두 번, 여자는 네 번 절을 한다.

③ 직계존속의 수연(壽宴 : 회갑(還甲))에서 헌수할 때 남자는 두 번, 여자는 네 번 절을 한다. 그렇지만 절 받을 어른이 그 절의 횟수를 줄이라고 명하면 그에 따르도록 한다.

④ 신부가 현구고례(見舅姑禮 : 혼인할 때 신부(新婦)가 폐백(幣帛)을 가지고 와서 시집에서 처음으로 시부모를 뵙는 일) 즉 폐백(幣帛)을 드릴 때는 한 차례에 네 번씩 절한다.

⑤ 신랑과 신부는 동위격(同位格)이기 때문에 겹절을 하지 않는 것이 원칙이다. 전통 혼인예식에서의 절은 신부는 두 번씩 두 차례 하고, 신랑은 한 번씩 두 차례 한다.

## 10. 절의 선후(先後)와 행하는 위치

① 절을 행하는 위치는 어른이 상석에 앉고 손아랫사람이 하석에 앉도록 한다.

② 어른이 여럿일 경우에는 직계존속에게 먼저 절하고 다음에 방계존속에게 한다.

③ 친척 어른과 친척이 아닌 어른이 함께 있을 경우에는 친척 어른에게 먼저 한다.

④ 같은 위계와 서열의 남녀 어른에게 절할 경우 남자에게 먼저 하고 나서 여자어른에게 한다.

⑤ 절의 선후는 맞절의 경우라도 손아랫사람이 먼저 시작해 늦게 끝내고, 웃어른이 늦게 시작해 먼저 일어난다.

⑥ 절 받을 어른이 있는 방이 넓으면 그곳에서 절하고, 방이 좁으면 잘 보이는 윗방 또는 마루에서 하기도 한다.

⑦ 직계존속에게 절할 때 일부 지방에서는 뜰 아래에서 절하기도 한다.(http://www.samkim.net)

## 제3절 여자의 절

### 1. 여자의 큰절, 숙배(肅拜)

여자의 큰절인 숙배(肅拜)는 본디 무장한 군인이 진중에서 군례(軍禮)를 할 때 하던 절인데 이것이 여자의 큰절로 행해지고 있다.

① 공수한 손을 겨드랑이가 보이지 않게 너무 올리지 말고 어깨높이로 수평이 되게끔 올린다.
② 엄지 안쪽으로 바닥을 볼 수 있게 하면서 고개 숙여 이마를 공수한 손등에 붙인다.
③ ②번 동작에 이어서 왼쪽 무릎을 먼저 꿇는다.
④ 오른쪽 무릎을 왼쪽 무릎과 나란히 꿇는다.
⑤ 오른쪽 발이 앞(아래)이 되게끔 발등을 포개며 뒤꿈치를 벌리고 엉덩이를 내려 깊이 앉는다.
⑥ 윗몸을 반(45°)쯤 앞으로 굽힌다. 이 경우 손등이 이마에서 떨어지면 안 되며 여자가 머리를 깊이 숙이지 못하는 것은 머리에 얹은 장식이 흐트러지지 않게 하기 위한 것이다. 그리고 이때 엉덩이가 들리면 안 된다.
⑦ 잠시 머물러 있다가 윗몸을 일으킨다.
⑧ 오른쪽 무릎을 먼저 세운다.
⑨ 일어서면서 왼쪽 발을 오른발과 나란히 모아준다.

### 2. 여자의 평절, 평배(平拜)

여자의 평절인 평배(平拜)는 본디 중국여자의 큰절이었는데, 우리나라의 큰절보다 수월하므로 평절로 행한다.

① 공수한 손을 풀어 양옆으로 자연스럽게 내린다.
② 왼쪽 무릎을 먼저 꿇는다.
③ ②번 동작에 이어서 오른쪽 무릎을 왼쪽 무릎과 나란히 꿇는다.
④ ③번 동작에 이어서 오른발이 앞(아래)이 되게끔 발등을 포개며 뒤꿈치를 벌리고 엉덩이를 내려 깊이 앉는다.
⑤ 손가락을 나란히 붙여 모아서 손끝이 밖(양옆)을 향하게 무릎과 나란히 바닥에 댄다.

⑥ 윗몸을 반(45°)쯤 앞으로 굽히며 두 손바닥을 바닥에 댄다. 이때 엉덩이가 들리지 않아야 하며, 어깨가 위쪽으로 솟아 목이 묻히지 않도록 팔굽을 약간 굽혀도 무방하다.

⑦ 잠시 머물러 있다가 윗몸을 일으키며 두 손바닥을 바닥에서 뗀다.

⑧ 오른쪽 무릎을 먼저 세우며 손끝을 바닥에서 뗀다.

⑨ 일어나면서 왼쪽 발을 오른발과 나란히 모아준다.

⑩ 공수하고 원래의 바른 자세를 취한다.

## 3. 여자의 반절, 반배(半拜)

여자의 반절인 반배(半拜)는 평절의 약식으로 하면 된다.

답배해야 할 상대가 낮은 사람이면 남녀 모두 앉은 채로 두 손으로 바닥을 짚는 것으로 답배하기도 한다(http://www.samkim.net/life/3/34.htm).

## 제4절 남자의 절

## 1. 남자의 큰절, 계수배(稽首拜)

① 공수하고 절할 상대를 향해 선다.

② 손을 벌리지 않고 허리를 굽혀 공수한 손을 바닥에 짚는다.

③ 왼쪽 무릎을 먼저 꿇는다.

④ 오른쪽 무릎을 왼쪽 무릎과 나란히 꿇는다.

⑤ 왼쪽 발이 앞(아래)이 되게끔 발등을 포개며 뒤꿈치를 벌리고 엉덩이를 내려 깊이 앉는다.

⑥ 차양이 있는 갓이나 모자 등을 착용(着用)했을 때는 차양이 손등에 닿게 한다. 이때 엉덩이가 들리면 안 된다. 두 팔꿈치를 날개처럼 벌리지 않고 몸에 붙인다. 팔꿈치를 바닥에 붙이며 이마를 공수한 손등에 댄다.

⑦ 잠시 머물러 있다가 머리를 들면서 팔꿈치를 바닥에서 뗀다.

⑧ 오른쪽 무릎을 먼저 세운다.

⑨ 공수한 손을 바닥에서 떼어 세운 오른쪽 무릎 위에 얹는다.

⑩ 오른쪽 무릎에 힘을 주며 일어서서 왼쪽 발을 오른쪽 발과 나란히 모은다.

## 2. 남자의 평절, 돈수배(頓首拜)

큰절과 똑같은 동작으로 한다. 다만 큰절의 ⑥번 동작 '이마를 공수한 손등에 댄' 후 머물러 있지 말고 즉시 ⑦번 동작으로 '머리를 들면서 팔꿈치를 바닥에서 뗀' 후 일어서는 것이 다르다.

## 3. 남자의 반절, 공수배(拱手拜)

큰절과 똑같은 동작으로 한다. 단지 큰절의 ⑤번 동작 '뒤꿈치를 벌리고 엉덩이를 내려 깊이 앉는다.'는 것과 ⑥번 동작 '팔꿈치를 바닥에 붙이며 이마를 공수한 손등에 댄다.'는 것과 ⑦번 동작 '잠시 머물러 있다가 머리를 들면서 팔꿈치를 바닥에서 뗀다.'는 부분은 생략한다.

공수한 손을 바닥에 대고 무릎 꿇은 자세에서 엉덩이에서 머리까지 수평이 되게끔 엎드렸다가 일어선다. 역시 반절은 평절을 약식으로 하는 절이라 이해하면 된다.

## 4. 남자 신하가 임금님에게 하는 고두배(叩頭拜)

공수한 손을 풀어서 두 손을 벌려 바닥을 짚으며 하는 큰절을 고두배라 칭한다. 이는 신하가 임금님에게 행하는 절이며, 한번 절할 때 절하는 신하 자신의 이마로 세 번 바닥을 두드린다(http://www.samkim.net).

---

**제5절** **관혼상제(冠婚喪祭)**

관혼상제는 관례, 혼례, 상례, 제례를 아울러 이르는 말이다.

## 1. 관례(冠禮)

그 유래는 고려시대에서 비롯된 것으로 보인다. 예전에, 남자가 성년에 이르면 어른이 된다는 의미로 상투를 틀고 갓을 쓰게 하던 의례(儀禮)이다. 유교에서는 원래 스무 살에 관례를 하고 그 후에 혼례를 하였으나 조혼이 성행하자 관례와 혼례를 겸하여 하였다. 관례는 아이가 자라서 어른이 되었음을 안팎으로 알리는 것으로 오늘날의 성년식에 해당된다.

① 관례(冠禮) : 소년에게 성인이 되었다는 사실을 나타내어 관건을 씌우는 의식이다. 남자 나이 15세에서 20세 사이에 관례를 치렀다. 삼가례(三加禮)라고도 하며 관례 때 3번 관(冠)을 갈아 씌우는 의식이다. 초가(初加)에는 입자(笠子)·단령(團領)·조아(條兒)를, 재가(再加)에는 사모(紗帽)·단령(團領)·각대(角帶), 삼가(三加)에는 복두(幞頭)·공복(公服)을 쓴다. 중국에서 전래한 사례(四禮)의 하나로 성인의식이라 하여 매우 중요한 행사로 인식했다. 땋아 내렸던 머리를 올려 상투를 틀고, 그 위에 '초립'이라는 모자를 쓴다.

② 계례(筓禮) : 혼례 때 여자가 쪽을 찌어 올리고 비녀를 꽂는 의례이다. 땋았던 머리를 풀고 쪽을 찌는 의식인데, 관례의 경우처럼 고려시대부터 비롯된 것으로 추정한다. 대개는 혼일을 정하면 계례를 행하지만 그 밖에도 15세가 되면 계례를 행한다고 되어 있다. 여자는 열여섯 살이면 계례를 치르는데, 머리를 올려 비녀를 꽂는 의식이다. 그렇지만 계례는 혼인 전날 올리는 것이 상례(常例)였다는 것이 남자와 다르다. 우리나라에서는 지배층 위주로 구한말까지 이러한 관례가 행해지다가 단발령의 시행과 함께 사라졌다.

현대에는 1985년부터 양력 5월 셋째 월요일을 '성년의 날'로 정하여 여성가족부가 여러 가지 행사를 주관한다. 만 20세가 된 젊은이들에게 국가와 민족의 장래를 짊어질 성인으로서 자부심과 책임감을 일깨워 성년이 되었음을 축하 격려하는 날이다(네이버 지식백과, 한국향토문화전자대전, 한국학중앙연구원).

## 1) 관례의 절차

집현면 지역에서 행해진 관례절차는 15세부터 20세 사이에 정월달 중에서 '관례' 날을 정한다. 관례의식에는 세 번에 걸쳐 각각 다른 관을 씌우는 절차가 있는데, 관례 3일 전이나 당일 오전에 자손이 장성하여 관례를 올리게 됨을 조상신에 고하는 사당고사(祠堂告祀)로부터 시작된다. 그 다음 관례를 다스리는 주례자(큰손님)를 정한다. 친지, 이웃 등 기뻐해 줄 사람들을 청하여 덕망이 있고 본받을 만한 어른을 주례자(큰손님)로 모시고 행한다. 이를 '계빈(戒賓)'이라 한다. 관례 당일에 다음 내용과 같이 시가(始加)·재가(再加)·삼가(三加)의 순으로 세 번 의관(衣冠)을 바꾸며 행하는 삼가례(三加禮)를 행한다.

① 시가(始加) : 처음 치포관(緇布冠)을 씌우는 것을 '시가' 또는 '초가'라 한다.

    ㉠ 찬자(贊者 : 관례를 돕는 사람)가 관자(冠者 : 관례의 주인공)의 머리를 빗겨 상투를 틀고 망건을 씌운다.

    ㉡ 빈(賓 : 관례를 주관하는 사람)이 관자의 앞에 나아가 축사를 한 다음 치포관을 씌우고 비녀를 꽂아준다. 관을 씌울 때에는 관자나 빈이 모두 꿇어앉는다.

    ㉢ 축사는 "길한 달 좋은 날에 비로소 원복(元服)을 입혀 놓으니, 너의 어린 생각을 버리고 어른의 덕을 이루어서 오랜 수를 누리고 큰 복을 받을지어다."라고 한다.

        (네이버 지식백과, 모발학 사전, 광문각).

② 재가(再加) : 어른의 출입복을 입히고 머리에 모자를 씌운 다음 "언동을 어른답게 할 것을 당부"하는 축사를 한다.

③ 삼가(三家) : 머리에 유건을 씌운 다음 "어른으로서의 책무를 다할 것을 당부"하는 축사를 한다.

④ 초례(醮禮) : 관자(冠者)가 술을 땅에 조금 붓고 마시는 초례(醮禮)를 거치는데, 술을 내려 천지신명에게 어른으로서의 서약을 하고 술을 마시는 예절인 '주도(酒道) 예절'을 가르친다.

### ■ 우리나라와 중국의 주도(酒道) 예절 비교

우리의 전통 주도는 어른을 공경하는 데 그 뜻이 있다(중국의 주도는 별도로 비교할 수 있게 표시해 두었음).
술은 즐겁게 마시되 함부로 하지 않으며, 엄히 하되 어른과 소원해지지 않는다.
① 어른이 술을 권할 때는 일어서서 나아가 절을 하고 술잔을 받되, 어른이 이를 만류(挽留 : 붙들고 못 하게 말림)할 때에야 제자리에 돌아가 술을 마실 수 있다.
② 어른이 들기 전에는 먼저 마셔서는 아니 되고, 또한 어른이 주는 술은 감히 사양할 수 없다.
③ 술상에 임하면 어른께 술잔을 먼저 권해야 한다.
④ 어른 또는 자신보다 윗사람이 술을 따르고 받을 때는 두 손으로 공손히 받으며, 어른 앞에서 함부로 술을 마시는 것을 삼가, 마실 때는 윗몸을 옆으로 돌아서 술잔을 가리고 마신다. (중국) 술을 마실 때 상대방의 눈을 보며 마시고, 같이 술잔에 입을 대고 같이 입을 떼야 한다.
⑤ 어른께 술을 권할 때는 정중한 몸가짐을 하여 두 손으로 따라 올린다. 오른손으로 술병을 잡고 왼손은 오른팔 밑에 대고, 옷자락이 음식에 닿지 않도록 조심하여 따른다.

⑥ 술을 잘 못하는 사람은 권하는 술을 사양하다가, 마지못해 술잔을 받았을 때는 싫증을 내거나 버려서는 안 되며 점잖게 입술만 적시고 잔을 놓도록 한다.

⑦ 받은 술이 아무리 독하더라도 못마땅한 기색을 해서는 안 되며, 그렇다고 가벼운 모습으로 훌쩍 마시는 것도 예가 아니다.

⑧ 음주에서도 장유유서(長幼有序)를 반드시 지켜야 하며 서로 존경하는 자리에서는 주법의 세밀함은 마찬가지이다.

⑨ 동년배 간의 주석에서는 주법이 그처럼 세밀하지 않아도 무방하다.

⑩ 술을 따를 때 술잔이 넘치지 않도록 채워준다. (중국)손님을 존경한다는 뜻으로 윗사람이 먼저 따르기 시작하며, 술잔에 술을 가득 채운다.

⑪ 상대방이 권한 술을 다 비운 후에 다시 잔을 상대방에게 건네주며 술을 권한다. (중국)술이 조금 들어 있는 잔에 술을 따르는 것도 괜찮으며, 술 대신 차나 음료도 괜찮다.

⑫ 자기 잔을 상대방에게 주고 그 잔에 술을 채움으로써 서로의 마음을 전한다. (중국)술잔을 같이 사용하지 않는다.

⑬ 술을 마실 때는 나이가 많거나 직위가 높은 사람이 먼저 마시는 것이 예의이며, 특별한 경우가 아니고는 한 번에 다 마실 필요는 없다. (중국)술잔을 부딪친 후에는 한 번에 다 마시는 것이 예의이며, 마신 후에는 상대방에게 술잔을 보여주며 다 마셨다는 것을 증명해야 한다. 특히 첫 잔은 전부 비우는 것이 예의이며, 상대가 권하는 술잔을 한 번에 거절하면 존경하지 않는다는 의미이다.

⑭ 우리나라의 경우, 남녀를 막론하고 술을 즐기는 사람들이 많지만, 술 마시는 관습이 잘 절제되어 있지 못해 주정을 부리거나 성추행 등 술로 사회질서를 어지럽히는 일이 일어나 사회적으로 큰 문제이다. (중국)1983년 10월 중국 산시성 메이현 양자촌에서 한조의 오지그릇이 출토됨으로써 6000여 년 이상의 술의 역사를 가지고 있는 것으로 추정된다. 중국인들은 술자리를 마련할 때 손님을 마음껏 취하고, 충분히 즐기게 했다는 기분이 들어야 비로소 손님을 제대로 대접했다고 생각하여 만족해 한다. 중국은 남녀를 막론하고 술을 즐기는 사람들이 많지만, 술을 마시는 관습이 잘 절제되어 있어 주정을 부리거나 술로 사회질서를 어지럽히는 일은 많지 않다 (네이버 지식백과, 양주 이야기, ㈜살림출판사).

⑮ 관자(冠字) : 주례가 관자의 이름 대신에 부를 자(字)를 지어주는 빈자관자(賓字冠者) 의식을 거친다. 어른을 존중하는 의미에서 항시 부르는 자(字)를 지어준다.

⑯ 현묘(見廟) : 마지막에는 관례를 마쳤음을 조상신에게 아뢰는 현묘(見廟)의 의식을 행한다. 이렇게 관례를 마쳤음을 조상신에게 고하는 절차이다.

⑰ 감사(感謝) 인사(人事) 및 손님 접대(接待) : 관례가 끝나면 관자는 집안 어른과 친척, 마을어른들께 인사를 올리고, 집에서 손님들을 접대한다(네이버 지식백과, 한국향토문화전자대전, 한국학중앙연구원 ; 사진으로 보는 중국문화, 동양북스).

## 2) 계례(笄禮)의 절차

관례와 달리 모친이 중심이 되고 일가친척(一家親戚) 중에 '예'에 박식(博識)한 여자를 청하여 주례자(큰손님)로 모시고 행한다. 가관계(加冠笄)의 절차는 남자의 관례와 같으나, 가례(加禮)는 1차로 끝낸다.

① 계를 올리는 당사자(계례자)는 쌍계(雙紒 : 두 갈래 머리)를 하고 삼자(衫子), 즉 당의(唐衣)를 입고 서서 기다리고 있다가

② 땋았던 머리를 풀고 빗겨 합발(合髮)하여 계(髻 : 쪽)를 만든다. 고례(古禮)는 여기에 더하여 쪽 찐 머리를 댕기로 싸서 화관을 씌운 뒤 비녀를 꽂는다.

③ ②번의 '가관계'가 끝나더라도 아직 혼인을 정하지 않아 집에 있어야 할 경우에는 계를 하지 않고 땋은 머리로 집으로 되돌아간다(네이버 지식백과, 모발학 사전, 광문각, 2003).

## 3) 관례로 달라지는 것

① 말씨 : 낮춤 말씨인 '해라'를 쓰던 것을 보통 말씨인 '하게'로 높여서 말한다.

② 이름 : 되는 대로 부르던 것을 관례 때 지은 자(字 : 본이름 외에 부르는 이름. 예전에, 이름을 소중히 여겨 함부로 부르지 않았던 관습이 있어서 흔히 관례(冠禮) 뒤에 본이름 대신으로 불렀다), 당호(堂號 : 집의 이름에서 따온 그 주인의 호)로 부르게 된다.

③ 절 : 웃어른에게 절하면 웃어른이 앉아서 받았지만 웃어른이 답례를 하게 된다.

④ 법률적 지위 : 만 20세가 된 성년은 '민법상' 금치산자(禁治産者), 준금치산자가 아니면 단독으로 법률행위를 할 수 있는 행위 능력을 법률적으로 인정한다.

## 2. 혼례(婚禮)

결혼식을 말하며, 성인 남녀가 부부 관계를 맺는 서약을 하는 의례로 위로는 조상의 제사를 지내고 아래로는 자손을 후세에 존속시켜 조상의 대가 끊기지 않게 하기 위해서 치르는 예이다. '일생의례'는 한 개인이 살아가면서 중요하다고 생각하는 어떤 시기마다 치르는 의례인데 그중에서 '혼례'를 가장 경사스러운 일로 중요하게 간주하여 '대례' 혹은 '인륜지대사'라고 하였다. 본디 혼인의 혼(婚)자는 어두울 혼(昏)에서 유래한 것으로 옛날에는 음양이 만나는 저문 시간에 거행(擧行)하였다.

'혼례'는 남녀가 육체적·정신적 관례를 갖는 것뿐만 아니라 가정이란 공동생활을 통해 사회발전의 원동력이 된다는 측면에서 중요한 의미를 가진다.

## 1) 혼례의 절차

한국의 전통혼례는 신랑, 신부의 서로 잘 알고 가깝게 지내는 '친지'들로 하여금 참여를

유도하여 단순히 보는 것이 아니라 함께 식을 꾸미고 이끌어가는 잔치의 형태를 띤다.

① 의혼(議婚)

신랑집과 신부집이 서로 혼사를 의논하는 절차로 양가에서 중매인을 세워 상대방의 가문을 파악하고 그 사람의 됨됨이를 짐작하며 학식, 성품 등을 사전에 살펴보고 두 사람의 궁합을 본 다음에 허혼(許婚) 여부를 결정했다. 이는 우리나라에서는 가문(家門) 및 가풍(家風)을 중요시하였기 때문이다. 통상 신랑집이 청혼 편지를 보내면 신부집이 허혼 편지로 답함으로써 의혼이 이루어진다. 이 과정에서 양가 부모님들만이 신랑, 신부의 선을 보고 당사자들은 서로 얼굴을 보지 못하였다고 한다.

② 납채(納采)

혼담과 정혼을 알리는 사주단자를 보내는 절차이다. 양가에서 중매인을 통해 의사를 교환한 뒤 선을 보아 혼인을 결정한 후 신랑의 생년월일을 적은 사주와 정식으로 결혼을 신청하는 납채문을 보낸다.

③ 택일(연길)

신부 쪽에서 혼인 날짜를 정하여 알리는 절차로 신부 쪽에서 사주를 받으면 신랑, 신부의 운세를 가늠한 후 결혼식 날짜를 택하여 신랑 쪽에 통보하는데 '날받이(이사나 결혼 따위의 큰일을 치르기 위하여 길흉을 따져 날을 가려 정하는 일)'라고도 한다.

④ 납폐(納幣)

함 보내기를 말한다. 혼인 전날 신랑 쪽에서 혼인을 허락해 준 보답으로 채단(청홍색의 치마저고릿감) 등 신부용 혼숫감 및 시댁 예단(禮緞 : 결혼을 준비하는 과정에서 신부 측이 시댁에 인사의 의미로 선물하는 혼수품을 뜻한다), 혼서지[혼인 증빙문서로 신랑집에서 예단을 갖추어 신부집으로 보내는 서간. 예서(禮書)·예장(禮狀) 또는 납폐서(納幣書)라고도 하는데 혼서란 원래 혼인(婚姻)할 때 신랑집에서 신부집으로 예단(禮緞)을 보내면서 동봉하는 서간이나 청혼서(請婚書), 허혼서(許婚書), 사주단자(四柱單子), 혼인택일지(婚姻擇日紙) 등과 같이 혼인을 맺기 위해 서로 오가는 서장(書狀)을 모두 가리킨다] 및 물건의 목록을 신부 쪽에 보내는 절차로 하인이나 함진아비(혼인 때, 신랑집에서 신부집에 보내는 함을 지고 가는 사람)를 통해 함을 보냈다. 여자 집으로 보내면 대청에 돗자리를 깔고 붉은색의 보를 덮은 상 위에 함을 놓고 신부의 어머니가 함을 열어 꺼낸다(네이버, e뮤지엄, 국립중앙박물관, 네이버 지식백과, 한국향토문화전자대전, 한국학중앙연구원).

⑤ 대례(大禮)

신랑이 신부의 집에 가서 부부가 되는 의식을 치르는 절차이다. 실질적(實質的)인 결혼식에 해당하며 전안례, 합근례, 교배례로 나뉜다.

⑥ 우귀(于歸)

신행(新行)은 혼행이라고도 하며 혼인할 때, 신랑이 신부집으로 가거나 신부가 신랑집으로 간다는 의미와 왕비로 간택되어 입궁한다는 의미가 있다. 신부집에서 모든 의식을 마치고 시댁으로 들어가는 절차이다. 우귀를 행할 때는 상객, 하님, 짐꾼 등이 행렬을 이루었고, 신부의 가마가 신랑집에 가까이 오면 사람들이 나가 목화씨, 소금, 콩, 팥 등을 던져서 잡귀를 내쫓고 대문간에 짚불을 태웠다.

⑦ 폐백(幣帛)

혼례식을 마친 후 "시부모와 시댁 친지들에게 정식으로 첫인사를 드리는 예"이다. 신부 쪽에서 가져온 음식으로 폐백상을 차린다. 신부가 절을 하면 시부모는 신부의 치마 위에 대추를 던져주며 아들을 낳으라는 덕담을 나눈다.

## 2) 사주단자(四柱單子)

정혼 결정 후 남자 집에서 생년월일시와 본관 성명을 적은 사주를 여자 집으로 보내는데, 이것을 사주단자라 한다. 사주단자는 대간지(大簡紙 : 편지를 쓸 수 있게 접은 큰 종이)에 모년 모월 모일 모시라 쓰고 줄을 바꾸어 본관 성명을 쓴다. 겉봉에는 전면에 '사주' 혹은 '사성(四星)'이라 쓰고, 뒷면 위에 '근봉(謹封 : 삼가 봉한다는 뜻. 편지나 물품을 보낼 때 성명·연령·본관(本貫)·거주지를 기재하고 겉봉의 봉합한 곳에 씀)'이라 쓴 다음 청실 홍실로 감고 사주보에 싸서 사주 송서장과 함께 함에 넣어 보낸다. 이것을 중매인이나 다남 다복한 나이 많은 사람을 시켜 여자 집에 보내면 대청이나 큰방에 상을 차려 놓고 정중히 받는다(네이버 지식백과, 한국향토문화전자대전, 한국학중앙연구원).

## 3. 상례(常例)

### 1) 유교식 상례의 절차

상례는 크게 초종(初終), 습(襲)과 소렴(小殮)·대렴(大殮), 성복(成服), 치장(治葬)과 천구(遷柩), 발인(發靷)과 반곡(反哭), 우제(虞祭)와 졸곡(卒哭), 부(祔)와 소상(小祥)·대상(大祥),

담제(禫祭)와 길제(吉祭), 사당(祠堂)·묘제(墓祭)의 9단계로 나눌 수 있다.

## (1) 초종 : 임종에서 습까지의 절차

① 속광(屬纊) : 고운 솜을 죽어가는 사람의 코나 입에 대어 숨이 끊어졌는지를 확인하고 운명이 확인되면 남녀가 모두 곡한다.

② 복(復) : 초혼이라고도 하는데 사자의 흐트러진 혼을 불러들인다는 뜻이다. 사자가 평소에 입던 홑두루마기나 적삼의 옷깃을 잡고 마당에 나가서 마루를 향하여 사자의 생시 칭호로 '모(某) 복복복' 3번 부른 다음 그 옷을 시체에 덮고 남녀가 운다. 또한 이때 '사자밥'이라 하여 밥 세 그릇, 짚신 세 켤레, 동전 세 닢을 채반에 담아 대문 밖 옆에 놓는다.

③ 천시(遷屍) : 수시(收屍)라고도 한다. 시체를 상판(牀板)에 옮기고 굄목 2개를 백지로 싸서 괴고 머리를 남쪽으로 두게 한다. 시체가 차가워지기 전에 지체(肢體)를 주물러서 곧고 바르게 한다. 그리고 나서 얇은 옷을 접어 머리를 괴고 백지로 양 어깨와 양 정강이, 양 무릎의 윗부분을 묶되 남자는 긴 수건으로 두 어깨를 단단히 묶고 여자는 두 다리를 단단히 묶은 다음 사방침(四方枕)을 두 발바닥에 대어 어그러지지 않게 하고 병풍으로 가린다.

④ 입상주(立喪主) : 부모상에는 장자가 주상(主喪)이 되고, 장자가 없으면 장손이 된다. 아들이 죽었을 때는 부친이, 아내가 죽으면 남편이 주상이 된다.

⑤ 호상(護喪) : 친구 또는 예법을 잘 아는 사람을 상례(相禮)라 하여 상례 일체를 맡아보게 하고 예에 통하고 활동력 있는 사람을 호상으로 내세워 상례를 돕게 한다.

⑥ 복(服) : 유복자(有服者)가 모두 화려한 옷을 벗고 사자의 처·자녀·자부는 모두 머리를 풀고 아들들은 맨발로 백색의 홑두루마기를 입되 소매를 걷어서 왼쪽 어깨를 드러낸다.

⑦ 전(奠) : 신(神)이 의빙(依憑)하게 하는 것으로 매일 1번씩 생시에 쓰던 그릇에 술·미음·과일 등을 식탁에 놓아 시체 동쪽으로 어깨 닿는 곳에 놓는다.

⑧ 고묘(告廟) : 무복자(無服者)를 시켜 사당 밖에서 '○○질불기감고(某疾不起敢告)'라고 말로 고하게 한다. 사당이나 신주(神主)가 없는 가정에서 이 절차는 생략된다.

⑨ 부고(訃告) : 부고는 호상의 이름으로 친척과 친지에게 알린다.

⑩ 치관(治棺) : 관을 만드는 일로, 통상 1치 정도의 옹이 없는 송판(松板)으로 만든다. 칠성판(七星板)도 송판으로 만들되 5푼이면 적당하고 판면에 구멍을 뚫어 북두칠성

모양으로 한다.

⑪ 설촉(設燭) : 날이 어두워지면 빈소 밖에 촛불을 켜고 마당에 홰를 지핀다. 빈소 안쪽에 장등(長燈)하는 것은 예가 아니며 화재의 염려도 있으므로 행하지 않는다.

### (2) 습과 소렴·대렴

사자에게 일체의 의복을 갈아입히는 절차를 습이라 한다. 습은 사망한 다음날 한다. 첫째, 남자의 옷으로는 적삼·고의·보랏빛 저고리·남빛 두루마기·바지·행전·버선·허리띠·대님·복건·검은 공단 망건·멱모(幎帽 : 얼굴을 싸는 천)·악수(幄手 : 손을 싸는 천)·신(들메)·심의(深衣)·대대(大帶)·조대(실로 짠 띠)·충이(充耳 : 귀막이) 등을 마련하고, 여자의 옷으로는 적삼·속곳·보랏빛 저고리·초록빛 곁마기·허리띠·바지·다홍치마·버선·검은 공단 모자·악수·신·원삼(圓衫)·대대·충이 등을 준비한다. 둘째, 시신을 목욕시키고 두발은 감겨서 빗질하여 검은 댕기로 묶어 상투를 만든다. 얼굴을 가리고 발톱·손톱을 깎아서 준비된 주머니에 넣은 다음 심의(深衣)를 펴놓고 먼저 준비된 옷을 입힌다. 셋째, 이때 반함(飯含)이라 하여 찹쌀을 물에 불리었다가 물기를 빼고 버드나무 숟가락을 만들어 세 술을 시구(屍口)에 넣으면서 '천석이오', '이천석이오', '삼천석이오' 하고 외친다. 넷째, 습을 한 다음날 소렴(小殮/小斂)을 한다. 소렴은 시신(屍身)을 묶는 절차이다. 소렴이 끝나면 괄발(括髮)이라 하여 주인(제주)·주부가 머리를 삼끈으로 묶은 다음 삼끈 한 끝을 똬리처럼 틀고 두건을 쓰며 흰 옷에 중단을 입는다. 행전을 치고 복인은 모두 다 시체 앞에 곡한다. 다음 영좌(靈座)를 만들고 명정(銘旌)을 쓴다. 다섯째, 소렴 다음날 대렴(大殮)을 한다. 대렴은 시신을 모셔 입관하는 절차이다. 여섯째, 여막(廬幕)을 짓는다. 대렴이 끝나면 빈소 옆에 짚으로 여막을 짓되 크기는 반 칸쯤 하고 천장과 3면을 가린다. 그 다음에 바닥에는 거적을 펴놓고 그 위에 짚베개를 만들어놓는다. 짚베개 앞에는 소방석(素方席)을 놓아 문상객의 조석(弔席)으로 설치하는데, 이렇게 여막을 짓는 것을 작의려(作倚廬)라고 한다. 대렴 후에는 대곡(代哭)을 그치고 조석곡(朝夕哭)을 한다. 일출 시와 황혼에 곡하는데 이때 배례(拜禮)는 하지 않고 다만 입곡(立哭 : 서서 슬프게 곡함)을 한다.

습을 사망한 다음날 하면 소렴은 그 다음날, 대렴은 소렴 다음날로 하는 것이 원칙이다. 그러나 지금은 대개 3가지를 한꺼번에 하는 것이 관례로 되어 있다.

### (3) 성복(成服)

성복이란 초상이 나서 처음으로 상복을 입는 것을 말한다. 보통 초상난 지 나흘(넷째 날)

되는 날부터 입는다. 대렴한 다음날에 주인(제주)·주부 이하 유복자는 각각 복을 입으며 복자의 구분에 따라 상복을 입는다. 복은 사자와의 친소(親疏)의 구분에 따라 기간을 달리한다. 참최(斬衰: 父·長子 등)는 3년, 자최(齊衰: 母·祖母 등) 3년, 자최장기(齊衰杖朞: 남편 등) 13개월, 자최부장기(不杖朞: 兄·姉 등) 13개월, 대공(大功: 從兄·從姉 등) 9개월, 소공(小功: 從祖父母·外祖父母 등) 5개월, 시마(緦麻: 從曾祖父母·再從祖父母 등) 3개월 등으로 되어 있다. 이것을 5복(五服)이라고 하며 상복도 재료가 다르다. 포(布)에서는 참최가 매우 성근(굵직굵직한) 생포(生布), 자최는 약간 성근 생포, 대공은 약간 성근 숙포(熟布), 소공은 약간 가느다란 숙포, 시마는 매우 가느다란 숙포를 쓰고, 마(麻: 삼)는 참최가 저마(苴麻: 암삼), 자최 이하는 시마(枲麻: 수삼), 시마는 숙마(熟麻)를 사용한다. 상복은 남자의 경우 관(冠: 속칭 굴건)·효건(孝巾: 속칭 두건)·의(衣: 제복)·상(裳)·중의(中衣: 中單衣)·행전(行纏)·수질(首絰)·요질(腰絰)·교대(絞帶)·장(杖)·이(履: 짚신) 등으로 되어 있다. 여자는 관(冠: 흰 천으로 싼 족두리)·의(衣)·상(裳)을 입고 수질·요질·교대·장 등은 남자와 같으나 단지 요질에 산수(散垂)가 없다. 이(履)는 미투리를 신는다. 남자아이의 동자복(童子服)은 어른과 같되 관·건·수질이 없다. 성복이 끝나면 조석(朝夕)으로 상식(上食)하며 상제들은 비로소 죽을 먹고 슬퍼지면 수시로 곡한다. 성복 전에는 조문객(문상객)이 와도 빈소 밖에서 서서 입곡(立哭)하고 상제와의 정식 조문은 하지 않다가 성복 후에 비로소 조례(弔禮)가 이루어진다.

### (4) 치장과 천구

치장은 장례를 위하여 장지(葬地)를 택하고 묘광(墓壙)을 만드는 일을 말한다. 옛날에 대부(大夫)는 3개월, 사(士)는 1개월 만에 장례를 거행하였으나 오늘날은 3일·5일 만에 거행하는 것이 상례로 되었다.

① 득지택일(得地擇日): 장사(葬事)는 죽은 사람을 땅에 묻거나 화장하는 일이다. 장지를 택하고 장사날을 정한 후 축(祝)이 조전(朝奠)할 때 영좌(靈座)에 고한다.

② 결리(結裏): 관(棺)을 싸고 다시 초석(草蓆)으로 싸서 가는 새끼줄로 묶는 절차이다.

③ 개영역(開塋域): 상주가 집사자(執事者)를 데리고 산지(山地)에 가서 묘혈(墓穴)에 푯말을 세우고 간사를 시켜 산신에게 고하는 절차이다.

④ 천광(穿壙): 무덤을 파는 일이며, 먼저 광상(壙上)에 묘상각(墓上閣)을 짓거나 차일(遮日)을 쳐서 비나 해를 가린 다음 천광한다.

⑤ 각지석(刻誌石): 사자의 성명·세덕(世德)·사적(事蹟)·자손 등을 간단히 적어서 묘

앞에 묻는 것으로, 돌에 새기거나 번자(燔瓷)·편회(片灰)·사발(沙鉢) 등을 사용하였다. 이것은 후일 봉분(封墳 : 흙을 둥글게 쌓아 올려서 무덤을 만듦 또는 그 무덤)이 무너져 알아보지 못할 때를 대비하는 것이다.

⑥ 조주(造主) : '죽은 사람의 위패'인 '신주(神主)'를 만드는 일이다. 재료는 밤나무를 사용하는데 높이는 약 24cm, 너비는 9cm 정도로 하고 밑에 받치는 부(跗)는 12cm, 두께는 3.5cm가량으로 만든다. 지금은 대체로 신주를 만들지 않고 그때그때 지방(紙榜)을 써서 거행하는 사람이 많다. 다음은 "시체를 담은 관을 밖으로 내가려고 옮김"을 말하는 '천구(遷柩)'단계이다. 천구(遷柩)는 발인(發靷)하기 하루 전 먼저 가묘(家廟)에 고하는 절차를 끝내고 저녁 신시(申時)에 조전(祖奠)을 거행한다. 다음날 아침 상식(上食 : 상가(喪家)에서 아침저녁으로 궤연 앞에 올리는 음식)이 끝나면 영구를 옮긴다. 이때 주인 이하가 곡하며 뒤따르고, 빈소에서 나올 때는 문 밖에 놓은 바가지를 발로 밟아 깨뜨린다. 재여(載轝)가 끝나면 혼백상자를 의자 위에 봉안하고 음식을 진설한 다음 제주(주인) 이하가 엎드리고 고축한다. 이것을 발인제라고 한다.

### (5) 발인(發靷)과 반곡(反哭)

발인은 사자가 묘지로 향하는 절차이다. 발인제가 끝나면 제물을 상여꾼에게 먹인 다음 산지로 향해 나간다. 순서는 명정(銘旌)·공포(功布)·혼백(魂帛)·상여(喪轝)·상주·복인(服人)·조객의 순으로 나간다. 중간에 친척집 앞을 지날 때는 노제(路祭)를 지내며 노제는 친척집에서 차린다. 또한 가다가 개울이나 언덕이 있을 때는 정상(停喪)을 하는데 이때마다 복인들이 술값이나 담배값을 내놓는다.

### (6) 묘지에서의 절차

① 급묘(及墓) : 혼백과 상여가 도착하면 혼백은 교의(交椅)에 모시고 제물을 진설한다. 관은 광(壙) 가까이 지의(地衣)를 펴고 굄목을 놓은 뒤 그 위에 올려놓고 공포로 관을 훔치고 명정을 덮는다. 주인 이하 곡한다.

② 폄(窆) : 하관을 말한다. 상제들은 곡을 그치고 하관하는 것을 살펴야 한다.

③ 증현훈(贈玄纁) : 현훈을 받들어 관 왼쪽 옆에 넣는 것인데 지금은 행하지 않는다.

④ 가횡대(加橫帶) : 나무를 횡판으로 하여 5판 또는 7판으로 하되 매판 정면에 '壹貳參肆伍陸漆'이라 숫자를 명시하고 내광을 아래서부터 덮되 위로 1장을 남겼다가 현훈을 드린 뒤 상주 이하가 2번 절하고 곡할 때 덮는다. 그 다음 회(灰)를 고루 펴서 단단히

다지되 외금정(外金井)까지를 한도로 한다.

⑤ 토지신에게 제사지낸다.

⑥ 외광 앞쪽에 지석(誌石)을 묻는다. 지석은 석함이나 목궤에 넣는다.

⑦ 제주(題主) : 신주에 함중(陷中)과 분면(粉面)을 써서 교의에 봉안하고 혼백과 복의(復衣)는 신주 뒤로 둔다. 그러나 신주를 모시지 않는 가정에서는 지방으로 대신한다.

⑧ 설전(設奠) : 제주전(題主奠)이라 한다.

⑨ 성분(成墳) : 봉분을 만드는 일이다. 높이는 대개 4자 정도로 하고 묘 앞에는 묘표를 세우며 석물(石物)로는 혼유석(魂遊石)·상석(床石)·향로석을 차례로 배치하고 망주석(望柱石) 2개를 좌우에 세운다.

반곡(反哭)은 본가로 반혼(反魂)하는 절차이며 반우(反虞)라고도 한다. 곡비(哭婢)가 앞서가며 다음에 행자(行者)가 따르고 그 뒤에 요여(腰轝)가 가며 상제들은 그 뒤를 따른다. 본가에 도착할 때는 망문(望門), 즉 곡을 한 뒤에 축이 신주를 영좌에 모시고 혼백은 신주 뒤에 둔다. 주인 이하는 대청(大廳 : 주가 되는 집채인 몸채의 방과 방 사이에 있는 큰 마루)에서 회곡(會哭)하고 다시 영좌에 나아가 곡하며 집에 있던 사람들은 2번 절한다.

### (7) 우제와 졸곡(卒哭)

사자의 시체를 지하에 매장하였으므로 그의 혼이 방황할 것을 염려하여 우제를 거행하여 편안하게 해드리는 것이다. 우제는 초우(初虞)·재우(再虞)·삼우(三虞)가 있는데 초우제는 반드시 장일(葬日) 주간(晝間)에 거행하며, 재우는 초우제 뒤에 을(乙)·정(丁)·기(己)·신(辛)·계(癸)일인 유일(柔日 : 음(陰)에 해당하는 날/짝수날)에 행하고, 삼우는 재우를 거행한 후 갑(甲)·병(丙)·무(戊)·경(庚)·임(壬)일인 강일(剛日 : 양일(陽日)/홀수날)에 행한다. 그렇지만 신주를 조성하지 않은 가정에서는 장일에 지방으로 안신전(安神奠)을 거행하여 초우제를 대신하고 재우와 삼우는 폐지한다. 졸곡은 무시곡(無時哭)을 마친다는 뜻이며 삼우를 지낸 후 강일에 거행한다. 지금은 3일·5일·7일 등으로 장일을 당겨 지내므로 우제는 여기에 맞추어 지내지만 졸곡만은 3개월 안에 지내야 한다.

### (8) 부와 소상·대상

① 부는 졸곡을 지낸 다음날 거행하는 것으로 사자를 이미 가묘에 모신 그의 조(祖)에게 부(祔)하는 절차다. 주인 이하 목욕하고 증조고비(曾祖考妣 : 사자에게는 祖考妣)의 위패를 대청 북쪽에 남향하여 놓고 사자의 위패는 동쪽에 서향하여 놓은 다음 음식

을 진설하고 제사지낸다.

② 소상은 초상으로부터 13개월 만인 초기일(初忌日)에 거행하는 상례이다. 연제(練祭)라고도 하며 주인·주부가 각각 연복(練服)을 입는다.

③ 대상(大祥)은 초상으로부터 25개월 만인 재기일(再忌日)에 거행한다. 만일 부친이 생존하는 모친상일 경우에는 소상을 11개월 만에 거행하고 대상을 13개월 만에 거행한다. 소·대상의 월수 계산에서 윤달은 계산하지 않는 것이 원칙이다. 대상이 모두 끝나면 신주를 가묘 내의 동쪽에 서향하여 봉안하고 문을 닫는데 이때 복의가 있으면 궤에 넣어 묘내(廟內)에 두고 영좌와 여막은 철거한다. 상장(喪杖)은 잘라버리고 질대(絰帶)와 방립(方笠)은 불태워 버리며 상복은 가난한 사람에게 나누어준다.

## (9) 담제·길제

담제는 대상을 지낸 다음다음달에 거행하는 상례로 그 전달 하순에 복일(卜日)한 것을 미리 가묘에 들어가 당위(當位 : 新主)에게 고한다. 담제 때에는 주인·주부가 담복(禫服)을 착용한다. 길제는 담제를 지낸 다음달에 거행하는데 정일(丁日)이나 해일(亥日)로 복일(卜日)하여 지낸다.

## (10) 사당(祠堂)·묘제(墓祭)

사당은 4대조의 신주를 봉안하는 가묘이다. 3년상을 마친 뒤에는 신주를 사당으로 모시는데 사당(祠堂)은 4감(龕)을 설치하고 북쪽에 남향하여 서쪽부터 제1감은 고조고비(高祖考妣), 제2감은 증조고비(曾祖考妣), 제3감은 조고비, 제4감은 고비(考妣)의 위가 된다. 사당 참례는 다음과 같다.

① 진알(晨謁) : 매일 이른 아침 주인이 의관을 갖추고 대문(사당 대문) 안에서 2번 절하되 3년 상기에는 하지 않는다.

② 출입고(出入告) : 주인이 출타하여 몇 날 묵게 되면 출발 전 대문 안에서 2번 절하고 귀가 후에도 그렇게 한다. 만약 몇 달을 묵으면 중문 안에서 분향재배하고 귀가 후에도 또한 같이한다.

③ 참례(參禮)는 흔히 차례(茶禮)라고도 한다. 종류는 다음과 같다.

　㉠ 삭일참례(朔日參禮) : 매월 음력 초하룻날 주인 이하 옷을 갈아입고 각 위에 음식을 진설한 다음 모사(茅沙)를 향상(香床)에 놓고 제사지낸다.

　㉡ 망일참례(望日參禮) : 매월 음력 보름날 분향재배한다. 모사는 베풀지 않는다.

ⓒ 속절(俗節) : 정월 초하루 · 상원(上元 : 정월 보름) · 중삼(重三 : 3월 3일) · 단오(端午 : 5월 5일) · 유두(流頭 : 6월 望日) · 칠석(七夕 : 7월 7일) · 중양(重陽 : 9월 9일) · 동지(冬至)에는 삭일참례와 같이하되 다만 그 계절의 음식을 더 차린다.

ⓔ 천신(薦新) : 속절의 시식(時食) 외에 새로운 물건이 나오면 이를 바치되 절차는 망일참례와 같다. 예를 들면 앵두 · 참외 · 수박 · 웅어 · 조기 · 뱅어 · 은어 · 대구 · 청어 · 동태 등이 새로 나오면 사당에 바쳤다가 내려서 먹는 것이다.

ⓕ 유사고(有事告) : 새로 관직을 받거나 관혼(冠婚) 등의 일이 있으면 주인과 당사자가 함께 참례하되 그 예법은 삭일참례와 같다.

또한 가제(家祭)의 종류는 다음과 같다.

① 시제(時祭) : 시제는 사시(四時)의 중월(仲月)에 거행하는 것으로 대개 정일(丁日)이나 해일(亥日)에 지낸다. 춘분 · 추분 · 하지 · 동지 또는 속절일(俗節日)을 택하여도 무방하다.

② 이제(禰祭) : 계추(季秋 : 음력 9월)에 지내는 제사로, 전달 하순에 택일하여 사당에 고하고 절차는 시제와 같다.

③ 기제(忌祭) : 돌아가신 날인 기일(忌日)에 지내는 제사로 흔히 대청에 진설하고 주인 이하가 사당에 들어가 2번 절한 다음 해당 주독(主櫝)을 모시고 나와 교의(交椅)에 봉안하고 제사지낸 다음 다시 사당으로 환봉(還奉)한다.

묘제는 묘소에서 거행하는 상례로 종류는 다음과 같다.

① 묘사(墓祀) : 3월 상순에 택일하여 친속묘(親屬墓), 즉 4대조 묘에서 거행하는 제사이다.

② 세사(歲祀) : 10월에 택일하여 친진묘(親盡墓), 즉 4대조가 넘은 묘소에 한해 지내는 제사이다.

③ 절사(節祀) : 한식 혹은 청명과 추석에 상묘하여 간단히 지내는 제사로 친진묘에는 거행하지 않는다.

④ 산신제 : 묘사와 제사에는 먼저 산신제를 지낸다. 이때는 향 · 모사는 없이 지낸다. 또 절사에도 산신제가 있으나 이는 절사의 진찬(陳饌)과 절차대로 행한다.

## 2) 불교식 상례의 절차

불교(佛教)에서는 장례를 '다비(茶毘)'라고 한다. 다비는 시신(屍身)을 화장하는 일을 달리 이르는 말이다. 관행상 승려는 '석문가례(釋門家禮)'에 따라 시행하나, 신도(信徒)의 경우는 유교식과 절충하여 행하기도 한다. 현행 다비법에 의하면 임종에서 입관에 이르는 절차는 일반전통식과 비슷하다. 영결식은 개식선언·삼귀례(三歸禮)·약력보고·착어(着語 : 교법의 힘을 빌려 망인을 안정시키는 말)·창혼(唱魂 : 요령을 흔들며 혼을 부름)·헌화·독경(讀經)·추도사·분향·사홍서원(四弘誓願)·폐식선언 순으로 진행된다. 영결식이 모두 끝나면 영구(靈柩)를 다비장(화장장)으로 옮긴 다음 시신을 태운다. 시신이 불탄 뒤 열기가 식게 되면 뼈를 일으키고 거두어 부순다. 이러한 절차를 기골(起骨)·쇄골(碎骨)이라 하며, 쇄골한 후에는 절에 봉안하고 49재 등의 제사를 지내거나, 산이나 강물에 뼛가루를 뿌리기도 한다. 이것을 일컬어 산골(散骨)이라고 한다(네이버 지식백과 ; 두산백과).

## 3) 가정의례준칙의 상례

상례는 임종에서 탈상까지의 의식절차를 말하며 장례식은 사망 후 매장 완료나 화장(火葬) 완료 시까지 행하는 의식으로 발인제(發靷祭)와 위령제(慰靈祭)만을 행하고 그 외의 노제(路祭)·반우제(返虞祭)·삼우제(三虞祭) 등의 제식은 생략할 수 있다. 또한 상제(喪制)의 경우 상제는 사망자의 배우자와 직계비속(直系卑屬)이 되고, 주상(主喪)은 배우자나 장자(長子)가 되며 주상이 없을 때는 최근친자(最近親子)가 주관한다. 상복(喪服)은 따로 마련하지 아니하되, 한복일 경우에는 흰색, 양복일 경우에는 검은색으로 하고, 가슴에 상장(喪章)을 달거나 두건을 쓰고, 부득이한 경우에는 평상복으로 할 수 있다. 상복은 장일(葬日)까지, 상장은 탈상까지 착용한다. 또 장일과 탈상에 대해서는, 장일은 부득이한 경우를 제외하고는 3일장을 원칙으로 하고, 부모·조부모·배우자의 상기(喪期)는 사망한 날로부터 100일까지로 하고 기타 친족의 상기는 장일까지로 한다. 또한 상기 중 신위를 모셔두는 궤연은 설치하지 않으며 탈상제는 기제(忌祭)에 준하도록 한다. 지금은 '건전가정의례준칙'에서 장일(葬日)은 부득이한 경우를 제외하고는 사망한 날부터 3일이 되는 날로 한다. 상기(喪期 : 상복을 입는 기간)는 "① 부모·조부모와 배우자의 상기(喪期)는 사망한 날부터 100일까지로 하고, 그 밖에 사람의 상기는 장일까지로 한다. ② 상기 중 신위(神位)를 모셔두는 궤연은 설치하지 아니하고, 탈상제는 기제사에 준하여 한다."라고 규정하고 있다(네이버 지식백과 ; 두산백과).

## 4) 조문예절

사망 전후 특정 단계까지의 상례 절차인 '초종(初終)' 장례에 상례(喪禮)와 장례(葬禮)를 보호하며 사무를 처리하기 위해 호상소(護喪所)를 두되, 친척, 친우 중에 경험 있는 이로 호상과 위원을 정하고, 일체 상장에 관한 외무·응접·내무·의식·상구(喪具)·회계 및 장사(葬事 : 죽은 사람을 땅에 묻거나 화장하는 일), 노역(勞役) 등 모든 일을 분담하며, 부의록·조객록·상중일기 등을 기록하여 후일 상주의 비망(備忘 : 잊지 아니하기 위한 준비)에 대비하도록 한다.

### (1) 복장(服裝)

한복이나 검은 양복을 착용함이 원칙이며 와이셔츠는 흰색으로 넥타이, 양말, 구두는 검은색으로 통일해야 한다. 부득이 정장 착용이 어려울 경우에는 화려한 옷차림은 피하도록 한다. 여자는 진한 화장을 피하고 검은색 상의에 검은색 스커트를 착용하며, 학생은 교복이 가장 무난하다. 그리고 외투는 대문 밖에서 벗고 들어오도록 한다.

### (2) 부의(賻儀)

부의는 오래전부터 전해 내려오는 상부상조의 관습으로 돈을 넣어 백지에 싼 뒤, 하얀 겹봉투에 넣어 호상소(護喪所 : 초상 치르는 데 관해 온갖 일을 맡아보는 곳)에 내거나 분향하기 전에 영전에 놓는다.

## 5) 조문절차

### (1) 조문(弔問)의 의미

조문은 돌아가신 분과 평소에 교분이 있거나 상제들과 친분이 있는 사람이 상가를 찾아 죽음을 애도하고 상제들을 위로하는 예절이다. 따라서 경건하고 엄숙한 마음가짐과 태도로 조문하여 슬픔을 함께 나누는 것이 중요하다.

### (2) 조문의 방법과 절차

부음을 접하면 상을 당한 집에 도착하여 조의를 표한다. 상제들이 곡을 하고 있는 영정 앞에 나가 곡을 하고 2번 절을 한 다음 상제들을 마주보고 절을 1번 한다. 이어 위로의 말을 건네고 상제들과 서로 절을 하고 나온다. 구체적인 내용은 다음과 같다.

① 먼저 호상소(護喪所)에 가서 방명록에 자기 이름을 기재 후, 자신의 신분을 알리고 분향소로 안내를 받는다.

② 영정 앞으로 나아가 향을 피워 분향한 후, 남자는 오른손이 위로 가도록(여자는 반대) 포개어 잡아 공수한 뒤 서서 죽은 이를 추모하며 슬픔을 나타낸다. 남자는 두

번, 여자는 네 번 절한다.

③ 두세 걸음 뒤로 물러나서 2번 절하며, 이때에도 손은 앞의 공수법 요령에 따라 포개어 잡는다.

④ 약간 뒤로 물러나서 상제가 있는 쪽을 향해 선 뒤, 상제에게 1번 절한다.

⑤ 상제에게 절을 마친 뒤, 상가의 상황에 따라 전하는 인사말은 다음과 같다.

　㉠ 부모가 세상을 떠나면 "천붕지통(天崩之痛 : 하늘이 무너지는 것 같은 아픔이라는 뜻으로, 제왕이나 아버지의 죽음을 당한 슬픔을 이르는 말)에 얼마나 애통하십니까?"

　㉡ 남편이 세상을 떠나면 "붕성지통(崩城之痛 : 성이 무너질 만큼 큰 슬픔이라는 뜻으로, 남편이 죽은 슬픔을 이르는 말)에 얼마나 암담하십니까?"

　㉢ 아내가 세상을 떠나면 "고분지통(鼓盆之痛 : 물동이를 두드리는 슬픔이라는 뜻으로, 아내가 죽은 슬픔을 이르는 말)에 얼마나 마음이 당혹하십니까?"

　㉣ 자식이 세상을 떠나면 "상명지통(喪明之痛 : 눈이 멀 정도로 슬프다는 뜻으로, 아들이 죽은 슬픔을 비유적으로 이르는 말. 옛날 중국의 자하(子夏)가 아들을 잃고 슬피 운 끝에 눈이 멀었다는 데서 유래한다)에 얼마나 마음이 아프십니까?"

　㉤ 형제가 세상을 떠나면 "할반지통(割半之痛 : 몸의 반쪽을 베어내는 고통이라는 뜻으로, 형제자매가 죽었을 때의 슬픔을 비유적으로 이르는 말)에 얼마나 슬프십니까?" 등 상황에 적합한 인사말을 한다.

⑥ 다시 호상소(護喪所)로 가서 준비된 부조금(부의 : 賻儀)을 내놓는다.

⑦ 통상 문상객(조문객)을 대접하는 다과가 준비되어 있으니, 갑자기 상을 당해 심신이 지쳐 힘든 상주와 다음 문상객을 위해 간단히 들고 일어난다.

⑧ 부모님과 문상 시에는 부모님 말씀에 따라 조문을 행한다.

⑨ 장례에 오신 분들을 대상으로 조문에 대한 답례를 표하는 내용의 감사문, 조문 감사장(弔問 感謝狀)을 보낸다.

## 4. 제례(祭禮)

송대(宋代)에 이루어진 『주자가례(朱子家禮)』는 한국과 일본에 막대한 영향을 끼쳤다. 조선왕조 500년간은 이와 같은 유교적 제례에 의한 조상숭배 정신이 사회 기강을 바로잡는 국가적 기반과 치국(治國)의 기본 정신이었다. 고려·조선시대의 양반(兩班)뿐만 아니라 상인(常人)이 모두 4대(四代) 봉사(奉祀)를 실천하여, 조상숭배(祖上崇拜) 사상(철학)은 효도정신과 결부되어 복잡한 의례가 일상생활 속에 자리하게 되었던 것이다. 위로는 역대 임금이 조상을 모시는 종묘를 비롯하여 성인을 모시는 문묘·향교, 충신·열사를 모시는 서원뿐만 아니라 사가(私家)에서도 모두 조상을 모시는 가묘(家廟 : 사당)를 설치, 차례라는 각 절사(節祀)를 비롯하여 기제사·생일제(生日祭)·묘제(墓祭) 등의 조상숭배를 위한 의례를 지켰다(네이버 지식백과 ; 두산백과).

조상숭배는 조상에 대한 하나의 종교적 신념과 행위이다. 제례의 발생이 인간은 죽어도 영혼은 불멸하다는 영육이중구조에 대한 믿음에서 비롯된다는 설과 조상에 대한 애정과 공포에서 비롯된다는 설이 그것이다. 돌아가신 조상과 살아 있는 자손은 지속적으로 상호작용을 하며, 조상이 자손에게 덕과 해를 줄 수도 있다는 믿음에서 조상숭배와 제례가 발생했다고 전하고 있다.

조상에 대한 의례적인 행위는 죽은 사람과 산 사람의 상호관계를 오히려 활발하게 해주는 성격을 지니므로 상례나 제례는 죽은 사람을 살아 있는 사람들의 사회에 다시 통합시키고, 받아들이는 효도와 추모의 행위인 것이다(네이버 지식백과, 한국민족문화대백과, 한국학중앙연구원).

## 1) 제례(祭禮)의 종류

### (1) 기제(忌祭)

부모, 조부모, 증조부모, 고조부모까지의 4대 제사를 각기 휘일(諱日 : 사망일)의 첫새벽 (子時頃)에 영위(靈位)를 모셔놓고 제사 지내는 것을 기제사(忌祭祀)라 한다. 기일 제사는 원래 고전 예서에는 없는 것으로 후대에 이르러 기일(忌日)을 그냥 넘기기 미안한 마음에서 인정상 추가된 예일 뿐이었다. 제사는 원래 축제와 같은 길례(吉禮)였으므로 조상이 돌아가신 슬픈 날 행하는 기일제는 제사의 본래 취지에 어긋난 것이라고 할 수 있다. 그러나 유독 부모의 기제사만은 피할 수 없는 사정이 있다.

### (2) 차례(茶禮)

절사(節祀), 다사(茶祀)라고도 한다. 원단(元旦 : 음력 정월 초하룻날, 1월 1일), 추석(秋夕 : 음력 8월 15일), 단오(端午 : 음력 5월 5일), 동지(冬至 : 24절기의 22번째로 보통 12월 22,

23일경임. 작은설이라고도 함) 등의 아침에 지내는 약식 제사로 4대조까지를 동시에 지낸다. 추석 대신에 음력 9월 9일(重陽節)에 지내는 경우도 있고 단오나 동지의 시제는 근래(近來)에 대부분 지내지 않는다.

### (3) 세제(歲祭)

묘사(墓祀), 묘제라고도 하여 음력 시월 보름날(하원(下元) : 도교에서 정함)에 지내지만 지방, 문중에 따라 10월 중 적당일에 시조(始祖) 이하 전 조상님들을 한꺼번에 모시고 지내는 제사이다. 모든 후손들이 모여 가문과 조상의 음덕을 자랑 삼고 문중 친족의 역사와 명예를 다지는 교육의 도량이 되기도 한다. 이때에는 토지신과 산신에 대한 제도 겸한다.

### (4) 사시제(四時祭)

사계절이라는 자연의 운행에 따라 사당이나 정침에서 지낸다. 음력 2, 5, 8, 11월 상순의 정일(丁日)이나 해일(亥日)을 택해 지낸다. 옛날에는 정제(正祭)라 하여 가장 중요시했다. 춘하추동 4계절에 한 번씩 4대 조상(고조부모, 증조부모, 조부모, 부모)을 모시는 합동제사의 하나로, 주공(周公)이 예를 정할 때부터 있던 제도이며 가장 중요시되었으나, 조선시대 이후 기제사가 중요시되면서 시제의 중요성이 점차 퇴색되어 갔다. 4대 조상을 모시는 사시제는 사계절이라는 자연의 운행에 따라 사당 또는 정침에서 지냈다.

### (5) 한식(寒食) 성묘

청명(淸明) 다음의 절기로 동짓날로부터 105일째 되는 날로 보통 4월 4일, 5일경이다. 예전에는 이날 조상께 제사를 올리고 성묘했다. 집에서 제사를 모셨을 경우 묘제는 생략한다. 묘제는 설날(또는 청명), 한식, 단오, 추석 등 네 번 지냈으며 개자추의 전설이 전하고 있다.

### (6) 이제(禰祭)

음력 9월 중에 길일을 택하여 돌아가신 부모를 위해 올리는 계절 제사이다. 아버지를 모신 가묘를 이(禰)라 칭하는데, 가깝다는 뜻이 있다(禰者近也). 이(禰)는 '예'라고도 읽으므로 '예제'라고도 한다. 장자가 주제(主祭)하며 다른 형제나 자손들은 제사에 참여하기는 하나 제사를 주관하지 못한다(네이버 지식백과, 한국세시풍속사전, 국립민속박물관, 2007, http://www.korearoot.net/root/jere.htm에서 재인용 논자 재작성).

## 2) 기제사(忌祭祀)

### (1) 기제사의 의의

고인을 기억하며 추모하는 유교의례(儒敎儀禮)로서, 기일의 가장 이른 시각에 지내는 제사이다.

중국 고대에는 기제사를 지내는 풍속이 없었고, 고인(故人)의 기일이 되면 살아 있는 그 자손이 상(喪)을 당한 것처럼 예를 행하였다. 송대에 이르러서야 기제사의 예를 만들게 되었는데, '종신지우(終身之憂)'라는 말처럼, 기일이 되면 상을 당했을 때의 마음으로 조상의 제사를 받드는 것이 옳다는 정신으로 만든 의례이다. 유교에서 제사는 '기복행사(祈福行事)'로 조상으로부터 복을 받고자 하는 것이나, 기일에 지내는 제사는 상례와 같아 흉례(凶禮)에 속한다. 『주자가례(朱子家禮)』에 수록된 기제사에는 상례의 연장선에서 초헌(初獻)을 한 후에 "주인 이하는 곡(哭)을 한다."라고 기록하고 있다.

### (2) 기제사의 변천

1390년(공양왕 2)에는 『주자가례』에 의거하였으나 "대부(大夫) 이상은 3대를 제사 지내고, 6품관 이상은 2대를, 7품관 이하 평민들은 부모제사를 지내도록" 신분에 따라 차등을 둔 규정을 법령으로 제정하였다. 이후 성리학의 실천이 맞물리면서 18세기 중반이 되면서 신분에 상관없이 사대봉사(四代奉祀)로 완전히 일반화되었다는 것을 알려준다. 이러한 사대봉사는 조선 말기까지 이어졌다.

조상이 돌아가신 날을 '기일(忌日)' 또는 '휘일(諱日)'이라고도 한다. 기제사는 조상이 돌아가신 날의 전날인 입제일(入祭日)에 제물을 준비하여 조상이 돌아가신 날인 파제일(罷祭日)의 가장 이른 시각에 지낸다. 그 까닭은, 조상이 돌아가신 슬픈 일이 생긴 것을 추모하는 마음을 가지기 때문이다. 파제일의 가장 이른 시각인 자시(子時)는 전통적으로 새로운 날짜가 시작되는 시간으로 간주되었다. 이에는 두 가지 이유가 있다.

① 돌아가신 날짜의 가장 이른 시간에 조상제사를 지낼 수 있도록 하여 모든 일에 최우선해서 조상을 받들어 모신다는 것이다.

② 조상신의 활동에 최적인 시간대가 심야의 조용한 시간이기 때문이다. 그러나 산업화 이후 여러 가지 환경변화로 인해 파제일 자시에 자손들이 기제사를 지내는 것이 어렵게 되자 파제일(조상이 돌아가신 날)의 저녁시간에 제사를 지내는 사례가 많아졌다.

기제사는 전통적으로는 조상이 돌아가신 날의 가장 이른 시각인 자시(子時 : 24시의 첫째 시. 곧 오후 11시 반부터 오전 0시 반까지의 동안)에 지냈다. 그러나 오늘날은 제반 환경변화로 가족들의 참석이 어려워지는 문제가 있어, 보통 '기일의 저녁시간'에 지내는 경우가 많다. 차례의 경우 명절의 오전시간에 지내는 것이 보통이다(네이버 지식백과, 전통 제례 예절, 방법사전).

### (3) 기제사의 방식

기제사의 방식으로는, 신주(神主 : 지방(紙榜)를 제상 앞에 모시는 방식에 따라 기일을 맞이한 조상만 모시는 '단설(單設)', 기일을 맞은 조상을 기준으로 당사자와 그 배우자, 즉 고위(考位 : 돌아가신 아버지와 각 대의 할아버지의 위패(位牌))와 비위(妣位 : 돌아가신 어머니로부터 그 윗대 할머니들의 위(位))를 함께 모시는 '합설(合設)'이 있다. 그리고 합설을 하더라도 고위와 비위의 상을 각각 차리는 '각설(各設)'도 있다.

기제사의 본래 의미를 볼 때, 조상이 죽었기 때문에 지내는 제사이므로 고위와 비위가 같은 날짜에 죽지 않았다면 단설이 맞다. 그런데도 조선시대의 기제도(忌祭圖)를 보면, 단설과 합설이 공존하고 있다. 퇴계 이황(李滉)은 이에 대한 제자들의 질문에 "예(禮)로 보면 단설이 맞지만, 정(情)으로 합설도 무방하다."라고 하였다. 이렇게 해석하는 것은, 평소에 남편이 밥을 먹을 때면 부인도 함께 먹는다는 사실에 근거한다.

1990년경부터는 고위와 비위의 기일에 각각 따로 행하는 제사를 피하고 동시에 한 번만 지내는 '합사(合祀)'의 방식이 나타난다. 이 경우, 보통 고위의 제사 때 비위도 함께 모셔와 제사 지내고, 비위의 기일에는 따로 제사 지내지 않는다. 이 밖에 4대에 걸친 여러 조상을 특정한 날을 정해서 한꺼번에 합사하는 방식도 있다.

### (4) 기제사 장소

기제사를 지내는 장소는 대청이나 안방이다. 반가(班家 : 양반의 집안)의 전통이 남아 있는 종가와 고택 등에서는 대청에서 기제사를 지내고, 여염집(일반 백성의 살림집)에서는 안방에서 지낸다. 더러 유서 깊은 종가 등에서는 제사 전용의 제청(祭廳)이 별도로 있지만, 그 경우에도 일반 기제사는 안대청에서 지내고, 불천위제사(不遷位祭祀, 불천위, 불천지위 : 예전에, 큰 공훈이 있어 영원히 사당에 모시기를 나라에서 허락한 신위(神位)) 제사만 제청에서 지낸다.

### (5) 기제사 제례준비

자시(子時 : 십이시(十二時)의 첫째 시. 밤 열한 시부터 오전 한 시까지)가 다가오면 제물을 진설할 준비를 하고 축문(祝文 : 제사 때 읽어 신명(神明)께 고하는 글)을 미리 써두는데, 요즈음에는 축문을 생략하는 경우가 많다. 그리고 사당이 없어 신주(神主 : 죽은 사람의 위패. 대개 밤나무로 만드는데, 길이는 여덟 치, 폭은 두 치(치 : 길이의 단위. 한 치는 한 자의 10분의 1 또는 약 3.03cm에 해당)가량이고, 위는 둥글고 아래는 모지게 생겼다)를 모시지 않는 집에서는 지방(紙榜 : 종잇조각에 지방문을 써서 만든 신주(神主))을 미리 써둔다.

기제사에 참여하는 제관과 참사자들은 직계자손과 당내(堂內 : 같은 성(姓)을 가진 팔촌 안에 드는 일가. 집안에 초상이 나면 상복을 입게 되는 가까운 친척을 이른다)의 친인척으로 구성된다. 제관(祭官 : 제사를 맡은 관원)과 참사자들이 옷을 갈아입고 준비를 모두 마친 후에 제사를 지내기 시작한다.

기제사는 현대인들에게 복잡한 제의 절차와 고향 땅까지 이동하는 고단함을 던져주기도 한다. 그럼에도 지금까지 이러한 전통이 유지되는 것은, 이를 통해 조상을 숭배하고 예를 다하고자 하는 마음에 변함이 없기 때문으로 보인다.

흔히 제사 음식을 제수라 하고, 제수를 격식에 맞춰 차례상에 올리는 것을 진설이라고 한다.

제수는 각 지방마다 나오는 특산품이 달라 조금씩 다르고, 제수를 놓는 위치도 다소 다르다. 그 때문에 제수 진설에 혼동이 올 수도 있으므로 융통성 있게 하면 된다.

차례상은 방향에 관계없이 지내기 편한 곳에 차리면 되는데, 이 경우 '예절의 동서남북'이라 하여 신위(神位)가 놓인 곳을 북쪽으로 한다.

제사 지내는 제주(祭主)의 편에서 차례상을 바라보았을 때 신위의 오른쪽은 동쪽, 왼쪽은 서쪽이다. 신위를 북쪽에 놓는 것은 북쪽이 음양오행설의 오행 가운데 수(水)를 뜻하고 가장 높은 위치이기 때문이다. 이는 조상을 높이 받들겠다는 뜻이다(네이버 지식백과, KISTI의 과학향기 칼럼, KISTI).

제례 준비는 하루 전날 재계(齋戒)하고 제청(祭廳)에 신위(神位)를 마련하는 것으로 시작된다. 제례를 지낼 장소로는 형편에 따라 안채 또는 사랑채의 대청이나, 별도의 제청을 이용하는데, 앙장(仰帳)과 병풍을 치고 자리를 깔며, 교의(交椅) · 제상 · 향탁 · 향로 · 향합 등을 준비한다. 제청 등에 문이 없으면 발(簾) 또는 병풍 혹은 휘장 등을 마련한다.

저녁에서는 주인이 중심이 되어 시도기(時到記) 또는 시도록(時到錄)을 가지고 헌관 및 축, 집례, 집사자 등을 정하는데, 이를 기록한 것을 분정기(分定記) 또는 파록(爬錄)이라 한다. 주인이 초헌을, 주부가 아헌을 하나, 종헌은 주인의 동생이나 집안의 연장자가 한다. 요즘에는 아헌과 종헌은 집안의 연장자가 한다.

몫을 나누어 정하는 '분정'이 끝나면, 분정에 맞게 사당, 안채 및 사랑채, 대청, 제청 등을 청소하고, 교의 · 제상 · 병풍 · 제기 등을 제청에 옮겨 놓는다. 그리고 안채에서는 주부를 중심으로 집안 친척이 모여 제사 음식을 준비한다.

진설(陳設)은 다음날 새벽 아침(자정 이후)에 나물과 과일과 술과 제물을 차리는 것으로 시작된다. 『사례편람(四禮便覽)』 등 예서에는 과일부터 진설하는데, 진설에는 대체로 찬 음식 및 잔과 시접 등을 올려놓는다.

## 3) 기제사 절차

약간씩 차이가 있으나 가문과 지방에서 행하여지는 순서와 예법에 맞게 제사를 진행하면 되는데 특별히 정해진 예법이 없는 경우 아래의 내용을 참고하여 나름대로 가정의 예법을 정할 수 있다.

### (1) 재계(齋戒)

하루 전에 집안 안팎을 청소하고 목욕재계하여 차례를 위한 마음의 준비를 한다.

### (2) 제상과 제구의 설치

차례 드릴 장소를 정하고, 미리 여러 제구를 깨끗이 닦아 준비한다.

### (3) 제수(祭需)의 준비

주부 이하 여러 여인 포함 남녀 온 가족이 준비한다.

### (4) 제복 착용 및 정렬

명절날 아침 일찍 일어나 제복을 착용하고, 제상 앞에 남자들은 오른편(동)에 여자들은 왼편(서)에, 제주와 주부는 앞에 대체로 연장자 순대로 선다.

### (5) 영신(迎神)

미리 대문을 열어놓은 후에 제상의 뒤쪽(북쪽)에 병풍을 치고 제상 위에 제수를 진설한다. 지방을 써 붙이고 제사의 준비를 끝낸다.

가문, 종가에 따라 출주(出主)라 하여 사당에서 신주(神主)를 모셔 내오는 의식이 있었다.

① 설위(設位) : 신위((神位) : 죽은 사람의 영혼이 의지할 자리. 죽은 사람의 사진이나 지

방(紙榜) 따위 또는 신주(神主)를 모셔 두는 자리), 신주(神主 : 죽은 사람의 위패) 또는 지방(紙榜 : 종잇조각에 지방문을 써서 만든 신주(神主))을 모시는 자리를 마련한다.

② 진기(陳器) : 제사에 사용되는 기물을 늘어놓는 절차로, 이때 축문이나 지방을 작성한다.

③ 진설(陳設) : 진설(陳設)은 다음날 새벽 아침(자정 이후)에 나물과 과일과 술과 제물을 차리는 것으로 시작된다. 『사례편람(四禮便覽)』 등 예서에는 과일부터 진설하는데, 진설에는 대체로 찬 음식 및 잔과 시접 등을 올려놓는다.

설소과(設蔬果)라고도 하는데, 포·잔·수저·실과·채소처럼 식어도 되는 제수(祭需)를 미리 진설한다.

④ 출주(出主) : 1차 진설이 끝나면 조상을 모시기 위해 사당으로 가서 신주를 모셔오는 것을 '출주(出主)'라고 한다. 신주를 사당에서 제사 지낼 곳으로 모셔오는 것인데, 지방을 붙이고 지내는 제사의 경우에는 이때 지방을 부착한다. 주인이 향을 피우고 출주고사(出主告辭)를 고한다. 이후에 감실에서 고위(考位) 신주를 주독(主櫝)에 거두어 정침에 모신 후 주독을 열어서 신주를 내어 교의(交椅) 위에 모시고 신주갑(神主韜)을 벗긴다. 이를 '계독(啓櫝)'이라 한다. 비위(妣位)의 경우는 주부가 받든다. 『가례』 및 『사례편람』에는 기일에 드는 한 신위만을 모시는데, 이를 '단설'이라 한다. 그러나 우리나라의 경우, 인정상 두 분을 모셔도 무방하므로, 대부분 기일에 드는 사람의 배위(配位)까지도 함께 모시는데, 이를 '합설(合設)'이라 한다. 합설에도 각 상을 차려 제사를 지내는 각설(各設), 또는 한 상에 두 분을 함께 모시는 공탁(共卓)을 한다.

## (6) 신위 봉안

가문 사정에 따라 4대까지 고위(考位)부터 순서대로 신주나 지방을 모신다. 단, 산소에서는 이 절차가 생략된다.

## (7) 분향강신(焚香降神)

영혼의 강림을 청하는 의식이다. 제주(祭主)가 신위 앞으로 나아가 꿇어앉아 향로에 향을 피운다.

집사(執事)가 제상에서 잔을 들어 제주에게 건네주고 잔에 술을 조금 따른다.

제주는 두 손으로 잔을 들고 향불 위에서 3번 돌린 다음, 모사기에 조금씩 세 번 붓는다. 빈 잔을 집사에게 다시 건네주고 일어나서 2번 절한다. 집사는 빈 잔을 제자리에 놓는다. 향을 피우는 것은 하늘에 계신 신에게 알리기 위함이고, 모사 그릇에 술을 따르는 것은 땅 아래 계신 신에게 알리기 위함이다.

모사기는 깨끗한 모래와 띠의 묶음인 모사(茅沙)를 담는 그릇이다. 제례에서 조상의 영혼을 맞아들이는 절차를 강신(降神)이라 한다. 이때 땅(음지)에 있는 신(백(魄))을 부르기 위해 제주는 강신 술잔을 모사기 위에 세 번 나누어 붓는다. 형태는 보통 작은 사발처럼 생겼으며 굽이 높다. 여기에 깨끗한 모래를 담고 띠풀을 한 뼘 정도를 묶어 잘라 가운데를 붉은 실로 묶어서 모래에 꽂는다. 띠 묶음 대신 청솔가지를 꽂기도 한다. 이것은 땅바닥을 상징하는 것이다. 묘지에서 제사를 지낼 때에는 땅에다 바로 술잔을 붓게 되므로 모사기를 쓰지 않는다.

> 향으로써 하늘의 혼(魂)을 부르고, 모사기에 술을 부음으로써 땅의 백(魄)을 부른다. 따라서 지방에 따라서 "(5) 영신"의 절차가 생략되기도 한다.

### (8) 참신(參神)

고인의 신위에 인사하는 절차로 참사자 모두 신위를 향하여 2번 절한다.

※ 옛날에는 절하는 횟수가 남자는 재배(再拜), 여자는 4배(拜)로 하였다. 이는 남녀차별의 뜻이 아니라 음양의 원리에 따른 것이다. 산 사람(生者)과 남자는 양의 도를 따르고, 죽은 사람과 여자는 음의 도를 따르기 때문에 산 사람에게는 한 번(홀수는 양) 절하고, 죽은 사람에게는 두 번(짝수는 음) 절하나 여자는 그 두 배(倍)를 한다. 그러나 현대에는 음양이론을 따르는 것이 만사가 아니니 남자와 마찬가지로 재배만으로도 무방할 것이다.

신주(神主)를 모시고 올리는 제사일 때는 참신을 먼저 하고 지방을 모셨을 경우에는 강신을 먼저 한다. 미리 제찬을 진설하지 않고 참신 뒤에 진설에서 차리지 않은 나머지 제수를 진설한다. 이를 진찬(進饌)이라 한다.

진찬 때에는 주인이 육(肉：고기), 어(魚：생선), 갱(羹：국)을 올리고, 주부가 면(麪：국수), 편(餠：떡), 메(飯：밥)를 올린다.

### (9) 초헌(初獻)

제주가 첫 번째 술잔을 올리는 의식으로 제주가 신위 앞으로 나아가 꿇어앉아 분향한다.

집사가 술잔을 내려 제주에게 주고 술을 가득 붓는다.

제주는 오른손으로 잔을 들어 향불 위에 3번 돌리고 모사기에 조금씩 3번 부은 다음 두 손으로 받들어 집사에게 준다.

집사는 잔을 받아서 메(제사 때 신위(神位) 앞에 놓는 밥. 궁중에서, '밥'을 이르던 말)

그릇과 갱(羹 : 제사에 쓰는 국으로 무와 다시마 따위를 얇게 썰어 넣고 끓인다) 그릇 사이의 앞쪽에 놓고 제물 위에 젓가락을 놓는다.

제주는 2번 절한다.

잔은 합설(合設 : 돌아가신 조상 내외분을 함께 모시는 것)인 경우 고위(考位 : 돌아가신 아버지와 각 대의 할아버지의 위패(位牌)) 앞에 먼저 올리고, 비위(妣位 : 돌아가신 어머니로부터 그 윗대 할머니들의 위(位)) 앞에 올린다.

가문, 지방에 따라서 술을 올린 뒤 메 그릇의 뚜껑을 연다.

이때 적(炙 : 생선이나 고기 따위를 양념하여 대꼬챙이에 꿰어 불에 굽거나 지진 음식)을 올리고 밥의 뚜껑을 연 다음, 축관이 주인의 서쪽에 앉아서 축문을 읽는다. 이어서 주인이 재배한다.

### (10) 독축(讀祝)

축문 읽는 것을 독축이라 하며, 초헌이 끝나고 참사자가 모두 꿇어앉으면 축관은 제주 좌측에 앉아 정중하고 또박또박 읽는다.

독축이 끝나면 참사자 모두 일어나서 재배하는데 초헌의 끝이다.

> 축관이 따로 없으면 제주가 직접 읽어도 무방하다. 또한 옛날에는 독축 후 부모의 기제사에는 반드시 곡(哭)을 하였으나 오늘날 일반적으로 생략하고 있다. 다만 이러한 예법이 있다는 사실은 알고 있어야 한다.

### (11) 아헌(亞獻)

신위(위패를 모시는 자리), 지방문, 영정(제사나 장례를 지낼 때 위패 대신 쓰는, 사람의 얼굴을 그린 족자) 사진 등에 2번째 잔을 올린다. 『주자가례』에는 주부가 아헌을 하도록 되어 있으나, 집안의 연장자나 주인의 동생이 하기도 한다. 초헌 때와 같은 순서에 따라 올리기도 한다.

이때는 모사기에 술을 따르지 않는다.

제주(祭主 : 제사의 주장이 되는 상제. 주인(主人))는 2번, 주부는 4번 절한다. 제주는 상제(喪制 : 부모나 조부모가 세상을 떠나서 거상 중에 있는 사람)라고도 칭한다.

> 우리나라에서는 전통적으로 여자가 헌작(獻酌)하는 풍습이 드물었으므로 이는 주로 형제들이 행하였다. 그러나 "제사는 부부가 함께한다(夫婦共祭)"는 정신에서 '가례'류의 예법서에서는 주부가 버금 잔(아헌)을 드려야 한다고 규정하고 있다.

### (12) 종헌(終獻)

신위에 3번째 잔을 올린다. 보통 귀한 손님이나 사위, 연장자 등이 한다. 즉 아헌자 다음가는 근친자가 올리는 게 원칙이나 참가자 중 고인과의 정분을 고려하여 잔을 올리게도 한다.

아헌 때와 같은 방법으로 행한다.

잔은 7부쯤 부어서 올린다.

### (13) 첨작(添酌)

종헌이 끝나고 잠시 있다가 제주가 신위 앞으로 나아가 꿇어앉으면 집사는 술 주전자를 들어 신위 앞의 술잔에 3번 첨작하여 술잔을 가득 채운다.

가문 및 종가에 따라서는 집사로부터 새로운 술잔에 술을 조금 따르게 한 다음 집사는 다시 이것을 받아, 신위 앞의 술잔에 3번으로 나누어 첨작하는 경우도 있다.

### (14) 삽시정저(揷匙正箸)

'유식(侑食)'이란 '진지를 권하는 의식'인데, 주인이 '종헌'에서 다 채우지 않은 잔에 술을 가득 채우는 첨작(添酌)을 한 다음, 메(밥)에 숟가락을 꽂고 적이나 편에 젓가락을 올리는 삽시정저를 하는 것이 유식이다. '첨작'이란 "제주(祭主)가 다시 신위 앞으로 나아가 꿇어앉으면, 집사가 주전자를 들어 종헌 때 7부쯤 따라 올렸던 술잔에 세 번 첨작하여 술잔을 가득 채우는 것"이다. 삽시정저는 첨작이 끝나면 주부가 메 그릇의 뚜껑을 열고 숟가락으로 十자의 자국을 낸 다음 45° 각도로 그릇의 중앙에 꽂는 절차이며 "숟가락은 바닥(안쪽)이 동쪽으로 가게 한다." 그리고 "젓가락을 가지런히 하여 자루(손잡이 부분)가 서쪽으로 가도록 시저(匙箸 : 수저를 올려놓는 제기) 위에 걸친다." 지방에 따라 젓가락을 고른 뒤 어적이나 육적 위에 가지런히 옮겨 놓기도 한다. 삽시정저가 끝나면 제주는 2번, 주부는 4번 절한다(네이버 지식백과, 한국일생의례사전, 국립민속박물관, 2014).

좌측부터 조부, 조모 순으로 메 그릇의 뚜껑을 열고 숟가락을 밥 위의 중앙에 꽂는 의식으로 이때 수저 바닥(안쪽)이 동쪽으로 가게 한다.

젓가락은 시접 위에 손잡이가 서쪽(왼쪽)을 보게 놓는다.

제주는 2번, 주부는 4번 절한다.

> 뒤의 "(15) 합문(闔門)"까지를 유식이라고 하여 합문유식이라는 합성어도 생기게 되었다.

삽시정저
출처 : 2013.07.01. 조사자 : 국립민속박물관, 조사지역 : 경북 안동 농암 이현보 종가 ; 네이버 지식백과, 한국일생의례
  사전, 국립민속박물관에서 저자 재인용

상례비요(喪禮備要)에는 초헌(初獻) 때 육적(肉炙)을 올리면 이때 밥뚜껑을 열어 그 뚜껑을 그릇 남쪽에 놓는다고 하였다. 또한 사계(沙溪) 김장생이 "숟가락을 밥 가운데 꽂는 것은 유식(侑食) 때 하지만 밥뚜껑을 여는 것은 응당 초헌을 하고 축문을 읽기 전에 하여야 한다."라고 하였다. 따라서 계반삽시(啓飯揷匙)는 초헌(初獻) 때 육적(肉炙)을 올리면 이때 밥뚜껑을 열어 뚜껑을 그릇 남쪽에 놓고, 유식(侑食) 때 "숟가락은 바닥(안쪽)이 동쪽으로 가게 한다." 그리고 "젓가락을 가지런히 하여 자루(손잡이 부분)가 서쪽으로 가도록 시저(匙箸) 위에 걸친다."

### (15) 합문(闔門)

영위(靈位)께서 조용히 식사하는 시간을 갖게 하는 의식, 즉 조상이 음식을 드시도록 기다리는 절차이다. 유식(侑食) 후 제관 이하 참사자 모두 밖으로 나가 문을 닫고 3, 4분가량 기다린다(보통 9식경(밥 9술을 먹는 시간) 정도 기다린다).

대청마루에 제상을 차린 경우 뜰 아래로 내려가 읍(揖 : 상견례 때 하는 절)한 자세로 잠시 기다린다. 제상 앞에 병풍을 친 후 참사자 모두 부복(俯伏 : 고개를 숙이고 엎드림)하여 조상이 수저를 아홉 번 뜨는 시간만큼 기다린다.

단칸방의 경우는 제자리에 엎드리거나 남자는 동편에 서서 서쪽을 향하고, 주부 이하 여자들은 서편에 서서 동을 향하여 엎드렸다가 몇 분 뒤에 일어난다.

### (16) 계문(啓門)

계문이란 문을 여는 것을 말하며, 축관(祝官)이 3번 헛기침을 한 후 방문을 열며 들어가면 참사자가 모두 뒤따라 들어간다.

### (17) 헌다(獻茶)

합문의 문을 연 다음 갱(羹)을 물로 바꾸고, 메 3순가락을 푸는 헌다(獻茶)를 진행한다. 헌다란 차를 올린다는 뜻으로 갱(국)을 내리고 숭늉을 올려 숟가락으로 메(밥)를 세 번 떠서 숭늉에 말고 수저를 숭늉그릇에 놓는다. 물에 메를 푸는 것은 숭늉을 의미한다.

이후 조상신이 후식을 먹을 수 있도록 참사자는 선 자세로 묵념하는 국궁(鞠躬)을 한다. 국궁이 끝나면 집사자가 수저를 거두고, 메 등의 뚜껑을 닫는 철시복반(撤匙覆飯)을 행한다.

> 헌다 후, 수조(受胙)·음복(飲福)이라 하여 집사가 제주에게 술과 음식을 조금 내려주면서 "복을 받으십시오."라고 축복하는 절차가 있다. 주인(제주)은 잔반을 받아 술을 조금 고수레하고 나서 맛을 본 뒤 음식도 조금 맛을 본다. 이것으로 제사의식을 마친다. 그러나 조상의 기일에 자손이 복을 받는다는 것이 예의 정신에 맞지 않기 때문에 우리나라에서는 기제사에 이 의식을 행하지 않는다.

### (18) 철시복반(撤匙復飯)

철시복반은 수저를 걷고 메의 뚜껑을 덮는다는 의미이다. 숭늉그릇에 놓인 수저를 거두고 메 그릇의 뚜껑을 덮는다. 제사가 마무리에 접어들어 제주(祭主)나 참가자들이 신령을 보내드리는 절차인 사신(辭神)을 준비하는 단계이다.

'철갱진수', 즉 탕그릇을 물리고 숭늉을 올린 후, 숭늉에 밥을 세 숟가락을 떠서 말고 숟가락을 숭늉그릇에 둔다. 잠시 기다린 후, 숭늉그릇에 놓인 숟가락을 시접(匙楪)에 옮겨 놓고, 시접의 젓가락을 '정저', 즉 가지런히 정돈하여 시접에 다시 놓은 후, 메의 뚜껑을 덮는다(네이버 지식백과, 한국일생의례사전, 국립민속박물관).

### (19) 사신(辭神)

사신은 참사자 전원이 재배하는 것으로, 신을 돌려 보내드리는 다시 말해서 고인의 영혼을 전송하는 절차로 참사자가 신위 앞에 두 번 절한 뒤 지방과 축문을 향로 위에서 불사른다.

지방은 축관이 모셔 내온다.

신주는 사당으로 모신다.

이로써 제사를 올리는 의식절차는 모두 끝난다.

① 납주(納主) : 신위를 사당으로 다시 모셔드린다. 지방으로 제사를 지낸 경우에는 지방을 태운다.

② 분축(焚祝) : 축문을 태운다. 전통적으로 축문에는 정해진 형식이 있어서 해당하는 문구만 경우에 맞게 바꾸어서 사용했다.

제문은 서두와 본문, 결어로 이루어져 있다. 서두에는 언제 누구를 위해 제사가 거행되고 있는지를 밝힌다. 본문은 죽은 이에 대한 회고의 내용이 주를 이루는데, 망자의 성품과 행적을 칭송하고 죽음을 애도한다. 결어는 술을 한 잔 올려 신명(神明)이 제물을 받는 흠향이 이루어지기를 권하고 '상향'을 고하는 것으로 끝을 맺는다. 서두가 '유세차'로 시작하여 마무리가 상향으로 끝나는 것은 축문의 격식과 유사하지만, 글자의 수효는 축문보다 훨씬 더 길다. 정해진 길이는 없으나 대략 300~600자가 일반적이다(네이버 지식백과, 제문, 한국일생의례사전, 국립민속박물관).

축문은 유세차(維歲次)로 시작해서 헌상향(獻尙饗)으로 끝나게 되는데, 그 의미는 다음과 같다. "몇 년 몇 월 몇 일에 누구(제주)가 말씀드립니다. 아버님, 어머님(혹은 다른 조상님). 해가 바뀌어 다시 돌아가신 날이 돌아왔습니다. 하늘같이 높고 헤아릴 수 없는 은혜를 잊지 못하고 맑은 술과 몇 가지 음식을 준비하여 제사를 드리오니 받아 주시옵소서." 오늘날에는 한문과 같은 취지의 글을 한글로 쓰는 경우가 늘고 있다(네이버 지식백과, 전통제례 예절 방법사전, 용인시 예절교육관, 2010).

### (20) 철상(撤床)

제수를 모두 거두어들이는 절차이다. 제상 위의 모든 제수를 집사가 물리는데 뒤에서부터 차례대로 한다.

### (21) 음복(飮福)

'준(餕)'은 먹다 남긴 밥을 뜻하는 말로, 제사를 지낸 후 신에게 올렸던 음식을 나누어 먹는 일을 일컫는다. 이때 '준'은 단순히 '신이 먹다 남긴 밥을 먹는다'는 것이 아니라, 신의 축복이 내려진 음식을 먹는다는 의미를 지닌다. 제관과 참사자들이 음복주와 음식을 나누어 먹는 '음복(飮福)'을 한다. 원래 기제사에는 음복 절차가 없으나 관습적으로 행한다.

음복을 끝내기 전에는 제복을 벗거나 담배를 피워서는 안 된다. 음복을 하면 조상들의 복을 받는다는 속신(俗信 : 민간에서 행하는 미신적인 신앙 관습. 이에는 점, 금기, 민간요법, 주법(呪法) 따위)이 있다.

### 4) 차례(茶禮)

차례는 명절에 지내는 속절제(俗節祭)로 영·호남 지방에서는 차사(茶祀)라고 한다. 원래 다례(茶禮)라고 하였으나 지금 '다례'라 하면 옛날 궁중의 다례나 불교의 다례 등을 뜻하고, 차례는 대개 정월 초하룻날과 추석에만 지내는 것이 관례가 되었다.

옛날에는 정초에 차례를 지낼 때 '밤중제사(또는 중반제사)'라 하여 섣달 그믐날 밤 종가(宗家)에서는 제물과 떡국을 차려놓고 재배(再拜)·헌작(獻酌)·재배(再拜)한 다음, 초하룻날 아침에 다시 차남 이하 모든 자손이 모여 메를 올리고 차례를 지냈다. 사당(祠堂)이 있는 집에서는 사당에서 지내고 기타 가정에서는 대청이나 안방에서 지낸다(네이버 지식백과 ; 두산백과).

제사에는 여러 종류가 있지만 요즘에는 조상이 돌아가신 날에 지내는 기제사와 설이나 추석과 같은 명절에 지내는 차례만 지키는 가정이 많이 느는 추세이다. 기제사는 제사라고 부르기도 하며, 돌아가신 날 밤 12시 즈음에 지낸다. '차례(茶禮)'는 설이나 추석 아침에 지내며 기제사와는 달리 '4대조 전체'를 위해 지낸다. 상에 올리는 음식도 조금씩 다르다. 기제사에는 밥과 국을 올리지만 차례에는 밥과 국 대신 설에는 떡국, 추석에는 송편과 같은 명절 음식을 올린다.

기제사와 마찬가지로 차례도 집안에서 대대로 내려오는 방법을 따르는 것이 좋다. 차례의 절차는 제사 지내는 방법에 비해 비교적 간소하게 되어 있다. 그 절차는 무축단작(無祝單酌)이라 하여 축문을 읽지 않고 술을 1번 올리는 것이 특징이다. 제사상차림 음식도 차이가 있는데, 밥과 국을 올리는 기제사와 달리 차례는 설날 떡국, 추석 송편처럼 비교적 기제사보다 가벼운 음식을 올린다. 또한 기제사에서 문을 닫는 '합문'과 숭늉을 올리는 '헌다'는 차례에서는 대체로 생략한다. 그러나 집안에 따라 축문을 읽는 경우도 있고, 다른 절차가 달라지는 경우도 많다(네이버 지식백과, 전통 제례 예절 방법사전, 용인시 예절교육관, 2010).

제사는 초혼을 의미하며, 사후에도 현세에 돌아올 수 있다고 믿기 때문에 조상에 대한 제사를 효의 하나로 보았다. 더불어, 제사 수행 주체는 자손이기 때문에 자손, 특히 아들을 낳는 것이 효의 하나가 된다고 여겼다.

부모 생존 시 정성을 다하고, 돌아가신 뒤에는 경애하는 마음으로 제사를 잘 지내고, 또한아들을 낳아 제사가 끊이지 않도록 하는 것 전체가 '효(孝)'라고 여겨왔던 것이다(네이버 지식백과, 한국민족문화대백과, 한국학중앙연구원).

명절에 후손들만 즐기기에는 송구스러워 효의 정신으로 조상에게 올리는 제사가 생겼고 이를 차례라고 하였다.

## 5) 차례 절차

### (1) 재계(齋戒)

하루 전에 집안 안팎을 청소하고 목욕재계하여 차례를 위한 마음의 준비를 한다.

### (2) 제상과 제구의 설치

차례 드릴 장소를 정하고, 미리 여러 제구를 깨끗이 닦아 준비한다.

### (3) 제수(祭需)의 준비

주부 이하 여러 여인 포함 남녀 온 가족이 준비한다.

### (4) 제복 착용 및 정렬

명절날 아침 일찍 일어나 제복을 착용하고, 제상 앞에 남자들은 오른편(동)에 여자들은 왼편(서)에, 제주와 주부는 앞에 대체로 연장자 순대로 선다.

### (5) 제상 차리기

식어도 무관한 제수를 먼저 차린다.

### (6) 신위 봉안

가문 사정에 따라 4대까지 고위(考位)부터 순서대로 신주나 지방을 모신다. 단, 산소에서는 이 절차가 생략된다.

### (7) 강신(降神 : 신내리기)

강신이란 신위(神位)께서 강림하시어 음식을 드시기를 청한다는 뜻이다. 제주 이하 모든 사람이 손을 모은 채로 서 있고, 주인(제주)이 읍하고 꿇어앉아 향을 3번 사르고 강신의 예를 행한다. 제주가 읍하고 꿇어앉아 있으면 집사가 잔반(盞盤 : 술잔과 받침)에 따라주는 술을 제주는 받아서 모사기에 3번 나누어 붓고 재배(2번 절함)한다. 향을 피우는 것은 위에 계신 신을 모시고자 함이고, 술을 모사기에 따르는 것은 아래에 계신 신을 모시고자 함이다. 신주를 모실 경우, 혹은 묘지에서는 아래 참신을 먼저 하고 강신한다. 산소에서는 모사기 대신 땅에 뿌려도 무방하다. 모사기란 곧 땅을 대신하는 제구이다.

산소에서는 참신 후에 강신한다. 산소에서는 땅바닥에 한다. 그리고 산소에서 차례를 올릴 때에는 먼저 합동 참배한 후 신 내리기를 행한다.

가묘(家廟, 사당)가 있을 때는 먼저 출주(出主) 고사(告辭)를 하고 신주(神主)를 정청으로 모셔내는 절차가 있는데, 이때에는 참신(參神)을 먼저 하고 강신(降神)을 나중에 한다. 사신(辭神) 후에 납주(納主)의 차례가 있다.

### (8) 참신(參神 : 합동 참배)

참신이란 기제사와 같이 강신을 마친 후 제주 이하 참신자 모두가 함께 강림한 신에 대해 재배(2번 절을 하는 것)한다. 남자는 왼손이 위로 가게 평상시처럼 공수한다(여자는 이와 반대로 공수).

### (9) 진찬(進饌, 제찬(祭饌) : 메와 갱을 올리기)

식어서는 안 될 메와 국, 탕 등 모든 제수를 윗대 조상의 신위부터 차례로 올린다. 제주가 주전자를 들어 고조부모에서 부모까지 각 잔에 차례로 술을 가득히 붓는다. 주부는 고조모에서 부모까지 차례로 숟가락을 떡국(설의 경우)에 걸치고 젓가락을 골라 시접에 걸쳐 놓는다.

### (10) 헌작(獻酌 : 잔 올리기, 헌주)

술을 제주가 올린다. 기제사와 달리 제주가 직접 상 위에 잔에 바로 술을 따르는 것이 보통이다. 제주가 주전자를 들어 고조부 이하 차례로 술을 가득 올린다. 주부는 차례로 숟가락을 떡국에 걸치고 젓가락을 골라 시접에 걸쳐놓는다. 이를 '낙식(落食)'이라고도 한다.

### (11) 유식(侑食 : 식사 권유)

주인이 주전자를 들어 각 신위의 잔에 첨작을 한 후 참례자 일동이 7~8분간 조용히 부복하거나 양편으로 비껴 시립(侍立)해 있는다.

'유식(侑食)'이란 '진지를 권하는 의식'인데, 주인이 '종헌'에서 다 채우지 않은 잔에 술을 가득 채우는 첨작(添酌)을 한 다음, 메(밥)에 숟가락을 꽂고 적이나 편에 젓가락을 올리는 삽시정저를 하는 것이다.

'첨작'이란 "제주(祭主)가 다시 신위 앞으로 나아가 끓어앉으면, 집사가 주전자를 들어 종헌 때 7부쯤 따라 올렸던 술잔에 세 번 첨작하여 술잔을 가득 채우는 것"이다.

삽시정저(挿匙正箸)는 첨작이 끝나면 주부가 메 그릇의 뚜껑을 열고 숟가락으로 十자의 자국을 낸 다음 45° 각도로 그릇의 중앙에 꽂는 절차이며 "숟가락은 바닥(안쪽)이 동쪽으로 가게 한다." 그리고 "젓가락을 가지런히 하여 자루(손잡이 부분)가 서쪽으로 가도록 시저(匙箸 : 수저를 올려놓는 제기) 위에 걸친다." 지방에 따라 젓가락을 고른 뒤 어적이나 육적 위에 가지런히 옮겨 놓기도 한다.

좌측부터 조부, 조모 순으로 메 그릇의 뚜껑을 열고 숟가락을 밥 위의 중앙에 꽂는 의식으로 이때 수저 바닥(안쪽)이 동쪽으로 가게 한다.

젓가락은 시접 위에 손잡이가 서쪽(왼쪽)을 보게 놓는다.

제주는 2번, 주부는 4번 절한다.

### (12) 철시복반(撤匙覆飯 : 수저 걷기)

주부가 윗대의 신위부터 차례로 수저를 내려 시접에 담는다. 합동 배례는 마지막 인사로 참사자 전원이 일제히 두 번 절한다.

### (13) 사신(辭神 : 신주 들여 모시기)

신위를 전송하는 절차다. 수저를 거둔다. 뚜껑이 있다면 덮는다. 참사자 전원이 2번(재배) 절한다. 신주를 썼다면 다시 모신다. 지방(紙榜)과 축문(祝文)을 불사른다. 신주는 사당으로 다시 모신다. 제사절차는 이로써 모두 끝난다. 산소에서 제사를 올릴 때에는 이 절차가 필요 없다. 제사에 참석한 사람들이 음식을 나누어 먹으며 조상의 유덕을 기린다.

### (14) 철상(撤床 : 제상 정리)

기제사와 같다. 철상이란 상을 걷는 것을 말하는데, 제사음식을 제상에서 내려 정리하고 제구와 제기를 잘 보관한다. 모든 제수(祭需)는 뒤로 물린다.

### (15) 음복(飮福 : 음식 나누기)

참사자 전원이 제사음식을 나누어 먹는다. 음복을 하면 조상들의 복을 받는다는 속신(俗信)이 전래되기 때문이다. 기제와는 달리 이웃들을 초청하거나 음식을 이웃에 보낼 필요는 없다.

### (16) 세배(歲拜 : 새해 인사)

살아 있는 사람들끼리 인사를 올린다. 물론 한 번만 절한다. 먼저 가장 연장자께 모두 절을 올리고, 부부간에도 맞절로 예를 행하며, 형제간에도 세배한다.

## 6) 기타

### (1) 차례의 간소화

지금은 라이프사이클의 변화로 다음 순서로 간소하게 차례를 지내기도 한다.

① 출주(出主) · 신위봉안, ② 초헌, ③ 독축, ④ 아헌, ⑤ 종헌, ⑥ 삽시, ⑦ 헌다, ⑧ 사신,
⑨ 철상, ⑩ 음복

### (2) 가정의례 준칙

제례란 기제사(忌祭祀) 및 명절에 지내는 차례의 의식절차를 말한다. 기제사의 대상은
제주부터 2대조까지로 하고, 매년 조상이 사망한 날에 제주의 가정에서 지낸다. 차례의
대상은 기제사를 지내는 조상으로 하고, 매년 명절의 아침에 맏손자의 가정에서 지낸다.
제수는 평상시의 간소한 반상음식으로 자연스럽게 차린다. 성묘는 각자의 편의대로 하되,
제수는 마련하지 아니하거나 간소하게 한다(네이버지식백과 ; 두산백과 ; https://m.blog.naver.com/
PostView.nhn?blogId=mgjang1&logNo=220215505084&proxyReferer=https%3A%2F%2Fwww.google.co.kr%2F /
http://www.korearoot.net/root/jere.htm).

## 5. 제수 진설(祭需陳設)

제사상 차리는 방법은 어떤 사회에서 오랫동안 지켜 내려와 그 사회 성원들이 널리 인
정하는 질서나 풍습인 '관습(慣習)'과 옛날부터 그 사회에 전해 오는 생활 전반에 걸친 습
관인 '풍속(風俗)'에 따라 조금씩 다르기 마련이다.

각 집안에 따라 달리 행하는 예법 · 풍속 따위를 뜻하는 '가가례(家家禮)'란 말이 생겼는
데, 우리나라 제사음식 진설은 가가례라 하여 각 가정이나 지역에 따라 조금씩 다르다는
뜻이다. 제사상 차리는 방법은 '한 집안에 전하여 내려오는 관례'인 가례(家禮)를 따른다.
제사상은 신위가 있는 쪽을 북쪽이라고 본다. 따라서 제주가 있는 쪽이 남쪽이고, 일반적
인 예를 따르면 제주(祭主)가 제상을 바라본 자세에서 오른쪽이 동(東), 왼쪽이 서(西)쪽이
된다. 복숭아, 꽁치, 삼치, 갈치, 고추, 마늘 등은 상에 올리지 않으며 식혜, 탕, 면류는 건더
기만 사용한다.

제수(祭需)는 제상에 올리는 음식 제물을 말하며 제찬(祭饌)이라고도 한다. 기본적인 제

찬은 메(기제사-밥, 설-떡국, 추석-송편), 삼탕(소, 어, 육), 삼적((三炙) : 육적은 쇠고기 · 돼지고기 꼬치, 봉적은 닭찜 또는 기름지짐, 어적은 숭어, 조기, 도미 통구이)), 숙채(시금치, 고사리, 도라지의 삼색 나물), 침채(동치미), 청장(간장), 포(북어, 건대구, 육포 등), 갱(국), 유과(약과, 흰색 산자, 검은깨 강정), 과실(대추, 밤, 감, 배), 제주(청주), 경수(숭늉) 등이다.

진설(陳設)은 제사의 준비과정으로 제구(祭具)와 제기(祭器), 제수(祭需) 등을 차리는 절차이다. 수저와 잔(盞)을 비롯하여 식어도 상관없는 포(脯) · 실과(實果) · 채소(菜蔬) 등을 먼저 올리고, 메와 갱(羹), 탕(湯) 등과 같이 더운 음식은 진찬(進饌) 때 올리며, 적육(炙肉)은 헌작(獻爵) 때 각각 올리게 되어 있으나 시간여유가 없을 때는 한꺼번에 올리기도 한다. 포, 실과, 채소 등을 진설하는 것을 설소과(設蔬果)라고도 하는데, 이른바 1차 진설에 해당한다(네이버 지식백과, 한국일생의례사전, 국립민속박물관).

## 1) 진설방법

차례상은 신위의 자리를 북쪽, 절하는 제주의 자리를 남쪽으로 한다. 제주가 바라볼 때 오른쪽이 동쪽, 왼쪽이 서쪽이 된다. 음식은 일반 그릇이 아닌 제기에 차린다. 보통 상차림에서는 밥이 왼쪽, 국이 오른쪽에 놓이나 제상에서는 밥과 국의 위치를 정반대로 놓는다. 즉 밥이 오른쪽, 국을 왼쪽에 놓는다. 앞에서 첫 줄에는 과일, 둘째 줄에는 나물과 포, 셋째 줄에는 탕(湯), 넷째 줄에는 적(炙 : 찌거나 구운 고기)과 전(煎 : 생선 · 고기 · 채소 지짐), 다섯째 줄에 메(밥)와 국, 잔을 놓는다. 차례가 기제사와 다른 점은 다음과 같다.

① 아침에 치르므로 촛불이 불필요하나 의식의 시작을 의미하므로 촛불을 켜도 무방하다.
② 차례에서는 무축이다. 축문을 읽지 않는다.
③ 차례에서는 단작이다. 잔 드리기는 한 번만 한다. 아헌과 종헌 추가 삼작해도 무방하다.
④ 차례에서는 밥과 국 대신, 설날에는 떡국을 놓고, 추석에는 송편을 놓는다. 대개 밥과 국을 올리는 것이 일반적이다. 추석에는 토란과 쇠고기, 다시마를 넣고 끓인 국을 올린다.
⑤ 차례에서 적(炙)은 고기와 생선, 닭을 따로 담지 않고 한 접시에 담아 올린다.
⑥ 설날 차례에서는 홍동백서(紅東白西)를 따라 과일 중에 붉은색 과일은 동쪽에 놓고 흰색 과일은 서쪽에 놓는다. 그리고 떡국을 차린다.

제상 앞 중앙에 향탁을 놓고, 그 동(東)편에 준상(樽床 : 준뢰(樽罍)를 올려놓는 상), 서(西)편에 축탁(祝卓 : 축문(祝文) 얹음)을 놓는다. 향탁(香卓 : 향로를 놓는 탁자) 위에는 후면 중앙에 모사기(茅沙器)를 놓고 그 뒷줄에 향합과 향로를 놓고, 준상(제사를 지낼 술을 담는 그릇인 준뢰(樽罍)를 올려놓는 상) 위에는 강신잔반(降神盞盤) : 퇴주그릇 주전자 술병을 놓고, 향탁 앞에 배석(拜席))이며 북면(北面) 중앙에 신위(神位)인데 고서비동(考西妣東 : 남자는 서쪽, 여자는 동쪽)이다.

상차림은 모두 5열이 기본인데, 각각의 열은 과거의 조상들이 먹어왔던 음식을 순서대로 표현했다고 볼 수 있다. 시기적으로 가장 먼(遠) 수렵, 채집 시대에 먹었던 음식을 의미하는 과일과 나물, 채소를 제주의 맨 앞쪽과 둘째 줄에 놓고, 불을 사용하기 시작하면서 익혀 먹었던 것을 의미하는 음식인 전류, 농경 시대에 들어서면서 먹었던 주식과 반찬을 의미하는 메(밥), 갱(국), 탕, 적 등이 다음에 설명하는 5열처럼 나머지 세 줄을 장식한다.

≪1열≫ 1열은 제주와 가장 멀리 있는 곳이다. 즉 신위와 가장 가까이 있는 곳이 된다.

1열에 보통 조율이시(또는 시이)의 과일을 왼쪽(서쪽)에 놓고 오른쪽(동쪽)은 약과, 유과 등의 과자류를 놓는다.

반갱(飯羹), 메(밥)와 갱(국) : 합설시(合設時)에는 반(飯), 잔(盞), 갱(羹), 시접(匙楪), 반(飯), 잔(盞), 갱(羹) 순서로 놓는다.

반서갱동(飯西羹東) : 밥은 서쪽(왼쪽) 국은 동쪽(오른쪽)에 차린다. 산 사람의 상차림과 정반대이다. 수저(숟가락과 젓가락)는 중앙에 놓는다.

추석엔 메(밥) 대신 송편을, 설에는 떡국을 올린다. 이때 갱(국)은 동쪽(오른쪽)에, 메는 서쪽(왼쪽)에 놓는다. 송편 또는 떡국과 함께 밥도 올리는 경우 밥과 술잔은 왼쪽, 국과 송편 또는 떡국은 오른쪽에 차린다.

≪2열≫ 2열은 적(炙) : 2열은 적(炙)과 전(煎)을 놓는다. 대개는 3적으로 육적(육류 적), 어적(어패류 적), 소적(두부, 채소류 적)의 순서로 차린다. "적(炙)은 어적(魚炙), 육적(肉炙), 치적(雉炙)이 있는데 치적(雉炙)은 계적(鷄炙)으로 대용한다." 하늘로부터 얻어진 음식이라 여겨 적과 전을 합해 홀수로 차린다.

적(炙) : 생선·쇠고기·돼지고기 따위를 양념하여 대꼬챙이에 꿰어 불에 굽고, 봉적은 닭의 목과 발을 잘라내고 배를 갈라서 펴고 찌거나 기름에 지진 음식

전(煎) : 생선이나 고기, 채소 따위를 얇게 썰거나 다져서 양념한 뒤, 밀가루를 묻혀 기름

에 지진 음식(부침개)

어동육서(魚東肉西) : 어류는 동쪽, 육류는 서쪽에 놓는다. 과거 조상들은 육(肉 : 육류)의 음식보다는 어(魚 : 생선류)의 음식이 좋다고 여겼기 때문이다.

두동미서(頭東尾西) : 생선의 머리는 동쪽을 향하게 하고 꼬리는 서쪽을 향하게 차린다. 미(尾 : 꼬리)의 음식보다는 두(頭 : 머리)의 음식이 좋은 것이니 좋은 것을 먼저 먹고, 자주 먹어야만 건강하게 장수할 수 있다고 여겼기 때문이다.

적전중앙(炙奠中央) : 적은 중앙에 놓는다.

적(炙)은 과거에는 술잔을 올릴 때마다 즉시 구워 올리던 제수의 중심 음식이었으나 지금은 다른 제수와 같이 미리 구워 제상(祭床)의 한가운데 차린다.

좌면우병(左麵右餠) : 좌측에 국수를 우측에 떡을 놓는다.

《3열》 탕(湯) : 대개는 3탕으로 육탕(육류탕), 소탕(두부, 채소류탕), 어탕(어패류탕)의 순으로 차리며, 5탕으로 할 때는 봉탕(닭, 오리탕), 잡탕 등을 더 차린다. 한 가지 탕으로 하는 경우도 많다. 탕은 건더기만을 떠서 놓는데 여기에는 조상들이 먹기 편하게 한다고 여겼기 때문이다. 탕도 하늘로부터 얻어진 음식이라 홀수로 놓는다. 3열에 올라가는 탕의 수는 1, 3, 5개의 홀수로 맞춰야 한다.

탕(湯)에는 어탕(魚湯), 육탕(肉湯), 채탕(菜湯)이 있는데 제수는 집안 형편과 그때그때 사정에 따라 수량에 상관없이 조상님들께 추모와 효도의 마음으로 정성껏 차린다.

《4열》 채(菜) : 삼색 나물과 식혜, 김치, 포 등을 놓는다. 좌측 끝에는 포(북어, 대구, 오징어포)를, 우측 끝에는 식혜나 수정과를 차리고, 그 중간에 콩나물, 숙주나물, 무나물 순으로 차리고 삼색나물이라 하여 고사리, 도라지, 시금치나물 등을 쓰기도 하며 김치와 청장(간장), 침채(동치미, 설명절)는 그 다음에 차린다. 삼색 나물의 삼색은 검은색과 흰색, 푸른색의 세 가지 나물로 역시 귀함을 뜻하는 양(陽)의 수인 홀수이다.

제사상에 빠지지 않는 북어는 우리나라 동해바다의 대표적인 어물이자 머리도 크고 알이 많아 훌륭한 아들을 많이 두어 알과 같이 부자가 되게 해달라는 유래가 전해지고 있다.

흰색은 뿌리 나물인 도라지나 무나물을 쓰고, 검은색은 줄기 나물로 고사리를 쓰며, 푸른색은 잎나물로 시금치나 미나리를 쓴다.

뿌리는 조상을, 줄기는 부모님을, 잎은 나를 상징한다고 전해지고 있다.

좌포우혜(左脯右醯) : 북어와 대구, 오징어포는 서쪽, 식혜는 동쪽에 놓는다. 어포의 경우 생선은 아래로 두어야 하며 나물과 간장은 가운데 차린다. 나물은 생동숙서(生東熟西)에 맞춰 서쪽에 김치, 동쪽에는 익힌 나물을 놓는다. 순서는 서쪽부터 콩나물과 숙주나물, 무나물, 고사리, 도라지를 둔다. 김치는 나박김치만 쓰는 것이 원칙이다. 좌측에는 포(북어, 문어, 전복), 우측에는 젓갈, 포(脯 : 말린 것) 종류의 음식보다는 혜(醯 : 소금에 절인 젓갈류) 종류의 음식이 좋다고 여겼기 때문이다.

생동숙서(生東熟西) : 동쪽에 김치를 서쪽에 나물을 놓는다.

건좌습우(乾左濕右) : 마른 것은 왼쪽에 젖은 것은 오른쪽에 놓는다.

≪5열≫ 생과(生果)는 서쪽, 조과(造果)는 동쪽 : 즉 제일 앞줄에는 과일과 약과, 강정을 놓는다. 과일은 땅에서 난 것이므로 짝수 종류를 놓고, 한 제기에 올리는 과일의 양은 귀함을 뜻해 홀수로 놓는다. 즉 과일은 양(陽)의 수인 홀수로 올려야 한다고 여겼기 때문이다. 과일을 제기에 올릴 때는 위아래 부분만 살짝 깎아놓는다.

동쪽부터 대추, 밤, 감(곶감), 배(사과)의 순서로 차리며 그 이외의 과일들은 정해진 순서가 따로 없으나 나무 과일을 먼저 놓기 시작하여 넝쿨 과일 순으로 놓는다. 과일 줄의 끝에는 과자(유과)류를 놓는다.

조율시이(棗栗柿梨) : 좌측부터 대추, 밤, 감(곶감), 배(사과)의 순서로 놓는다. 과일은 신위 쪽에서 가장 먼 줄에 있으니 약처럼 가끔씩 먹을 일이로되 뼈에 좋은 대추, 머리에 좋은 밤, 배에 좋은 배, 피부에 좋은 감의 순서로 좋은 것이라 여겼기 때문이다.

대추는 씨가 하나이므로 임금, 밤은 한 송이에 3톨이 들어 있어 3정승(政丞), 배는 씨가 6개 있어서 6조판서(六曹判書), 감은 씨가 8개 있으므로 우리나라 8도(조선 8도)를 각각 상징한다는 것을 속설(俗說)로 여겼기 때문이다. 배·대추나무는 책 제작용 판목(版木)으로 많이 쓰므로 출판(出版)을 '이조(梨棗)'라고도 한다.

홍동백서(紅東白西) : 붉은색 과일은 동쪽에 놓고 흰색 과일은 서쪽에 놓는다. 백(白, 흰색) 종류의 음식보다는 홍(紅, 붉은색) 종류의 음식이 좋은 것이니 먼저 먹고 자주 먹어야 한다고 여겼기 때문이다. 이것들을 함께 자주 먹어야 몸에 좋다는 것을 자손들에게 가르쳐 주기 위함이다.

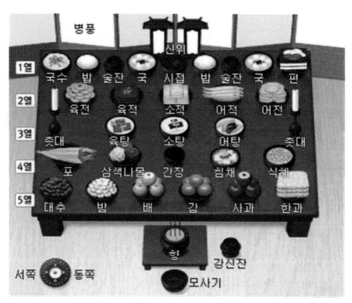

기일을 맞은 조상 당사자와 그 배우자, 즉 고위(考位 : 아버지와 각 대의 할아버지의 위패(位牌))와
비위(妣位 : 어머니로부터 그 윗대 할머니들의 위(位))를 함께 모시는 '합설(合設)'
출처 : 아시아경제, 2013.09.17. 10:13(http://www.asiae.co.kr/news/view.htm?idxno=2013091708294520056)

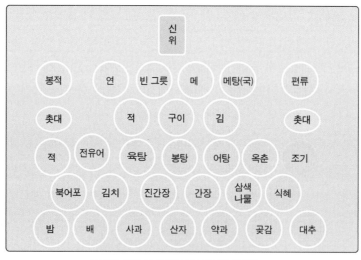

기일을 맞이한 조상만 모시는 '단설(單設)'

신위가 있는 곳을 바라보고 제주가 있는 곳에서 다음과 같이 진설한다. 제사상 진설(陳設)법은 주로 우리나라 향교에서 권하는 제사상 차리는 법을 많이 따르고 있다.

- 건좌습우(乾左濕右) : 마른 것은 왼쪽에 습한 것은 오른쪽에 놓는다.
- 고비합설(考妣合設) : 내외분일 경우 남자조상과 여자조상은 함께 차린다.
- 고서비동(考西妣東) : 고위, 비위를 합설할 때 고위(考位), 즉 남자 조상은 서(왼)쪽에, 비위(妣位 : 돌아가신 어머니로부터 그 윗대 할머니들의 위(位))는 동(오른)쪽에 모신다. 따라서 지방과 메, 국, 잔 등의 위치를 이에 원칙으로 놓는다.
- 남좌여우(男左女右) : 제사상의 왼쪽에 남자가 오른쪽에 여자가 앉는다.
- 동두서미(東頭西尾) : 머리와 꼬리가 분명한 제수는 머리는 동으로, 꼬리는 서로 향하게 놓는다. 그러나 지방에 따라서는 서쪽이 상위라 하여(고위-서, 비위-동) 반대로 놓기도 한다.
- 두동미서(頭東尾西) : 생선의 머리는 동쪽으로 꼬리는 서쪽으로 향하게 놓는다.
- 면서병동(麵西餠東) : 국수는 서쪽에, 떡은 동쪽에 놓는다.
- 반서갱동(飯西羹東) : 밥(메)는 서쪽이고 국(갱)은 동쪽이다. 이는 산 사람의 상차림과 반대이다. 수저는 중앙에 놓는다.
- 배복방향(背腹方向) : 닭구이나 생선포는 등이 위로 향하게 한다.
- 서포동해(西脯東醢) : 둘째 줄의 나물의 놓는 줄에는 포(脯)는 왼편, 해(젓갈)는 오른편에 진설한다. 또한 나물류(침채, 청장, 숙채)는 가운데 놓는다.
- 숙서생동(熟西生東) : 익힌 나물은 서쪽이고, 생김치는 동쪽에 놓는다. 날것은 동쪽(오른쪽)에 익힌 것은 서쪽에 놓는다.
- 시접거중(匙楪居中) : 수저를 담은 그릇은 신위의 앞 중앙에 놓는다.
- 어동육서(魚東肉西) : 생선은 동쪽에, 고기는 서쪽에 놓는다.
- 우반좌갱(右飯左羹) : 밥은 오른쪽에 놓고 국은 왼쪽에 놓는다.
- 음양조화(陰陽調和) : 첫 줄과 셋째 줄에는 홀수로, 둘째 줄과 넷째 줄은 짝수로 하여 음양을 구분한다.
- 적전중앙(炙奠中央) : 적(炙)은 제상의 4열의 가운데 놓는다(전체 4열인 옛날에는 3열). 옛날에는 술을 올릴 때마다 즉석에서 구워 올리던 제사의 중심 음식이었으나 지금은 다른 제수와 마찬가지로 미리 구워 제상의 한가운데 진설한다.
- 적접거중(炙楪居中) : 구이(적)는 중앙에 놓는다.

- 접동잔서(楪東盞西) : 접시는 동쪽에 잔은 서쪽에 놓는다.
- 조율시이(棗栗柿梨) : 과일은 보통 대추, 밤, 감(곶감), 배 순으로 놓는다. 배와 감의 순서가 바뀌기도 한다. 기타 철에 따라 사과, 수박 등도 놓으나 복숭아는 놓지 않는 풍습이 있다.
- 좌면우병(左麵右餅) : 좌는 국수, 우는 떡을 놓는다.
- 좌포우혜(左脯右醯) : 포 종류는 왼쪽에 놓고 식혜는 오른쪽에 놓는다.
- 홍동백서(紅東白西) : 붉은색의 과실은 동쪽에 놓고, 흰색의 과실은 서쪽에 놓는다 (네이버 지식백과, 전통 제례 예절, 방법사전 및 글로벌시대의 음식과 문화, 학문사, 2006을 토대로 저자 재구성).

기일을 맞은 조상을 기준으로 당사자와 그 배우자, 즉 고위(考位 : 돌아가신 아버지와 각 대의 할아버지의 위패(位牌))와 비위(妣位 : 돌아가신 어머니로부터 그 윗대 할머니들의 위(位))를 함께 모시는 '합설(合設)'
출처 : 가평저널, 2013.09.17. 13:47:06(http://m.gpjn.net/news/articleView.html?idxno=5424)

## 2) 차례 지내기

제사는 우상숭배의식이 아니므로 우리의 미풍양속인 제사를 번거롭다고만 할 것이 아니라, 그 의식 속에 담긴 의미를 되새기는 것이 중요하다. 효(孝)의 연장이고 조상을 추모하는 중요한 행사이므로 형편에 맞추어 지켜나가야 할 것이다.

가문이나 지방의 관습을 따르되, 지나치게 전통 예법을 무시하여서는 안 될 것이다. 그리고 형식도 중요하지만 무엇보다 제사를 드리는 후손들의 정성스런 마음이 중요하다.

부모 기제사까지만 기일제사를 드리고 그 윗대 조상님에 대한 제사는 설과 추석 때 시제처럼 드리되 독축(讀祝)하는 가정이 늘고 있다. 『주자가례(朱子家禮)』의 '시제(時祭)'는 2월, 5월, 8월, 11월 중에 사당에 모신 4대친의 신주(神主)를 안채나 사랑채의 대청에 함께 모시고 지내는 제사로 가장 중히 여긴 제사였다.

차례 지내는 절차는 다음과 같다.

① 차례를 지내기 전에 제주(祭主)는 몸과 마음을 깨끗이 하고 옷을 단정하게 입는다. 한복을 입었으면 꼭 두루마기를 입어야 하고 양복이면 반드시 와이셔츠에 넥타이 차림의 정장을 해야 한다.

② 차례를 지낼 때는 동쪽에 남자 자손, 서쪽에 여자 자손이 서는 것이 원칙이다.

③ 먼저 제주가 경건한 마음으로 분향하고 재배한 뒤 양옆 두 사람(집사)의 도움을 받아 잔에 술을 따라 세 번에 나누어 모사그릇(모래흙을 담아놓는 그릇)에 비우고 두 번 절한 다음 전체가 재배한다.

④ 왼쪽 집사가 잔반(잔과 받침대)을 들어 제주에게 주고 오른쪽 집사가 술을 따라주면 제주는 향 위로 잔을 들어 오른쪽으로 세 번 돌린 뒤, 오른쪽 집사가 다시 그 잔반을 받아 상에 올린다.

⑤ 제주는 젓가락을 들어 시접(숟가락을 담아놓는 대접)에 세 번 구른 뒤 음식이 담긴 그릇 위에 놓고 잠시 기다렸다가, 젓가락을 다시 제자리에 놓고 전체가 다시 재배한 뒤 지방을 사른다.

⑥ 차례 절은 두 손을 가볍게 마주잡고 눈높이까지 올린 뒤 두 무릎을 가지런히 꿇으며 절하고, 일어날 때도 마주잡은 두 손을 눈높이까지 올렸다가 내린다.

남자는 재배, 여자는 4배를 올리며 남자는 왼손, 여자는 오른손이 위로 가게 포갠다.

## 6. 지방(紙榜)

지금은 옛날처럼 대부분의 가정에 사당도 없고 조상의 위패도 없다. 사당이 없을 때 신주(神主 : 죽은 사람의 위패) 대용으로 임시로 종이에 글을 적은 지방(紙榜)을 사용한다.

### 1) 제사를 모시는 사람과 고인의 관계

아버지는 '고(考)', 어머니는 '비(妣)', 조부모는 '조고(祖考)', '조비(祖妣)', 증조부모는 '증조고(曾祖考)', '증조비(曾祖妣)', 고조부모는 '고조고(高祖考)', '고조비(高祖妣)'라 하는데, 앞에 '현(顯)'자를 써서 '현고(顯考)', '현비(顯妣)', '현조고(顯祖考)', '현조비(顯祖妣)', '현증조고(顯曾祖考)', '현증조비(顯曾祖妣)'라고 쓴다. 남편은 '현벽(顯辟)'이라고 쓰며, 아내는 '현'을 쓰지 않고 '망실(亡室)' 또는 '고실(故室)'이라 쓴다. 형은 '현형(顯兄)', 형수는 '현형수(顯兄嫂)', 동생은 '망제(亡弟)' 또는 '고제(故弟)', 자식은 '망자(亡子)', 또는 '고자(故子)'라고 쓴다.

### 2) 고인의 벼슬 여부

① 고인의 직위에 벼슬을 한 남자는 최종 벼슬의 이름을 쓰고, 여자는 남편의 벼슬 품계에 따라서 '정경부인(貞敬夫人)', '정부인(貞夫人)', '숙부인(淑夫人)' 등의 호칭을 조선시대에는 남편의 봉작(封爵 : 관작(官爵)을 책봉하여 주는 것을 뜻함. 고려 성종 7년 (988) 10월에 문무 상참관(文武常參官) 이상의 부모와 처에게 봉작(封爵)하게 하였음)을 사용하였으나 오늘날에는 남편의 관직(官職)과 작위(爵位)를 부인이 사용하지 않는다.

② 벼슬을 안 한 경우 남자 조상은 '學生(학생)'이라 써주고, 그 부인은 '孺人(유인)'이라 쓴다.

### 3) 고인의 이름

남자 조상의 경우 모두 '府君(부군)'으로 여자조상이나 아내의 경우는 본관과 성씨를 써 주고 자식이나 동생의 경우 이름을 쓴다.

### 4) 신위(神位)

신위는 죽은 사람의 영혼이 의지할 자리. 죽은 사람의 사진이나 지방(紙榜) 따위, 신주(神主)를 모셔 두는 자리 등의 의미가 있다. 공통적으로 맨 끝에 '신위(神位)'라고 쓴다.

## 5) 지방을 쓰는 종이 및 규격

종이 중앙에 해서(楷書)로 가늘게 쓴다. 임시로 제사를 지낼 때 교의(交椅 : 제사를 지낼 때 신주(神主)를 모시는, 다리가 긴 의자) 위에 붙이고 신위마다 각기 쓴다.

① "지방을 쓸 종이는 후백지(厚白紙 : 두꺼운 백지), 한지 등을 사용한다.

② 크기는 지방 틀이 없을 경우 6cm×22cm 정도로 적당하게 한다.

③ 고위는 성씨를 쓰지 않고 비위는 성씨를 쓴다. 이는 아버지는 두 분일 수 없지만, 어머니는 아버지가 재취(再娶), 삼취(三娶)했을 경우 두 분 이상일 수 있기에 구분하기 위해 썼던 것으로 전해진다. 한 분이라도 의례의 통일성을 위해서 성씨를 쓴다.

④ 일정한 직함이 없는 여성은 생전에 벼슬하지 못한 사람의 아내의 신주나 명정(銘旌)에 쓰던 존칭인 '유인(孺人)'이라고 쓴다.

⑤ 벼슬 없는 남자는 '학생(學生)'이라 쓰고, 부인은 '유인(孺人)'이라 쓴다.

⑥ 고인의 칭호에 남자는 '부군(府君)'이라고 쓰며, 여자는 본관과 성씨를 쓴다. 자식이나 동생의 경우 이름을 쓴다.

⑦ 제사를 지낼 때 부모 한쪽이 생존해 있을 경우는 단독으로 지내니 지방에도 한 분만 쓴다.

⑧ 두 분 다 돌아가셨으면 같이 지내므로 부부를 함께 모실 때에는 '좌고우비(左考右妣)'의 원칙에 따라 종이 한 장에 오른쪽(동쪽)에는 어머니, 왼쪽(서쪽)에는 아버지의 신위를 쓴다.

⑨ 한글로 지방을 쓸 때는 한자음, 즉 발음대로 쓰면 된다(네이버 지식백과, 한국일생의례사전, 국립민속박물관(http://www.poori.net/myroot/jere.htm ; http://jjgap2013.tistory.com/entry/지방紙榜쓰는법?category=19298).

## (1) 벼슬이 없는 고위와 비위를 함께 쓰는 경우

고조부모　증조부모　조부모　부모

顯高祖考學生府君神位　顯高祖妣孺人○○氏神位

顯曾祖考學生府君神位　顯曾祖妣孺人○○氏神位

顯祖考學生府君神位　顯祖妣孺人○○○氏神位

顯考學生府君神位　顯妣孺人○○○氏神位　(여) 密陽朴

형·형수　남편　처　제　백부모　숙부모　자

顯兄學生府君神位　顯嫂孺人○○氏神位

顯辟生府君神位

亡室孺人○○○氏神位

亡弟學生○○神位

顯伯父學生府君神位　顯伯母妣孺人○○○氏神位

顯叔父學生府君神位　顯叔母孺人○○氏神位

亡子學生○○君之靈　이름

출처 : http://www.poori.net/myroot/jere.htm

| 고조부모 | 부 | 현고조고 학생부군 신위 | 형내외 | 형 | 현형 학생 부군 신위 |
|---|---|---|---|---|---|
| | 모 | 현고조비유인(본관성)씨신위 | | 형수 | 현형수유인(본관성)씨신위 |
| 증조부모 | 부 | 현증조고 학생부군 신위 | 부부 | 남편 | 현벽 학생 부군 신위 |
| | 모 | 현증조비유인(본관성)씨신위 | | 처 | 망실유인(본관성)씨신위 |
| 조부모 | 부 | 현조고 학생부군 신위 | 제 | | 망제 학생 (이름) 신위 |
| | 모 | 현조비유인(본관성)씨신위 | 백부모 | 부 | 현백부 학생부군 신위 |
| 부모 | 부 | 현고 학생부군 신위 | | 모 | 현백모 유인(본관성)씨 신위 |
| | 모 | 현비유인 (본관성)씨신위 | 숙부모 | 부 | 현숙부 학생부군 신위 |
| | | | | 모 | 현숙모 유인(본관성)씨 신위 |
| | | | 자 | | 망자 학생 (이름) 신위 |

출처 : http://www.poori.net/myroot/jere.htm

### (2) 벼슬을 지낸 조상인 경우

고위(考位) : 돌아가신 아버지와 각 대의 할아버지의 위(位)를 말하는데 '학생'이란 말 대신, 벼슬 이름을 위패(位牌)에 쓴다(예 : 현증조고 대광보국숭록대부 영의정 부군신위).

비위(妣位) : 돌아가신 어머니로부터 그 윗대 할머니들의 위(位)를 말하는데, '유인(孺人)'이란 말 대신, 남편의 벼슬에 따라 1품인 경우 '정경(貞敬)부인', 2품인 경우는 '정(貞)부인', 정3품의 당하관 및 종3품의 종친(宗親), 문무관의 아내인 경우는 '숙인(淑人)'이라고"고려 성종 7년부터 이조시대까지" 써왔으나 지금은 쓰지 않는다(예 : 현 조비 정경(貞敬)부인 경주김씨 신위).

### (3) 현대의 지방 문안의 예

[현고헌법재판관부군신위] [현조고대법관부군신위] [현고소방서장부군신위] [현한의사부군신위] [현조고○○고등학교교장부군신위] [현고등학교교사부군신위] [현조비교사파평윤씨신위] [현비○○대학교 교수 기계 유씨 신위] [높으신 아버님 박사 안동 ○씨 신위] [높으신 어머님 경찰공무원 신위] [높으신 어머님 신위](http://www.poori.net/myroot/jere.htm)

## 7. 축문(祝文)

제사를 받드는 자손이 제사를 받는 조상에게 제사의 연유와 과거 감회, 그리고 약소하나 정성스럽게 마련한 제수(祭需)를 권하는 글이다.

그 내용은 '언제, 누가, 누구에게, 무슨 일로, 무엇을'의 형식을 따른다.

축문의 글이 한자(漢字)라 생전에 한문을 이해 못하였더라도 귀신은 영험하므로 충분히 알아듣는다고 보고 한문으로 쓰고 읽는다.

부득이 한글로 작성할 수도 있으나 제사는 장엄한 형식 안에 극진한 정성을 기울여야 하기에 70여 자의 한자를 평상시에 익혀두는 것이 바람직하다.

제사를 받는 조상을 표시하는 첫 글자는 다른 줄의 첫 글자보다 한 자 정도 높게 쓴다.

봉사자는 '효(孝)'자를 쓰므로 자신이 그 제사의 직계 자손임을 표시하고, 친족의 칭호 앞에 '현(顯)'자나 '황(皇)'자를 붙이는 것은 '높으신', '크옵신', '훌륭하신'의 뜻으로 받들어 존경을 표하며 동시에 나의 직계조상임을 표하는 것이다.

아버지께 드리는 제사에는 '효자', '호천망극', 할아버지께 드리는 제사는 대신 '효손', '불승영모(不勝永慕)'로 각각 바꾼다.

## 1) 묘사 축문(墓祀祝文) (墓祭, 時祭, 時享, 時祀)

維歲次 올해 간지+月초하루 간지朔 오늘 날짜日 오늘 간지

유세차　　　　10월　　　　삭　　　　일

○世孫○○敢昭告于

○세손○○감소고우


顯高祖考學生府君　현고조고학생부군

顯高祖妣 孺人韓氏 之墓(본관을 넣어 淸州韓氏之墓라고도 씀) 현고조비유인한씨지묘

[○○년 ○○월 ○○일 ○세손 ○○는 고조부님과 고조모님 묘소에 삼가 고하나이다]


氣序流易 霜露旣降 瞻掃封塋 不勝感慕 기서유역 상로기강 첨소봉영 불승감모

[계절의 순서가 흘러 바뀌어 서리와 이슬은 벌써 내렸습니다]

[무덤을 찾아와서 가다듬어보니 감모(感慕)의 정을 이기지 못하겠습니다]


謹以 淸酌庶羞 祇薦歲事 尙 근이 청작서수 지천세사 상

饗　향

[삼가 맑은 술과 여러 맛있는 음식을 올려서 존경하는 마음을 일년에 한번이나마 드리오니 바라건대 흠향하시옵소서]


※ 집(재실)에서 지낼 때는 之墓를 神位, 瞻掃封塋를 依賴丙舍로 쓴다.

## 2) 산신 축문(山神祝)

維歲次 올해 간지+月초하루 간지朔 오늘 날짜日 오늘 간지

유세차　　　　10월　　　　삭　　　　일

幼學(또는 몇 세손) 성명 敢昭告于

유학 ○○○감소고우

[몇 월 며칠 소생(몇 세손) ○○○은 삼가 아뢰옵니다]

土地之神(초헌관 이름)恭修歲事于 顯八代祖考 學生府君 之墓

토지지신 ○○　　공수세사우 현팔대조고 학생부군 지묘

[토지신의 가호에 보답하기 위하여 8대조 할아버님의 묘소에 ○○은 공손히 歲事를 드립니다]


維時保佑 實賴神休 謹以 酒饌 敬伸奠獻(또는 酒果紙薦于神) 尙

유시보우 실뢰신휴 근이 주찬 경신전헌(또는 주과지천우신) 상

饗 향

[저의 8대조의 묘를 시절에 따라 돌봐주신 것은 정말로 토지신의 은덕이라고 믿고 있습니다. 삼가 술과 반찬으로 받자오니 드시기 바랍니다]

① 산신축에는 '토(土)'와 '향(饗)'은 한 자 높여 쓴다.

② '지묘(之墓)'는 묘지에서 지내는 경우이고 제단을 모았을 때는 '지단(之壇)'이라 쓴다.

③ 같은 산곡에 상하 누대(累代)의 직계 또는 방계의 묘소가 있을 시는 최존위 묘소에 산신제만 지내면 된다. 그렇지만 산의 주령이 틀리거나 최상위의 묘소와 같은 날 행사가 아니면 산신제는 별도로 지내야 한다.

④ 산신제의 장소는 묘지의 동북쪽에 제단(祭壇)을 설치한다.

## 3) 기제 축문(忌祭 祝文) (부모)

維歲次 壬申二月壬辰朔 初一日乙酉 孝子○○敢昭告于

유세차 임신이월임진삭 초일일을유 효자○○감소고우


顯考 學生府君

顯妣 孺人 ○○○씨 歲序遷易　　세서천역


顯考 諱日復臨 追遠感時 昊天罔極(조부모 : 不勝永慕 불승영모, 형 : 不勝悲通 불승비통)

현고 휘일부림 추원감시 호천망극

謹以 淸酌庶羞 恭伸奠獻 尙

근이 청작서수 공신전헌 상

饗 향

임신년 2월 초하루 효자 ○○은 아버님께 삼가 고하나이다.

해가 바뀌어 아버님 돌아가신 날을 맞아, 지난날을 돌이켜 생각하니 하늘과 같은 은혜 그지없습니다.

삼가 맑은 술과 여러 가지 음식으로 공손히 전을 올리오니 흠향하시기 바랍니다.

## 4) 축문 용어 해설(祝文 用語 解說)

維 歲次(유 세차) : '이 해의 차례는'이라는 뜻으로, 제문(祭文)의 첫머리에 관용적으로 쓰는 말

干支(간지) : 그해의 태세를 쓴 것이며 그 예로 금년이 丁丑 (정축)년이면 丁丑이라고 쓴다.

某月(모월) : 시젯날을 따라 쓰며 시제달이 10월이면 十月(시월)이라 쓴다.

干支朔(간지삭) : 제사달의 초하루라는 뜻으로 제사달 초하루의 일진을 쓴다.

　　예를 들면 초하루 일진이 丁亥(정해)이면 丁亥朔(정해삭)이라 쓴다.

某日(모일) : 제삿날을 쓴 것이며 제삿날이 12일이면 그대로 十二日(십이일)로 쓴다.

干支(간지) : 그 제삿날의 일진을 쓴다. 예를 들면 12일이 제삿날이고 12일의 일진이 甲子 (갑자)이면 甲子(갑자)라고 쓴다.

대손(代孫)○○ : 대손은 묘사를 주관하는 손의 대를 말하며 ○○은 손의 이름이다.

敢昭告于(감소고우) : 삼가 밝게 고한다는 뜻

顯 : 축문에서 돌아가신 즉 제위에 대한 경칭어로서 '높다, 크다, 훌륭하다'의 뜻

學生 : 생전에 벼슬하지 못하고 죽은 사람을 높여 일컫는 말

府君 : 돌아가신 아버지, (남자 조상) 대대의 할아버지를 높여 일컫는 말

孺人 : 생전에 벼슬하지 못한 사람의 아내의 신주나 명전에 쓰는 존칭

考(고) 및 妣(비) : 돌아가신 아버지 및 어머니

氣序流易(기서유역) : 절기가 바뀌었다는 뜻이다.

霜露既降(상로기강) : 찬 서리가 이미 내렸다.

瞻掃封塋(첨소봉영) : 산소를 깨끗이 단장하고 바라본다는 뜻

不勝感慕(불승감모) : 조상님을 사모하는 정을 이기지 못한다는 뜻

謹以(근이) : 삼가 정성을 다한다는 뜻(謹 : 삼가, 以 : ~ 로서)

清酌庶羞(청작서수) : 맑은 술과 여러 가지 음식을 드린다는 뜻

祗薦歲事(지천세사) : 공경하는(삼가) 마음으로 세사를 올리다.

尙饗(상향) : 흠향(歆饗)하십시오라는 뜻(제물(祭物)을 받으십시오)

歲序遷易(세서천역) : 세월이 지나갔습니다.

諱日復臨(휘일부림) : 그날이 다시 돌아왔습니다.

追遠感時(추원감시) : 돌아가신 때를 맞아 진정한 마음으로 감동한다는 뜻

恭伸奠獻(공신전헌) : 공손히 제사를 드립니다.

昊天罔極(호천망극) : 넓은 하늘과 같이 부모의 은혜가 크다는 뜻으로 부모기제축에 사용한다.

不勝永慕(불승영모) : 영원하신 조상님의 은혜가 크다는 뜻으로 조부 이상의 기제사에 쓴다.

惟時保佑(유시보우) : 천신께서 보호하여 주신다는 뜻

實賴神休(실뢰신휴) : 신령님의 은혜를 받는다는 뜻

歲薦一祭(세천일제) : 일년에 한반 돌아온다는 뜻

禮有中制(예유중제) : 예의를 갖추라는 뜻

履玆霜露(이자상로) : 찬이슬을 밟으며라는 뜻(http://jjgap2013.tistory.com/entry/축문-해설?category=19298)

**한국의 식사예절**

## 1. 상차림[食卓禮節]

### 1) 상 위에 음식을 차리는 방법

① 상 위에 음식을 차리는 방법은 먹는 사람에게 편리하게 차린다.

② 주식인 밥과 대표적 부식인 국을 먹는 이에게 가장 가까이 차리는데 밥을 왼쪽에 놓고 국을 오른쪽에 놓는다. 오른손으로 먹는데 국물을 흘리기 쉬운 국을 오른쪽에 놓아야 흘리지 않게 먹기에 편해서이다.

③ 시저(匙箸 : 숟가락과 젓가락을 아울러 이르는 말)는 국그릇의 오른쪽에 놓는데 숟가락이 앞이고 젓가락이 뒤이다. 오른손으로 들기 쉽게 오른쪽에 놓고, 숟가락을 먼저 드는데 젓가락에 걸리지 않게 들도록 좌측 앞에 놓는다.

④ 국물 있는 음식은 먹는 이의 가까이에 차린다. 국물은 흘리기 쉽기 때문이다.

⑤ 낮은 그릇을 높은 그릇의 앞에 차린다. 낮은 그릇이 뒤에 있으면 보이지 않고 집어 오기가 불편해서이다.

⑥ 제일 좋은 음식을 상의 중앙에 차리고, 많이 먹으면 좋지 않은 아주 짜고 매운 음식은 먹는 이의 왼쪽 멀리에 차린다.

⑦ 주된 음식과 부수되는 조미음식은 서로 가깝게 놓는데 조미음식을 먹는 이의 쪽에 놓는다. 그리해야 주된 음식을 집어 조미음식을 찍어 먹기에 편하다.

## 2) 반상(飯床)의 차림

격식을 갖추어 차리는 반상은 3첩에서 12첩까지가 있는데 첩수는 상 위에 올리는 그릇 전체의 숫자가 아니고, 밥·국·김치·찌개·찜·장(간장·초간장·초고추장)은 첩 수에 들지 않는 음식이고, 생채·숙채·구이·조림·전·편육·마른 찬(젓갈)·회가 첩 수에 들어가는 음식이다.

① 3첩 반상은 밥1·국1·김치1·간장1에 생채1·숙채1·구이(조림)1로 모두 7개의 그릇이 올라가고,

② 5첩 반상은 밥1·국1·김치1·찌개1·간장1·초간장1에 생채1·숙채1·구이(조림)1·전1·마른 찬(젓갈)1로 모두 11개의 그릇이 올라가고,

③ 7첩 반상은 밥1·국1·김치1·찌개1·찜1·간장1·초간장1·초고추장1에 생채1·숙채1·구이1·조림1·전1·마른 찬(젓갈)1·회1로 15개의 그릇을 올리고,

④ 9첩 반상은 밥1·국1·김치1·찌개2·찜2·간장1·초간장1·초고추장1에 생채2·숙채1·구이2·조림1·전1·마른 찬(젓갈)1·회1로 19개의 그릇을 올리고,

⑤ 12첩 반상은 밥1·국1·김치1·찌개2·찜2·간장1·초간장1·초고추장1에 생채2·숙채2·구이2·조림1·전1·편육1·마른 찬(젓갈)1·회2로 모두 22개의 그릇이 올라간다.

⑥ 국그릇과 물그릇을 제외한 모든 그릇은 뚜껑이 있어야 한다.

## 3) 상차림의 순서와 위치

① 국수나 식혜, 수정과와 같이 물에 불으면 먹기 어려운 음식은 상에 올리기 직전에 국물을 부어 드린다.

② 식어도 상관없는 음식은 미리 상에 올려도 되지만 식으면 안 되는, 뜨겁게 먹어야 좋은 음식은 먹기 직전에 상에 차린다.

③ 상하 여러 사람에게 상이나 음식을 드릴 경우 어른에게 먼저 드린다.

④ 혼자 먹는 상은 먹는 이의 왼쪽 앞에서 먹는 이의 앞에 상을 드리고, 식사 중 상 위에 음식을 드릴 때는 먹는 이의 왼쪽에서 드린다.

## 2. 음식을 먹는 예절[食事禮節]

### 1) 좌석, 자세, 사양의 예절

① 여러 사람이 음식을 먹을 때는 상하석이 맞도록 정한 자리에 앉는다.

② 여럿이 자리에 앉을 때는 웃어른이 앉은 다음에 아랫사람이 앉는다.

③ 웃어른이 먼저 숟가락을 손에 든 다음에 아랫사람이 숟가락을 손에 든다.

④ 식사 중에는 상을 사이에 두고 앞사람과는 가급적 대화를 하지 않는다.

⑤ 식사를 웃어른보다 먼저 끝내거나 자리에서 먼저 일어나지 않는다.

⑥ 반듯한 자세로 상 앞에 앉는데 상에 붙어 앉지 않고 약간 간격을 두고 앉는다.

### 2) 먹는 방법

① 반드시 오른손으로 먹는다. 그래야 오른손잡이가 되어 활동이 편리하다.

② 숟가락으로 국이나 김치 국물을 떠먹은 다음에 다른 음식을 먹는다.

③ 넝쿨진 음식이나 마른 음식은 젓가락으로 집어 먹는다. 젓가락을 들 때는 숟가락을 자기의 밥그릇이나 국그릇에 걸쳐 놓도록 한다.

④ 음식을 시저로 뜨거나 집을 때는 뒤적이지 않고 단번에 뜨고 집는다. 뒤적이는 행위는 상대의 식욕 저하를 유발하는 비위생적 행동이다. 한 숟가락의 밥을 먹고 여러 가지의 반찬을 동시에 먹지 않는다.

⑤ 어른이 좋아하거나 멀리 있는 음식은 사양하고 가까운 음식을 먹는다.

⑥ 먹던 음식을 도로 그릇에 놓지 않고, 그릇에 입을 대고 먹지 않는다.

⑦ 시저에 음식이 묻어 남지 않게 빨아 먹고, 음식을 흘리지 않으며 먹는다.

⑧ 국이나 찌개는 보조접시를 요청해서 각자 원하는 만큼만 덜어서 먹고 먹던 음식은 남기지 않는다.

⑨ 입안에 든 음식이 튀어 나오거나 보이지 않고, 소리 나지 않게 먹는다.

⑩ 뼈, 가시, 기타 먹지 못할 이물질은 남의 눈에 띄지 않게 간수한다.

⑪ 비벼 먹은 그릇에는 물을 부어놓고, 다 먹은 그릇은 깨끗해야 한다.

⑫ 음식타박을 하거나 식사 중에 트림을 하거나 물 마실 때 양치를 하지 않는다.

⑬ 자기가 먹을 음식을 자기가 담아다 먹을 때는 음식을 남기지 않는다.

⑭ 이쑤시개는 식탁을 떠나 화장실에서 사용하도록 한다.

## 3. 다과(茶菓)의 예절

### 1) 차를 대접할 때

① 준비된 차의 종류를 말하고 "어떤 차를 드시겠어요?"라고 묻는다.

② 차를 손님께 올릴 때는 쟁반을 먼저 내려놓고 두 손으로 찻잔을 올린다.

③ 만일 손님의 뒤에서 올릴 때는 손님의 왼쪽 뒤에서 손님의 앞에 올린다.

④ 손잡이가 손님의 오른쪽이 되고, 찻숟가락은 접시 위 앞쪽에 놓는다.

⑤ 차에 탈 것(설탕 등)은 손님이 타서 마시게 하는 것이 좋다.

⑥ 손님이 차를 다 마시면 빈 잔을 오래 두지 말고 바로 치운다.

⑦ 손님에게 뒷모습이나 손등을 보이지 않는 것이 좋다.

⑧ 차를 사서 마실 때는 먼저 "차를 마시자"라고 말한 사람이 돈을 낸다.

### 2) 차 마시는 방법

① 마실 차를 청할 때는 고급차를 피하고 평범한 차를 청하는 것이 좋다.

② 차가 나오면 반드시 "잘 마시겠어요."라고 인사를 하고 마신다.

③ 찻숟가락으로 설탕 등 첨가물을 넣고 천천히 저은 다음 찻잔의 뒤에 놓는다. 찻숟가락을 입으로 빨아서는 안 된다.

④ 설탕 등 첨가물 그릇의 덮개는 덮개의 안쪽이 바닥에 닿지 않게 놓는다.

⑤ 찻잔이나 찻숟가락이 부딪치는 소리가 나지 않게 주의한다.

⑥ 오른손으로 손잡이를 들고 왼손으로 찻잔 밑을 받치듯이 들고 마신다.

⑦ 꿀꺽꿀꺽 마시거나 홀짝이는 소리를 내거나 뜨겁다고 후 하고 불거나 찻숟가락으로 차를 떠서 마시지 않는다.

⑧ 다 마셨으면 찻잔을 살짝 뒤로 밀어놓는다.

⑨ 반드시 "잘 마셨습니다."라고 인사한다.

## 4. 술 마시는[飮酒] 예절

### 1) 술을 대접하는 예절

① 대접받을 사람에게 술 마실 의사와 어떤 술을 마실 것인가를 묻는다.

② 가능하면 안주도 손님이 좋아하는 것으로 준비한다.

③ 술은 여러 가지를 혼합하는 것을 피하고 주량에 맞추어 준비한다.

④ 싫다는 술을 억지로 권하지 않으며 손님이 취했으면 슬기롭게 대처한다.

⑤ 어른이 술을 마시겠다고 하면 어른의 술잔을 두 손으로 자기 앞에 갖다 놓고 무릎 꿇고 앉아서 두 손으로 주전자를 들고 술을 따라 두 손으로 어른의 앞에 갖다 놓는다. 어른이 술잔을 들고 술을 받게 해서는 안 된다.

⑥ 아랫사람에게 술을 권할 때는 술 마실 의사를 확인하고 아랫사람이 술잔을 들게 하고 거기에 술을 따라준다. 다른 사람을 시켜서 따라도 된다.

⑦ 술잔을 교환해서는 안 된다. 자기의 잔으로 술을 마시게 한다.

### 2) 술 마시는 예절

우리의 주도(酒道)는 서양의 편리한 주법과 공존하고 있다. 우리의 술 마시는 예절은 윗사람을 공경하는 데 큰 의미가 있다. 윗사람이 술을 권할 때는 일어서서 나아가 절을 하고 술잔을 받되, 어른이 이를 만류할 때에야 제자리에 돌아가 술을 마실 수 있다. 윗사람이 들기 전에 먼저 마시면 안 되고, 또한 어른이 주는 술은 사양하지 말고 마셔야 한다.

술상에서 윗사람께 술잔을 먼저 권해야 한다. 어른이 술잔을 주면 두 손으로 공손히 받아야 하고, 윗사람 앞에서 함부로 술 마시는 것을 삼가 윗몸을 뒤로 돌려 술잔을 가리고 마시기도 한다. 윗사람께 술을 권할 때는 두 손으로 정중하게 따라 올린다. 오른손으로 술병을 잡고 왼손은 오른팔 밑에 대고, 옷자락이 음식에 닿지 않도록 조심하여 따른다.

술을 잘 못 하는 사람은 권하는 술을 사양하다가, 마지못해 술잔을 받았을 때는 싫다고 바로 버리면 안 되며 점잖게 입술만 적시고 잔을 놓아야 한다. 또 받은 술이 아무리 독하더라도 못마땅한 기색을 해서는 안 되며, 반면에 가볍게 훌쩍 마시는 것도 예의가 아니다.

이처럼 우리 조상들은 음주 시 장유유서(長幼有序)를 반드시 지켰다. 서양예절은 우리와 달라 술을 한 손으로 따르고 받는 사람은 두 손으로 받지 않고 테이블에 잔을 둔 채로 받는다. 국내에서 우리나라 사람 간에는 우리의 주법을 따라야 한다.

① 술 마시는 방법에는 네 가지가 있다.

　㉠ 사람이 술을 마시면 술을 즐기는 것이고

　㉡ 술이 술을 마시면 폭음을 하여 건강을 해치고

　㉢ 술이 사람을 마시면 분별력을 잃어 망신하고

　㉣ 술이 처자를 마시면 마침내 패가하고 마는 것이다. 어떤 경우라도 사람이 술을 마시는 경우가 술을 마실 줄 아는 건전한 음주법이다.

② 어른이 먼저 마신 다음에 아랫사람이 마신다.

③ 어른이 주시는 술은 무릎을 꿇고 두 손으로 받으며 "고맙습니다."라고 인사한 뒤에 마신다.

④ 먼저 술을 받았으면 그 술을 마신 다음에 그 사람에게 술을 권해 답례한다. 상대가 술을 마시지 않겠다고 하면 권하지 않는다.

⑤ 말이나 동작에 지장이 있을 정도로 술을 마시는 것은 상대에게 큰 실례가 되고 자기에게도 독이 된다.

⑥ 술을 마실 때에는 소란스럽지 않게 술을 즐기며, 남에게 불편을 주지 않도록 언동을 삼간다.(http://www.wooriyejeol.or.kr/xe/?mid=korea_yejeol&document_srl=12347)

# 부록 — 프렌치 레스토랑 메뉴

## ÔBrunch

### On the buffet

**Varieties of French appetizers and salads**
프랑스 모둠 에피타이저와 샐러드

**Varieties of pâtisseries and fresh fruits**
파티쉐르와 신선한 과일

**Croissants and Danish assortment**
크로와상과 데니쉬 브레드

### At the table we will serve you (a Frandche - Comte specialties)

**Welcome dish from the chef**
셰프 추천의 에피타이저

**Soupe franc-comtoise et morteau** Ⓟ
Leek cream with smoked sausage
대파 크림 수프, 훈제 소시지(돼지고기:국내산)

**La pochouse**
Traditionnal fish cook in white wine sauce
화이트와인소스 익힌 제철 생선

**Sorbet vin blanc et peche**
White wine and peach sorbet
화이트와인, 복숭아 소르베

**Escalope de veau Franc-Comtoise** Ⓟ
Veal escalope Franc-Comtoise
프랑스 콩테 스타일의 송아지(송아지:호주산) 에스칼로프

Ask your Maitre'D for vegetable menu
베지테리언 메뉴는 매니저에게 문의 바랍니다

### Order as you want

| Eggs | Sweets |
|---|---|
| **Classic egg benedict with prosciutto** Ⓟ<br>클래식 에그 베네딕트, 프로슈토햄(돼지고기:미국산) | **Nun´s puff in cinnamon sugar and nutella espuma** Ⓝ<br>넌 퍼프와 누텔라 에스푸마 |
| **Omelet with bell peppers, brie cheese**<br>벨 페퍼, 브리치즈 오믈렛 | **Caramel crêpe, salted French butter and chantilly cream** Ⓝ<br>카라멜 크레페, 샹티 크림 |
| **Scramble egg with homemade cold cut** Ⓟ<br>스크램블에그, 홈메이드 콜컷(돼지고기:국내산) | **Pancake, rum banana, chocolate bits Maple syrup and snow sugar** Ⓝ<br>럼 바나나, 초콜릿, 팬 케이크 |
| **Healthy egg white omelet with herbs**<br>건강식 허브 화이트 오믈렛 | **Vanilla French toast and mix berries**<br>바닐라 프렌치 토스트, 베리 |
| **Tomato, soft egg, toulouse sausage with crêpe pommery mustard sauce** Ⓟ<br>토마토, 에그, 툴루즈 소시지(돼지고기: 국내산) 크레페, 포메리 머스타드 | |

### Ice cream

**Vanilla, Strawberry, Chocolate**
아이스크림 (바닐라, 딸기, 초콜릿)

| | | |
|---|---|---|
| Ô Brunch | ₩ 120,000 | (free flow of Champagne) |
| Parisian Brunch | ₩ 97,000 | (with a glass of Champagne) |
| Brunch | ₩ 85,000 | |

Ⓟ PORK  Ⓝ NUT  Ⓥ VEGETARIAN  Ⓢ SPICY  ☆ SIGNATURE DISH

Food allergies, food intolerance and religious interest
We welcome enquiries from customers who wish to know whether any meals contain particular ingredients
음식과 관련하여 특이사항 및 알러지가 있으신 분은 직원에게 말씀해 주시기 바랍니다.
All prices are inclusive of 10% service charge & 10% tax.
상기 가격은 10%의 봉사료와 10%의 세금이 포함 되어있습니다

Table
34

## STARTERS

Fennel flavor, lobster, mango, avocado, sevruga caviar with pommery mustard ice cream
펜넬 향 바닷가재, 망고, 아보카도, 세브루가 캐비어, 포메리 머스타드 아이스크림  **45.**

Bluefin tuna, salmon roe, amaebi with grapefruit jelly, cress
참 다랑어, 연어 알, 단새우, 자몽젤리  **40.**

Traditional Hanwoo beef tartare, beetroot, Sous vide cucumber, truffle  (N)
한우 안심 타르타르(쇠고기:국내산), 비트루트, 수비드 오이, 트러플  **38.**

Beluga(20g) and Sevruga caviar "Almas"(15g) assorted condiments, Melba toast
벨루가(20g), 세브루가 캐비어(15g), 컨디먼트, 멜바 토스트  **39.**

Duo salmon tartare with abalone, bisque vinaigrette and horseradish cream
두 가지 연어 타르타르, 전복, 비스큐 비네그레트, 홀스레디쉬 크림  **32.**

⭐ Cassolette of Escargot anisette "Luté", jamon Iberico, root vegetables  (P)
달팽이 카솔렛, 하몽, 뿌리 채소(돼지고기:스페인산)  **35.**

King prawns in cured ham dress flambé Pernod,
honey vinaigrette with arugula salad  (P)
왕새우 프로슈토, 허니 비네그레트, 아루굴라 샐러드(돼지고기:미국산)  **45.**

Table 34 prepare at your table:
Caesar salad tossed at your table with your choice of topping:
Plain **35.** / Tiger prawn **45.** / Scallops **39.** / Smoked salmon **37.**  (P)
T34 시저 샐러드 토핑 선택 : 새우, 관자 또는 훈제 연어 중에서 선택

## SOUPS

Caramelized onion soup, emmental cheese gratinéed under salamander
프렌치 양파 수프(쇠고기 육수:호주산)  **26.**

Shellfish lobster bisque, cèpe mushroom ragout
랍스터 비스큐, 쎄페 라구  **27.**

Oxtail double consommé with porcini ravioli tapioca pearl
진한 향의 쇠고기 꼬리(쇠꼬리:호주산, 쇠꼬리 육수:호주산) 콩소메, 포르치니 라비올리  **28.**

Chestnut velouté, slow cooked farm egg  (P)
밤 벨루테 저온 요리한 계란(돼지고기:미국산)  **28.**

## MAIN COURSES MEAT

Classic lamb shoulder croquette, mesclun, coconut aioli sauce  (N)
클래식 양고기 어깨살(양고기:호주산) 크로켓, 코코넛 아이올리 소스  **54.**

Roasted lamb rack herb crust, ratatouille, vegetable, quinoa lamb jus
양고기 허브 크러스트, 라따뚜이(양고기:호주산), 채소, 퀴노아 소스(양고기 육수:호주산)  **70.**

Hanwoo beef tenderloin, roasted pumpkin with honey, romanesco,
dubarry puree, truffle raisin sauce
**(160 gr) Krw - 85,000  /  (200 gr) Krw - 130,000**
한우안심(쇠고기:국내산), 꿀향의 단호박, 로마네스코, 듀바리 퓨레, 트러플 건포도 소스(쇠고기 육수:호주산)

A la Table34 Hanwoo T-bone steak, choice of two side dishes
**(400 gr) Krw - 160,000**
테이블 34, 한우 티본 스테이크(쇠고기:국내산, 쇠고기 육수:호주산)

Duck leg confit in fat, pan fried foie gras, carrot purée, brussel, quail egg and orange sauce
오리다리 콩피(오리고기:국내산), 푸아그라(오리간:프랑스산), 브루셀, 메추리 알, 오렌지소스  **65.**

## MAIN COURSES FISH

Mero, champagne sabayon, savoy cabbage, toulouse sausage
"pot-au-feu style", clam jus  (P)
메로, 샴페인 사바용, 사보이 양배추, 툴루즈 소세지(돼지고기:국내산),
포토프 스타일, 조개 주스  **62.**

⭐ Lobster and Abalone "marmite", assorted seasonal vegetables with rouille sauce
바닷가재, 전복 마미트, 모든 계절채소, 로울리 소스  **75.**

Pan seared sea bass, truffle riso pasta, porcini cappuccino
농어 구이, 트러플 리소 파스타, 포르치니 카푸치노  **65.**

Whole lobster(Grilled or Thermidor), choice of two side dishes
바닷가재(그릴 또는 템미도), 두가지 중 선택  **21.5(100g)**

## VEGETARIANS

Avocado tartare, soft leek, nut vinaigrette  (V) (N)
아보카도 타르타르, 부드러운 대파, 넛 비네그레트  **33.**

Cumin scented eggplant with falafel  (V)
큐민 향의 가지, 팔라펠  **35.**

## SIDE DISHES

Buttered asparagus  (V)
아스파라거스  **20.**

Sautéed Paris mushrooms with parsley  (V)
양송이 볶음  **18.**

Truffle Anna potato with truffle cream sauce  (V)
트러플 안나 포테이토, 트러플 크림소스  **20.**

Vegetables tian  (V)
계절 채소 티안  **16.**

Green salad, extra virgin olive oil, lemon juice  (V)
그린 샐러드, 엑스트라 버진 올리브 오일, 레몬 드레싱  **14.**

(P) PORK   (N) NUT   (V) VEGETARIAN   (S) SPICY   ⭐ SIGNATURE DISH

Food allergies, food intolerance and religious interest
We welcome enquiries from customers who wish to know whether any meals contain particular ingredients.
음식과 관련하여 특이사항 및 알레르기가 있으신 본은 직원에게 말씀해 주시기 바랍니다.

All prices are inclusive of 10% service charge & 10% tax.
상기 가격은 10%의 봉사료와 10%의 세금이 포함 되어있습니다.

닭고기 육수는 국내산입니다.

## DESSERTS

Ruby peach heart parfait, Amarena cherry & orange segment     **24.**
루비 복숭아 파르페, 아마레나 체리, 오렌지

Strawberry verrine     **24.**
딸기 베린

Chestnut tarte, coffee ice cream on streusel Ⓝ     **26.**
밤 타르트, 커피 아이스크림, 스트로이젤

Chocolate souffle with Etnao ganache Ⓝ     **26.**
초콜릿 수플레, 에트나오 가나슈

Four kinds of Lamington yuzu, mango, caramel and raspberry, berry compote     **25.**
4가지 레밍톤(유자, 망고, 카라멜, 산딸기) 베리 콤포트

Seasonal fruits with ice cream Ⓥ     **23.**
계절 과일, 아이스크림

Assorted cheese plate, nuts bread Ⓝ     **30.**
프렌치 치즈 플레이트, 넛 브레드

Ⓟ PORK   Ⓝ NUT   Ⓥ VEGETARIAN   Ⓢ SPICY   ★ SIGNATURE DISH

Food allergies, food intolerance and religious interest
We welcome enquiries from customers who wish to know whether any meals contain particular ingredients.
음식과 관련하여 특이사항 및 알레르기가 있으신 분은 직원에게 말씀해 주시기 바랍니다.
All prices are inclusive of 10% service charge & 10% tax.
상기 가격은 10%의 봉사료와 10%의 세금이 포함 되어있습니다.

Table
34

## VEGETARIAN LUNCH  80.

### STARTERS

Avocado tartare, soft leek, nut vinegarette
아보카도 타르타르, 대파, 넛 비네그레트

### SOUPS

Celeriac velouté, tapioca pearl
샐러리악 벨루테, 타피오카 펄

### MAIN COURSES

A la Table34 seasonal vegetable crepe
테이블 34 계절 채소 크레페

Or

Cumin scented eggplant with falafel
큐민향 가지, 팔라펠

### DESSERTS

Four kinds of Lamington yuzu, mango, caramel and raspberry, berry compote
4가지 레밍톤(유자, 망고, 카라멜, 산딸기) 베리 컴포트

P PORK   N NUT   V VEGETARIAN   S SPICY   ⭐ SIGNATURE DISH

Food allergies, food intolerance and religious interest
We welcome enquiries from customers who wish to know whether any meals contain particular ingredients.
음식과 관련하여 특이사항 및 알레르기가 있으신 분은 직원에게 말씀해 주시기 바랍니다.
All prices are inclusive of 10% service charge & 10% tax.
상기 가격은 10%의 봉사료와 10%의 세금이 포함 되어있습니다.

## VEGETARIAN DINNER    180.

Avocado tartare, soft leek, nut vinegarette
아보카도 타르타르, 부드러운 대파, 넛 비네그레트

\* \* \*

Celeriac velouté, tapioca pearl
샐러리악 벨루테, 타피오카 펄

\* \* \*

Shallot Tarte Tatin, parsnip
샬롯 타르트 타틴, 파스닙

\* \* \*

Prune sorbet
건자두 소르베

\* \* \*

A la Table34 seasonal vegetable crepe
테이블 34 계절 채소 크레페

\* \* \*

Cumin scented eggplant with falafel
큐민향 가지, 팔라펠

\* \* \*

Four kinds of Lamington yuzu, mango, caramel and raspberry, berry compote
4가지 레밍톤(유자, 망고, 카라멜, 라즈베리) 베리 콤포트

\* \* \*

Coffee and mignardises
커피와 미나르디즈

---

Ⓟ PORK   Ⓝ NUT   Ⓥ VEGETARIAN   Ⓢ SPICY   ⭐ SIGNATURE DISH

Food allergies, food intolerance and religious interest
We welcome enquiries from customers who wish to know whether any meals contain particular ingredients.
음식과 관련하여 특이사항 및 알레르기가 있으신 분은 직원에게 말씀해 주시기 바랍니다.
All prices are inclusive of 10% service charge & 10% tax.
상기 가격은 10%의 봉사료와 10%의 세금이 포함 되어있습니다.

# 참 ‖고‖문‖헌

## 1. 국내문헌

강인호 · 김약수 · 정찬종 · 석미란 · 이원화, 글로벌 매너와 문화, 기문사, 2008.

곰돌이 Co, 인도에서 보물찾기, 아이세움, 2004.

공승식, 워터소믈리에가 알려주는 61가지 물수첩, 우듬지, 2012.

공의식, 새로운 일본의 이해, 다락원, 2005.

구보야마 데쓰오 지음, 황소연 옮김, 서비스 철학, 넥서스BIZ, 2005.

김상진, 음료서비스관리론, 백산출판사, 1999.

김성혁 · 김진국, 와인학개론, 백산출판사, 2003.

김영미 · 김은숙 · 신소라 · 이제영, 초등영어 개념사전, 아울북, 2010.

김영찬, 박경호, 홍영택, 조남도, NCS교육과정 개발에 맞춘 조주기능사 칵테일 실무, 백산출판사, 2016.

김영찬 · 홍영택 · 구자인 · 정강국, NCS교육과정 개발에 맞춘 호텔 · 외식 식음료서비스실무론, 백산출판사, 2016.

김준철, 양주 이야기, 살림출판사, 2004.

김준철, 와인 알고 마시면 두배로 즐겁다, 세종서적, 1997.

김준철, 와인, 백산출판사, 2003.

김지룡, 사물의 민낯, 갈릴레오SNC, 2012.

김진 · 이광일 · 우희섭 · 김윤성, 조리용어사전, 광문각, 2007.

박병렬 · 이형우 · 김춘곤, 글로벌 테이블 매너, MJ미디어, 2007.

박영배, 식음료서비스관리론, 백산출판사, 2007.

박영배, 음료 · 주장관리, 백산출판사, 2006.

박은태 편, 경제학사전, 경연, 2011.

서한정, 한손에 잡히는 와인, (주)베스트홈, 2001.

신형섭, 호텔식음료서비스실무론, 기문사, 2003.

염선영, 분위기에 맞게 고르는 66가지 칵테일 수첩, 우듬지, 2011.

염진철 · 나영선 · 김충호 · 안형기 · 허정 · 이준열 · 손선익 · 양신철, 전문조리용어 해설, 백산출판사, 2016.

오재복, 테이블 매너, 백산출판사, 2011.

우문호 · 엄원대 · 김경환 · 권상일 · 우기호, 글로벌시대의 음식과 문화, 학문사, 2006.

이석현 · 김의겸 · 김종규 · 김학재, 조주학 개론, 백산출판사, 2006.

이석현 · 노완섭, 양조학, 백산출판사, 2004.

이순주, 와인입문교실, 백산출판사, 2004.

이순주 · 고재윤, 와인 · 소믈리에 경영실무, 백산출판사, 2001.

이정학, 주류학개론, 기문사, 2004.

이진수 · 이진미, 찻잎 속의 차, 이른아침, 2008.

이형철, 글로벌 에티켓 글로벌 매너, 에디터, 2000.

임성빈 · 심재호 · 박헌진, 이탈리아요리, 도서출판효일, 2007.

정동효 · 윤백현 · 이영희, 차생활문화대전, 홍익재, 2012.

제이스 레어 지음, 김만행 옮김, 차밍 여성 젠틀맨 남성, 삼성서적, 1994.

진양호, 서양조리입문, 지구문화사, 1999.

최기종, 세계여행문화탐방, 백산출판사, 2007.

최동렬, 관광서비스, 기문사, 2008.

최동렬, 호텔연회관리, 백산출판사, 2001.

최수근, 소스의 비밀이 담긴 68가지 소스 수첩, 우듬지, 2012.

최수근, 최수근의 서양요리, 형설출판사, 1996.

코지마 하야토 지음, 다니구찌 기요미 옮김, 와인의 교본, (주)교문사, 2011.

허용덕 · 허경택, 와인&커피 용어해설, 백산출판사, 2009.

황정선, 내 남자를 튜닝 하라, 황금부엉이, 2010.


21세기외식정보연구소, 외식용어해설, 백산출판사, 2010.

63빌딩 식음료 매뉴얼(Manual).

구글.

그랜드힐튼 서울호텔 식음료 매뉴얼(Manual).

네이버 백과사전.

네이버 지식백과, 국립민속박물관 전시 해설, 국립민속박물관.

네이버 지식백과, 한국향토문화전자대전, 한국학중앙연구원.

다음 백과사전.

대생기업(63BLD) 서비스 매뉴얼(Manual).

레저산업진흥연구소 편, 호텔용어사전, 백산출판사, 2008.

롯데 호텔 식음료 매뉴얼(Manual).

문화콘텐츠닷컴(문화원형백과 한국의 고택), 한국콘텐츠진흥원, 2012.

성균관(유림회관), www.skk.or.kr

신라 호텔 국제예절.

워커힐 호텔 매뉴얼(Manual).

위키백과.

전통 제례 예절 방법사전, 용인시 예절교육관, 2010.

차이홍의 중국어 세상.

칵테일백과사전편찬위원회, 세계의 명주와 칵테일 백과사전, 한국사전연구사, 2010.

한국고전용어사전, 세종대왕기념사업회, 2001.

한국민족문화대백과, 한국학중앙연구원, 2011.

한국세시풍속사전, 국립민속박물관, 2007.

한국식품과학회, 식품과학기술대사전, 광일문화사, 2008.

한국일생의례사전, 국립민속박물관, 2014.

## 2. 국외문헌

Bernard Davis, Sally Stone BSC(1985), Food and Beverage Management, British Library Cataloguing in Publication Data, Heinemann Professional Publishing Ltd.

English-Korean Dictionary(2008), 6th Edition.

George, Rosemary(1991), The Simon & Schuster Pocket Wine Label Decoder, Fireside.

Harper, Douglas(2001), "wine", Online Etymology Dictionary.

Johnson, Hugh(1989), Vintage : The Story of Wine, Simon and Schuster.

Lillicrap D. R.(1987), Food and Beverage Service, Second Edition, MHCIMA Dip Ed., Edward Arnold Publishing Ltd.

Stephen Visakay Vintage Bar Ware(1997), Schroeder Publishing Co. Inc.


Culture Compass

http://blog.daum.net/namil0513/5847793 Retrieved on 2006-09-19

http://Caihongblog.Com/130118590043

http://Contents.Archives.Go.Kr/Next/Content/Listsubjectdescription.Do?Id=0036

http://en.wikipedia.org

http://encykorea.aks.ac.kr

http://forajulproductions.com/dining-with-royalty/

http://ms.m.wikipedia.org/wiki/wain

http://roksait10.travellerspoint.com/9/

http://soolsool.co.kr

http://www.bsm.re.kr

http://www.daum.net

http://www.flickr.com

http://www.grandhiltonseoul.com

http://www.grandicparnas.com

http://www.haivuong.com/

http://www.kisti.re.kr/

http://www.koreansool.co.kr

http://www.korearoot.net/root/jere.htm

http://www.naver.com

http://www.samkim.net/life/3/35.htm#

http://www.wooriyejeol.or.kr/xe/edu3

http://www.yahoo.co.kr

https://www.grandicparnas.com:444/kor/index.do

https://www.opensesame.com/c/business-dining-etiquette-training-course

## 저자약력

### 김영찬

현) 오산대학교 호텔관광학과 교수
　　(사)한국조리학회 이사
　　(사)한국호텔리조트학회 이사
　　와인소믈리에 실기 자격시험 심사위원
　　커피바리스타 실기 자격시험 심사위원
경기대학교 대학원 관광경영(호텔관리)전공 경영학석사
경기대학교 일반대학원 관광경영전공 관광학박사
호텔 롯데 근무
SK그룹 그랜드 워커힐 서울호텔 근무
호텔 신라 근무
그랜드 힐튼 서울호텔 과장 근무
이랜드그룹 켄싱턴 스타호텔 총지배인 근무
호텔 맨해튼 총지배인(상무이사) 근무
경기대학교 관광경영학과 외래교수
한양대학교 관광학과 외래교수
호원대학교 관광대학 책임교수
성덕대학교 호텔관광마케팅과 교수
호텔경영사(한국관광공사) 자격, 조주기능사(한국산업
인력공단) 자격, 와인소믈리에 자격, 커피바리스타 자격

### 김종규

현) 국제대학교 호텔관광경영과 교수/학과장
　　한국호텔외식경영학회 정회원
　　대한관광경영학회 정회원
　　한국산업인력공단 조주기능사 필기문제 출제,
　　실기 심사위원
　　(사)한국바텐더협회 소믈리에 심사위원
　　(사)한국바텐더협회 바리스타 심사위원
　　NCS 전문위원 활동
경희대학교 경영대학원 호텔경영전공 경영학석사
강원대학교 대학원 관광경영전공 경영학박사
르네상스서울호텔 근무
호텔 롯데 식음료부 근무
롯데호텔 잠실 식음연회팀 근무
경복대학교 겸임교수

### 김희영

현) 미즈아이 총무과 과장
　　경민대학교 호텔외식서비스과 겸임교수
　　광운대학교 정보과학교육원 관광경영학과 외래교수
　　신안산대학교 국제경영학과 외래교수
　　DS기획 근무 서비스교육, 인사관리
한성대학교 경영대학원 호텔관광외식경영학과 졸업
한성대학교 일반대학원 경영학과 박사과정

### 권동극

현) 성덕대학교 교수
　　소상공인진흥공단 평가위원
　　(사)대한관광평가연구원 평가위원
　　(사)국방국악문화진흥회 안보교수
경기대학교 관광경영 석사 졸업
계명대학교 관광경영 박사 졸업
수안보 와이키키 관광호텔 기획심사실
재단법인 크리스찬 아카데미하우스호텔 관리부 구매총괄
(주)도봉공원(관광외식산업체) 식음료 영업 및 관리 팀장
성덕대학교 호텔조리과 및 호텔관광마케팅과 겸직 학과장
성덕대학교 호텔관광외식과 교수
오산전문대학(현 오산대학교) 식품조리과 외래강사
원주전문대(현 원주대학교) 여성교양과 외래강사
한국관광연구학회 이사
한국관광개발학회 이사
한국관광산업연구학회 이사
한국관광식음료학회 이사
대한관광경영학회 부회장
American Hotel & Motel Association(미국호텔, 모텔
협회 발행자격증, 미시간주립대학 부설), 국내관광 안
내원, 호텔서비스사, 커피 바리스타(유럽스페셜커피협
회 발행), 관광 훈련교사 2급
교육과학기술부장관상 수상
관광마케팅 혁신대상 수상[(사)한국관광평가연구원]

## 박경호

현) 숭의여자대학교 관광과 교수
   호텔업 등급 심사위원(한국관광협회중앙회)
   서울시 관광협회 자문위원
경기대학교 경상대학 관광경영학과(경영학사)
경기대학교 대학원 관광경영학과(경영학석사)
경기대학교 대학원 관광경영학과(경영학박사)
(주)코리아나호텔 영업부 판촉지배인
래디슨월셔프라자호텔(미국 LA) Sales Manager
경기대학교 관광학부 강사

## 신형섭

현) 원광보건대학교 호텔관광과 교수
세종대학교 대학원 호텔관광경영학과 석사
세종대학교 대학원 호텔관광경영학과 박사
LYCEUM PHILPPINES UNIVERSITY Hospitality
Management 연수 수료
ENDERUN COLLEGES Hospitality Management
연수 수료
인터컨티넨탈호텔 및 관광산업체 12여 년 근무
(사)한국호텔관광학회 정책부회장
한국호텔리조트학회 부회장
한국호텔외식관광경영학회 부회장
한국관광공사 호텔등급자격 및 관광품질인증제 평가요원
한국관광협회중앙회 호텔서비스사 및 국내관광안내사
면접위원
와인소믈리에, 커피바리스타, 조주기능사 심사위원
한국호텔경영관리사협회 자문위원
(사)민족통일 문화예술진흥원 부이사장
(사)마한백제 문화예술위원회 정책기획위원장
전라북도지사 및 문화체육관광부 장관 표창
American Hotel Motel Association CHA 총지배인 자격,
와인소믈리에 커피바리스타 자격, 국내관광안내사 및
호텔 서비스사 자격, 투어에스코터 자격

저자와의
합의하에
인지첩부
생략

# 국제화시대 매너와 에티켓

2018년 2월 20일 초판 1쇄 인쇄
2018년 2월 25일 초판 1쇄 발행

**지은이** 김영찬 · 김종규 · 김희영 · 권동극 · 박경호 · 신형섭
**펴낸이** 진욱상
**펴낸곳** (주)백산출판사
**교 정** 성인숙
**본문디자인** 오행복
**표지디자인** 오정은

**등 록** 2017년 5월 29일 제406-2017-000058호
**주 소** 경기도 파주시 회동길 370(백산빌딩 3층)
**전 화** 02-914-1621(代)
**팩 스** 031-955-9911
**이메일** edit@ibaeksan.kr
**홈페이지** www.ibaeksan.kr

ISBN 979-11-88892-20-4
**값 30,000원**

● 파본은 구입하신 서점에서 교환해 드립니다.
● 저작권법에 의해 보호를 받는 저작물이므로 무단전재와 복제를 금합니다.
 이를 위반시 5년 이하의 징역 또는 5천만원 이하의 벌금에 처하거나 이를 병과할 수 있습니다.